Handbuch der Statik fester Körper.

Mit vorzüglicher Rücksicht auf ihre Anwendung in der Architektur.

Aufgesetzt von

D. J. A. Eytelwein,

Königl. Preuß. Ober-Landes-Baudirektor; Ritter des rothen Adler- und des k. niederländ. Löwenordens; ordentlichem Mitgliede der Akademie der Wissenschaften und des Senats der Akademie der Künste zu Berlin, des National-Instituts der Wissenschaften und Künste zu Amsterdam, der Gesellschaft der Experimental-Philosophie zu Rotterdam, u. m. a. Gesellschaften Mitgliede.

Zweite vermehrte Auflage.

Zweiter Band.

Mit sechs Kupfertafeln.

Berlin.
Verlegt bei G. Reimer.
1832.

Inhalt des zweiten Bandes.

XII. Kapitel. Von der Vertheilung des Drucks auf die Unterstützungspunkte der Körper.

XIII. Kapitel. Statik der gebräuchlichsten Holzverbindungen.

XIV. Kapitel. Statik der Gewölbe und Widerlagen.

(II.) Kuppelgewölbe.

XV. Kapitel. Von der Festigkeit der Materialien.

(I.) Die absolute Festigkeit.

(II.) Die respective Festigkeit.

A. Von den Balken.

B. Von der respectiven Festigkeit der prismatischen Körper überhaupt.

C. Von der respectiven Festigkeit solcher Körper, deren Querschnitte ungleich sind.

Erster Fall. Wenn man die Körper an dem einem Ende befestigt.

(III.) Die rückwirkende Festigkeit.

Statik

der

festen Körper.

Zweiter Band.

Zwölftes Kapitel.

Von der Vertheilung des Druckes auf die Unterstützungspunkte der Körper.

§. 335.

Aufgabe. An einer festen, unbiegsamen, wagerechten Ebene, welche in den drei Punkten A, B, C, Figur 182., unterstützt ist, befindet sich in G ein Gewicht P; man sucht den Druck auf die Unterstützungspunkte. Taf. XII. Fig. 182.

Auflösung. Es sei Q der gesuchte Druck auf A; Q' auf B, Q'' auf C; ferner $CA = a$, $CB = b$; und, wenn DG mit CB parallel gezogen wird, $CD = a'$, $DG = b'$. Da nun die Pressungen Q, Q', Q'' als Kräfte angesehen werden können, welche der Kraft P entgegen wirken und mit ihr im Gleichgewichte sind, so ist

$$P = Q + Q' + Q'' \text{ [I]}.$$

Nimmt man BC als Axe der Momente an, so wird

$$a' P = a Q \text{ [II]}$$

und eben so, wenn man AC als Momentenaxe annimmt,

$$b' P = b Q' \text{ [III] (§. 61.)}$$

Hieraus findet man aus [II] den Druck auf A oder

$$Q = \frac{a'}{a} P.$$

Aus [III] den Druck auf B oder

$$Q' = \frac{b'}{b} P$$

und aus [I] und den zuletzt für Q und Q′ gefundenen Werthen, den Druck auf C

$$Q'' = (1 - \frac{a'}{a} - \frac{b'}{b})\ P.$$

Wäre die Ebene ABC die Grundfläche eines festen Körpers und G die Projection seines Schwerpunktes, so würde man ähnliche Resultate erhalten, wenn P das Gewicht des Körpers ausdrückt.

§. 336.

1. Zusatz. Für $a' = \frac{1}{3}$ a und $b' = \frac{1}{3}$ b fällt G in den Schwerpunkt des Dreiecks ABC und man erhält

$$Q = Q' = Q'' = \frac{1}{3} P.$$

Fällt G auf A, so wird $a' = a$; $b' = o$ also

$$Q = P;\ Q' = o;\ Q'' = o.$$

Aehnliche Resultate erhält man, wenn G auf B oder C fällt.

§. 337.

2. Zusatz. Man kann auch den Druck auf die
Taf. XII. Fig. 183. Punkte A, B, C, Figur 183., noch anders ausdrücken, indem aus G nach diesen Punkten die Linien GA, GB, GC und auf die Seiten des Dreiecks die winkelrechte Linien GD, GE, GF und AH, BK, CL gezogen werden. Alsdann ist (§. 61.)

$$Q = \frac{DG}{AH} P;\ Q' = \frac{EG}{BK} P;\ Q'' = \frac{FG}{CL} P.$$

Es verhält sich aber:

DG : AH = Δ BCG : Δ ABC

EG : BK = Δ ACG : Δ ABC und

FG : CL = Δ ABG : Δ ABC.

Hieraus findet man

$$\frac{DG}{AH} = \frac{\Delta BCG}{\Delta ABC}$$

$$\frac{EG}{BK} = \frac{\Delta ACG}{\Delta ABC} \text{ und}$$

$$\frac{FG}{GL} = \frac{\Delta ABG}{\Delta ABC}, \text{ daher ist}$$

der Druck auf A oder

$$Q = \frac{\Delta BCG}{\Delta ABC} P$$

der Druck auf B oder

$$Q' = \frac{\Delta ACG}{\Delta ABC} P$$

und der Druck auf C oder

$$Q'' = \frac{\Delta ABG}{\Delta ABC} P,$$

oder die Pressungen auf die Punkte A, B, C verhalten sich wie die Dreiecke BCG, ACG, ABG.

Nimmt man an, das die Punkte B und G in die Linie AC fallen, oder daß die drei Unterstützungen in einer graden Linie liegen, so werden die Pressungen auf die Unterstützungen unbestimmt, weil alsdann die Inhalte der Dreiecke verschwinden.

* §. 338.

Aufgabe. Eine feste, unbiegsame, horizontale Ebene ist den vier Punkten A, B, C, D, Figur 184., Taf. XII. Fig. 184. unterstützt und in G mit einem Gewichte P belastet; man sucht den Druck auf jeden Unterstützungspunkt.

Auflösung. Man setze, daß Q, Q′, Q″, Q‴ die Pressungen auf A, B, C, D bezeichnen und es sei BF, CJ,

GE auf AD winkelrecht, DA = a, DF = b, DJ = c, DE = e; BF = b', CJ = c', GE = e'.

Aus den Bedingungen des Gleichgewichtes zwischen P und den Pressungen auf die Unterstützungspunkte, erhält man folgende Gleichungen:

(I) $P = Q + Q' + Q'' + Q'''$ (§. 46.)

(II) $eP = aQ + bQ' + cQ''$ und

(III) $e'P = b'Q' + c'Q''$ (§. 64.)

und weil diese drei Gleichungen nicht zureichen, die Werthe der vier unbekannten Größen zu bestimmen, so läßt sich durch folgende Vorstellung noch eine vierte Gleichung erlangen. Man denke sich, daß die Unterlagen von den in einerlei Horizontalebene liegenden Punkten A, B, C, D, mit dieser Ebene, in eben dem Verhältniß, wie sie gedrückt werden, etwas nachgeben, so daß die Punkte A, B, C, D um die äußerst kleine Tiefen y, y', y'', y''' sinken, so muß die erweiterte schiefe Ebene, welche durch die tiefsten Punkte der Linien y, y', y'', y''' geht, die erweiterte Horizontalebene, in welcher A, B, C, D liegen, in irgend einer Horizontallinie MN durchschneiden. Man ziehe AA', BB', CC', DD', FF', JJ', auf MN winkelrecht, verlängere AD bis M und setze den Winkel AMN = φ; ferner AA' = a'', BB' = b'', CC' = c'', DD' = d'', DM = x, so werden sich wegen der Lage der schiefen Ebene gegen die Horizontalebene, die Tiefen y, y', y'', y''', wie ihre Entfernungen vom Durchschnitte beider Ebenen, oder wie a'', b'', c'', d'' verhalten, daher auch

$$\left.\begin{array}{l} y - y''' : y' - y''' = a'' - d'' : b'' - d'' \text{ und} \\ y - y''' : y'' - y''' = a'' - d'' : c'' - d'' \end{array}\right\} \text{(A)}$$

Nun ist, wenn FH auf BB′ und JK auf CC′ winkelrecht gezogen werden,

$a'' = MA. \sin\varphi = (a + x) \sin\varphi$

$b'' = FF' + BH = MF \sin\varphi + BF \cos\varphi = (b + x) \sin\varphi + b' \cos\varphi$

$c'' = JJ' + CK = MJ \sin\varphi + CJ \cos\varphi = (c + x) \sin\varphi + c' \cos\varphi$

$d'' = MD \sin\varphi = x \sin\varphi$ also

$a'' - d'' = a \sin\varphi$

$b'' - d' = b \sin\varphi + b' \cos\varphi = (b + b' \cot\varphi) \sin\varphi$

$c'' - d'' = c \sin\varphi + c' \cos\varphi = (c + c' \cot\varphi) \sin\varphi$

Setzt man diese Werthe in die beiden Proportionen (A), so wird, weil sich Q, Q′, Q″, Q‴ wie y, y′, y″, y‴ verhalten

$Q - Q''' : Q' - Q'' = a : b + b' \cot\varphi$

$Q - Q''' : Q'' - Q''' = a : c + c' \cot\varphi$

Beide Gleichungen mit einander verbunden und cot φ weggeschafft, giebt:

(IV.) $ab' (Q'' - Q''') + bc' (Q - Q''') = ac (Q' - Q'') + b'c (Q - Q''')$

da sich denn leicht mittelst der vier Gleichungen I. II. III. IV. die Werthe der unbekannten Größen Q, Q′, Q″, Q‴ für jeden besondern Fall finden lassen.

* §. 339.

1. Zusatz. Liegen die vier Stützen in den Eckpunkten eines Rechtecks ABCD, Figur 185., dessen Seiten Taf. XII. Fig. 185.

$AD = BC = a$ und $AB = DC = h$ sind, ist ferner $DE = e$ und $EG = e'$ gegeben, so wird nach den Bezeichnungen des vorigen §. $a = b$; $c = o$; $b' = c' = h$ und die vier Hauptgleichungen verwandeln sich in nachstehende

$$P = Q + Q' + Q'' + Q'''$$

$$eP = aQ + aQ'$$

$$e'P = hQ' + hQ''$$

$$Q'' - Q''' + Q = Q'$$

woraus man durch die Entwickelung findet, den

Druck auf A, oder $Q = \left(\frac{1}{4} + \frac{e}{2a} - \frac{e'}{2h}\right) P$

Druck auf B, oder $Q' = \left(\frac{e}{2a} + \frac{e'}{2h} - \frac{1}{4}\right) P$

Druck auf C, oder $Q'' = \left(\frac{1}{4} - \frac{e}{2a} + \frac{e'}{2h}\right) P$

Druck auf D, oder $Q''' = \left(\frac{3}{4} - \frac{e}{2a} - \frac{e'}{2h}\right) P$

Beispiel. Für $a = 10$, $h = 6$, $e = 7$, $e' = 2$ Fuß und $P = 100$ Pfund ist

$Q \;= (\frac{1}{4} + \frac{7}{20} - \frac{2}{12}).\ 100 = 43\frac{1}{3}$ Pfund

$Q' = (\frac{7}{20} + \frac{2}{12} - \frac{1}{4}).\ 100 = 26\frac{2}{3}$ „ „

$Q'' = (\frac{1}{4} - \frac{7}{20} + \frac{2}{12}).\ 100 = 6\frac{2}{3}$ „ „

$Q''' = (\frac{3}{4} - \frac{7}{20} - \frac{2}{12}).\ 100 = 23\frac{1}{3}$ „ „

2. Zusatz. Fällt der Punkt G, Figur 185. in die Mitte von der Diagonale des Rechtecks, so ist $e = \frac{1}{2}a$; $e' — \frac{1}{2}h$ und man findet

$$Q = Q' = Q'' = Q''' = \frac{1}{4}P$$

oder der Druck wird auf alle vier Punkte gleich vertheilt.

3. Zusatz. Fällt G auf die Stütze A, so wird $e = a$, $e' = o$, also

$$Q = \frac{3}{4}P;\ Q' = \frac{1}{4}P;\ Q'' = -\frac{1}{4}P;\ Q''' = \frac{1}{4}P.$$

Der negative Druck $-\frac{1}{4}P$ auf den Punkt C zeigt an, daß sich der Punkt C mit einer Kraft $\frac{1}{4}P$ von seiner Stütze aufwärts zu entfernen strebt.

* §. 340.

4. Zusatz. Sind die Seiten des Rechtecks einander gleich, so wird ABCD, Figur 185., ein Quadrat; alsdann ist $a = h$ daher

$$Q = \left(\frac{1}{4} + \frac{e-e'}{2a}\right)P$$

$$Q' = \left(\frac{e+e'}{2a} - \frac{1}{4}\right)P$$

$$Q'' = \left(\frac{1}{4} - \frac{e-e'}{2a}\right)P$$

$$Q''' = \left(\frac{3}{4} - \frac{e+e'}{2a}\right)P$$

Anmerkung. Die Voraussetzung §. 338., daß bei einer festen, unbiegsamen Ebene die Unterlagen in demselben Verhältnisse, wie sie gedrückt werden, etwas nachgeben, und daß die tiefsten Punkte dieser Eindrücke noch in einerlei Ebene fallen, ist zuerst von L. Euler in einer Abtheilung: De Pressione ponderis in planum cui incumbit im XVIII. Bande der Novi commentarii acad. scient. Petropolitanae pro Anno 1773, Seite 289. u. f. angenommen und daraus mit Hülfe der höhern Analysis, vorstehende und mehrere andere Aufgaben aufgelöst worden.

§. 341.

Wird eine gerade, unbiegsame Linie in drei Punkten unterstützt und man sucht den Druck, welchen jede Stütze von einer zwischen denselben an der festen Linie aufgehängten Last leidet, so werden nach §. 337. sämmtliche Dreiecke = o, also der Druck auf die einzelnen Punkte unbestimmt. Es läßt sich zwar sehr leicht mit Hülfe der von Euler angenommenen Voraussetzung §. 338. die Größe des Drucks auf die einzelnen Stützen bestimmen, man sieht aber bald ein, daß diese Voraussetzung auf Resultate führen muß, die deshalb bei einer geraden Linie unstatthaft sind, weil alsdann die von der Last entferntere Stütze einen größern Druck leiden müßte, als die näher gelegene. Wenn nun überdies die langen Baukörper von der Beschaffenheit sind, daß sie sich schon durch ihre eigene Last biegen, und selbst lange Steine, besonders aber Balken, nicht als unbiegsame Körper angesehen werden können, so wird die Voraussetzung einer vollkommen unbiegsamen Linie um so weniger zuläßig seyn, weil ein länglicher, zwischen zwei Stützen belasteter Körper, nur in so fern weiter entlegene und in einerlei Horizontale liegende Stützen pressen kann, als sein eigenes Gewicht ihn auf die entfernten Stützen herunter biegt, wobei aber eine zwischen den mittlern Stützen angebrachte Belastung noch dazu beiträgt, daß der Druck auf die entfernten Stützen vermindert wird.

Es ist daher nothwendig, daß der in mehrern Punkten unterstützten Linie, eine gewisse, wenn gleich nur äußerst geringe Biegsamkeit und Elasticität zugeschrieben wird. Weil aber diese Untersuchung von der

Natur der elastischen Kurven abhängt, welche, so weit sie hieher gehören, im siebenten Abschnitte des Anhanges abgehandelt sind, so ist es zureichend, wenn hier die daselbst gefundenen Resultate angegeben werden.

§. 342.

Taf. XII. Fig. 186.

Aufgabe. Ein Balken ABC, Figur 186., welcher in allen seinen Theilen gleiche Biegsamkeit besitzt, ist in drei Punkten A, B, C so unterstützt, daß die höchsten Punkte der Unterlagen in einerlei Horizontallinie fallen; in D und F sind Gewichte P, P′ angebracht; man sucht den Druck auf jede einzelne Stütze, welcher von der Last und dem Gewichte des Balkens entstehet.

Auflösung. Es sei Q der Druck auf A; Q′ auf B; Q″ auf C, und das Gewicht von jedem Fuße des Balkens nach der Länge gemessen = G Pfund. Ist nun ferner

$AD = a$, $AF = b$, $AB = c$, $AC = e$, so findet man, wenn $e - c = f$ gesetzt wird (§. 123 Anhang), den Druck auf A, oder

$$Q = \frac{f(c-a)(2ce-ac-a^2)P + c(b-c)(e-b)(b+c-2e)P' + \frac{1}{4}cef(c^2+3ce-e^2)G}{2c^2ef}.$$

den Druck auf B, oder

$$Q' = \frac{af(2ce-a^2-c^2)P + e(e-b)(2be-b^2-c^2)P' + \frac{1}{4}cef(e^2+ce-c^2)G}{2c^2f^2}$$

den Druck auf C, oder

$$Q'' = \frac{c(b-c)(3be-bc-ce-b^2)P' - af(c+a)(c-a)P + \frac{1}{4}cef(3e^2-5ce+c^2)G}{2cef^2}$$

§. 343.

1. Zusatz. Wenn das Gewicht des Balkens wegen der großen Belastung nicht in Rechnung kommt, so ist $G = o$ also

$$Q = \frac{f(c-a)(2ce-ac-a^2)P + c(b-c)(e-b)(b+c-2e)P'}{2c^2ef}$$

$$Q' = \frac{af(2ce-a^2-c^2)P + e(e-b)(2be-b^2-c^2)P'}{2c^2f^2}$$

$$Q'' = \frac{c(b-c)3be-bc-ce-b^2)P' - af(c+a)(c-a)P}{2cef^2}$$

Beispiel. Ein 36 Fuß langer Balken, dessen Gewicht hier bei Seite gesetzt wird, ist an seinen beiden Enden und 16 Fuß von der ersten Unterlage unterstützt. Eine Last von 2000 Pfund ist 9 Fuß und eine Last von 1000 Pfund 28 Fuß von dieser ersten Stütze entfernt; man sucht den Druck auf jede einzelne Stütze?

Hier ist $a = 9'$, $b = 28$, $c = 16$, $e = 36$, $f = 20$, daher der Druck auf die erste Stütze oder

$$Q = \frac{20.7.927.2000 - 16.12.8.28.1000}{2.16.16.36.20} = 587{,}43 \text{ Pfd.}$$

$$Q' = \frac{9.20.815.2000 + 16.8.976.1000}{2.16.16.20.20} = 2042{,}62 \text{ Pfd.}$$

$$Q'' = \frac{16.12.1216.1000 - 9.20.25.7.2000}{2.16.36.20.20} = 369{,}95 \text{ Pfd.}$$

§. 344.

2. Zusatz. Ist die mittelste Stütze von den beiden übrigen gleich weit entfernt, und man nimmt auf das Gewicht des Balkens Rücksicht, so ist $AB = BC$, also $e = 2c$ und man erhält

$$Q = \frac{(c-a)(4c^2-ac-a^2)P - (b-c)(2c-b)(3c-b)P'}{4c^3} + \tfrac{3}{8}cG$$

$$Q' = \frac{a(3c^2-a^2)P + (2c-b)(4bc-b^2-c^2)P'}{2c^3} + \tfrac{5}{4}cG$$

$$Q'' = \frac{(b-c)(5bc-2c^2-b^2)P' - a(c+a)c-a)P}{4c^3} + \tfrac{3}{8}cG$$

und wenn, außer der gleichen Entfernung der Stützen von einander, auch die Gewichte in der Mitte zwischen den Stützen angebracht sind, also AD = DB = BF = FC oder c = 2a, b = 3a, e = 4a wird, so ist

$$Q = \frac{13P - 3P' + 6eG}{32}$$

$$Q' = \frac{11P + 11P' + 10eG}{16}$$

$$Q'' = \frac{13P' - 3P + 6eG}{32}$$

Es läßt sich einsehen, daß hier Fälle eintreten können, wo Q oder Q'' = o wird, also die Stütze A oder C gar keinen Druck leidet. Auch kann Q oder Q'' negativ werden, das heißt, es wird alsdann noch Kraft erfordert, das Ende des Balkens bis zur Stütze in die Horizontallinie AC herunter zu biegen, weil bei der Bestimmung der Werthe von Q, Q', Q'' die Bedingung angenommen ist, daß sich die Endpunkte der Balken von ihren Stützen nicht entfernen sollen.

Beispiel. Ein 30 Fuß langer Balken, von welchem jeder laufende Fuß 34 Pfund wiegt, ist in der Mitte und an beiden Enden unterstützt. In der Mitte zwischen den beiden ersten Stützen, ist eine Last von 1000, und zwischen den beiden letzten eine Last von 1800 Pfund angebracht; man sucht den Druck, welchen jede Stütze leidet?

Hier ist e = 30 Fuß; P = 1000, P' = 1800, G = 34 Pfund, also

$$Q = \frac{13.1000 - 3.1800 + 6.30.34}{32} = 428\tfrac{3}{4} \text{ Pfund}$$

$$Q' = \frac{11.1000 + 11.1800 + 10.30.34}{16} = 2562\tfrac{1}{2} \text{ Pfund}$$

$$Q'' = \frac{13.1800 - 3.1000 + 6.30.34}{32} = 828\tfrac{3}{4} \text{ Pfund}$$

§. 345.

Zusatz. Drückt ein Balken nur durch sein eigenes Gewicht auf die Unterlagen, ohne in einzelnen Punkten noch mit besondern Gewichten beschwert zu seyn, oder wenn die Belastungen gleichförmig über dem Balken verbreitet ist, wie bei Magazinen auf den Schüttböden, so werden P und P′ = o und man erhält

$$Q = \frac{c^2 + 3ce - e^2}{8c} G$$

$$Q' = \frac{e(e^2 + ce - c^2)}{8c(e-c)} G$$

$$Q'' = \frac{3e^2 - 5ce + c^2}{8(e-c)} G$$

wo G außer dem Gewichte von jedem laufenden Fuße des Balkens auch das Gewicht der gleichförmig verbreiteten Belastung auf jeden Fuß bezeichnet.

Beispiel. Ein 26 Fuß langer Balken ist drei mal unterstützt, so daß die erste und letzte Stütze an die Enden fallen, die zweite aber 12 Fuß von der ersten entfernt ist. Mit dem Gewichte des Balkens kommen auf jeden laufenden Fuß 100 Pfund Belastung; man fragt, wie groß der Druck auf jede Stütze sei?

Weil hier e = 26, c = 12 Fuß und G = 100 Pfund ist, so findet man die Pressungen

$$Q = \frac{12.12 + 3.12.26 - 26.26}{8.12} 100 = 420\tfrac{5}{6} \text{ Pfund}$$

$$Q' = \frac{26(26.26 + 12.26 - 12.12)}{8.12.14} 100 = 1632\tfrac{31}{42} \text{ ,}$$

$$Q'' = \frac{3.26.26 - 5.12.26 + 12.12}{8.14} 100 = 546\tfrac{3}{7} \text{ ,}$$

Der Punkt A Figur 186. leidet keinen Druck, wenn $c + 3cc - e^2 = o$, oder wenn $c = \frac{1}{2}e\,(-3 + \sqrt{13}) = 0{,}3027756\ e$ ist. In diesem Falle wird der Theil AB des Balkens eben so stark durch sein eigenes Gewicht auf die Stütze A gedrückt, als der Theil BC durch sein Gewicht den Entpunkt des Balkens bei A, von seiner Stütze aufwärts zu entfernen strebt. Wird c noch kleiner als 0,3027756e, oder rückt den Punkt B noch näher an A, so wird der Druck auf die Stütze A negativ, oder das Ende des Balkens bei A strebt sich von seiner Unterstützung zu entfernen. Weil aber vorausgesetzt ist, daß die Endpunkte der Balken ihre Unterstützungen nicht verlassen sollen, so wird eine Kraft erfordert, den Balken bei A herunter zu drücken, wodurch auf B ein vermehrter Druck entsteht, welcher immer größer werden muß, je näher B nach A rückt, und zuletzt unendlich groß wird, wenn B in A fällt oder $c = o$ ist. Dasselbe läßt sich von der Unterstützung C in Beziehung auf B sagen. Taf. XII. Fig. 186.

§. 346.

Zusatz. Sind die beiden in gleichen Entfernungen von den Stützen aufgehängten Gewichte P und P' einander gleich, so ist

$$Q = \frac{5P + 3eG}{16}$$

$$Q' = \frac{22P + 10eG}{16}$$

$$Q'' = \frac{5P + 3eG}{16}$$

Setzt man das Gewicht des Balkens bei Seite, so wird

$$Q = \frac{5}{16} P;\ Q' = \frac{22}{16} P;\ Q'' = \frac{5}{16} P$$

und wenn keine Gewichte am Balken angebracht sind, dagegen das Gewicht des Balkens der vorhin angenommenen Belastung gleich, oder $eG = 2P$ ist, so erhält man für diesen Fall

$$Q = \frac{6}{16} P;\ Q' = \frac{20}{16} P;\ Q'' = \frac{6}{16} P.$$

Vergleicht man die für beide Fälle gefundenen Ausdrücke mit einander, so folgt daraus, daß die in der Mitte zwischen den Stützen aufgehängten Gewichte, die mittlere Stütze stärker und die äußersten Stützen schwächer drücken, als wenn eben diese Last auf dem Balken gleichförmig verbreitet wäre.

§. 347.

5. Zusatz. Ist an dem in drei Punkten unterstützten Balken nur eine Last P aufgehängt, und wird auf das Gewicht desselben nicht Rücksicht genommen, so ist, wenn das Gewicht P zwischen die beiden ersten Stützen fällt, P′ und G=o, daher, wenn die zweite Stütze in der Mitte des Balkens angenommen wird,

$$Q = \frac{(c-a)(4c^2 - ac - a^2)}{4c^3} P$$

$$Q' = \frac{a(3c^2 - a^2)}{2c^3} P$$

$$Q'' = -\frac{a(c+a)(c-a)}{4c^3} P$$

wo Q'' allemal negativ wird, wenn $c > a$ ist, weil noth-

wendig

wendig eine Kraft dazu erfordert wird, das Ende des Balkens herunter zu biegen.

Fällt der Aufhängepunkt der Last P auf die erste Stütze in A, so ist $a = o$ also

$$Q = P;\ Q' = o;\ Q'' = o$$

Wird die Last P über die mittlere Stütze B angebracht, so ist $a = c$ also

$$Q = o;\ Q' = P;\ Q'' = o$$

Hängt hingegen eine Last P' zwischen den beiden letzten Stützen B und C, so ist für P und $G = o$

$$Q = -\frac{(b-c)(2c-b)(3c-b)}{4c^3} P'$$

$$Q' = \frac{(2c-b)(4bc-b^2-c^2)}{2c^3} P'$$

$$Q'' = \frac{(b-c)(5bc-2c^2-b^2)}{4c^3} P'$$

Für $b = c$ oder wenn die Last P' auf die mittlere Stütze fällt, ist wie vorhin

$$Q = o;\ Q' = P';\ Q'' = o$$

und, wenn die Last über die dritte Stütze fällt, oder wenn $b = 2c$ wird, ist

$$Q = o;\ Q' = o;\ Q'' = P'.$$

§. 348.

Aufgabe. Der horizontale Balken, AD Figur 187., ist in den vier Punkten A, B, C, D unterstütz tund zwischen denselben in den Punkten E, F, G mit Gewichten belastet; man sucht den Druck auf jeden Unterstützungspunkt. Taf. XII. Fig. 187.

Auflösung. In der Voraussetzung, daß die Last in

$E = P$, der Last in G gleich, ferner $AE = DG = a$, $AF = FD = b$, und $AB = DC = c$ sei, und jeder Fuß von der Länge des Balkens noch außerdem G Pfund wiege, findet man den Druck Q′ in B oder C nach §. 127. des Anhanges

$$Q' = \frac{4a(6bc-a^2-3c^2)P+2c(3b^2-c^2)P'+c(8b^3+c^3-4bc^2)G}{8c^2(3b-2c)}$$

und den Druck Q auf jeden der äußersten Punkte A oder D

$$Q = \frac{4(a^3-6abc+3ac^2+6bc^2-4c^3)P-6c(b-c)^2P'+c(24b^2c-8b^3-c^3-12bc^2)G}{8c^2(3b-2c)}$$

Wenn nur ein Gewicht in der Mitte des Balkens angebracht ist, so wird $P = o$ also

$$Q' = \frac{2\,3b^2-c^2)P'+(8b^3+c^3-4bc^2)G}{8c(3b-2c)}, \text{ und}$$

$$Q = \frac{-6(b-c)^2P'+(24b^2c-8b^3-c^3-12bc^2)G}{8c(3b-2c)}.$$

Sind hingegen die Stützen gleich weit von einander entfernt, und hängt jedes der Gewichte P, P′, P in der Mitte zwischen den Stützen, so ist

$$Q' = \frac{23P+23P'+88aG}{40} \text{ und}$$

$$Q = \frac{17P-3P'+32aG}{40}.$$

§. 349.

Taf. XII. Stellt man sich vor, daß der Balken AC, Figur
Fig. 186. 186., unter irgend einem Winkel $= \alpha$ gegen den Horizont geneigt sei, und daß mit Beibehaltung der Bezeichnung §. 342. die Gewichte P, P′ und cG vertikal ab-

wärts wirken, so kann man jedes dieser Gewichte wie P, in eine Kraft P cos α winkelrecht auf AC und in eine Kraft P sin α nach der Richtung AC zerlegen. Die Pressungen, welche von den Kräften P cos α, P′ cos α, eG cos α auf die Punkte A, B, C winkelrecht auf AC entstehen, lassen sich nach den Gesetzen §. 342. finden, und wenn man diese Pressungen durch q, q′, q″ bezeichnet, so ist

$$q = (A\,P + B\,P' + C\,eG) \cos \alpha$$
$$q' = (A'P + B'P' + C'eG) \cos \alpha$$
$$q'' = (A''P + B''P' + C''eG) \cos \alpha$$

wo A, A′... C′, C″ die nach §. 342. zu bestimmenden Koeffizienten bezeichnen.

Setzt man die von den Kräften P sin α, P′ sin α, eG sin α nach der Richtung AC auf die Punkte A, B, C entstehenden Pressungen = P, P′, P″, so kann man die Kräfte P sin α, P′ sin α, eG sin α gleichfalls auf die Punkte A, B, C zertheilen, und es ist

$$P = (A\,P + B\,P' + C\,eG) \sin \alpha$$
$$P' = (A'P + B'P' + C'\,eG) \sin \alpha$$
$$P'' + (A''P + B''P' + C''\,eG) \sin \alpha$$

Es entsteht daher auf den Punkt A ein Druck q winkelrecht auf AC und ein Druck P nach AC, winkelrecht auf die Richtung des Druck q. Wird aus beiden Kräften q, p, eine Mittelkraft nach vertikaler Richtung zusammen gesetzt, so erhält man §. 20. IV. den auf den Punkt A entstehenden Vertikaldruck

$$= AP + BP' + CeG = Q$$

welcher mit dem Vertikaldruck §. 342. genau übereinstimmt, und weil dies von den Punkten B und C eben so gilt, so folgt hieraus, daß, wenn ein gegen den Horizont geneigter Balken in mehrern Punkten unterstützt und durch Gewichte nach vertikaler Richtung belastet ist, man die Vertikalpressungen auf die Unterstützungspunkte eben so findet, als wenn diese Gewichte an einem wagerechten Balken bei gleichen Abmessungen angebracht wären.

Dreizehntes Kapitel.

Statik der gebräuchlichsten Holzverbindungen.

§. 350.

Zur Erleichterung der folgenden Untersuchungen wird vorausgesetzt, daß sich der Schwerpunkt der Holzstücke in der Mitte ihrer Länge befinde, und daß überhaupt ihr Gewicht ihrer Länge proportional sei, so wie auch angenommen wird, daß diese Hölzer in Absicht der anzubringenden Kräfte unbiegsam sind und die Reibung bei Seite gesetzt werde.

Es sey AC, Figur 188., eine vertikale Wand, Taf XII. Fig. 185.
und BC ein horizontaler Boden. Der Sparren AB, welcher hier ohne Schwere voraus gesetzt wird, lehne sich gegen die Wand AC in einer vertikalen Ebene und bilde mit dem Boden den Winkel ABC = α. In der Mitte des Sparren sey in G ein Gewicht P aufgehängt, man fragt:

I. wie groß ist der horizontale Druck gegen die vertikale Wand AC;

II. wie groß ist der Druck oder Schub, mit welchem der Sparren nach der horizontalen Richtung BH auszuweichen sucht, und

III. welchen Druck V leidet der Punkt B nach der vertikalen Richtung BK.

Von der Last P entsteht auf jeden der Punkte A und B ein vertikaler Druck $= \frac{1}{2}P$ (§. 57.) Man nehme $AD = \frac{1}{2}P$, zeichne das Parallelogramm ADEF, so ist die Seitenkraft

$$AF = AD . \cot\alpha = \frac{1}{2}P \cot\alpha \text{ und}$$

$$AE = \frac{AD}{\sin\alpha} = \frac{P}{2\sin\alpha}$$

In der Verlängerung von AB sey $BI = AE$, so leidet der Punkt B von der Kraft AE nach der Richtung BI einen Druck

$$BI = \frac{P}{2\sin\alpha}.$$

Zeichnet man nun das Parallelogramm BIHK, so ist die Seitenkraft

$$BH = BI . \cos\alpha = \frac{P\cos\alpha}{2\sin\alpha} = \frac{1}{2}P\cot\alpha \text{ und}$$

$$BK = BI . \sin\alpha = \frac{P\sin\alpha}{2\sin\alpha} = \frac{1}{2}P.$$

Nun ist AF der horizontale Druck des Sparren gegen die vertikale Wand, oder

$$\text{(I) } AF = \frac{1}{2}P\cot\alpha.$$

Der Schub, mit welchem der Sparren nach horizontaler Richtung auf dem Boden auszuweichen sucht, sey S, so ist $S = BH$, oder

$$\text{(II) } S = \frac{1}{2}P\cot\alpha.$$

Ferner leidet der Punkt B vom Gewichte P einen vertikalen Druck $= \frac{1}{2}P$ und außerdem von der Kraft BI einen vertikalen Druck $BK = \frac{1}{2}P$, daher ist der vertikale Druck, welchen der Boden in B leidet

$$\text{(III) } V = \frac{1}{2}P + \frac{1}{2}P = P$$

oder der horizontale Boden wird so stark von dem gegen eine lothrechte Wand angelehnten Sparren in vertikaler Richtung gedrückt, als wenn der Sparren senkrecht auf dem Boden stände.

Auch folgt aus (I) und (II), daß der Sparren eben so stark winkelrecht auf die vertikale Wand drückt, wie er auf dem Boden nach horizontaler Richtung schiebt, und daß dieser Schub kleiner wird, wenn man den Sparren steiler setzt.

§. 351.

Aufgabe. Zwei gleiche große Sparren AB, AD, Figur 189., sind in einer Vertikalfläche zu einem Leergespärre verbunden, man fragt, wie groß die Kraft sey, mit welcher die Sparren auf dem horizontalen Boden fort zu schieben streben. Taf XII. Fig 189

Auflösung. Es sey die halbe Tiefe des Dachs $BC = CD = a$; die Länge des Sparren $AB = AD = b$; die Dachhöhe $AC = h$; das Gewicht eines Fußes von der Länge der Sparren $= g$; der Neigungswinkel der Sparren $ABC = \alpha$ und der Schub der Sparren in B oder D, welcher hier der Sparrenschub heißen soll, $= S$, so läßt sich mit Bezug auf den vorhergehenden § leicht einsehn, daß hier die Sparren wechselseitig die Stelle der vertikalen Wand AC Figur 188. vertreten, und daß sich daher die bei A entstehenden horizontalen Pressungen einander aufheben. Der horizontale Schub auf dem Boden BD ist alsdann bei jedem Sparrenende

$$S = \frac{1}{2} P \cot \alpha$$

wo P das Gewicht eines Sparren ist. Aber $P = bg$ und $\cot\alpha = \frac{a}{h} = \frac{a}{\sqrt{(b^2-a^2)}}$, daher findet man den Sparrenschub eines Leergespärres

$$S = \frac{1}{2} bg \cot\alpha = \frac{ab}{2h} g = \frac{abg}{2\sqrt{(b^2-a^2)}} = \frac{a\sqrt{(a^2+h^2)}}{2h} g$$

oder weil $b = \frac{a}{\cos\alpha}$ so ist auch

$$S = \frac{a \cot\alpha}{2 \cos\alpha} g = \frac{ag}{2 \sin a}$$

hieraus folgt, daß bei unveränderter Tiefe des Dachs der Sparrenschub desto größer wird, je kleiner der Neigungswinkel der Sparren oder je kleiner die Dachhöhe ist. Auch wird bei einerlei Länge der Sparren und Höhe des Dachs der Schub in dem Verhältniß größer, wie das Gewicht der Sparren und ihrer Bedeckung zunimmt.

Die Gewalt, mit welcher die Sparren auseinander zu gehen streben, wird gewöhnlich dadurch aufgehalten, daß sie mit Zapfen in die Löcher eines durchgehenden Balkens eingesetzt werden, und es kommt nur darauf an, daß vor dem Zapfenloche so viel Hirnholz stehen bleibt, daß das Loch nicht ausreißt. Andere Mittel, den Sparrenschub zu vermindern, werden noch vorkommen. Wenn aber ein Gebäude keine durchgehende Balken hat, in welche die Sparren eingezapft sind, so kann alsdann der Schub der Sparren für die Umfassungswände sehr gefährlich werden.

Für ein Kirchdach ist die Höhe doppelt so groß als die Tiefe, daher $h = 4a$, folglich der Sparrenschub

$S = ag\frac{\sqrt{17}}{8} = 0{,}5153882.\ ag$, beinahe $= \frac{17}{33}\ ag$.

Bei dem altdeutschen Dache ist die Tiefe der Höhe gleich, also $h = 2a$, daher

$S = ag\frac{\sqrt{5}}{4} = 0{,}5590170.\ ag$, beinahe $= \frac{14}{25}\ ag$.

Für ein altfranzösisches Dach ist die Sparrenlänge der Tiefe des Dachs gleich, also $b = 2a$ folglich

$S = \frac{ag}{\sqrt{3}} = ag\frac{\sqrt{3}}{3} = 0{,}5773503.\ ag$, beinahe $= \frac{11}{19}\ ag$.

Das neudeutsche Dach hat die halbe Tiefe zur Höhe oder $a = h$, daher ist

$S = ag\frac{\sqrt{2}}{2} = 0{,}707107.\ ag$, beinahe $= \frac{12}{17}\ ag$.

Bei den italiänischen Dächern ist $h = \frac{1}{2}a$, daher

$S = ag\frac{\sqrt{5}}{2} = 1{,}118034.\ ag$, beinahe $= \frac{19}{17}\ ag$.

Für $h = \frac{1}{4}a$ ist

$S = ag\frac{\sqrt{17}}{2} = 2{,}0615528.\ ag$, beinahe $= \frac{33}{16}\ ag$.

also schiebt dies Dach beinahe viermal so stark, als ein eben so tiefes Kirchdach bei einer viermal so großen Belastung. Auch läßt sich hieraus deutlich einsehn, welchen Vortheil die hohen Kirchdächer haben, im Falle bei einem Gebäude keine durchgehende Balken angebracht sind, wie dies häufig bei Kirchen der Fall ist.

Sucht man den vertikalen Druck des Sparren auf die Unterlage bei B, so ist, wenn derselbe durch V bezeichnet wird, nach §. 350.

$$V = gb = \frac{ag}{\cos \alpha} = g\sqrt{(a^2 + h^2)}$$

und eben so groß ist der Druck bei D.

§. 352.

Taf. XII. Fig. 190. Aufgabe. Ein Sparren AB, Figur. 190., liegt mit seinem obern Ende auf (nicht gegen) einem lothrechten Stiele AC und mit seinem untern B steht er auf horizontalem Boden. In der Mitte zwischen den Unterstützungspunkten bei A und B hängt an dem Sparren eine Last P; man sucht die Pressungen, welche aus dieser Zusammenstellung entstehen.

Auflösung. Die Kraft P zertheilt sich auf die beiden Punkte A, B, indem sie auf jeden einen vertikalen Druck $\frac{1}{2}P$ verursacht. Der Druck auf A nach AC zerlegt sich winkelrecht auf AB nach AF und nach der Richtung AB. Man setze den Winkel $ABC = \alpha$, so ist

der Druck nach $AF = \frac{1}{2}P \cos \alpha$,

und der Druck nach AB oder

nach $BI = \frac{1}{2}P \sin \alpha$.

Der Druck nach BI zerlegt sich wagerecht nach BH und vertikal nach BK und es ist der

Druck nach $BH = \frac{1}{2}P \sin \alpha \cos \alpha$

Druck nach $BK = \frac{1}{2}P \sin \alpha \sin \alpha$.

Außer diesem zuletzt gefundenen Druck wird auch noch der Punkt B mit einer Kraft $\frac{1}{2}P$ vertikal gegen den Boden gepreßt, es ist daher der vertikale Druck des Sparrens auf den Boden

$$\frac{1}{2}P + \frac{1}{2}P \sin \alpha^2 = \frac{1}{2}P(1 + \sin \alpha^2)$$

und der wagerechte Schub des Sparrens oder

$$S = \frac{1}{2}P \sin \alpha \cos \alpha = \frac{1}{4}P \sin 2\alpha$$

Die Kraft $\frac{1}{2}P \cos \alpha$, welche nach AF wirkt, zerlegt sich horizontal nach AL und vertikal nach AM, und man findet die Kraft, mit welcher der Sparren den Stiel nach wagerechter Richtung im Punkt A wegzudrücken strebt

$$= \tfrac{1}{2} P \cos \alpha . \sin \alpha = \tfrac{1}{4} P \sin 2\alpha$$

welche dem Sparrenschub S bei B gleich ist.

Nach vertikaler Richtung AM wird der Stiel von dem Sparren mit einer Kraft auf den Boden gedrückt

$$= \tfrac{1}{2} P \cos \alpha . \cos \alpha = \tfrac{1}{2} P \cos \alpha^2,$$

wozu noch das Gewicht des Stiels AC kommt.

Der vertikale Druck auf den Boden bei B war $\frac{1}{2} P (1 + \sin \alpha^2)$ und bei $C = \frac{1}{2} P \cos \alpha^2$. Werden beide Pressungen addirt, so erhält man $\frac{1}{2} P (1 + \sin \alpha^2 + \cos \alpha^2) = \frac{1}{2} P (1 + 1) = P$.

§. 353.

Bei dem Leergespärre eines Pultdachs, Figur 191., sei $AB = b$ die Sparrenlänge, $AC = h$ die Dachhöhe oder Länge des Wandstiels; gb das Gewicht des Sparrens und g′h des Stiels, so ist nach dem vorigen §. $P = gb$, also die Gewalt, mit welcher der wagerechte Boden unter dem Stiele bei C gedrückt wird Taf. XII. Fig. 191.

$$= \tfrac{1}{2} gb \cos \alpha^2 + g'h$$

Der Boden unter dem Sparren bei B wird vertikal gedrückt mit einer Kraft

$$V = \tfrac{1}{2} gb (1 + \sin \alpha^2)$$

Die Gewalt, mit welcher der Sparren den Stiel

bei A wagerecht fort zu drücken strebt, ist dem Sparrenschub bei B gleich, daher für beide Fälle

$$S = \frac{1}{2}gb \sin\alpha \cos\alpha = \frac{1}{4}gb \sin 2\alpha.$$

Hieraus folgt, weil $\sin 2\alpha$ seinen größten Werth erhält, wenn $\alpha = 45$ Grad wird, daß bei ungeänderter Sparrenlänge an einem Pultdache, die Sparren am stärksten schieben, wenn solche mit dem Horizont einen Winkel von 45 Grad einschließen.

Wird die Tiefe des Dachs BC = a gesetzt, so ist

$b = \frac{a}{\cos\alpha}$ daher

$$S = \frac{1}{2}ga \sin\alpha$$

also ist bei Pultdächern von gleicher Tiefe der Sparrenschub desto größer, je größer der Neigungswinkel der Sparren, oder je größer die Dachhöhe ist.

Der hier untersuchte Fall giebt umgekehrte Resultate von denen §. 351; daher folgt, daß man zur Verminderung des Drucks gegen die Wandstiele und zur Verminderung des Sparrenschubs, die Sparren eines Pultdachs so flach legen muß, als es die übrigen Umstände gestatten.

§. 354.

Taf. XII. Fig. 192. Aufgabe. Das Leergespärre ABD, Figur 192., ist mit einer lothrechten Stütze oder Säule AC verbunden, welche von dem Gipfel oder Forst A bis auf den wagerechten Boden BD geht; man soll die vertikalen Pressungen der Stütze und der Sparren, nebst dem Sparrenschub finden.

Auflösung. Das Gewicht eines Sparren mit seiner Belastung sei gb, das Gewicht der Stütze $= g'h$ und $BC = CD = a$, so ist, weil $b = \frac{a}{\cos\alpha}$ und $h = a \operatorname{tgt} \alpha$, nach dem vorigen §. der vertikale Druck der Stütze AC

$$gb \cos\alpha^2 + g'h = ga \cos\alpha + g'a \operatorname{tgt} \alpha.$$

Der vertikale Druck eines jeden Sparren auf den Boden ist

$$V = \tfrac{1}{2} gb (1 + \sin\alpha^2) = \tfrac{1}{2} ga \frac{1 + \sin\alpha^2}{\cos\alpha}$$

und der Sparrenschub

$$S = \tfrac{1}{2} ga \sin\alpha = \frac{ahg}{2\sqrt{(a^2 + h^2)}}$$

welcher bei einerlei Tiefe des Gebäudes desto kleiner wird, je kleiner der Neigungswinkel der Sparren ist. Man erhält daher bei sehr flachen Dächern durch die Anbringung der Säule AC ein vorzügliches Mittel, den sehr bedeutenden Sparrenschub zu vermindern.

Um diesen Vortheil besser zu übersehen, so ist nach §. 351. der Sparrenschub bei einem italiänischen Dache ohne Säule

$$= 1{,}118034.\ ag, \text{ beinahe } = \tfrac{19}{17}\ ag.$$

Bei einem Dache von denselben Abmessungen mit einer Säule ist dieser Sparrenschub

$$ag \frac{\sqrt{5}}{10} = 0{,}2236068.\ ag, \text{ beinahe } = \tfrac{2}{9}\ ag$$

welches nur der fünfte Theil von ersterm ist.

§. 355.

Aufgabe. Ein lothrecht stehender Stiel AB,

Taf. XII. Fig. 193. Fig. 193., ist auf dem Boden bei B befestigt, winkelrecht auf seine Länge wird derselbe in A von einer Kraft P nach der Richtung AF gezogen, und in der Vertikalfläche, welche durch diese Richtung geht, sey die Strebe DE angebracht; man sucht die verschiedenen Pressungen, welche von der Kraft P bewirkt werden.

Auflösung. Man setze AB = h, ED = b und den Winkel DEB, unter welchem die Strebe gegen den Horizont geneigt ist = α.

Auf den Punkt D entstehet winkelrecht auf die Länge des Stiels ein Druck

$$p = \frac{AB.P}{BD} = \frac{hP}{b \sin \alpha} (§. 41.)$$

Dieser zerlegt sich nach DA = p tgt α und nach DE = $\frac{P}{\cos \alpha}$ (§. 19.) es ist daher, weil

$$p \text{ tgt } \alpha = \frac{h P \text{ tgt } \alpha}{b \sin \alpha}$$

I. die Gewalt, mit welcher der Stiel AB vertikal aufwärts nach der Richtung BA gezogen wird

$$= \frac{h P}{b \cos \alpha}$$

woraus folgt, das, wenn die Länge des Stiels unverändert bleibt, je kürzer die Strebe bei einerlei Neigung gegen den Horizont wird, desto größer ist die Gewalt, mit welcher der Stiel aufwärts gezogen wird, und je kleiner bei einerlei Länge der Strebe ihr Neigungswinkel gegen den Horizont ist, desto weniger Kraft wird erfordert, den Stiel am Boden fest zu halten.

Weil $\frac{P}{\cos\alpha} = \frac{hP}{b \sin\alpha \cos\alpha}$, so ist

II. die Kraft, mit welcher die Strebe nach ihrer Länge in den Boden gedrückt wird

$$= \frac{2hP}{b \sin 2\alpha}.$$

Dieser Ausdruck wird desto kleiner, je größer sin 2 α wird, da nun sin 90° der größte Werth für sin 2 α ist, so folgt daraus, daß wenn die Länge einer Strebe ungeändert bleibt, so leidet sie den wenigsten Druck, wenn ihre Neigung gegen den Horizont der Hälfte eines rechten Winkels gleich ist.

Wird die Gewalt, mit welcher die Strebe nach der Richtung DE preßt, in zwei andere Kräfte senkrecht auf den Boden

$$= \frac{P}{\cos\alpha} . \sin\alpha$$

und nach der Richtung BE

$$= \frac{P}{\cos\alpha} \cos\alpha$$

zerlegt, so erhält man, weil

$$\frac{p \sin\alpha}{\cos\alpha} = \frac{hP \sin\alpha}{b \sin\alpha \cos\alpha}$$

III. den Druck, welcher von der Strebe lothrecht auf den Boden entsteht

$$= \frac{hP}{b \cos\alpha}; \text{ wie bei I.}$$

und weil $p = \frac{hP}{b \sin\alpha}$, so ist

IV. der Seitenschub, mit welchem die Strebe nach der Richtung BE auszuweichen strebt

$$= \frac{hP}{b \sin\alpha}$$

Es wird übrigens leicht seyn, das Gewicht der Holzstücke, wenn solches beträchtlich ist, mit in Rechnung zu bringen.

Beispiel. Am Ende eines 20 Fuß langen Stiels wirke eine Kraft von 600 Pfund nach horizontaler Richtung. Der Stiel sey durch eine 15 Fuß lange Strebe gestützt, welche mit dem Horizont einen Winkel von 65 Grad einschließt; man sucht die Gewalt, welche auf die Strebe nach ihrer Länge wirkt?

Nach II. erhält man den Druck nach der Länge der Strebe, weil hier $P = 600$ Pfund; $h = 20$, $b = 15$ Fuß und $\alpha = 65^0$

$$= \frac{2.20.600}{15.\sin 130^0} = 2088{,}6 \text{ Pfund},$$

wo das Gewicht der Holzstücke bei Seite gesetzt ist.

§. 356.

Taf. XII. Fig. 194. Aufgabe. Der horizontale Balken AB, Fig. 194., sei in A mit dem lothrechten Stiele AC verbunden, und durch ein Winkelband DE werde der Balken mit seiner Last P unterstützt; man sucht die Kräfte welche auf das Winkelband wirken.

Auflösung. Man setze die Länge $AB = a$, $ED = b$ und den Winkel $ADE = \alpha$, so ist wenn p den lothrechten Druck auf den Punkt D bezeichnet

$$p = \frac{AB.P}{DA} = \frac{aP}{b \cos \alpha}$$

Ist nun Q die Kraft, mit welcher das Band nach der Richtung ED wiederstehet, so kann diese Kraft in zwei andere, eine auf AB winkelrecht nach Dp', und eine zweite nach der Richtung DB zerlegt werden. Die

Kraft

Kraft nach $Dp' = Q \sin\alpha$ muß im Falle des Gleichgewichts $= p$ seyn, man findet daher die Gewalt, mit welcher das Winkelband nach der Richtung DE gedrückt wird, oder

$$\text{(I.)}\ Q = \frac{a\,P}{b \sin\alpha \cos\alpha} = \frac{2\,a\,P}{b \sin 2\,\alpha}$$

dieser Ausdruck wird am kleinsten, wenn a, b, P unverändert bleiben und $\sin 2\,\alpha$ seinen größten Werth für $\alpha = 45^\circ$ erhält; es folgt daher hieraus, daß unter mehreren Winkelbändern von einerlei Länge, derjenige den kleinsten Druck nach der Richtung seiner Länge leidet, welcher bei übrigens gleichen Umständen unter einem Winkel von 45 Grad angebracht ist.

Hieraus erklärt sich, weshalb man in der Zimmermannskunst denjenigen Winkelband, welcher unter einem Winkel von 45 Grad eingesetzt wird, einen Ruheband nennt.

Aus der Kraft Q, mit welcher der Winkelband wiederstehet, findet man die Kraft mit welcher der Balken AB nach der Richtung AB gezogen wird

$$\text{(II.)}\ Q \cos\alpha = \frac{a\,P}{b \sin\alpha}.$$

Um sich diese Wirkung zu erklären, darf man nur an den Enden des Winkelbandes in D und E Gelenke annehmen, und die Befestigung zwischen Stiel und Balken bei A aufheben, so wird am Balken in A nach der Richtung BA eine Kraft $\frac{a\,P}{b \sin\alpha}$ erfordert, wenn die Last P nicht sinken soll.

Beispiel. Am Ende eines 12 Fuß langen Balkens ist eine Last von 500 Pfund angebracht; das andere Ende des Balkens ist mit einem Stiele verbunden und zugleich ein 5 Fuß langer Winkelband so angebracht, daß derselbe mit dem Balken einen Winkel von 50 Grad einschließt; man sucht die Gewalt, mit welcher das Winkelband nach seiner Länge gedrückt wird?

Hier ist nach I. $a = 12$, $b = 5$ Fuß; $P = 500$ Pfund und $\alpha = 50^\circ$, daher

$$Q = \frac{2 . 12 \cdot 500}{5 . \sin 100^\circ} = 2437 \text{ Pfund}$$

wo das Gewicht des Holzes bei Seite gesetzt ist.

§. 357.

Taf. XII. Fig. 195. **Aufgabe.** Ein Dachgespärre BAD. Figur 195., welches in den Balken BD eingezapft ist, sey mit einem Kehlbalken EF versehen; man sucht den Sparrenschub und die Kraft, mit welcher der Kehlbalken von der Belastung den Dachs zusammen gepreßt wird.

Auflösung. Man setze die halbe Länge des Balkens oder $\frac{1}{2}$BD $= a$, die Sparrenlänge AB $=$ AD $= b$, die Entfernung AE $= c$, den Winkel ABD$=\alpha$, und es werde jeder laufende Fuß des Sparren mit einem Gewichte G belastet, so ist LG die ganze Last eines Sparren. Der vertikale Druck, welcher aus der Vertheilung der Last auf die drei Unterstützungspunkte in A, E, B entstehet, sei in A nach Aa $= Q$, in E nach Ee $= Q'$ in B nach Bb $= Q''$, so findet man nach §. 345. und 349.

$$Q = \frac{c^2 + 3bc - b^2}{8c} G$$

$$Q' = \frac{b(b^2 + bc - c^2)}{8c(b-c)} G$$

$$Q'' = \frac{3b^2 - 5bc + c^2}{8(b-c)} G.$$

Der Druck Q in A zerlegt sich nach horizontaler Richtung und nach der Richtung AB. Der horizontale Druck wird vom Gegendruck des zweiten Sparren aufgehoben, nach AB entsteht aber ein Druck

$$= \frac{Q}{\sin \alpha}$$

welcher sich in B nach der verlängerten Richtung BJ fortpflanzt.

Der Druck Q′ bei E zerlegt sich nach den Richtungen EF und EB;

$$\text{nach } EF = Q' \cot \alpha$$

$$\text{nach } EB = \frac{Q'}{\sin \alpha}.$$

Die beiden Pressungen in A und E nach der Richtung AB oder BJ geben zusammen einen Druck nach BJ

$$= \frac{Q}{\sin \alpha} + \frac{Q'}{\sin \alpha} = \frac{Q + Q'}{\sin \alpha}.$$

Dieser Druck zerlegt sich horizontal nach BH und vertikal nach BK. Ersterer giebt den Sparrenschub

$$S = \frac{Q + Q'}{\sin \alpha} . \cos \alpha = (Q + Q') \cot \alpha.$$

Vertikal entstehet ein Druck nach BK

$$= \frac{Q + Q'}{\sin \alpha} . \sin \alpha = Q + Q',$$

welcher mit dem Druck Q″ zusammen genommen der Belastung des Sparren bG gleich ist.

Setzt man in den für S gefundenen Ausdruck die Werthe für Q und Q′, so erhält man den Sparrenschub

$$S = \frac{5b^2 - 3bc - c^2}{8(b-c)} G \cot \alpha$$

In E war der Druck nach $EF = Q' \cot \alpha$. Wird für Q′ sein Werth gesetzt, so erhält man die Kraft, mit welcher der Kehlbalken zusammen gedrückt wird

$$= \frac{b(b^2 + bc - c^2)}{8c(b-c)} G \cot \alpha.$$

Da nun cot α wächst, wenn der Winkel α abnimmt, so folgt daraus, daß bei unveränderter Sparrenlänge, die Kraft welche den Kehlbalken zusammen preßt, desto größer wird, je kleiner der Neigungswinkel der Sparren gegen den Horizont ist. Dasselbe gilt von dem Sparrenschub.

§. 358.

1. Zusatz. Für $c = \frac{1}{4}b$ erhält man den Sparrenschub

$$S = \frac{67}{96} bG \cot \alpha = 0{,}69791\ bG \cot \alpha.$$

Für $c = \frac{1}{2}b$ wird

$$S = \frac{13}{16} bG \cot \alpha = 0{,}81250\ bG \cot \alpha$$

und für $c = \frac{3}{4}b$ erhält man

$$S = \frac{35}{32} bG \cot \alpha = 1{,}09375\ bG \cot \alpha.$$

Der Sparrenschub bei einem Leergespärre ist nach §. 351.

$$= \frac{1}{2} bG \cot \alpha,$$

es folgt also hieraus, daß der Sparrenschub bei einem Dachgespärre, welches mit einem Kehlbalken versehen ist, größer ist, als wenn der Kehlbalken nicht vorhanden wäre. Auch wird bei einem Kehlgebälke der Sparrenschub desto größer, je mehr sich der Kehlbalken dem Hauptbalken nähert.

Weil das Gewicht des Kehlbalkens nur gering gegen die Belastung des Dachs ausfällt, so ist es nicht mit in Rechnung gezogen worden, es wird aber leicht seyn, dasselbe ebenfalls in Rechnung zu bringen.

2. Zusatz. Die Kraft, mit welcher die Sparren an der Forst bei A Figur 195. gegen einander drücken, ist Taf. XII. Fig. 195.

$$Q \cot \alpha = \frac{c^2 + 3bc - b^2}{8c} G \cot \alpha.$$

Dieser Druck verschwindet, wenn

$c^2 + 3bc - b^2 = 0$ oder wenn

$c = \frac{1}{2} b (-3 + \sqrt{13}) = 0{,}30277 . b$, beinahe $= \frac{3}{10} b$

wird. Wäre c noch kleiner als $\frac{3}{10}$ b, so wird der horizontale Druck der Sparren gegen einander negativ, oder die Sparren streben bei A sich von einander zu entfernen, weshalb der Kehlbalken nicht höher als $\frac{2}{3}$ von der ganzen Dachhöhe anzubringen ist, wenn sich die Sparren an der Forst nicht von einander geben sollen.

§. 359.

Aufgabe. Ein Dachgespärre ist mit einem stehenden Stuhle versehen; man fragt nach der Größe des Sparrenschubs, dem Druck, welchen die Stuhlsäulen EE′, FF′, Figur 196., leiden und nach der Größe der Kraft, mit welcher der Kehlbalken zusammen gepreßt wird. Taf. XII. Fig. 196.

Auflösung. Mit Beibehaltung der Bezeichnung §. 357. ist der vertikale Druck auf den Sparren bei E oder Ee = Q'. Diese Kraft zerlegt sich in der Richtung des Sparrens nach EB und winkelrecht auf den Sparren nach Ee'.

Die Kraft nach EB ist = Q' sin α

nach Ee' = Q' cos α.

Wird letztere vertikal nach EE' und horizontal nach EF zerlegt, so erhält man den Vertikaldruck nach EE' = Q' cos α^2 und den Horizontaldruck nach EF = Q' sin α cos α = $\frac{1}{2}$Q' sin 2 α.

Für Q' nach §. 357. seinen Werth gesetzt, giebt den vertikalen Druck, welchen jede Stuhlsäule von der Belastung des Dachs leidet

$$= \frac{b(b^2 + bc - c^2)}{8c(b - c)} G \cos \alpha^2.$$

Je kleiner daher der Neigungswinkel der Dachfläche bei einerlei Sparrenlänge ist, desto größer wird der Druck auf die Stuhlsäulen.

Die Kraft, mit welcher der Kehlbalken zusammen gedrückt wird, ist

$$= \frac{b(b^2 + bc - c^2)}{16c(b - c)} G \sin 2\alpha.$$

Bei E entstand ein Druck nach der Richtung EB = Q' sin α und bei A findet man den daselbst entstehenden Druck nach derselben Richtung wie §. 357. = $\frac{Q}{\sin \alpha}$, daher ist der gesammte Druck nach der verlängerten Richtung des Sparrens BJ

$$= \frac{Q}{\sin\alpha} + Q' \sin\alpha.$$

Diese Kraft horizontal nach BH zerlegt, giebt den Sparrenschub

$$S = \left(\frac{Q}{\sin\alpha} + Q' \sin\alpha\right) \cos\alpha = (Q + Q' \sin\alpha^2) \cot\alpha$$

wo für Q und Q' die gleichen Werthe nach §. 357. gesetzt werden können.

Für ein Dachgespärre ohne Stuhlsäulen war $S = (Q + Q') \cot\alpha$. Weil nun allemal Q' größer als $Q' \sin\alpha^2$ ist, so folgt daraus, daß durch die Anordnung eines stehenden Stuhls bei einem Dachgespärre der Sparrenschub vermindert wird.

Von der Kraft $\frac{Q}{\sin\alpha} + Q' \sin\alpha$ entstehet bei B ein vertikaler Druck

$$\left(\frac{Q}{\sin\alpha} + Q' \sin\alpha\right) \sin\alpha = Q + Q' \sin\alpha^2$$

dazu kommt noch der vertikale Druck Q'', und wenn hiezu der vertikale Druck der Stuhlsäule $Q' \cos\alpha^2$ addirt wird, so erhält man den gesammten vertikalen Druck auf den Balken BD, welcher von der einen Hälfte des Dachsverbandes entsteht

$$Q + Q' \sin\alpha^2 + Q'' + Q' \cos\alpha^2 = Q + Q' + Q'' = bG$$

wie erfordert wird.

Bei dem liegenden Stuhle eines Dachgespärres wird die Stuhlsäule unmittelbar neben dem Sparren in einer schrägen Lage aufgestellt, es finden daher in diesem Falle die §. 357. angeführten Sätze statt, weil der Druck eben so wie bei einem Sparren mit Kehlbalken ohne stehende Säule gefunden wird. Es ist daher der Sparrenschub beim liegenden Stuhle merklich größer als beim stehenden.

§. 360.

Taf. XII. Fig. 197. Aufgabe. Das Gespärre ABC Figur 197. eines Pultdaches ist mit einer Strebe (Stuhlsäule) DE verbunden, welche bei D winkelrecht auf dem Sparren AB steht; man sucht den Sparrenschub und den Druck auf die Strebe.

Auflösung. Man setze die Länge des Sparen AB $= b$, die Entfernung AD $= c$, den Winkel ABC $= \alpha$; es sey jeder Fuß von der Länge des Sparrens mit einem Gewicht G belastet, also das ganze Gewicht des Sparren AB $= bG$. Der vertikale Druck von der Belastung bG sey in A $= Q$, in D $= Q'$, in B $= Q''$, so zerlegt sich die Kraft Q in A nach der Richtung AB und darauf winkelrecht. Nach AB findet man die Kraft

$$= Q \sin \alpha.$$

Die Kraft Q′ in D zerlegt sich nach den Richtungen DB und DE;

$$\text{nach DB} = Q' \sin \alpha,$$

$$\text{nach DE} = Q' \cos \alpha.$$

Der gesammte Druck nach der verlängerten Richtung BJ ist daher

$$Q \sin \alpha + Q' \sin \alpha = (Q + Q') \sin \alpha.$$

Wird dieser horizontal nach der Richtung BH zerlegt, so erhält man den Sparrenschub

$S = (Q + Q'$ sin α cos $\alpha = \frac{1}{2}(Q + Q')$ sin 2α, oder wenn nach §. 357. für Q und Q′ die gleichen Werthe gesetzt werden, so ist

$$S = \frac{5b^2 - 3bc - c^2}{16(b-c)} G \sin 2\alpha.$$

Nun fällt der Werth von c zwischen o und b, und da innerhalb dieser Grenzen der Werth von S desto kleiner wird, je kleiner man c nimmt, so muß zur Verminderung des Sparrenschubs, die Strebe DE so weit nach oben angebracht werden, als es die übrigen Umstände gestatten.

Der Druck in D nach der Richtung DE ist $= Q'$ cos α; wird daher nach §. 357. für Q′ sein Werth gesetzt, so erhält man den Druck auf die Strebe DE

$$= \frac{b(b^2 + bc - c^2}{8c(b-c)} G \cos \alpha.$$

§. 361.

Aufgabe. Zwei Sparren, AB und BD, Fig. 198., sollen auf einem wagerechten Boden CD gegen eine vertikale Wand AC so auf einander gestellt werden, daß sie im Gleichgewichte bleiben; man sucht die Winkel, welche diese Sparren alsdann mit dem Horizont einschließen müssen, vorausgesetzt, daß der untere Sparren auf dem wagrechten Boden nicht ausweichen kann. Taf. XII. Fig. 198.

Auflösung. Die Länge des Sparrens AB sey $= b$, und jeder Fuß desselben wiege G Pfund. Eben das bezeichne b′ und G′ für den Sparren BD. Ferner sey der Winkel ABE $= \alpha$, BDC $= \alpha'$, so erhält man, weil bG das Gewicht des Sparrens AB bezeichnet, den

Sparrenschub nach der horizontalen Richtung Bb (§. 350. II.)

$$= \frac{1}{2} bG. \cot \alpha.$$

Auf dem Punkt B entsteht vom Sparren AB ein vertikaler Druck = bG. (§. 350. III). Weil aber der Sparren AB sich nicht auf horizontalem Boden befindet, sondern durch BD gestützt ist, so zerlegt sich die Kraft bG, mit welcher der Obertheil des Sparrens BD vertikal gepreßt wird, wenn die Linie BJ diesen Druck vorstellt, in zwei andere Kräfte, nach BD und nach horizontaler Richtung BE. Der nach horizontaler Richtung BE entstehende Druck ist

$$= bG \cot \alpha'$$

und dem Druck nach Bb $= \frac{1}{2} bG \cot \alpha$ gerade entgegen gesetzt. Von dem Sparren BD, dessen Gewicht $= b'G'$ ist, entstehet ebenfalls nach der horizontalen Richtung BE ein Druck (§. 350. I.)

$$= \frac{1}{2} b'G' \cot \alpha'.$$

Kann daher der Sparren DB an dem Orte, wo er auf den wagerechten Boden CD gestellt wird, in horizontaler Richtung nicht ausweichen, so wird nur dann zwischen beiden Sparren ein Gleichgewicht seyn, wenn die Pressungen nach der Richtung Bb und BE einander aufheben, oder wenn

$$\frac{1}{2} bG \cot \alpha = bG \cot \alpha' + \frac{1}{2} b'G' \cot \alpha' \text{ ist.}$$

Zur Erhaltung des Gleichgewichts erhält man daher die Bedingung

$$\cot \alpha = \left(2 + \frac{b'G'}{bG}\right) \cot \alpha'.$$

oder weil $\cot \alpha = \frac{1}{\operatorname{tgt} \alpha}$, so erhält man

$$\text{(I.)} \quad \operatorname{tgt} \alpha' = \left(2 + \frac{b' G'}{b G}\right) \operatorname{tgt} \alpha.$$

Sind gleiche Sparrenlängen gleich stark belastet, so ist $G = G'$, alsdann erhält man, wenn die Längen b, b' der Sparren verschieden sind

$$\text{(II.)} \quad \operatorname{tgt} \alpha' = \left(2 + \frac{b'}{b}\right) \operatorname{tgt} \alpha.$$

Wenn hingegen beide Sparren gleich lang sind und gleiches Gewicht haben, so wird $\frac{b'}{b} = 1$ also

$$\text{(III.)} \quad \operatorname{tgt} \alpha' = 3 \operatorname{tgt} \alpha.$$

So bald daher die Längen und Gewichte der Sparren nebst einem Neigungswinkel gegeben sind, so kann daraus der andere Neigungswinkel gefunden werden. Auch läßt sich leicht einsehen, wie aus den beiden Neigungswinkeln und einer Sparrenlänge die Länge des andern Sparrens gefunden werden kann. Gewöhnlich ist für Ausübung der Winkel α, welchen der Sparren mit dem Horizont einschließt, gegeben, weil dieser Winkel vom Klima und der Eindeckung abhängt.

Die hier gefundenen Ausdrücke enthalten die Grundlage zur statischen Theorie der gebrochenen Dächer oder Mansarden, wenn auf die Befestigung durch den bei BE anzubringenden Kehlbalken nicht Rücksicht genommen wird, und es läßt sich leicht einsehen, daß das Gleichgewicht auch noch bestehen muß, wenn statt der Wand AC, zwei andere Sparren von gleichen Abmessungen symmetrisch angebracht werden. Auch gründet sich besonders hierauf die Theorie von den Bohlendächern.

1. Beispiel. Bei einem gebrochenen Dache sollen beide Sparren gleich lang, aber das Gewicht des obern doppelt so groß, als das untere seyn; man sucht die Neigung des untern Sparrens, wenn der obere mit dem Horizont einen Winkel von 45 Grad einschließt.

Hier ist $\frac{b'}{b} = 1$, $\frac{G'}{G} = \frac{1}{2}$,
$\operatorname{tgt} \alpha = \operatorname{tgt} 45^0 = 1$, daher nach (I.)
$\operatorname{tgt} \alpha' = (2 + \frac{1}{2}) = 2,5$.

Hiezu stimmt ein Winkel von 68 Grad 12 Minuten, es muß daher der untere Sparren mit dem Horizont einen Winkel von 68 Grad 12 Minuten einschließen.

2. Beispiel. Beide Sparren eines gebrochenen Dachs sollen gleich lang seyn und gleiches Gewicht haben, man sucht den Neigungswinkel für den untern Sparren, wenn der des obern 25 Grad beträgt.
Hier ist $\operatorname{tgt} \alpha = \operatorname{tgt} 25^0 = 0,4663077$, daher nach (III)
$\operatorname{tgt} \alpha' = 3 . 0,4663077 = 1,3989231$,
wozu ein Winkel von 54 Grad 27 Minuten stimmt, es ist daher $\alpha' = 54$ Grad 27 Minuten.
Für $\alpha = 30$ Grad wird
$\operatorname{tgt} \alpha' = 3 . 0,5773503 = 1,7320509$,
also $\alpha' = 60$ Grad.
Für $\alpha = 35$ Grad wird
$\operatorname{tgt} \alpha' = 3 . 0,7002075 = 2,1006225$,
also $\alpha' = 64$ Grad 32 Minuten.
Für $\alpha = 40$ Grad wird
$\operatorname{tgt} \alpha' = 3 . 0,8390996 = 2,5172988$,
also $\alpha' = 68$ Grad 29 Minuten.
Für $\alpha = 45$ Grad wird $\operatorname{tgt} \alpha = 1$, daher $\operatorname{tgt} \alpha' = 3$,
also $\alpha' = 71$ Grad 34 Minuten.

§. 362.

Zusatz. Wenn die Sparren eines abgebrochenen Dachs gleiche Länge und gleiches Gewicht haben sollen, so kann aus dem gegebenen Neigungswinkel des einen Sparrens, der Neigungswinkel des andern für das Gleichgewicht durch eine leichte Zeichnung gefunden werden. Taf. XII.

Es sey AB, Figur 199, die gegebene Länge des Sparrens, und ABC = α der gegebene Neigungswinkel für den obern Sparren. Man ziehe durch A die auf BC winkelrechte Linie CD, nehme CD = 3 . AC, so ist DBC = α' der Neigungswinkel für den untern Sparren, weil alsdann tgt $\alpha' = 3$ tgt α ist, wie nach (III.) erfordert wird. Wird nun die Linie DB nach E verlängert und BE = BA genommen, so ist ABE die für das Gleichgewicht erforderliche Zusammenstellung der Sparren. Fig. 199.

Es läßt sich leicht einsehen, daß bei ungleicher Länge und Gewicht der Sparren auf ähnliche Art die Zusammenstellung derselben durch Zeichnung gefunden werden könne.

§. 363.

Wird verlangt, daß bei einem gebrochenen Dache die Länge der Sparren AB, BD, Figur 198., und die Höhe des Dachs AC = h aus der gegebenen halben Breite DC = a durch Rechnung unter der Bedingung gefunden werden soll, daß die Sparren unter einander im Gleichgewichte sind, so kann dies mit Beibehaltung der Bezeichnung §. 361. folgendergestalt geschehen. Taf. XII. Fig. 198.

Wenn der Winkel α und das Verhältniß $\frac{b'}{b} = n$ nach den Umständen oder willkürlich angenommen worden, so läßt sich, wenn ebenfalls $\frac{G'}{G}$ gegeben, oder nach Willkür angenommen ist, der Winkel α' aus der Gleichung §. 361. I.

$$\operatorname{tgt} \alpha' = \left(2 + n\frac{G'}{G}\right) \operatorname{tgt} \alpha$$

bestimmen. Nun ist $BE = KC = b \cos \alpha$ und $DK = b' \cos \alpha'$, daher

$KC + DK = CD = a = b \cos \alpha + b' \cos \alpha'$

oder weil $b' = nb$ ist, so wird $a = b (\cos \alpha + n \cos \alpha')$ und man findet die Länge des obersten Sparrens AB oder

$$b = \frac{a}{\cos \alpha + n \cos \alpha'}$$

woraus sich leicht die Länge des untern Sparrens $BD = b' = nb$ finden läßt.

Ferner ist $AE = b \sin \alpha$ und $BK = EC = b' \sin \alpha' = nb \sin \alpha'$, daher $AE + EC = AC = h = b \sin \alpha + nb \sin \alpha'$, folglich findet man die Dachhöhe AC oder

$$h = b (\sin \alpha + n \sin \alpha').$$

Beispiel. Die halbe Breite eines Dachs sey 20 Fuß, der Neigungswinkel der obern Sparren 25 Grad, das Verhältniß der Sparrenlängen $\frac{b'}{b} = \frac{2}{3}$ und $\frac{G'}{G} = 1$ sind gegeben, man sucht die Länge der Sparren und die Dachhöhe.

Hier ist $\alpha = 25$ Grad, $n = \frac{2}{3}$ und $a = 20$, daher

$\operatorname{tgt} \alpha' = (2 + \frac{2}{3}) \operatorname{tgt} 25^0 = \frac{8}{3} . 0,4663077 = 1,2434872$
also $\alpha' = 51$ Grad 12 Minuten.
Hieraus findet man die Länge des obersten Sparrens

$$b = \frac{20}{\cos 25^0 + \frac{2}{3} \cos 51^0\, 12'} = 15,143 \text{ Fuß}$$

und die Länge des untersten Sparrens

$$b' = \tfrac{2}{3} b = 10,095 \text{ Fuß}.$$

Endlich erhält man die Dachhöhe

$$h = 15,143 (\sin 25^0 + \tfrac{2}{3} \sin 51^0\, 12') = 14,272 \text{ Fuß}.$$

§. 364.

Zusatz. Sind die Sparrenlängen b, b' einander gleich und $\frac{G'}{G} = 1$, also $\operatorname{tgt} \alpha' = 3 \operatorname{tgt} \alpha$, so findet man die Sparrenlänge

$$b = \frac{a}{\cos \alpha + \cos \alpha'}.$$

Nun ist $h = b (\sin \alpha + \sin \alpha') = \frac{a (\sin \alpha + \sin \alpha')}{\cos \alpha + \cos \alpha'}$ oder weil nach bekannten trigonometrischen Sätzen

$$\frac{\sin \alpha + \sin \alpha'}{\cos \alpha + \cos \alpha'} = \operatorname{tgt} \frac{\alpha + \alpha'}{2}$$

ist, so erhält man die Dachhöhe

$$h = a \operatorname{tgt} \frac{\alpha + \alpha'}{2}.$$

Beispiele. Für $\alpha = 25^0$ ist $\alpha' = 54^0\, 27'$, daher die Sparrenlänge

$$b = \frac{a}{\cos 25^0 + \cos 54^0\, 27'} = 0,671 \text{ a}$$

und die Dachhöhe

$$h = a \operatorname{tgt} 39^0\, 43\tfrac{1}{2}' = 0,639 \text{ a}.$$

Für $\alpha = 30^0$ ist $\alpha' = 60^0$, daher

$$b = 0,732 \text{ a}$$
$$h = a.$$

Für $\alpha = 35^0$ ist $\alpha' = 64^0\ 32'$ also
$b = 0{,}800\ a$
$h = 1{,}182\ a$.

§. 365.

Soll hingegen aus der gegebenen halben Breite a und aus der Höhe h des Dachs die Neigung und Länge der Sparren durch Rechnung gefunden werden, wenn vorausgesetzt wird, daß beide Sparren von gleicher Länge sind, und $\frac{G'}{G} = 1$ ist, so erhält man nach §. 363.

$$b = \frac{a}{\cos\alpha + \cos\alpha'} \text{ und } b = \frac{h}{\sin\alpha + \sin\alpha'};$$ also,

wenn beide Ausdrücke einander gleich gesetzt werden,

$a \sin\alpha' - h \cos\alpha' = h \cos\alpha - a \sin\alpha$, oder weil

$$\sin\alpha' = \frac{\sin\alpha' \cos\alpha'}{\cos\alpha'} = \operatorname{tgt}\alpha' \cos\alpha',$$ also

$$(a \operatorname{tgt}\alpha' - h) \cos\alpha' = (h - a \operatorname{tgt}\alpha) \cos\alpha.$$

Nun ist $\cos\alpha = \frac{1}{\sqrt{(1 + \operatorname{tgt}\alpha^2)}}$ und

$$\cos\alpha' = \frac{1}{\sqrt{(1 + \operatorname{tgt}\alpha'^2)}} = \frac{1}{\sqrt{(1 + 9 \operatorname{tgt}\alpha^2)}}$$

weil $\operatorname{tgt}\alpha' = 3 \operatorname{tgt}\alpha$ ist, daher

$$\frac{3 a \operatorname{tgt}\alpha - h}{\sqrt{(1 + 9 \operatorname{tgt}\alpha^2)}} = \frac{h - a \operatorname{tgt}\alpha}{\sqrt{(1 + \operatorname{tgt}\alpha^2)}}.$$

Werden nun beide Ausdrücke quadrirt und nach $\operatorname{tgt}\alpha$ geordnet, so erhält man

$$\operatorname{tgt}\alpha^2 + \tfrac{2}{3} \frac{a^2 - h^2}{a h} \operatorname{tgt}\alpha - \tfrac{1}{3} = 0,$$ folglich

$$\operatorname{tgt}\alpha = \frac{h^2 - a^2 + \sqrt{(a^4 + a^2 h^2 + h^4)}}{3 a h}$$

woraus leicht

tgt

$$\text{tgt}\,\alpha' = 3\,\text{tgt}\,\alpha \text{ und}$$

$$b = \frac{a}{\cos\alpha + \cos\alpha'}$$

gefunden werden kann.

Für a = h wird

$$\text{tgt}\,\alpha = \frac{a^2\sqrt{3}}{3a^2} = \tfrac{1}{3}\sqrt{3} = \text{tgt}\,30^\circ$$

$$\text{tgt}\,\alpha' = \sqrt{3} = \text{tgt}\,60^\circ$$

$$b = \frac{a}{\cos 30^\circ + \cos 60^\circ} = \frac{a}{\tfrac{1}{2}\sqrt{3} + \tfrac{1}{2}} = 0{,}73205\,a$$

Für h = 2 a wird

$$\text{tgt}\,\alpha = \frac{3 + \sqrt{21}}{6} = 1{,}2637626 = \text{tgt}\,51^\circ\,39'$$

$$\text{tgt}\,\alpha' = 3 \,.\, 1{,}2637626 = \text{tgt}\,75^\circ\,14'$$

$$b = \frac{a}{\cos 51^\circ\,39' + \cos 75^\circ\,14'} = 1{,}14240\,a$$

Beispiel. Bei einem gebrochenen Dache soll die halbe Tiefe 20 Fuß und die Höhe 16 Fuß betragen; man sucht die Neigung der Sparren und ihre Länge.

Es ist a = 20; h = 16 daher

$$\text{tgt}\,\alpha = \frac{-144 + \sqrt{327936}}{960} = 0{,}4465205,$$

wozu ein Winkel von 24 Grad 4 Minuten stimmt, welches der Neigungswinkel der obern Sparren ist.

Für den Neigungswinkel der untern Sparren erhält man

$$\text{tgt}\,\alpha' = 3\,\text{tgt}\,\alpha = 1{,}3395615,$$

wozu ein Winkel von 53 Grad 15 Minuten gehört.

Die Länge eines jeden Sparren findet man

$$b = \frac{20}{\cos 24^\circ\,4' + \cos 53^\circ\,15'} = 13{,}23 \text{ Fuß.}$$

§. 366.

Zusatz. Wird die Dachhöhe der halben Breite des Daches gleich, oder h = a, so erhält man

$$\text{tgt}\,\alpha = \frac{a^2\sqrt{3}}{3a^2} = \tfrac{1}{3}\sqrt{3} = \text{tgt}\,30^\circ \text{ und}$$

$$\text{tgt}\,\alpha' = \sqrt{3} = \text{tgt}\,60^\circ \text{ wie §. 365.}$$

Für diesen besondern Fall kann leicht aus der gegebenen Dachbreite AB, Figur 200, die Lage und Länge der Sparren durch Zeichnung gefunden werden, wenn man über AB einen Halbkreis beschreibt, denselben in sechs gleiche Theile in E, F, D, G, H, theilt und die Linie AF, ED, DH und BG zieht; alsdann ist AJDBK die Lage der Sparren. Denn der Winkel α = DJK = DEH hat den halben Bogen DGH zu seinem Maaße, also ist α = 30 Grad; der Winkel α' = FAB hat den halben Bogen FDGHB zu seinem Maaße, und ist daher = 60 Grad.

Taf. XII. Fig. 200.

Noch auf eine andere Art kann aus der gegebenen Breite AB, Figur 201., für den angenommenen Fall die Lage der Sparren gefunden werden, wenn in der Mitte von AB die Linie CD winkelrecht gezogen und = $\frac{1}{2}$ AB genommen wird. Verlängert man AB, CD unbestimmt und nimmt AE = BE = DF = DG = AB, so erhält man die Durchschnitte J, K und dadurch die Gestalt des Dachs AJDKB. Der Grund dieses Verfahrens läßt sich ebenfalls leicht einsehen, weil der Winkel DFC = α also DF sin α = DC = $\frac{1}{2}$ DF, also sin $\alpha = \frac{1}{2}$ = sin 30°, daher α' = 60°, wie erfordert wird.

Taf. XII. Fig. 201.

§. 367.

Der Sparrenschub S eines gebrochenen Dachs,

dessen Sparren bei B, Figur 198., im Gleichgewichte Taf. XII. Fig. 198
sind, läßt sich nach §. 361. leicht bestimmen. Denn der unterste Sparren BD wird bei B mit einer Kraft bG vertikal gepreßt, wovon nach der Richtung BD eine Kraft $\frac{bG}{\sin \alpha'}$ entsteht, welche diese Sparren nach horizontaler Richtung Dd mit einer Gewalt

$$\frac{bG}{\sin \alpha}. \cos \alpha' = bG \cot \alpha'$$

fort schiebt. Hierzu kommt der vom Gewicht b′ G′ des Sparrens BD entstehende Schub §. 361.

$$= \tfrac{1}{2} b'G' \cot \alpha'$$

daher ist der gesammte Sparrenschub

$$S = (bG + \tfrac{1}{2} b'G') \cot \alpha'$$

oder weil (§. 361). $\frac{1}{2} bG \cot \alpha = (bG + \frac{1}{2} b'G') \cot \alpha'$, so erhält man auch:

$$S = \tfrac{1}{2} bG \cot \alpha.$$

Eben so stark würde der vom obersten Sparren AB allein bewirkte Sparrenschub seyn, (§. 350.), daher äußern zwei über einander gestellte Sparren eines gebrochenen Dachs, wenn sie sich im Gleichgewichte befinden, einen eben so großen Sparrenschub, als wenn der oberste Sparren allein, ohne Verbindung mit dem untern wirkte.

Wäre a die halbe Breite und h die Höhe des gebrochenen Dachs, so ist

für $a = h$ (§. 365.), $b = 0{,}73205\ a$

und $\alpha = 30^0$ also $\cot \alpha = \sqrt{3}$, daher der Sparrenschub

$S = \frac{1}{2} . 0,73205 \sqrt{3} . aG = 0,63397\ aG.$

Ferner für $h = 2a$ ist (§. 365.)

$b = 1,14240\ a$ und $\alpha = 51^\circ\ 30'$, also

$\cot \alpha = 0,79117$, daher der Sparrenschub

$S = \frac{1}{2} . 1,14240 . 0,79117\ aG = 0,45191\ aG.$

Der Sparrenschub grader Dächer von eben der Breite und Höhe (§. 351.) ist

für $a = h$, $S = 0,70711\ aG$ und

für $h = 2a$, $S = 0,54902\ aG.$

Vergleicht man diese Werthe mit den vorhergehenden bei gebrochenen Dächern, so folgt daraus, daß für gleiche Höhe und Breite bei graden Dächern der Sparrenschub größer als bei gebrochenen Dächern ist.

§. 368.

Zusatz. Sind mehrere Sparren von verschiedener Länge und Gewicht, wie ABLMNOP, Figur 202., so über einander gestellt, daß sie sich im Gleichgewichte halten, so muß nothwendig der Sparrenschub in den Punkten B, L, M, N, O, P, welchen die über diesen Punkten befindlichen Sparren verursachen, gleich groß seyn.

Taf. XII. Fig. 202.

Gesetzt in M sei der Sparrenschub von $ABLM = H$ und in N von den Sparren $ABLMN = H'$. Ferner setze man das Gewicht von $ABLM = V$, von $MN = v$; den Winkel, welchen der Sparren LM mit dem Horizont einschließt $= \varphi$, so erfordert das Gleichgewicht unter den Sparren beim Punkte M, daß der nach horizontaler Richtung MM entstehende Druck, dem Sparrenschub H, nach der Richtung MH gleich sey. Nun ist der vom nächsten Sparren NM entstehende horizontale Druck nach MM' $= \frac{1}{2}$ v cot φ (§. 350.), weil an den übrigen Punkten B, L, N, O, die horizontalen Pressungen im Gleichgewicht sind. Ferner drückt in M auf den Sparren MN die Last V senkrecht, wovon ein horizontaler Druck nach MM'

$$= V \cot \varphi$$

und nach MN ein Druck

$$= \frac{V}{\sin \varphi}$$

entsteht. Beide horizontale Pressungen $\frac{1}{2} v \cot \varphi + V \cot \varphi$ müssen für das Gleichgewicht dem Sparrenschub H gleich seyn, also

$$H = (V + \tfrac{1}{2} v) \cot \varphi.$$

Von der Last V entsteht nach MN ein Druck $\frac{V}{\sin \varphi}$, welcher nach der horizontalen Richtung NH' zerlegt, einen Schub $\frac{V}{\sin \varphi} . \cos \varphi = V \cot \varphi$ verursacht; wird hiezu der Sparrenschub addirt, welcher vom Sparren MN entsteht, $= \frac{1}{2}$ v cot φ (§. 350.), so ist der gesammte Sparrenschub bei N, welcher von den Sparren ABLMN entsteht, oder

$$H' = (V + \tfrac{1}{2} v) \cot \varphi \text{ also } H = H',$$

welches sich auf eine ähnliche Art für alle folgende im Gleichgewichte befindliche Sparren beweisen läßt, so verschieden auch die Länge und das Gewicht der Sparren seyn mag.

§. 369.

Werden die über einander gestellten Sparren so
Taf. XII. äußerst klein angenommen, daß solche eine stetige krum-
Fig. 203. me Linie AM Fig. 203. bilden, so muß noch der im vorigen §. erwiesene Satz gelten, daß in jedem Punkte der krummen Linie AM, der wagrechte Druck gleich groß ist, wenn alle Theile derselben im Gleichgewichte sind. Da nun dies eine der vorzüglichsten Eigenschaften der Kettenlinie ist (§. 90. I. Anhang), aus welcher sich alle übrige Eigenschaften dieser krummen Linie ableiten lassen, so werden die unendlich kleinen über einander gestellten Sparren, wenn solche im Gleichgewichte sind, eine Kettenlinie bilden. Eine freie hängende Kette giebt daher genau die Gestalt an, nach welcher man mehrere äußerst kurze Sparren zusammen setzen muß, welche einander im Gleichgewichte halten sollen; nur daß man die Kettenlinie umgekehrt aufrichten muß. Wäre A der Scheitel dieser krummen Linie, und man nimmt von demselben auf der Vertikallinie AC die Abscissen und darauf winkelrecht die Ordinaten, so erhält man für $AP = x$ und $PM = y$ folgende Gleichung (§. 95. Anhang), um für jedes x den zugehörigen Werth von y zu finden,

$$y = \sqrt{\frac{79888\,c^2 x + 6913\,c x^2 - 157\,x^3}{39939\,c + 10000\,x}},$$

wo c eine beständige Größe ist, welche aus der halben Breite $BC = a$ und Höhe $AC = h$ durch nachstehenden Ausdruck gefunden wird (Anh. 95.)

$$c = \frac{25a^2 - 4.33h^2 + \sqrt{(625a^4 + 1036a^2h^2 + 38h^4)}}{100\,h}.$$

Der Winkel, welchen die Tangente der Kurve AB im Punkte B mit der Horizontale BD einschließt, sey α, so findet man (Anh. §. 96. I.)

$$\text{tgt}\,\alpha = \frac{\sqrt{(2ch + h^2)}}{c}$$

und wenn r den Krümmungshalbmesser im Scheitel A, und r' im Punkte B bezeichnet, so ist (Anh. §. 98.)

$$r = c \text{ und } r' = \frac{(c+h)^2}{c}.$$

Nun ist offenbar, daß wenn es darauf ankommt, den aus einzelnen Brettstücken zusammengesetzten Sparren eines Bohlendachs (Bogendach) anzugeben, dieser am geschicktesten seyn wird, der, von der Eindeckung und seinem eigenen Gewicht entstehenden Belastung zu widerstehen, wenn sich alle Theile desselben im Gleichgewichte befinden, das heißt, wenn die Sparren nach einer Kettenlinie gekrümmt sind.

Gewöhnlich pflegt man einen Kreisbogen zur Krümmung der Sparren bei den Bogendächern zu nehmen, weil es in der Ausübung mit zu viel Schwierigkeiten verbunden ist, wenn man dem Bohlensparren nicht durchgängig einerlei Krümmung geben wollte. Aber auch dann, wenn der Sparren nach einem Kreisbogen geformt wird, kann man verlangen, daß die Gestalt des Kreisbogens so viel wie möglich mit der Kettenlinie überein kommt. Nun ist den Erfahrungen gemäß bei den Bogensparren der Untertheil der schwächste und am meisten dem Einbiegen ausgesetzt; auch bedarf derselbe deshalb einer sorgfältigen Konstruktion, weil der Obertheil gewöhnlich durch den Holzverband eine größere Verstärkung als der Untertheil erhält. Es wird also darauf ankommen, daß wenn Taf. XII. Fig. 204. die halbe Dachbreite, Figur 204., BC = a und die Dachhöhe AC = h gegeben ist, die Tangente des dazu gehörigen Kreisbogen AB bei B mit dem Horizonte BC eben den Winkel TBC = α bildet, welchen eine durch die Punkte BA gelegte Kettenlinie erhält, deren Scheitel in A fällt, und daß der Halbmesser des Kreisbogens BQ = R, mit dem Krümmungshalbmesser der Kettenlinie für den Untertheil des Bogens, so viel wie möglich überein kommt.

§. 370.

Mit Beibehaltung der Bezeichnung des vorigen §. läßt sich für den Kreisbogen AB, Figur 204., wenn a, h und α gegeben sind, der Halbmesser R finden.

Es sey Q der gesuchte Mittelpunkt. Man verlängere AC und BC bis M und N, und ziehe QP auf BN winkelrecht, so ist der Winkel

$BQP = PBT = \alpha$ daher

$BP = R \sin \alpha$ und

$PQ = R \cos \alpha$. Nun ist ferner

$CN = 2.BP - a = 2R \sin \alpha - a$ und

$CM = 2.PQ + h = 2R \cos \alpha + h$

und weil aus geometrischen Gründen

$BC.CN = AC.CM$ oder $a.CN = h.CM$

so ist auch

$a(2R \sin \alpha - a) = h(2R \cos \alpha + h)$

folglich, wenn hieraus der Halbmesser R entwickelt wird,

$$R = \frac{a^2 + h^2}{2(a \sin\alpha - h \cos\alpha)}.$$

Es ist aber auch

$$\sin\alpha = \frac{tgt\,\alpha}{\sqrt{(1 + tgt\,\alpha^2)}} \text{ und } \cos\alpha = \frac{1}{\sqrt{(1 + tgt\,\alpha^2)}}.$$

Setzt man diese Werthe in vorstehende Gleichung, so wird

$$R = \frac{(a^2 + h^2)\sqrt{(1 + tgt\,\alpha^2)}}{2a\,tgt\,\alpha - h}.$$

Soll nun der Winkel α mit demjenigen überein kommen, welchen eine durch AB gelegte Kettenlinie bildet, so wird erfordert, daß nach §. 369.

$$tgt\,\alpha = \frac{\sqrt{(2ch + h^2)}}{c} \text{ sey.}$$

Diesen Werth in die zuletzt gefundene Gleichung gesetzt, giebt

$$R = \frac{(a^2 + h^2)(c + h)}{2[a\sqrt{(2ch + h^2)} - ch]}.$$

Sobald nun aus a und h der Werth von c bekannt ist, so läßt sich daraus der Halbmesser R finden. Bezeichnet r den Krümmungshalbmesser der Kettenlinie für $x = \frac{1}{2}h$, so ist (Anh. §. 98.)

$$r = \frac{(c + \frac{1}{2}h)^2}{c}.$$

Nun ist für $a = h$; $c = 0{,}619\,h$, (Anh. §. 95.) daher

$$R = \frac{2 \cdot 1{,}619\,h}{2(\sqrt{2{,}238} - 0{,}619)} = 1{,}846\,h$$

$$r = \frac{(0{,}619 + 0{,}5)^2}{0{,}619}\,h = 2{,}023\,h.$$

Soll daher der Kreisbogen AB mit der Kettenlinie unter

den festgesetzten Bedingungen möglichst überein stimmen, so müßte auch $R = 2{,}023\,h$ seyn; alsdann würde aber α kleiner wie erfordert wird, weshalb als Mittelwerth $R = 2h$ gesetzt werden kann; das heißt, bei einem Bogensparren, wo die Dachhöhe der halben Breite des Dachs gleich ist, muß der Halbmesser des Kreisbogens doppelt so groß als die Dachhöhe seyn, wenn der Kreisbogen so viel wie möglich die Gestalt einer Kettenlinie erhalten soll.

Für $a = \frac{3}{4}h$ oder wenn die Breite des Dachs um die Hälfte größer, als die Höhe ist, erhält man $c = 0{,}383\,h$ also

$$R = 3{,}662\,h \text{ und } r = 2{,}036\,h.$$

Das arithmetische Mittel zwischen beiden Halbmessern ist $= 2{,}849$, so daß man für $a = \frac{3}{4}h$, den Halbmesser $R = 3h$ annehmen kann.

Wird $a = \frac{1}{2}h$, so ist $c = 0{,}202\,h$ also

$$R = 1{,}924\,h \text{ und } r = 2{,}440\,h,$$

so daß für diesen Fall $R = 2h$ angenommen werden kann.

§. 371.

Ein an beiden Enden aufliegender Balken AB, Taf. XII. Fig. 205. Figur 205, welcher unterhalb durch Streben CD, EF mit Hülfe eines Spannriegels CE gestützt wird, bildet ein Sprengewerk, und man kann die Last, welche der Balken tragen muß, so ansehen, als wenn sie auf die vier Punkte A, C, E und B vertheilt wäre. Es sey $AC = BE = c$ und der vertikale Druck auf C oder

$E = Q'$, so läßt sich Q' nach §. 348. leicht finden. Der horizontale Druck der Strebe CD gegen ihre Widerlage bei D sey S, so findet man, wenn der Winkel $ACD = \alpha$ ist, die Kraft, mit welcher die Widerlage horizontal weggedrückt wird, oder

$$S = Q' \cot \alpha.$$

Je größer daher der Winkel α oder je länger die Strebe CD bei unveränderter Länge des Spannriegels wird, desto geringer ist der Schub gegen die Widerlage.

Weil aber der Punkt D in den meisten Fällen, und besonders bei Brücken deshalb gegeben ist, weil solcher wegen des Eisganges noch über den Wasserspiegeln fallen muß, so ist $AD = h$ als eine gegebene Größe anzusehen, und man erhält, weil $\cot \alpha = \frac{c}{h}$ ist,

$$S = \frac{c}{h} Q'.$$

Nun ist für den Fall, wenn auf der Mitte des Balkens AB in G eine Last P' liegt, und kein anderes Gewicht in Rechnung gebracht, auch $AG = b$ gesetzt wird, nach §. 348.

$$Q' = \frac{3b^2 - c^2}{4c(3b - 2c)} P' \text{ also}$$

$$S = \frac{3b^2 - c^2}{4h(3b - 2c)} P'.$$

Weil sich dieser Ausdruck aber auch so vorstellen läßt

$$S = \frac{P'}{16h}\left(3b + 2c + \frac{3b^2}{3b - 2c}\right)$$

so folgt daraus, daß S mit c wächst, oder wenn un=

ter übrigens gleichen Umständen der Stützpunkt D der Strebe eines Sprengewerks gegeben ist, so wird der horizontale Druck gegen die Widerlage desto größer, je länger die Strebe ist.

Wäre die Last P′ nicht in der Mitte G angebracht, sondern über den ganzen Balken AB dergestalt gleichförmig verbreitet, daß auf jeden Fuß von der Länge des Balkens, G Pfund von der Last P′ kommen, so erhält man §. 348.

$$Q' = \frac{8b^3 + c^3 - 4bc^2}{8c(3b-2c)} G \text{ also}$$

$$S = \frac{8b^3 + (c-4b)c^2}{8h(3b-2c)} G$$

daher auch bei einer auf dem Balken gleichförmig verbreiteten Last, der zuletzt angeführte Satz seine Anwendung findet.

§. 372.

Ueber dem an beiden Enden unterstützten Balken
Taf. XII. Fig. 206. AB, Figur 206, eines Hängewerks, sind die Streben AC, BD, der Spannriegel CD und die mit dem Balken verbundene Hängesäulen CE, DF angebracht, so kann man, wenn die Belastung des Balkens AB gegeben ist, den Druck auf die Punkte E und F nach §. 371. finden, wodurch zugleich die Kraft bestimmt ist, mit welcher jede Hängesäule vertikal abwärts gezogen wird. Diese sei Q′; ferner AE = c; CE = h und der Winkel CAE = α, so läßt sich Q′ in C, nach CA und CD zerlegen, und man erhält die Kraft, mit welcher die Strebe nach CA gedrückt wird

$$= \frac{Q'}{\sin\alpha} = \frac{Q'\sqrt{(c^2+h^2)}}{h}$$

und die Kraft, mit welcher der Spannriegel CD zusammengedrückt wird

$$= Q'\cot\alpha = \frac{c}{h}\,Q'.$$

Sind daher die Punkte E, F, über welchen die Hängesäulen angebracht sind, bestimmt, so wird bei einerlei Belastung und unveränderter Balkenlänge, sowohl der Druck auf die Strebe, als auch auf den Spannriegel, desto geringer, je größer man die Länge der Hängesäule annimmt.

Die halbe Länge des Balkens sey $= b$ und in der Mitte desselben ein Gewicht P′ angebracht, so erhält man den Druck, welcher sich auf die Punkte E und F vertheilt, oder die Kraft, mit welcher jede Hängesäule vertikal abwärts gezogen wird (§. 348.)

$$Q' = \frac{3b^2 - c^2}{4c(3b-2c)}\,P'$$

folglich die Kraft, mit welcher die Strebe nach CA gedrückt wird

$$= \frac{(3b^2-c^2)\sqrt{(c^2+h^2)}}{4ch(3b-2c)}\,P'$$

und eben so findet man die Kraft, mit welcher der Spannriegel zusammen gedrückt wird

$$= \frac{3b^2-c^2}{4h(3b-2c)}\,P'.$$

Vierzehntes Kapitel.
Statik der Gewölbe und Widerlagen.

§. 373.

Statt eines Keils, welcher mit den Widerständen an seinen Seitenflächen im Gleichgewichte ist, kann man sich mehrere Keile neben einander denken, welche ein **Gewölbe** (Fornix, Concameratio. *Voûte*)
Taf XIII. Fig. 207. ABDFF'A', Figur 207, bilden, von dessen Hälfte die angeführte Figur einen vertikalen Durchschnitt vorstellt. Die einzelnen Keile wie AA'B'B (welchen hier der Untertheil ABO fehlt) heißen **Gewölbsteine** (Cunei. *Vousfoirs)*, die Flächen, mit welchen sich die Gewölbsteine berühren, die Bindungs- oder Lagerflächen (*Lits*) und der Raum zwischen zwei an einander stoßenden Gewölbsteinen, die **Fuge** (Coagmentum. *Joint*). Diejenige Masse FF'J, von welcher der Untertheil des Gewölbes gestützt und getragen wird, heißt die **Widerlage** (*Support. Pied-droit*); bei Brücken der **Stirnpfeiler** (*Culée*) und wenn zwei neben einander befindliche Gewölbe darauf ruhen, ein Pfeiler (*Pilier*). Derjenige Theil des Gewölbes, welcher sich zunächst an der Widerlage befindet, heißt der **Anfang** des Gewölbes (*Naisfance*); der daselbst befindliche Gewölbstein, welcher der unterste ist, der erste Wölb-

stein oder Kämpfer (*Coussinet*), so wie der oberste der Schlußstein (*Clef*) heißt.

Macht man durch den Schlußstein und die beiden Widerlagen eines Gewölbes einen solchen Querschnitt, welcher die innere und äußere Fläche des Gewölbes winkelrecht durchschneidet, so heißt die Fläche, deren Durchschnitt in die Linie ABDEF fällt, die **innere Wölbung** (*Intrados*), die Fläche, deren Durchschnitt die Linie A′B′D′E′F′ vorstellt, die **äußere Wölbung** (*Extrados*) und die höchsten Punkten A, A′, die **Scheitel** dieser Wölbungen. Die Linien ABDEF und A′B′D′E′F′ heißen die Wölblinien, welche man auch unter dem Namen Wölbung begreift. Sind alle mit einander parallele winkelrechte Querschnitte eines Gewölbes einander gleich, also alle zwischen zwei solchen parallelen Querschnitten gelegene Gewölbstücke Prismen, so heißt das Gewölbe ein **grades Tonnengewölbe** (*Berceau*), welches **symmetrisch** ist, wenn die beiden Hälften der Wölbung, vom Scheitel bis zur Widerlage gerechnet, einander gleich sind. Liegen die Scheitel der verschiedenen parallelen Querschnitte in einer wagerechten Linie, so ist das Tonnengewölbe **wagerecht**, sonst **schief**. Die Gestalt der innern Wölbung bestimmt gewöhnlich den Beinamen des Gewölbes. Bei einem scheiderechten Gewölbe (*Platte-bande droite*), ist die innere Wölbung grade.

Die vordere Ansicht eines Tonnengewölbes heißt die **Stirnfläche** (*Parement*), bei welcher hier immer vorausgesetzt wird, daß sie auf der Fläche der innern Wölbung winkelrecht stehe.

Eine andere Art Gewölbe sind die Kuppel- oder Kesselgewölbe (Tholi. *Voûtes en dôme*) deren Höhlung irgend ein Konoid bildet, dessen krumme Oberfläche mit der innern Wölbung des Kuppelgewölbes überein kommt.

Mehrere Benennungen und Eintheilungen der Gewölbe sind zu dem vorgesetzten Zwecke nicht erforderlich.

I. Tonnengewölbe.

A. Wenn die Gewölbsteine unter einander ohne Rücksicht auf Reibung und Kohäsion im Gleichgewichte sind.

§. 374.

Aufgabe. Mehrere Gewölbsteine AB′, BD′, DE′..... Figur 207., auf welche außer ihrem eigenen Gewichte keine andere Kräfte wirken, befinden sich im Gleichgewichte, vorausgesetzt, daß in den vollkommen ebenen Fugen weder Kohäsion noch Reibung statt finde, und daß im Scheitel bei AA′ eine vertikale Wand und bei FF′ die feste Widerlage FJ das Ausweichen verhindere; man sucht die Bedingungen, unter welchen die einzelnen Steine mit einander im Gleichgewichte sein müssen.

Taf. XIII. Fig. 207.

Auflösung. Die einzelnen Gewölbsteine können offenbar durch den Druck der übrigen Masse des Gewölbes nicht ausgedrängt werden, und müssen sich im Gleichgewichte befinden, wenn das Gewicht eines jeden Steins einen eben so starken Normaldruck gegen die Fläche oder Fuge der angrenzenden Steine ausübt, als

diese

diese gegen den einzelnen Gewölbstein. Es sei daher das Gewicht des Steins $AB' = S$ und der Winkel $A'OB'$, welchen seine unterste Fuge $B'B$ mit der Vertikale OA bildet $= \alpha$. Durch den Schwerpunkt G des Gewölbsteins AB' sey die Vertikallinie GS gezogen, so wirkt das Gewicht S in dieser Linie vertikal nach unten, und man kann dasselbe horizontal nach GH in eine Kraft C und auf $B'B$ winkelrecht nach GK in eine Kraft N zerlegen. Nach §. 217. (I) findet man die Kraft, mit welcher der Gewölbstein AB' gegen die vertikale Fuge AA' gepreßt wird, oder

$$C = S \cot \alpha \text{ oder } S = C \operatorname{tgt} \alpha.$$

Eben so ist der Normaldruck auf BB' oder

$$N = \frac{S}{\sin \alpha}$$

Das Gewicht des folgenden Gewölbsteins sey S' und der Winkel $D'O'o'$, welchen seine untere Fuge mit der Vertikale $o'O'$ bildet $= \alpha'$, so kann man das Gewicht S', welches in der durch den Schwerpunkt G' des Steins gezogenen Vertikallinie $G'S'$ wirkt, nach $G'K$ winkelrecht auf BB' in die Kraft M' und winkelrecht auf $D'D$ nach der Richtung $G'L'$ in die Kraft N' zerlegen. Man ziehe $G'gg'$ horizontal, so ist $\Delta G'gK \sim gOg'$ also der Winkel $KG'g = \alpha$, folglich $KG'S' = 90° + \alpha$. Weil ferner $G'S'$ mit $A'O$ parallel läuft, so ist $LhG' = \alpha'$ also $LG'S' = 90° - \alpha'$ und daher $LG'K = LG'S' + KG'S' = 180° - (\alpha' - \alpha)$. Hiernach erhält man $\sin LG'S' = \cos \alpha'$, $\sin KG'S' =$

cos α und sin LG'K $=$ sin $(\alpha' - \alpha)$. Es ist daher nach §. 19. (I) die Normalkraft, welche der Gewölbstein BD' gegen BB' ausübt, oder

$$M' = \frac{\sin LG'S'}{\sin LG'K} \cdot S' = \frac{S' \cos \alpha'}{\sin(\alpha' - \alpha)}$$

und die Normalkraft gegen D'D, oder

$$N' = \frac{\sin KG'S'}{\sin LG'K} \cdot S' = \frac{S' \cos \alpha}{\sin(\alpha' - \alpha)}.$$

Des hierauf folgenden Gewölbsteins DE' Gewicht sey S'' und der Winkel E'O''o'', welchen die unterste Fuge E'E mit der Vertikale o''O'' einschließt $= \alpha''$, ferner der Normaldruck gegen DD' $=$ M'' und gegen EE' $=$ N'', so findet man wie vorhin

$$M'' = \frac{S'' \cos \alpha''}{\sin(\alpha'' - \alpha')} \text{ und}$$

$$N'' = \frac{S'' \cos \alpha'}{\sin(\alpha'' - \alpha')}.$$

Auf ganz ähnliche Art erhält man die Nomalpressungen von den Gewichten S''', S^{IV}.... der folgenden Gewölbsteine. Sollen nun sämmtliche Steine mit einander im Gleichgewichte seyn, so muß N $=$ M', N' $=$ M'', N'' $=$ M''' u. s. w. seyn und man erhält

$$\frac{S}{\sin \alpha} = \frac{S' \cos \alpha'}{\sin(\alpha' - \alpha)}$$

$$\frac{S' \cos \alpha}{\sin(\alpha' - \alpha)} = \frac{S'' \cos \alpha''}{\sin(\alpha'' - \alpha')}$$

$$\frac{S'' \cos \alpha'}{\sin(\alpha'' - \alpha')} = \frac{S''' \cos \alpha'''}{\sin(\alpha''' - \alpha'')} \text{ u. s. w.}$$

Werden statt sin $(\alpha' - \alpha)$; sin $(\alpha'' - \alpha')$ ... die gleichen Werthe sin α' cos α — cos α' sin α; .....

gesetzt und statt der Sinus und Cosinus, die Tangenten eingeführt, so erhält man nach der Entwickelung

$$S' = S \frac{\operatorname{tgt} \alpha' - \operatorname{tgt} \alpha}{\operatorname{tgt} \alpha}$$

$$S'' = S' \frac{\operatorname{tgt} \alpha'' - \operatorname{tgt} \alpha'}{\operatorname{tgt} \alpha' - \operatorname{tgt} \alpha}$$

$$S''' = S'' \frac{\operatorname{tgt} \alpha''' - \operatorname{tgt} \alpha''}{\operatorname{tgt} \alpha'' - \operatorname{tgt} \alpha'}$$

$$S^{IV} = S''' \frac{\operatorname{tgt} \alpha^{IV} - \operatorname{tgt} \alpha'''}{\operatorname{tgt} \alpha''' - \operatorname{tgt} \alpha''} \text{ u. s. w.}$$

Es ist aber $S = C \operatorname{tgt} \alpha$, und wenn dieser Werth statt S; der dadurch für S' gefundene Werth statt S' u. s. w. in vorstehende Gleichungen eingeführt wird, so erhält man

$$S = C \operatorname{tgt} \alpha$$

$$S' = C (\operatorname{tgt} \alpha' - \operatorname{tgt} \alpha)$$

$$S'' = C (\operatorname{tgt} \alpha'' - \operatorname{tgt} \alpha')$$

$$S''' = C (\operatorname{tgt} \alpha''' - \operatorname{tgt} \alpha'') \text{ u. s. w.}$$

und hieraus

$$S = C \operatorname{tgt} \alpha$$

$$S + S' = C \operatorname{tgt} \alpha'$$

$$S + S' + S'' = C \operatorname{tgt} \alpha''$$

$$S + S' + S'' + S''' = C \operatorname{tgt} \alpha''' \text{ u. s. w.}$$

welches eben so für jede noch größere Anzahl von Gewölbsteinen bewiesen werden kann.

In allen diesen Ausdrücken ändert sich der Winkel $\alpha, \alpha' \alpha'' \ldots$, wenn sich die Summe von den Gewichten $S, S', S'' \ldots$ ändert, so groß oder klein man auch das Gewicht S des ersten Gewölbsteins annimmt, dagegen bleibt in allen Ausdrücken der Druck C eine unveränderliche Größe.

Wenn daher Q das Gewicht des Gewölbbogens bezeichnet, welcher aus einzelnen Steinen bestehet, derer Gewichte S, S′, S″, S‴..... sind, und die oberste Fuge desselben ist vertikal, die unterste bildet aber mit der Vertikallinie einen Winkel φ, so ist allgemein

(I) $Q = C \operatorname{tgt} \varphi$ oder $C = Q \cot \varphi$,

wo C die horizontale Pressung des obersten oder am Scheitel befindlichen Gewölbsteins, gegen die vertikale Fuge bezeichnet. Dieser Druck C muß übrigens von einerlei Größe bleiben, so groß auch das im Gleichgewicht befindliche Gewölbe werden mag, weil für das Gleichgewicht jeder folgende Gewölbstein den über ihm liegenden nur eben so stark preßt, als er von diesem gedrückt wird.

Daß dieser Horizontaldruck C des ersten Gewölbsteins, dessen Gewicht S ist, immer unverändert bleibt, so groß oder klein man auch den ersten Gewölbstein annehmen mag, kann man sich noch folgendergestalt überzeugen. Wäre der erste Gewölbstein z. B. nur halb so dick, also sein Gewicht $s = \frac{1}{2} S$; der zugehörige Winkel $= \beta$ und der davon entstehende Horizontaldruck nicht C sondern C′, so erhält man wie vorher

$s = C' \operatorname{tgt} \beta$; $S = C' \operatorname{tgt} \alpha$ u. s. w.

Nun war auch $S = C \operatorname{tgt} \alpha$, daher ist $C' = C$.

Wäre W das Gewicht desjenigen Gewölbsteins, welcher unmittelbar auf das Gewölbstück folgt, dessen Gewicht Q ist, so sei φ' der Winkel, den seine untere Fuge mit der Vertikale einschließt, alsdann ist φ dieser Winkel für die oberste Fuge desselben und man erhält wie oben

$$\text{(II)}\quad W = C\,(\operatorname{tgt}\varphi' - \operatorname{tgt}\varphi)$$

oder auch nach der ersten Bezeichnung

$$\text{(III)}\quad W = \frac{C \sin(\varphi' - \varphi)}{\cos\varphi' \cos\varphi}$$

Aus der Verbindung (I) mit (II) erhält man

$$\text{(IV)}\quad Q : W = \operatorname{tgt}\varphi : \operatorname{tgt}\varphi' - \operatorname{tgt}\varphi$$

oder für das Gleichgewicht unter den Steinen eines Gewölbes wird erfordert, daß sich das Gewicht eines Stücks dieses Gewölbes, vom Scheitel an bis zu irgend einem Gewölbsteine gerechnet, zum Gewichte dieses unmittelbar darunter liegenden Gewölbsteins verhält, wie die Tangente des Winkels, welchen die untere Fuge des Gewölbstücks mit der Vertikale bildet, zur Differenz der Tangenten der Winkel, welche die Fugen des Gewölbsteins mit der Vertikale einschließen. Aus (IV) erhält man ferner

$$\text{(V)}\quad Q : Q + W = \operatorname{tgt}\varphi : \operatorname{tgt}\varphi'$$

oder die Gewichte zweier Gewölbstücke, vom Scheitel an gerechnet, müssen sich eben so wie die Tangenten der Winkel verhalten, welche ihre untere Fugen mit der Vertikale bilden, wenn unter den Gewölbsteinen ein Gleichgewicht entstehen soll.

§. 375.

Zusatz. Für irgend einen Gewölbstein, dessen Gewicht W ist, und dessen beide Fugen mit der Vertikallinie die Winkel φ und φ' einschließen, findet man den Normaldruck N auf den unterhalb darauf folgenden Gewölbstein

$$N = \frac{W \cos \varphi}{\sin (\varphi' - \varphi)}$$

Dieser Normaldruck kann in einen horizontalen H und in einen vertikalen Q' zerlegt werden, alsdann ist (§. 20. I. II.)

$$H = N \cos \varphi' \text{ und } Q' = N \sin \varphi' \text{ oder}$$

$$H = W \frac{\cos \varphi' \cos \varphi}{\sin (\varphi' - \varphi)} = \frac{W}{\operatorname{tgt} \varphi' - \operatorname{tgt} \varphi}$$

weil aber (§. 374. II) $W = C (\operatorname{tgt} \varphi' - \operatorname{tgt} \varphi)$ ist, so erhält man

$$\text{(I) } H = C.$$

Da nun der gefundene Ausdruck unverändert bleibt, wenn auch der horizontale Druck auf jede andere Fuge gesucht wird, so folgt hieraus, daß wenn alle Gewölbsteine im Gleichgewichte sind, so ist der horizontale Druck eines jeden Gewölbstücks auf den darunter befindlichen Gewölbstein, oder der horizontale Druck des ganzen Gewölbes auf die darunter befindliche Widerlage, dem horizontalen Druck des Gewölbes gegen die am Scheitel befindliche vertikale Fuge gleich. Für den vertikalen Druck erhält man

$$Q' = N \sin \varphi' = W \frac{\sin \varphi' \cos \varphi}{\sin (\varphi' - \varphi)} = \frac{W \operatorname{tgt} \varphi'}{\operatorname{tgt} \varphi' - \operatorname{tgt} \varphi}.$$

Nun ist (§. 374. V) $\operatorname{tgt} \varphi' = \frac{(Q + W) \operatorname{tgt} \varphi}{Q}$ und

(§. 374. I) $\frac{\operatorname{tgt} \varphi}{Q} = \frac{1}{C}$ also $\operatorname{tgt} \varphi = \frac{Q + W}{C}$.

Ferner ist nach eben dem §. (II) $W = C(\text{tgt}\,\varphi' - \text{tgt}\,\varphi)$ daher

$$\text{(II)}\ Q' = Q + W,$$

d. h. der vertikale Druck eines jeden Gewölbstücks, vom Scheitel an gerechnet, gegen die darunter befindliche Fuge, ist dem Gewichte dieses Gewölbstücks gleich.

Uebrigens bleibt der horizontale und vertikale Druck unverändert, das Gewölbstück mag aus einer zusammenhängenden Masse oder aus noch so vielen einzelnen Gewölbsteinen bestehen, wenn nur sämmtliche Fugen die für das Gleichgewicht erforderliche Lage erhalten.

§. 376.

Mit Hülfe des §. 374. (V) erwiesenen Satzes, ist man im Stande, durch Zeichnung die erforderliche Höhe der Gewölbsteine eines Tonnengewölbes anzugeben, wenn vorausgesetzt wird, daß die innere Wölbung ein Kreisbogen ist, sämmtliche Steine gleiches eigenthümliches Gewicht haben, und daß die Richtung sämmtlicher Fugen nach dem Mittelpunkte des Kreisbogens gehet. Haben nun sämmtliche Steine an der innern Wölbung gleiche Breite, also AB = BD = DE ꝛc. Figur 208., so wird sich das Gewicht derselben wie die Taf. XIII. Fig. 280. Flächen AB′, BD′, DE′ ꝛc. oder beinahe wie ihre Höhen, AA′, BB′, DD′ ꝛc. verhalten. Man verlängere die Vertikale CA nebst dem Halbmesser CB des obersten Gewölbsteins so weit, bis eine auf aC winkelrechte Linie ab, der gegebenen Höhe A′A des obersten Gewölbsteins gleich ist. Auf der Verlängerung von ab bemerke man die Punke d, e, f, g . . . ., welche durch die Verlängerung von CD, CE, CF, . . . gefunden werden, so sind ab, bd, de, ef, fg u. s. w. eben so groß, als die erforderlichen Höhen AA′, BB′, DD′, EE′, FF′ u. s. w. der dazu gehörigen Gewölbsteine.

Setzt man das Gewicht des Steins AB′ = Q, des Steins BD′ = W, den Winkel ACB = φ, ACD = φ', so verhält sich (§. 374. IV.)

$$Q : W = \text{tgt}\,\varphi : \text{tgt}\,\varphi' - \text{tgt}\,\varphi \text{ oder}$$

$$AA' : BB' = ab : ad - ab.$$

Nun ist AA′ = ab also

$$BB' = ad - ab = bd.$$

Hienach ist ferner AA′ + BB′ dem Gewichte des Gewölbstücks AD′ proportional; setzt man dies = Q und DE′ = W; ferner den Winkel ACD = φ und DCE = φ', so wird, weil

$$Q : W = \text{tgt}\,\varphi : \text{tgt}\,\varphi' - \text{tgt}\,\varphi, \text{ auch}$$

$$AA' + BB' : DD' = ad : ae - ad$$

oder weil AA′ + BB′ = ad, so ist auch DD′ = ae − ad = de die erforderliche Höhe des dritten Gewölbsteines. Auf eben die Art kann man sich überzeugen, daß auf der Linie ab, sämmtliche Höhen für die zugehörigen Gewölbsteine angegeben werden. Es läßt sich aber auch einsehn, wiefern wegen der zunehmenden Breite der Gewölbsteine dieses Verfahren noch einiger Berichtigung bedarf.

Nimmt man an, daß die Gewölbsteine nur sehr

wenig Dicke hätten, welches um so mehr verstattet ist, da ein Gewölbe mit mehr Fugen nichts an einer Festigkeit verliert und alle einzelnen Steine bei mehrern Fugen noch wie vorher im Gleichgewichte bleiben müssen, so kann man die Linie, welche die äußere Wölbung bildet, mit Hülfe der angegebenen Zeichnungsart als eine zusamenhängende krumme Linie angeben, wie solche in der Figur durch die Linie A′NW abgebildet ist. Weil aber diese Linie den verlängerten horizontalen Durchmesser KL nie erreichen kann, so zeigt dies an, daß für das Gleichgewicht unter sämmtlichen Gewölbsteinen der unterste Gewölbstein unmittelbar über der Widerlage unendlich lang seyn müßte, wenn man voraussetzt, daß zwischen den Steinen weder Kohäsion noch Reibung vorhanden ist. Es läßt sich aber auch einsehen, daß der unterste oder erste Gewölbstein eben nicht sehr lang seyn darf, wenn auf die Reibung Rücksicht genommen werden wird, ob es gleich wichtig war, die Umstände näher kennen zu lernen, unter welchen ein Gewölbe nur im Gleichgewichte seyn kann, dessen Steine ohne Reibung und Kohäsion voraus gesetzt werden.

§. 377.

Die Dicke eines Gewölbes kann mit Hülfe der innern Wölbung dadurch bezeichnet werden, daß man zu irgend einem Punkte M, Figur 208, der innern Wölbung eine Tangente MT zieht, und auf diese in dem angenommenen Punkte M eine Linie MN winkelrecht auf MT so weit verlängert, bis solche die äußere Wöl-

Taf. XIII. Fig. 208.

bung in N schneidet, alsdann ist MN die Dicke des Gewölbes im Punkte M. Stehen die Fugen auf der innern Wölbung winkelrecht, so ist MN die Länge der Fuge für den Punkt M und in diesem Falle sind die Längen der Fugen mit den Gewölbdicken einerlei. Stehen hingegen die Fugen auf der innern Wölbung nicht winkelrecht, so ist auch die zu irgend einem Punkte der Wölbung gehörige Gewölbdicke von der zugehörigen Fugenlänge verschieden.

Weil jedes grade Tonnengewölbe zwischen zwei parallelen gleich großen Stirnflächen enthalten ist, so nennt man den Abstand dieser Stirnflächen von einander, die Länge des Gewölbes, welche mit der Dicke nicht verwechselt werden darf. Bei den folgenden Untersuchungen wird man diese Länge durchgängig = 1 setzen, weil dadurch die Rechnung erleichtert wird und es leicht ist, wenn man die Eigenschaften eines Gewölbes für die Länge = 1 kennt, die Schlüsse auch auf jede andere Länge fort zu setzen. Unter dieser Voraussetzung entspricht daher einem jeden Quadratfuß von der Stirnfläche, ein Kubikfuß von der Masse des Gewölbes.

§. 378.

Aufgabe. Man sucht die erforderliche Dicke eines Tonnengewölbes, wenn sämmtliche Gewölbsteine ohne Reibung und Kohäsion einander im Gleichgewicht erhalten sollen, die innere Wölbung aus irgend einer krummen Linie besteht, und dabei vorausgesezt wird, daß sämmtliche Fugen auf der innern Wölbung winkelrecht stehen.

Auflösung. Weil die innere Wölbung gegeben ist, so kommt es lediglich darauf an, die Länge einer jeden Fuge zu finden, und weil diese zugleich die Dicke des Gewölbes angiebt, so ist die Aufgabe aufgelöst. Nun sei AMK, Figur 209, die gegebene innere Wölbung, A der Scheitel derselben und MmnN irgend ein sehr schmaler Gewölbstein, dessen verlängerte Fugen sich in O schneiden. Das Gewicht dieses Steins sei W; der Winkel MOo, welchen die Fuge NM mit der Vertikale oO bildet $= \varphi$ und der Winkel MOm $= \delta$, so ist, wenn C den unveränderlichen Horizontaldruck des Gewölbes gegen die vertikale Fuge AA′ bezeichnet, nach §. 374. (III)

Taf. XIII. Fig. 209.

$$\frac{W}{C} = \frac{\sin \delta}{\cos \varphi \cos (\varphi + \delta)}.$$

Da es nun ohne Unterbrechung des Gleichgewichts verstattet ist, den Gewölbstein Mn so dünn als man will, anzunehmen, so kann auch der Winkel δ so äußerst klein angenommen werden, daß sein Bogen für den Halbmesser 1, von seinem Sinus nicht verschieden ist; alsdann wird $\sin \delta =$ Bogen δ oder $= \delta$, und wegen des äußerst kleinen Werths von δ, ist hier $\cos (\varphi + \delta) = \cos \varphi$, daher

$$\frac{W}{C} = \frac{\delta}{\cos \varphi^2}.$$

Nun sei $r =$ OM der Krümmungshalbmesser für den kleinen Bogen Mm und die Länge der Fuge MN $= \lambda$, so verhält sich

$1 : r = \delta :$ Mm, also ist Mm $= r\delta$.

Ferner verhält sich

$r : r + z = Mm : Nn$ also ist $Nn = \frac{r+z}{r} . Mm = (r + z)\,\delta$.

Der Inhalt von der Stirnfläche des Gewölbsteins $MmnN$ sei $= f$, so ist

$$f = \tfrac{1}{2} . ON . Nn - \tfrac{1}{2} . OM . mM, \text{ oder}$$

$$f = \tfrac{1}{2}(r+z)(r+z)\,\delta - \tfrac{1}{2} r . r\delta$$

$$= \tfrac{1}{2}\left[(r+z)^2 - r^2\right]\delta.$$

Der Stirnfläche f entspricht das Gewicht W und es läßt sich eben so für den Druck C gegen AA', eine Fläche angeben, welche sich zu f, wie C zu W verhält. Man setze die Dicke des Gewölbes im Scheitel oder $AA' = b$ und die Fläche, welche dem Druck C oder dem ihm gleichen Gewichte entspricht oder $C = b . c$, wo c die Seite eines Rechtecks bezeichnet, dessen Höhe b ist, so verhält sich

b

$W : C = f : b . c$ daher ist

$$\frac{W}{C} = \frac{f}{bc} = \frac{\left[(r+z)^2 - r^2\right]\delta}{2bc}$$

oder, wenn dieser Werth in die Gleichung $\frac{W}{C} = \frac{\delta}{\cos\varphi^2}$ gesetzt wird

$$\frac{\left[(r+z)^2 - r^2\right]\delta}{2bc} = \frac{\delta}{\cos\varphi^2} \text{ oder}$$

$$(r + z)^2 - r^2 = \frac{2bc}{\cos\varphi^2}$$

daher, wenn man hieraus z entwickelt,

$$\text{(I) } z = -r + \sqrt{\left[r^2 + \frac{2bc}{\cos\varphi^2}\right]}.$$

Nun ist im Scheitel A die Höhe oder Dicke des Gewölbsteins $AA' = b$, und man erhält, wenn der Krümmungshalbmesser im Scheitel bei $A = \varrho$ gesetzt wird, nach der angenommenen Bezeichnung, indem man die gefundene Gleichung (I) auf den Scheitel anwendet, $z = b$, $r = \varrho$, $\varphi = o$ also $\cos \varphi = 1$, daher, wenn diese Werthe in die vorstehende Gleichung gesetzt werden

$$b = -\varrho + \sqrt{(\varrho^2 + 2bc)} \text{ oder}$$

$$bc = \frac{2\varrho b + b^2}{2}$$

und wenn dieser Werth statt bc in die Gleichung (I) eingeführt wird, so findet man für jeden Punkt der innern Wölbung die Dicke des Gewölbes oder die Länge der Fuge

$$\text{(II)}\ z = -r + \sqrt{\left(r^2 + \frac{2\varrho b + b^2}{\cos \varphi^2}\right)}.$$

Wenn daher für irgend einen Punkt der innern Wölbung der Krümmungshalbmesser r und der Winkel φ gegeben und die Dicke des Gewölbes im Scheitel nebst dem Krümmungshalbmesser daselbst bekannt sind, so läßt sich daraus leicht die Dicke des Gewölbes, also auch die Gestalt der äußern Wölbung für das Gleichgewicht finden.

§. 379.

Die innere Wölbung sei ein Kreisbogen KAL, Figur 208, und $AC = r$ sein Halbmesser, so ist für alle Punkte der innern Wölbung r eine unveränderliche Größe, also $\varrho = r$ und Taf XIII. Fig. 208.

$$z = -r\sqrt{\left(r^2 + \frac{2rb + b^2}{\cos \varphi^2}\right)}.$$

Für AP = x sei der Winkel ACM = φ, so ist CM $\cos\varphi$ = CP oder $r \cos\varphi = r - x$ daher

$$\cos\varphi^2 = \frac{(r-x)^2}{r^2}.$$

Setzt man den Werth für $\cos\varphi^2$ in die obige Gleichung, so erhält man die Länge eines jeden Gewölbsteins, wenn die innere Wölbung ein Kreisbogen ist, oder

$$z = -r + r\sqrt{\left(1 + \frac{b^2 + 2br}{(r-x)^2}\right)}.$$

Beispiel. Der Halbmesser von der innern Wölbung eines kreisförmigen Gewölbes sei 6 Fuß, und seine Dicke im Scheitel 1 Fuß, so ist hier r = 6, b = 1 also

$$z = -6 + 6\sqrt{\left(1 + \frac{13}{(6-x)^2}\right)}.$$

Für x =	1;	2;	3;	4;	5;	6
wird z =	1,397;	2,078;	3,381;	6,369;	16,450;	∞

hienach ist die äußere Wölbung A'R, Figur 208, aufgetragen, welche von der §. 376. aus den daselbst angeführten Gründen um so mehr abweicht, je dicker die Gewölbsteine werden, weil daselbst die Stirnfläche der Gewölbsteine als Rechtecke angenommen sind, welches aber um so mehr von der Wahrheit abweicht, je länger die Fugen ausfallen.

§. 380.

Wäre die innere Wölbung ein gedruckter Bogen, welcher aus mehreren Kreisbogen zusammen gesetzt ist, so kann unter der Voraussetzung, daß sämmtliche Fugenschnitte winkelrecht auf der innern Wölbung stehen, die Dicke des Gewölbes oder die Länge jedes Gewölbsteins leicht berechnet werden.

Die halbe Wölbung AB, Figur 210, bestehe aus den beiden Kreisbogen AD, DB, deren Mittelpunkte in O und G liegen. Es sei AO = OD = r, AA' = b so läßt sich, wie im vorigen §., nach der Formel Taf. XII. Fig. 210

$$\text{(I)}\ z = -r + r\sqrt{\left(1 + \frac{b^2 + 2br}{(r-x)^2}\right)}$$

für jeden Werth von x die zugehörige Länge z der Fuge von A bis D bestimmen. Man ziehe DE winkelrecht auf AC, so kann man ebenfalls für x = AE den zugehörigen Werth von z = DD' finden. Nun sei DD' = β, DF auf BG und MP auf DF winkelrecht; ferner DF = h, DG = GB = ϱ, DP = x' und der Winkel gGM, welchen die Fuge M'M mit der Vertikale gG einschließt = ψ, so ist nach §. 378. (I) MM', oder wenn überhaupt die Länge einer jeden Fuge von D bis B durch z' bezeichnet wird,

$$z' = -\varrho + \sqrt{\left(\varrho^2 + \frac{2bc}{\cos\psi^2}\right)}.$$

Man verlängere MP bis g, so ist

MG. $\cos\psi$ = Gg = FP, oder $\varrho\cos\psi = h - x'$ daher

$\cos\psi^2 = \frac{(h-x')^2}{\varrho^2}$ also nach §. 378. I.

$$z' = -\varrho + \sqrt{\left[\varrho^2 + \frac{2bc\varrho^2}{(h-x)^2}\right]}\ \text{[I]}$$

Für x' = o wird z' = β also

$$\beta = -\varrho + \sqrt{\left(\varrho^2 + \frac{2bc\varrho^2}{h^2}\right)},$$

woraus man findet

$$2bc = \frac{(2\varrho + \beta)\beta h^2}{\varrho^2}.$$

Wird dieser für 2bc gefundene Werth in die Gleichung [I] gesetzt, so erhält man für den Bogen DB die Länge jeder Fuge

$$(\mathrm{II})\ z' = -\varrho + \sqrt{\left[\varrho^2 + \frac{(2\varrho+\beta)\beta h^2}{(h-x^2)}\right]}.$$

Ist AB aus mehr als zwei Kreisbogen zusammen gesetzt, so wird für jeden folgenden Bogen auf eine ähnliche Art verfahren.

Beispiel. Für die innere Wölbung sei die Höhe AC = 18, die halbe Weite BC = 24 Fuß. Ferner AO = OD = r = 30 und GD = GB = ϱ = 15 Fuß, so verhält sich

$$OG : OC = DG : DF, \text{ also } DF = \frac{OC \,.\, DG}{OG} = \frac{12 \,.\, 15}{15}$$

= 12 oder h = 12 also AE = 6 Fuß, daher findet man, wenn AA′ = b = 3 Fuß gesetzt wird, die Länge jeder Fuge von A bis D nach (I)

$$z = -30 + 30\sqrt{\left(1 + \frac{189}{(30-x)^2}\right)}.$$

Für x = AE = 6 erhält man

$$\beta = -30 + 30\sqrt{\left(1 + \frac{189}{576}\right)} = 4{,}572$$

und hieraus nach (II) die Länge jeder Fuge von D bis B oder

$$z' = -15 + \sqrt{\left(225 + \frac{22761{,}1}{(12-x')^2}\right)}.$$

Hieraus findet man für x = 1;

$$z = -30 + 30\sqrt{\left(1 + \frac{189}{841}\right)} = 3{,}192 \text{ und}$$

für x′ = 1;

$$z' = -15 + \sqrt{\left(225 + \frac{22761{,}1}{121}\right)} = 5{,}325 \text{ Fuß}$$

und wenn man eben so die übrigen Werthe für z von A bis D und für z′ von D bis B berechnet, so läßt sich danach das ganze Gewölbe auftragen.

Auf=

§. 381.

Aufgabe. Den Inhalt von der Stirnfläche desjenigen Tonnengewölbes zu finden, dessen Steine ohne Reibung unter einander im Gleichgewichte sind, wenn die innere Wölbung ein Kreisbogen ist.

Auflösung. Der Halbmesser AC, Figur 208, Taf. XIII. Fig. 208.
von der innern Wölbung sey r, die Höhe der vertikalen Fuge $AA' = b$, die Fläche $AA'NM = F$ der zugehörige Winkel am Mittelpunkte $ACM = \varphi$ und $MN = z$, so findet man den Inhalt

$$F = \frac{2rb + b^2}{2} \operatorname{tgt} \varphi.$$

Um diesen Ausdruck zu erhalten, setze man daß φ um $\partial\varphi$ wächst, so erhält man wie §. 378. das Element

$$MNnm = \partial F = \tfrac{1}{2} [(r+z)^2 - r^2] \partial\varphi$$

oder weil nach §. 379.

$$(r+z)^2 - r^2 = \frac{2rb + b^2}{\cos \varphi^2}, \text{ so wird}$$

$$F = \frac{2rb + b^2}{2} \frac{\partial\varphi}{\cos \varphi^2}.$$ Es ist aber (P. A. S. 80)

$$\frac{\partial\varphi}{\cos \varphi^2} = \partial \operatorname{tgt} \varphi \text{ also} \int \frac{\partial\varphi}{\cos \varphi^2} = \operatorname{tgt} \varphi,$$ wo keine Constante hinzu kommt, weil mit $\varphi = o$ auch F verschwindet; folglich der Flächeninhalt

$$F = \frac{b^2 + 2rb}{2} \operatorname{tgt} \varphi.$$

Beispiel. Der Halbmesser der innern Wölbung sei 30 und die Dicke des Gewölbes am Scheitel 3 Fuß; man sucht den Inhalt der Stirnfläche des Gewölbes, wenn der Winkel am Mittelpunkte der innern Wölbung vom Scheitel an gerechnet, einen Winkel von 48 Grad einschließt.

Hier ist r = 30, b = 3 Fuß und $\varphi = 48$ Grad also tgt $\varphi = 1{,}1106125$ daher die gesuchte Fläche

$$F = \frac{189 . 1{,}1106125}{2} = 104{,}95 \text{ Quadratfuß.}$$

§. 382.

Soll die Dicke des Gewölbes für den Fall gefunden werden, daß die innere Wölbung eine Parabel ist und alle Fugen auf der innern Wölbung winkelrecht stehen, so sey a die halbe lichte Weite und h die lichte Höhe des Gewölbes, alsdann ist die Gleichung für die Parabel, wenn der Anfangspunkt der Abscissen im Scheitel genommen wird, und wenn sich die winkelrechten Coordinaten auf die innere Wölbung beziehen

$$a^2 x = h y^2$$

Setzt man $\frac{a^2}{h} = p$, so ist nach den Eigenschaften der Parabel, der Krümmungshalbmesser

$$r = \frac{(p + 4x) \sqrt{(p^2 + 4px)}}{2p}$$

also für x = o, der Krümmungshalbmesser am Scheitel, oder

$$\varrho = \tfrac{1}{2} p$$

und weil ferner für die Parabel

$$\cos \Phi^2 = \frac{p}{4x + p}$$

so ist §. 378. (II) die gesuchte Dicke des Gewölbes für jeden Werth von x, oder

$$z = -\frac{(p+4x) \sqrt{(p^2+4px)}}{2p} + \sqrt{\left[\frac{(p+4x)^2}{4p} + \frac{b(p+b)(p+4x)}{p}\right]}$$

Für x = o wird

$$z = -\tfrac{1}{2}p + \tfrac{1}{2}p + b = b$$

wie erfordert wird.

Für $h = a$ wird $p = a$, und man findet für $x = a = h$ die Dicke des parabolischen Gewölbes an der Widerlage, wenn seine lichte Höhe der halben lichten Weite gleich ist, oder

$$z = -\tfrac{5}{2}a\sqrt{5} + \sqrt{\left[\frac{125}{4}a^2 + 5b(a+b)\right]}.$$

§. 383.

Mit Hülfe des allgemeinen Ausdrucks für z (§. 378.) läßt sich für jede als innere Wölbung gegebene Linie die erforderliche Gewölbdicke finden, so bald nur der Werth r für den Krümmungshalbmesser nebst cos φ, durch eine Funkzion von der Abscisse x ausgedrückt und in die Gleichung gesetzt wird. Wäre z. B. BAD, Figur 211., eine Ellipse, deren halbe große Axe BC = CD = m, halbe kleine Axe AC = n; der Anfangspunkt der Abscissen in A; AP = x; PM = y; der zu x gehörige Krümmungshalbmesser für den Punkt M = r und der Winkel MOA = φ ist, so ist nach den bekannten Eigenschaften der Ellipse Taf. XIII. Fig. 211.

$$y^2 = \frac{m^2}{n^2}(2nx - x^2)$$

$$\cos\varphi^2 = \frac{m^2(n-x)^2}{m^2n^2 - (m^2 - n^2)(2nx - x^2)}$$

$$r = \frac{\sqrt{[m^2n^2 - (2nx - x^2)(m^2 - n^2)]^3}}{mn^4}$$

und für $x = 0$ ist $r = \varrho = \frac{m^2}{n}$

Setzt man diese Werthe in die Gleichung für die Fugenlänge z, §. 378., so erhält man einen Ausdruck, durch welchen für jeden Werth von AP = x, der entsprechende Werth von z gefunden werden kann.

§. 384.

Soll die innere Wölbung eine Kettenlinie seyn, und wird die §. 378. angenommene Bezeichnung beibehalten, so ist für die Kettenlinie §. 98. und 96. Anh.)

$$r = \frac{(\gamma + x)^2}{\gamma} \text{ und } \cos\varphi = \frac{\gamma}{\gamma + x}$$

wo γ eine beständige Größe bezeichnet, durch welche die Gestalt der Kettenlinie für die gegebene Weite und Höhe der innern Wölbung bestimmt wird.

Für $x = o$ wird $r = \varrho = \gamma$, man erhält daher §. 378. (II) die Dicke des Gewölbes

$$z = -\frac{(\gamma + x)^2}{\gamma} + \frac{\gamma + x}{\gamma}\sqrt{[(\gamma + x)^2 + 2\gamma b + b^2]}.$$

Taf. XIII. Fig. 209. Wäre die halbe Weite des Gewölbes KC, Figur 209., der Höhe AC desselben gleich, so ist, wenn KC = a gesetzt wird (§. 97. Anh.)

$$a = 1{,}616\,\gamma \text{ oder } \gamma = \frac{13}{21}\,a.$$

Für $a = 10$ ist $\gamma = \frac{130}{21}$ und wenn man für diesen Fall die Länge KK' der unteren Fuge sucht, indem $AA' = b = 1\frac{1}{2}$ Fuß gesetzt wird, so erhält man, weil alsdann $x = a = 10$ wird

$$z = -42{,}344 + 2{,}615\sqrt{282{,}952} = 1{,}640 \text{ Fuß}$$

Der Winkel, unter welchen die untere Fuge KK'

gegen die Vertikale geneigt ist, sey $= \alpha$, so erhält man für $x = a = 10$ (§. 97. Anh.)

$$\cos \alpha = \frac{\gamma}{\gamma + a} = 0{,}38235 = \cos 67^\circ\ 31'.$$

Die unterste Fuge ist daher gegen die Vertikale um einen Winkel von 67 Grad 31 Minuten geneigt.

§. 385.

Bei den bisherigen Voraussetzungen, wo alle grade Fugen winkelrecht auf der innern Wölbung stehen und keine Reibung zwischen den Steinen statt finden soll, muß jede horizontale Fuge unendlich groß werden, wenn das Gleichgewicht unter den Gewölbsteinen nicht aufgehoben werden soll. Denn so oft $\varphi = 90$ Grad ist, wird in dem allgemeinen Ausdruck §. 378; $\cos \varphi = o$ also $z = \infty$.

Mit Hülfe des angeführten Ausdrucks läßt sich die Bedingung angeben, unter welcher bei einem gleich dicken Gewölbe alle Steine, deren Fugen auf der innern Wölbung winkelrecht stehen, im Gleichgewichte sind. Denn weil z durchgängig einerlei Werth haben soll, so setze man $z = b$, dies giebt

$$b = -r + \sqrt{\left(r^2 + \frac{2bc}{\cos \varphi^2}\right)} \text{ oder}$$

$$(b + 2r) \cos \varphi^2 = 2c$$

wo r und φ veränderliche Größen sind. Wählt man daher zur innern Wölbung eine Kurve, bei welcher das Produkt $(b + 2r) \cos \varphi^2$ einer beständigen Größe gleich ist, so wird in diesem Falle bei einem gleich dicken Gewölbe ein Gleichgewicht entstehen, so fern alle Fugen winkelrecht auf der innern Wölbung sind.

§. 386.

Aendert man die bisherige Voraussetzung dahin ab, daß man bei einem Gewölbe von gleicher Dicke diejenige Kurve als angegeben ansieht, welche durch die **Mitte** des Gewölbes geht, so ist in diesem Falle die Lage der Fugen, welche durch den Winkel φ bezeichnet wird, aus den gegebenen Größen für das Gleichgewicht zu bestimmen. So bald die Lagen der Fugen bekannt ist, so läßt sich alsdann auch mit Hülfe der Gleichung §. 378. die Länge der Fugen bestimmen.

Bisher hat man unter der Dicke eines Gewölbes diejenige Linie verstanden, welche auf der innern Wölbung winkelrecht stand und bis an die äußere Wölbung reichte; von jetzt an soll aber unter der Dicke des Gewölbes diejenige Linie verstanden werden, welche auf der durch die Mitte des Gewölbes gehende Kurve winkelrecht steht und verlängert bis an die innere und äußere Wölbung reicht. Diese mittlere Kurve, welche auch die **mittlere Wölbung** heißen kann, geht also jedesmal durch die Mitte von der Dicke des Gewölbes. Ueberhaupt wird man die Dicke des Gewölbes jedesmal durch eine Linie bestimmen, welche auf derjenigen Wölbungslinie winkelrecht steht, durch welche die Gestalt des Gewölbes festgesetzt wird.

§. 387.

Aufgabe. Ein Tonnengewölbe sey durchgängig gleich dick; man sucht die Lage der Fugen für das Gleichgewicht, wenn die mittlere Wölbung eine vorgeschriebene krumme Linie bilden soll.

Auflösung. Durch den Scheitel A Figur 212., der mittlern Wölbung AMB sey die Verttikale A″C gezogen; ist nun das Gewicht des Gewölbstücks A′M′M″A = Q, die Gewölbdicke A′A″ = b und M′M″ die gesuchte Fuge, deren Lage durch den Winkel ARM = φ bestimmt wird, so erhält man, wenn ein Gleichgewicht entstehen soll (§. 374. I.), Taf. XIII Fig. 212

$$\operatorname{tgt} \varphi = \frac{Q}{C}$$

wo C den Horizontaldruck des Gewölbes gegen die Vertikale A′A″ bezeichnet. Ist nun für einen bestimmten Werth von Q = A (etwa für das Gewölbstück A′A″B″B′) der Winkel $\varphi = \alpha$ (= AOB) bekannt, so erhält man

$$\operatorname{tgt} \alpha = \frac{A}{C} \text{ also } C = \frac{A}{\operatorname{tgt} \alpha} = A \cot \alpha$$

und wenn dieser Werth statt C in die obige Gleichung gesetzt wird, so ist

$$\operatorname{tgt} \varphi = \frac{Q \operatorname{tgt} \alpha}{A}$$

und es läßt sich alsdann für jeden Werth von Q, der Winkel φ leicht finden, wodurch die Lage der Fuge bestimmt wird.

§. 388.

Wäre die mittlere Wölbung ein Kreisbogen, so sind die innern und äußern Wölbungen ebenfalls Kreisbogen. Man setze Figur 212. den Halbmesseer AC = BC = r, A′A″ = B′B″ = b, den zum Winkel φ gehörigen Bogen AM = v, so wäre bv der Inhalt

von dem Gewölbstücke A′M′M″A″, wenn M″M′ verlä
gert durch den Mittelpunkt C ginge. Weil aber d
Abweichung der Linie MR von der Linie MC nicht b
deutend ist und auf die Bestimmung des Inhalts d
Fläche A′M′M″A″ alsdann beinahe keinen Einfluß h
so erhält man unter dieser Voraussetzung, wenn d
Gewicht des Gewölbes, welches auf jeden Quadra
fuß der Stirnfläche kommt $= 1$ gesetzt wird

$$Q = bv.$$

Für den Viertelkreis sei $Q = A$ und der zugehör
Winkel $AOB = \alpha$, so ist $A = \frac{1}{2}\pi r b$. Wird f
ner vorausgesetzt, daß die Schwerpunkte aller einzeln
Gewölbsteine in den Bogen AMB fallen, so ist f
den Viertelkreis (§. 209.) $\alpha = 70$ Grad $\frac{2}{3}$ Minute u

$$C = \left(1 - \frac{2}{\pi}\right)A = \frac{1}{2}\left(1 - \frac{2}{\pi}\right)\pi r b = (\tfrac{1}{2}\pi - 1)br = 0570796$$

also

$$\operatorname{tgt} \varphi = \frac{bv}{0{,}570796\ br} = 1{,}75194\frac{v}{r} \text{ beinahe } = \frac{7v}{4r}.$$

Für einen Winkel am Mittelpunkte $ACM = 30$ G
ist $v = \frac{1}{6}\pi r$ oder wenn $\pi = \frac{22}{7}$ gesetzt wird, $v = \frac{2}{6}$

also

$$\operatorname{tgt} \varphi = \frac{7}{4 \cdot r} \cdot \frac{22r}{6.7} = \frac{11}{12} = 0{,}917 = \operatorname{tgt} 42^\circ 3$$

Für einen Winkel am Mittelpunkte von 60 Grad
$v = \frac{1}{3}\pi r = \frac{22r}{3.7}$ also

$$\operatorname{tgt} \varphi = \frac{7}{4r} \cdot \frac{22r}{3.7} = \frac{11}{6} = 1{,}833 = \operatorname{tgt} 61^\circ 23'.$$

Wird der Winkel am Mittelpunkt ein rechter, so ist

$v = \frac{1}{2} \pi r = \frac{22 r}{2.7}$ also

$$\text{tgt}\,\varphi = \frac{7}{4 . r} \cdot \frac{22 r}{2.7} = \frac{11}{4} = 2{,}75 = \text{tgt}\,70^{0}\,1'.$$

Man kann auch die für das Gleichgewicht unter den Gewölbsteinen erforderliche Lage einer jeden Fuge durch eine leichte Zeichnung finden, wenn man auf der durch A gehenden Horizontale AN, um die Lage der Fuge in M zu finden, $1\frac{3}{4}$ von dem Bogen AM, von A nach N trägt, so daß AN $= \frac{7}{4}$ AM wird. Zieht man alsdann NC und durch M die Linie M'M'' mit NC parallel, so ist M'M'' die gesuchte Lage des Fugenschnitts. Der Grund dieses Verfahrens läßt sich leicht einsehn, wenn man MP auf AC winkelrecht zieht; alsdann verhält sich

$$RP : PM = CA : AN \text{ oder}$$

$$1 : \text{tgt}\,\varphi = r : \tfrac{7}{4} v$$

es ist daher $\text{tgt}\,\varphi = \frac{7 v}{4 r}$ wie erfordert wird.

Es kann daher auch in dem Falle ein gleich dickes kreisförmiges Gewölbe im Gleichgewicht seyn, wenn keine Reibung oder Kohäsion zwischen den Gewölbsteinen statt findet; nur müssen alsdann die Fugenschnitte nicht durch den Mittelpunkt des Gewölbes gehen.

§. 389.

Nur in dem Falle, wenn alle Fugen auf der mittlern Wölbung winkelrecht stehen, erhält man bei einem

gleich dicken Gewölbe den Flächeninhalt zwischen zwei Fugen ganz genau, wenn man die Dicke des Gewölbes mit den Längen der mittlern Wölbung zwischen den beiden Fugen multiplicirt. Es sei daher bei einem solchen Gewölbe der Bogen AM, Figur 213.,
Taf. XIII. Fig. 213. $= v$, $A'A'' = M'M'' = b$, so ist der Inhalt von A'M' M''A'' $= bv$.

Alsdann ist, wenn ARM $= \varphi$, nach §. 374. I. und Seite 136.

$$\operatorname{tgt} \varphi = \frac{b\,v}{b\,c} \text{ oder}$$

$$\frac{v}{\operatorname{tgt} \varphi} = c = \text{einer beständigen Größe.}$$

Könnte man nun irgend eine Kurve AMB angeben, bei welcher für jeden Punkt M derselben, $\frac{v}{\operatorname{tgt} \varphi}$ beständig einerlei Werth behält, so hätte diese krumme Linie die Eigenschaft, daß sie als mittlere Wölbungslinie angewandt, nicht nur lauter gleich lange Fugen giebt, sondern daß auch sämmtliche Fugen auf der mittlern Wölbung winkelrecht stehen. Nach §. 97. I. des Anhanges, hat die Kettenlinie die Eigenschaft, daß bei ihr $\frac{v}{\operatorname{tgt} \varphi} = c$ ist, wird daher die mittlere Wölbung eines gleich dicken Gewölbes nach einer Kettenlinie gebildet, so erhalten sich alle Steine desselben im Gleichgewicht, wenn ihre Fugen winkelrecht auf die mittlere Wölbungslinie stehen.

Aus der Gleichung $c = \frac{v}{\operatorname{tgt} \varphi}$ erhält man die Gleichung für die Kettenlinie folgendergestalt. Es ist

$$\text{tgt}\,\varphi = \frac{\partial x}{\partial y},$$

wenn AP = x und PM = y wird, also

$$c^2 = v^2 \frac{\partial y^2}{\partial x^2}.$$

Nun ist $\partial v^2 = \partial x^2 + \partial y^2$ oder $\frac{\partial v^2}{\partial x^2} = 1 + \frac{\partial y^2}{\partial x^2}$, also

$$\frac{\partial y^2}{\partial x^2} = \frac{\partial v^2}{\partial x^2} - 1, \text{ daher}$$

$c^2 = v^2 \left(\frac{\partial v^2}{\partial x^2} - 1\right)$ oder $(c^2 + v^2)\,\partial x^2 = v^2\,\partial v^2$, also

$$x = \int \frac{v\,\partial v}{\sqrt{(c^2+v^2)}} = \sqrt{(c^2+v^2)} + \text{const.}$$

Für $x = 0$ ist $v = 0$ also const. $= -c$ daher

$$x = \sqrt{(c^2+v^2)} - c \text{ oder}$$

$$v = \sqrt{(2cx + x^2)}$$

welches die Gleichung für den Bogen einer Kettenlinie ist, welcher einer gegebenen Abscisse entspricht.

§. 390.

Außer dem eigenen Gewichte eines Gewölbes kann auch noch diejenige Last in Rechnung gebracht werden, welche auf dem Gewölbbogen vertheilt ist. Nimmt man an, daß die auf dem Gewölbe AMB, Figur 214., ver- Fig. XIII
theilte Last sich wie die Ordinaten PM verhalte, oder daß Taf. 214.
die Last mit den Ordinaten gleichförmig wächst, so daß wenn AP = x, PM = y, AA′ = MN = BB′ = b′, der Druck auf AM, der Fläche ANA′ = b′y proportional sey, so ist, wenn MRA = φ gesetzt wird, §. 374. I.

$$\text{tgt}\,\varphi = \frac{Q}{C} = \frac{b'y}{bc} \text{ oder}$$

$$\frac{y}{\text{tgt}\,\varphi} = \frac{bc}{b'} = \text{einer beständigen Größe.}$$

Soll daher ein Gleichgewicht entstehen, so muß die

krumme Linie AMB die Eigenschaft haben, daß sich ihre Ordinaten, wie die Tangenten der Winkel φ verhalten. Da nun dies eine Eigenschaft der Parabel ist, so muß AMB eine Parabel seyn.

Weil $\text{tgt}\,\varphi = \frac{\partial x}{\partial y}$ also $\partial x = \partial y\ \text{tgt}\,\varphi$, so wird

$\partial x = \frac{b'}{bc}\, y \partial y$ also

$x = \frac{b'}{2bc}\, y^2$ oder $y^2 = \frac{2bc}{b'}\, x$, welches die Gleichung für die Linie AMB ist.

Bei dieser Untersuchung hätte eigentlich das Gewicht des Gewölbes AMB noch besonders in Rechnung gebracht werden müssen. Hier ist aber zur mehreren Erleichterung angenommen, daß das Gewicht des Gewölbes AM, durch den Flächenraum AMNA′ = yb′, mit ausgedrückt werde.

§. 391.

Taf. XIII. Fig. 215. Die auf dem Gewölbe AMB, Figur 215, vertheilte Last, werde oberhalb durch eine wagerechte Linie A′B′ begrenzt, und der Druck auf das Gewölbstück AM, der Fläche AMNA′ proportional angenommen, so erfordert das Gleichgewicht, daß die krumme Linie AMB eine Kettenlinie sei, auf welcher die Fugen winkelrecht stehen.

Man setze AA′ = b′, AP = x, PM = y, den Winkel ARM = φ, so ist die Fläche AMNA′ = $\int (b' + x)\, \partial y$, also nach §. 374. I.

$\text{tgt}\,\varphi = \frac{\int (b' + x)\, \partial y}{bc}$ oder weil $\text{tgt}\,\varphi = \frac{\partial x}{\partial y}$ ist,

$$bc \frac{\partial x}{\partial y} = f(b' + x)\,\partial y.$$

Diese Ausdrücke differenziirt und ∂y als beständig angesehen, giebt

$$bc \frac{\partial^2 x}{\partial y} = (b' + x)\,\partial y \text{ oder } \frac{bc}{\partial y^2}\partial x \partial^2 x = (b' + x)\,\partial x.$$

Durch die Integration erhält man

$$\frac{bc\partial x^2}{2\partial y^2} = b'x + \tfrac{1}{2}x^2,$$

wo keine Constante hinzu kommt, weil für $x = 0$ auch $\frac{\partial x}{\partial y} = \text{tgt}\,\varphi = 0$ wird. Es ist daher ferner

$$\partial y = \frac{\partial x \sqrt{bc}}{\sqrt{(2b'x + x^2)}} \text{ also wie (§. 92. II. Anh.)}$$

$$y = \log \frac{b' + x + \sqrt{(2b'x + x^2)}}{b'} . \sqrt{(bc)}.$$

Hier gilt dieselbe Bemerkung, wie am Ende des vorigen §.

§. 392.

Aufgabe. Die innere Wölbung AMB, Figur 216., sey eine Parabel, und statt der äußern Wölbung werden die Gewölbsteine durch eine wagerechte Linie A′M′ begrenzt; man sucht die Lage jeder Fuge wie MM′. Taf. XIII. Fig. 216.

Auflösung. Für den Bogen AM, sey $AP = x$, $PM = y$, der Winkel $ARM = \varphi$, $AA' = b$ und die Fläche $AMM'A' = f$. Aber Fl. $APM = \frac{2}{3}xy$; $A'PMN = (b + x)y$; $MNM' = \frac{1}{2}(b + x)^2\ \text{tgt}\,\varphi$ also

$$f = (b + x)y + \tfrac{1}{2}(b + x)^2\ \text{tgt}\,\varphi - \tfrac{2}{3}xy. \text{ Nun ist}$$

$$\text{tgt}\,\varphi = \frac{Q}{C} = \frac{f}{bc} \text{ daher}$$

$$bc\ \text{tgt}\,\varphi = (b + x)\,y + \tfrac{1}{2}(b + x)^2\ \text{tgt}\,\varphi - \tfrac{2}{3}xy$$

oder

$$\text{tgt}\,\varphi = \frac{(b + \frac{1}{3}x)\,y}{bc - \frac{1}{2}(b + x)^2}.$$

Um den Werth von c zu bestimmen, kann die Lage irgend einer Fuge als gegeben angesehen werden, wenn nur der Winkel φ nicht größer als 90 Grad angenommen wird. Gesetzt die unterste Fuge BB′ soll mit der Vertikale den Winkel BDA $= \alpha$ bilden, und es sey für diesen Fall, die halbe lichte Weite des Gewölbes oder BC $=$ a und die lichte Höhe AC $=$ h, so erhält man für $\varphi = \alpha$, $y = a$ und $x = h$,

$$\text{tgt}\,\alpha = \frac{(b + \frac{1}{3}h)\,a}{bc - \frac{1}{2}(b + h)^2} \quad \text{also}$$

$$bc = \frac{a(b + \frac{1}{3}h)}{\text{tgt}\,\alpha} + \frac{1}{2}(b + h)^2$$

und hieraus findet man zur Bestimmung der Lage einer jeden Fuge

$$\text{tgt}\,\varphi = \frac{2y(b + \frac{1}{3}x)\,\text{tgt}\,\alpha}{2a\,(b + \frac{1}{3}h) + [(b + h)^2 - (b + x)^2]\,\text{tgt}\,\alpha}.$$

Beispiel. Wäre $a = 9$, $h = 10$, $b = 2$ Fuß und $\alpha = 45$ Grad, so erhält man, wenn $7{,}5\,x = y^2$ die Gleichung der Parabel ist, für $x = 5$; $y = \sqrt{37{,}5} = 6{,}124$; daher, weil $\text{tgt}\ 45^0 = 1$ ist,

$$\text{tgt}\,\varphi = \frac{44{,}9093}{191} = 0{,}2351 = \text{tgt}\ 13^0\ 14'$$

Für $x = 6$ ist $y = \sqrt{45} = 6{,}708$ also

$$\text{tgt}\,\varphi = \frac{53{,}664}{176} = 0{,}3049 = \text{tgt}\ 16^0\ 57'$$

so daß für $x = 5$; $\varphi = 13$ Grad 14 Minuten und für $x = 6$; $\varphi = 16$ Grad 57 Minuten genommen werden muß.

§. 393.

Aufgabe. Bei einem scheidrechten oder graden

Gewölbe die Lage der Fugen zu finden, damit unter den Gewölbsteinen ein Gleichgewicht entstehe.

Auflösung. Die Länge der vertikalen Fuge A′A, Figur 217., oder die Dicke des Gewölbes sey = b, AK=a, das Gewicht des ganzen Gewölbes AKK′A′ =F, des Stücks AMM′A′=Q; der Winkel ACM =φ. Bezeichnet nun ferner C den horizontalen Druck welchen das Gewölbe gegen die Fuge A′A ausübt, so erfordert das Gleichgewicht, daß (§. 374. I.) Fig. XIII Taf. 217

$$Q = C \operatorname{tgt} \varphi \text{ oder } C = \frac{Q}{\operatorname{tgt} \varphi} \text{ sey.}$$

Nun ist Q der Fläche AMM′A′ proportional, daher kann diese Fläche statt Q in Rechnung gebracht werden. Es ist also, wenn AC = r gesetzt wird

$$Q = \tfrac{1}{2}(r+b)^2 \operatorname{tgt}\varphi - \tfrac{1}{2} r^2 \operatorname{tgt}\varphi = \frac{2rb+b^2}{2} \operatorname{tgt} \varphi$$

und wenn dieser Werth statt Q in obige Gleichung kommt

$$C = \frac{2rb+b^2}{2} \text{ oder}$$

$$r = \frac{2C-b^2}{2b}.$$

Da nun b und C beständige Größen sind, so ist r für jede Fuge eine unveränderliche Größe, es müssen daher die Verlängerungen sämmtlicher Fugen in einen gemeinschaftlichen Punkt C zusammen fallen. Daher fällt auch die Verlängerung der ersten Fuge K′K an der Widerlage in den Punkt C. Der gegebene Winkel K′CA′ sey = α. Nun verhält sich

$r : a = r + b : A'K'$ also ist $A'K' = \frac{a(r+b)}{r}$, daher

(I) $F = \frac{1}{2}(r+b)\, A'K' - \frac{1}{2} ar = \frac{a(2rb+b^2)}{2r}$

und weil für das Gleichgewicht (§. 374. I.) $F = C$ $tg t\alpha = \frac{2rb+b^2}{2}$ tgt α seyn muß, so erhält man

(II) tgt $\alpha = \frac{a}{r}$,

so daß wenn von den drei Größen a, r, α zwei gegeben oder willkührlich angenommen sind, daraus leicht die dritte bestimmt werden kann.

Wäre gh eine Vertikallinie, welche durch den Schwerpunkt des Gewölbes AKK'A' geht, so kann man das Gewicht desselben aus irgend einem Punkte der Linie gh in zwei Seitenkräfte zerlegen, wovon die eine wagerecht oder winkelrecht auf AA' und die andere nach einer auf die Fuge KK' winkelrechten Richtung fällt. Hiebei kann sich der Fall ereignen, daß die Seitenkraft, deren Richtung winkelrecht auf die Fuge KK' fällt, diese Fuge selbst nicht trifft, sondern ihre Verlängerung. Gesetzt, man habe für r die Länge AC' willkührlich angenommen, so ist KK'' die Länge der ersten Fuge bei der Widerlage. Nun sey in der Vertikallinie gh das Gewicht des Gewölbes AKK''A'—F, in irgend einem nahe an der äußern Wölbung gelegenen Punkte g, welcher noch innerhalb des Gewölbes fällt, wagerecht nach ge und winkelrecht auf KK'' oder auf die Verlängerung

von

von K″K, nach gn′ zerlegt (§. 203.), so fällt hier n nicht auf die Fuge KK″, sondern außerhalb derselben. Will man, daß dies vermieden werde und verlangt, daß der Punkt n′ noch innerhalb KK″ fällt, so darf nur r = AC′ hinlänglich vergrößert werden. Nun ist der Normalabstand der Vertikallinie gh vom Punkte K jederzeit kleiner als $\frac{1}{2}$ KA = $\frac{1}{2}$ a = KE; wird daher aus der Mitte von AK, die Vertikallinie EF gezogen, so ist der Winkel FKE von der Beschaffenheit, daß, wenn derselbe = α gesetzt und der Winkel ACK eben so groß angenommen wird, alsdann jedesmal die Punkte c und n nach innerhalb der Fugen AA′ und KK′ fallen. Es ist aber KE . tgt FKE = FE also $\frac{1}{2}$ a tgt α = b, oder, unter der angenommenen Voraussetzung,

$$\text{(III)}\quad \mathrm{tgt}\ \alpha = \frac{2\,b}{a} \text{ oder auch } \cot \alpha = \frac{a}{2\,b}.$$

Wird dieser Werth in die Gleichung (I) gesetzt, so erhält man den Abstand AC für den Punkt, durch welchen alle Fugenschnitte verlängert gehen müssen, oder

$$\text{(IV)}\quad r = \frac{a^2}{2b}.$$

Für diese Voraussetzung erhält man ferner die Stirnfläche des Gewölbes

$$\text{(V)}\quad F = \frac{b}{a}\,(a^2 + b^2) \text{ und}$$

$$\text{(VI)}\quad C = \frac{a^2 + b^2}{2}.$$

Durch eine leichte Zeichnung läßt sich hienach der Punkt C finden, wenn die Hälfte von der lichten Weite des

Gewölbes AK = a und die Dicke desselben AA′ = b gegeben ist; denn man darf nur A′A″ = AA′ annehmen, die Linie A″K ziehen und in K auf KA″ winkelrecht die Linie KC ziehen und so weit verlängern, bis solche von der Linie A″A in C geschnitten wird. Der Grund dieses Verfahrens läßt sich leicht einsehn, wenn man durch die Punkte A″KC einen Halbkreis beschreibt. Alsdann ist $AK^2 = A''A \cdot AC$ oder $a^2 = 2br$, wie erfordert wird.

§. 394.

Der Anfang eines Tonnengewölbes werde nicht wie bisher vom festen Boden gehalten, sondern von einer Widerlage gestützt und getragen, so wird die Widerlage denjenigen Kräften das Gleichgewicht halten müssen, welche vorher auf den festen Boden wirkten. Hiebei soll aber vorausgesetzt werden, daß die Widerlage selbst, auf einem festen Boden stehe und durch die Gewalt, welche der Gewölbbogen gegen dieselbe ausübt, wenn ihre Stabilität nicht hinreichend ist, zwar umgeworfen, aber nicht nach horizontaler Richtung fort geschoben werden kann.

Sind alle Steine eines Gewölbes ohne Rücksicht auf Reibung mit einander im Gleichgewicht, so ist der Normaldruck auf jede Fuge von dem darüber befindlichen Gewölbstück eben so groß als von dem darunter liegenden Gewölbsteine, und nur der Druck, welcher vom untersten Gewölbsteine gegen die Widerlage entsteht, muß aufgehoben werden, wenn das ganze Gewölbe im Gleichgewichte seyn soll.

Es sey α der Winkel, welcher die an der Widerlage befindliche Fuge mit der Vertikallinie einschließt, so ist bei einem Gewölbe, wo alle Steine ohne Rücksicht auf Reibung mit einander im Gleichgewichte sind, wenn Q das Gewicht des Gewölbbogens von der Widerlage bis zum Scheitel bezeichnet, der vertikale Druck auf die Widerlage

$$= Q \text{ (§. 375. II.)}$$

und der vom Gewölbe entstehende horizontale Druck gegen die Widerlage (§. 374. I.)

(I) $C = Q \cot \alpha$.

Bei dem Gebrauche dieses Ausdrucks ist aber die Voraussetzung wohl zu bemerken, daß sämmtliche Gewölbsteine einander wechselseitig gleich stark pressen oder im Gleichgewichte sind.

Es sey nun AKK'A, Fig. 218., die Hälfte eines Gewölbes, dessen Gewicht Q ist und $AA' = b$, $KK' = b'$; Taf. XIII. Fig. 218. ferner sey die Höhe der Widerlage von der Mitte N der untersten Fuge KK' gerechnet, oder $NN' = k$, die Breite der Widerlage $DE = w$ und der Winkel $K'CA = \alpha$. Ist nun das Gewölbe mit der Widerlage von gleich schwerer Materie, so kann die Fläche $AKK'A' = F$ statt Q und die Fläche $KKED = w \cdot k$ statt des Gewichts der Widerlage in Rechnung gebracht werden, weil man genau genug NN' als mittlere Höhe der Fläche DKK′E annehmen kann. Man ziehe Kn winkelrecht auf NN′, so ist der Winkel KNn $= \alpha$ also Kn $=$ KN, sin α oder DN′ $= \frac{1}{2}$ b′ sin α, daher

$$EN' = w - \tfrac{1}{2} b' \sin \alpha.$$

Es sey G der Schwerpunkt der Widerlage und GG′ vertikal, so ist EG′ $= \frac{1}{2}$ w und für das Gleichgewicht wird erfordert, daß

$$EG' . wk + EN' . F = k . C \text{ oder}$$

$$\tfrac{1}{2} w . wk + (w - \tfrac{1}{2} b' \sin \alpha) F = k . F . \cot \alpha \text{ ist.}$$

Hieraus findet man die zum Gleichgewichte erforderliche Breite der Widerlage

$$\text{(II)}\quad w = \frac{-F + \sqrt{[F(F + b'k \sin \alpha + 2k^2 \cot \alpha)]}}{k}$$

§. 395.

Aufgabe. Die Stärke der Widerlage eines Gewölbes zu bestimmen, dessen innere Wölbung aus einem Kreisbogen besteht, wenn sämmtliche Gewölbsteine unter einander im Gleichgewichte sind.

Auflösung. Die Stärke des Gewölbes am Scheitel sey b, sein Halbmesser r und der Winkel, welchen die unterste Fuge an der Widerlage mit der Vertikale bildet $= \alpha$, so findet man die Stärke des Gewölbes an der Widerlage (§. 378. II.) oder,

$$b' = - r + \sqrt{\left(r^2 + \frac{2rb + b^2}{\cos \alpha^2}\right)}.$$

Ferner findet man (§. 381.) den Flächeninhalt des Gewölbes

$$F = \frac{2rb + b^2}{2} \operatorname{tgt} \alpha$$

und hieraus die Stärke der Widerlage

$$w = \frac{-F + \sqrt{[F(F + b' k \sin \alpha + 2k^2 \cot \alpha)]}}{k}.$$

Beispiel. Die Stärke des Gewölbes am Scheitel sey 1 Fuß, der Halbmesser des innern Gewölbbogens 6 Fuß, der Winkel, welcher zum halben Gewölbbogen gehört, 45 Grad und die Höhe der Widerlage 6 Fuß, so ist hier $r = 6$, $b = 1$, $\alpha = 45^0$ und $k = 6$, also die Dicke des Gewölbes an der Widerlage oder

$$b' = -6 + \sqrt{\left(36 + \frac{13}{0,5}\right)} = 1,874 \text{ Fuß}.$$

Die Stirnfläche des halben Gewölbes ist

$$F = \frac{13}{2} . 1 = 6,5 \square\text{Fuß}$$

und daher die Breite der Widerlage für $k = 6$ Fuß,

$$w = \frac{-6,5 + 561,929}{6} = 2,867 \text{ Fuß}.$$

Für $k = 1$ Fuß wird $w = 1,491$ Fuß,
und für $k = 20$ Fuß ist $w = 3,354$ Fuß.

§. 396.

Die innere Wölbung sey eine Kettenlinie, so kann zur Bestimmung der Breite der Widerlage, wenn die halbe innere Weite des Gewölbes $= a$ gegeben ist, die Dicke b' von dem Gewölbe an der Widerlage, nach §. 384. gefunden werden, weil

$$b' = -\frac{(\gamma + a)^2}{\gamma} + \frac{\gamma + a}{\gamma} \sqrt{[(\gamma + a)^2 + 2\gamma b + b^2]}$$

wo γ diejenige beständige Größe bezeichnet, durch welche die Gestalt der Kettenlinie bestimmt wird.

Ferner ist der Inhalt von der Stirnfläche des Gewölbes (§. 107. Anhang), wenn h die Höhe der innern Wölbung bezeichnet

$$F = \frac{2b\gamma + b^2}{2\gamma} \sqrt{(2\gamma h + h^2)}$$

so daß nun leicht aus b′ und F, wenn k und α gegeben sind, die Breite der Widerlage nach §. 395. gefunden werden kann. Wäre α nicht gegeben, so findet man (§. 97. I. Anhang)

$$\cot \alpha = \frac{\gamma}{\sqrt{(2\gamma a + a^2)}}.$$

Beispiel. Die halbe Weite der innern Wölbung sey 10 Fuß, und eben so groß die Höhe der innern Wölbung. Ferner sey die Dicke des Gewölbes im Scheitel $1\frac{1}{2}$ Fuß und die Höhe der Widerlage 10 Fuß, so ist hier $a = h = 10$, $b = 1\frac{1}{2}$, $k = 10$.
Für $a = h$ ist (§. 384.)

$$\gamma = \frac{13}{21} a = \frac{130}{21}$$

und hieraus wie §. 384.

$$b' = 1{,}64 \text{ Fuß}.$$

Für den Inhalt der Stirnfläche des Gewölbes findet man

$$F = 3{,}317 \sqrt{112{,}381} = 33{,}173 \;\square\text{Fuß}$$

und für den Winkel, welchen die Fuge an der Widerlage mit der Vertikale einschließt

$$\cot \alpha = 0{,}4138 = \cot 67^0\, 31' \text{ und}$$
$$\sin \alpha = 0{,}9240.$$

Hieraus erhält man die Breite der Widerlage

$$w = \frac{-33{,}173 + \sqrt{4348{,}546}}{10} = 3{,}277 \text{ Fuß}.$$

§. 397.

Aufgabe. Die mittlere Wölbung eines durchgängig gleich dicken Tonnengewölbes sey ein Kreisbogen, man sucht die Stärke der Widerlage, vorausgesetzt, daß alle Gewölbsteine unter sich im Gleichgewichte und die Fugenschnitte nach §. 388. angeordnet sind.

Auflösung. So bald aus dem Gewichte Q und dem unveränderlichen Druck C der Werth von α oder

$$\cot \alpha = \frac{C}{Q}$$

bekannt ist, so läßt sich daraus die Breite w der Widerlage nach §. 394. finden.

Beispiele. Der Halbmesser für die innere Wölbung oder AC = CB, Figur 212., sey 10 Fuß, der Bogen AB ein Viertelkreis, die Gewölbdicke A'A'' = 2 Fuß, und die Höhe der Widerlage B'L = 10 Fuß, so ist hier $r = 10$, $b = b' = 2$ und $k = 10$. Ferner ist der Boden $v = \frac{1}{2}\pi r$ also $F = \frac{1}{2}\pi r b = 31{,}416$ □Fuß. Aus §. 209. findet man für den gegebenen Fall,

$$\cot \alpha = 0{,}364 \text{ und } \sin \alpha = 0{,}940$$

daher ist §. 394. die Breite der Widerlage oder

$$w = \frac{-31{,}416 + \sqrt{3864{,}671}}{10} = 3{,}075 \text{ Fuß.}$$

§. 398.

Aufgabe. Die Stärke der Widerlage eines gleich dicken Gewölbbogens zu finden, dessen mittlere Wölbung eine Kettenlinie ist.

Auflösung. Weil hier die Länge der innern Wölbung mit dem Gewichte des Gewölbes in gleichem Verhältnisse zunimmt, so erhält man, wenn, Figur 213., BC = a und CA = h gegeben ist, den Werth von c für den horizontalen Druck am Scheitel A (§. 96. Anhang) oder Taf. XIII Fig. 213.

$$c = \frac{25a^2 - 4{,}33\,h^2 + \sqrt{(38\,h^4 + 1036\,a^2 h^2 + 625\,a^4)}}{100\,h}$$

Für $a = h$ wird $c = 0{,}619\,h$.

Hiedurch ist, wenn vorausgesetzt wird, daß jeder Quadratfuß der Stirnfläche einem Gewichte = 1 entspricht §. 378.

$$C = bc$$

und hieraus, weil $F = bv$ ist,

$$\cot\alpha = \frac{C}{Q} = \frac{bc}{bv} = \frac{c}{v}$$

woraus, wenn $\cot\alpha$ bekannt ist, die Breite der Widerlage nach §. 394. gefunden werden kann.

Den Bogen AB findet man (§. 92. I. Anhang)

$$v = \sqrt{(2ch + h^2)}.$$

Beispiel. Es sey $BC = AC = 10$ Fuß, die Dicke des Gewölbbogens 2 Fuß und die Höhe $B'L$ der Widerlage 10 Fuß, so ist hier $a = h = 10$, $b = b' = 2$, $k = 10$, daher

$c = 6{,}19$ und der Bogen AB oder

$v = \sqrt{223{,}8} = 14{,}96$ Fuß.

Die Stirnfläche des Gewölbes ist alsdann

$F = bv = 29{,}92$ □Fuß,

$\cot\alpha = \frac{c}{v} = 0{,}4131 = \cot 67^\circ\, 33'$ und

$\sin\alpha = 0{,}9242$,

folglich die Breite der Widerlage oder

$$w = \frac{-29{,}92 + \sqrt{3920{,}12}}{10} = 3{,}209 \text{ Fuß}.$$

§. 399.

Aufgabe. Bei einem scheidrechten Gewölbe die Stärke der Widerlage zu finden, wenn sämmtliche Gewölbsteine unter einander im Gleichgewichte sind.

Auflösung. Vorausgesetzt, daß die Gewölbsteine nach den Ausmittelungen am Ende §. 393. geschnitten sind, so erhält man, wenn a die halbe lichte Weite des Gewölbes bezeichnet (§. 393. III.)

$$\cot \alpha = \frac{a}{2b}$$

und die Stirnfläche (§. 393. V.)

$$F = \frac{b}{a}(a^2 + b^2).$$

Nun ist $\sin \alpha = \frac{1}{\sqrt{(1+\cot \alpha^2)}} = \frac{1}{\sqrt{\left(1+\frac{a^2}{4b^2}\right)}} = \frac{2b}{\sqrt{(a^2+4b^2)}}$

und die Länge der Fuge KK′, Figur 217, an der Widerlage, oder Taf. XIII. Fig. 217.

$$b' = \frac{b}{\cos \alpha} = \frac{b\sqrt{(1+\cot \alpha^2)}}{\cot \alpha} = \frac{b\sqrt{(a^2+4b^2)}}{a}$$

wenn man daher die Werthe für F, cot α, sin α und b′ in die Gleichung §. 394. II. setzt, so erhält man die für das Gleichgewicht erforderliche Breite der Widerlage.

Beispiel. Die halbe lichte Weite des scheidrechten Gewölbes sey 5 Fuß, die Höhe der Widerlage = 10 Fuß und die Dicke des Gewölbes = 2 Fuß, so ist hier a = 5, b = 2, k = 10, also

$$\cot \alpha = \frac{5}{4} = 1{,}25$$

$$F = \frac{2}{5} \,.\, 29 = 11{,}6$$

$$\sin \alpha = \frac{4}{\sqrt{41}} = \frac{4\sqrt{41}}{41} = 0{,}6247$$

$$b' = \frac{2\sqrt{41}}{5} = 2{,}561$$

und hieraus die Breite der Widerlage oder

$$w = \frac{-11{,}6 + \sqrt{3220{,}143}}{10} = 4{,}515 \text{ Fuß.}$$

*B. Wenn die Steine des Tonnengewölbes ohne Reibung und Kohäsion nicht im Gleichgewichte sind.

§. 400.

Die Bestimmung der erforderlichen Stärke der Widerlage eines Gewölbes, wenn sämmtliche Gewölbsteine einander wechselseitig gleich stark pressen, ist schon §. 394. auseinander gesetzt worden. Wenn aber diese wechselseitigen Pressungen ungleich sind und die Gewölbsteine nur dann in Ruhe bleiben und nicht ausgedrängt werden, so fern der Ueberschuß ihrer durch ihr eigenes Gewicht verursachten wechselseitigen Pressungen, durch die Reibung und Kohäsion aufgehoben wird, so muß dieser Ueberschuß der Pressungen von jedem Gewölbsteine besonders in Rechnung gebracht werden. Soll alsdann das Gleichgewicht zwischen dem Gewölbe und der Widerlage für jede Anzahl von Fugen bestehen, so ist es zweckmäßig, bei der Bestimmung der Widerlage die Gewölbsteine als äußerst dünn in Rechnung zu bringen, weil alsdann auch bei einer kleinern Anzahl von Gewölbsteinen, das Gleichgewicht zwischen Gewölbe und Widerlage nicht unterbrochen wird.

Taf. XIV. Fig. 219. Im Gewölbe A'KK'A'', Figur 219., sey AMN die mittlere Wölbung irgend einer krummen Linie und die Dicke $m\mu$ des Gewölbes, nach irgend einem Gesetze bestimmt; auch werde wie bisher vorausgesetzt, daß sich die Gewichte der Gewölbsteine wie ihre Stirnflächen ver-

halten, so daß, wenn das Gewicht, welches jedem Quadratfuße der Stirnfläche entspricht, $= 1$ gesetzt wird, die Stirnfläche statt des Gewichts, oder umgekehrt, das Gewicht statt der Stirnfläche in Rechnung gebracht werden kann. Ferner sey in der Vertikallinie AB, welche durch den Scheitel des Gewölbes geht, $AP = x$ und darauf winkelrecht $PM = y$, der dazu gehörige Bogen $AM = v$ und das Gewicht des zugehörigen Gewölbstücks $A'm\mu A'' = Q$. Sämmtliche Fugen sollen auf den Ele- Q
menten der mittlern Wölbung winkelrecht stehen, und es sey für den Punkt M der Winkel, welchen die verlängerte Fuge μm mit der Vertikallinie Oo einschließt, oder $MOo = \varphi$ und der zu M gehörige Krümmungshalb- φ
messer $MO = r$. Wächst nun $AM = v$ um $MM' = \partial v$, r
so ist $m\mu\mu'm' = \partial Q$ und der Winkel $MOM' = \partial\varphi$. Nun sey $v + \partial v = v'$; $Q + \partial Q = Q'$ und $\varphi + \partial\varphi = \varphi'$, so wird, wenn v' um $M'M'' = \partial v'$ wächst, Q' um $m'\mu'\mu''m'' = \partial Q'$ und $\varphi' = o'O'M'$ um $M'O'M'' = \partial\varphi'$ wachsen.

Vom Gewichte des Steins $\mu m' = \partial Q$, entsteht gegen den darunter befindlichen Stein $\mu'm''$ ein Normaldruck (§. 374.)

$$N = \frac{\partial Q \,.\, \cos\varphi}{\sin(\varphi' - \varphi)} = \frac{\partial Q \,.\, \cos\varphi}{\sin \partial\varphi}$$

und von dem unterhalb liegenden Stein $\mu'm'' = \partial Q'$ entsteht gegen den oberhalb liegenden Stein $\mu m'$ ein Normaldruck (§. 374.)

$$M = \frac{\partial Q' \,.\, \cos(\varphi' + \partial\varphi')}{\sin(\varphi' + \partial\varphi' - \varphi')} = \frac{\partial Q' \,.\, \cos(\varphi' + \partial\varphi')}{\sin \partial\varphi}.$$

Nun ist $Q' = Q + \partial Q$, also wenn man differenziirt $\partial Q' = \partial Q + \partial^2 Q$ und eben so $\partial \varphi' = \partial \varphi + \partial^2 \varphi$, also

$\varphi' + \partial \varphi' = \varphi + 2\,\partial \varphi + \partial^2 \varphi$. Da nun ferner $\sin \partial \varphi = \partial \varphi$; $\cos \partial \varphi = 1$; $\sin \partial \varphi' = \partial \varphi' = \partial \varphi + \partial^2 \varphi$

$\cos \varphi' = \cos(\varphi + \partial \varphi) = \cos \varphi - \partial \varphi . \sin \varphi$

$\cos(\varphi' + \partial \varphi') = \cos(\varphi + 2\partial \varphi + \partial^2 \varphi) = \cos \varphi - (2\partial \varphi + \partial^2 \varphi) \sin \varphi$

so erhält man

$$N = \frac{\partial Q . \cos \varphi}{\partial \varphi} \text{ und}$$

$$M = \frac{(\partial Q + \partial^2 Q)(\cos \varphi - 2\partial \varphi . \sin \varphi - \partial^2 \varphi . \sin \varphi)}{\partial \varphi + \partial^2 \varphi}.$$

Der Druck M wirkt dem Druck N grade entgegen und hebt ihn zum Theil auf. Setzt man daher den Ueberschuß dieser Pressungen, welcher sich gegen die übrigen untern Steine fort pflanzt $= \delta$, so ist

$$\delta = N - M$$

oder wenn man die gefundenen Werthe setzt

$$\delta = \frac{\partial Q \cos \varphi}{\partial \varphi} - \frac{(\partial Q + \partial^2 Q)(\cos \varphi - 2\partial \varphi . \sin \varphi - \partial^2 \varphi . \sin \varphi)}{\partial \varphi + \partial^2 \varphi}$$

$$= \frac{\partial Q\,(\partial^2 \varphi \cos \varphi + 2\partial \varphi^2 \sin \varphi + \partial \varphi \partial^2 \varphi \sin \varphi)}{\partial \varphi\,(\partial \varphi + \partial^2 \varphi)}$$

$$- \frac{\partial^2 Q\,(\cos \varphi - 2\partial \varphi \sin \varphi - \partial^2 \varphi \sin \varphi)}{\partial \varphi + \partial^2 \varphi}$$

oder weil die Differentialien der höhern Ordnungen, so fern sie zu niedern Differentialen addirt oder davon subtrahirt werden sollen, hier den Werth derselben nicht ändern, also wegfallen können,*) so erhält man

*) Man darf sich nur erinnern, daß $\partial\,(xy) = x\partial y + x\partial y$ ist, ob man gleich $\partial\,(xy) = x\partial y + y\partial x + \partial x\,\partial y$ findet.

$$\delta = \frac{\partial Q(\partial^2\varphi \cos\varphi + 2\partial\varphi^2 \sin\varphi)}{\partial\varphi^2} - \frac{\partial^2 Q \cos\varphi}{\partial\varphi}.$$

Nun sey die Länge $m\mu = z$, so ist die Fläche $m\mu\mu'm'$ oder

$$\partial Q = z\partial v.$$

Wird nun ∂v constant angenommen, so ist

$$\partial^2 Q = \partial z\, \partial v \text{ daher}$$

$$\delta = \frac{\partial v\, \partial^2\varphi}{\partial\varphi^2} z \cos\varphi + 2\, z\partial v . \sin\varphi - \frac{\partial v}{\partial\varphi}\partial z.\cos\varphi.$$

Für jede krumme Linie ist der Krümmungshalbmesser

$$r = \frac{\partial v}{\partial\varphi} \text{ also } \partial v = r\partial\varphi.$$

Den letzten Ausdruck differenziirt und dabei ∂v constant genommen, giebt

$$o = r\partial^2\varphi + \partial r\,\partial\varphi = \frac{\partial v}{\partial\varphi}\partial^2\varphi + \partial r\,\partial\varphi \text{ und hieraus}$$

$$-\partial r = \frac{\partial v\, \partial^2\varphi}{\partial\varphi^2}.$$

Diesen Werth in die letzte für δ gefundene Gleichung gesetzt und eben so ∂v und $\frac{\partial v}{\partial\varphi}$ mit $r\partial\varphi$ und r vertauscht, giebt

$$\delta = -z\partial r \cos\varphi + 2rz\partial\varphi . \sin\varphi - r\partial z . \cos\varphi \text{ oder}$$

$$\delta = 2rz\partial\varphi . \sin\varphi - (z\partial r + r\partial z) \cos\varphi$$

folglich findet man, weil $\partial\varphi \sin\varphi = -\partial\cos\varphi$ ist, den Unterschied von den Pressungen zweier auf einander folgenden Elemente des Gewölbes oder

$$\text{(I) } \delta = -2rz\partial \cos\varphi - \partial(rz) . \cos\varphi,$$

welches eine Fundamentalgleichung für alle Arten von Gewölben ist, deren Fugen auf die mittlere Wölbungslinie winkelrecht stehen.

Will man statt des Winkels φ die Ordinate y einführen, so ist

$$\cos\varphi = \frac{\partial y}{\partial v} \text{ und } \partial\cos\varphi = \frac{\partial y}{\partial v} = \frac{\partial^2 y}{\partial v}$$

weil ∂v constant ist; daher erhält man auch

$$\text{(II)}\ \delta = -2rz\frac{\partial^2 y}{\partial v} - \frac{\partial y}{\partial v}\partial(rz).$$

Bei einem Gewölbe, welches durchgängig gleich dick ist, werde z = b, so erhält man

$$\text{(III)}\ \delta = -2br\partial\cos\varphi - b\partial r.\cos\varphi$$

oder auch

$$\text{(IV)}\ \delta = -2br\frac{\partial^2 y}{\partial v} - b\frac{\partial y\,\partial r}{\partial v}.$$

Für den Kreis ist r eine beständige Größe, also $\partial r = o$; wenn daher ein kreisförmiges Gewölbe gleich dick ist, so erhält man

$$\delta = -2br\partial\cos\varphi \text{ oder } \delta = -2br\frac{\partial^2 y}{\partial v}.$$

Nun ist für die Kreislinie $\cos\varphi = \frac{r-x}{r}$, also

$$\partial\cos\varphi = -\frac{\partial x}{r} \text{ folglich}$$

$$\text{(V)}\ \delta = -2b\partial x.$$

§. 401.

Sollen sich die Gewölbsteine unter einander im Gleichgewichte erhalten, so wird $\delta = o$ also

$$-2br\partial\cos\varphi - b\partial r.\cos\varphi = o \text{ oder}$$

$$\frac{\partial r}{r} = -2\frac{\partial\cos\varphi}{\cos\varphi}.$$

Sucht man nun diejenige Linie, welche dieser Fordederung entspricht, so darf der gefundene Ausdruck nur integrirt werden. Dies giebt:

$\log r = - 2 \log . \cos \varphi + \log const$ oder wenn $const = c$ gesetzt wird

$$\log r = \log \frac{c}{\cos \varphi^2} \text{ oder } r = \frac{c}{\cos \varphi^2}$$

welches' eine Eigenschaft der Kettenlinie ist (§. 99. III. Anhang), daher können auch nur bei dieser sämmtliche Gewölbsteine einander im Gleichgewicht halten, wenn sämmtliche gleich lange Fugen auf der mittlern Wölbung winkelrecht stehen.

Wollte man die Gleichung für die Kettenlinie aus dem im vorigen §. (IV) gefundenen Ausdruck ableiten, so ist hier $\delta = o$ also $2 r \partial^2 y + \partial y \partial r = o$.

Man setze $\partial y = p \partial v$, so ist $\partial^2 y = \partial p \partial v$, also

$2 r \partial p + p \partial r = o$, oder

$\frac{2 \partial p}{p} = \frac{- \partial r}{r}$ daher $2 \log p = - \log r + \log c$ oder

$\log p^2 = \log \frac{c}{r}$ also $p^2 = \frac{c}{r} = \frac{\partial y^2}{\partial v^2}$.

Nun ist für jede Kurve, wenn ∂v constant genommen wird, der Krümmungshalbmesser

$r = - \frac{\partial x \, \partial v}{\partial^2 y}$ also

$\frac{\partial y^2}{\partial v^2} = \frac{- c \partial^2 y}{\partial x \, \partial v}$ oder $\partial x = - c \partial v \frac{\partial^2 y}{\partial y^2}$,

hievon das Integral

$x + c' = \frac{c \partial v}{\partial y}$ oder

$(x + c')^2 \partial y^2 = c^2 \partial v^2 = c^2 (\partial x^2 + \partial y^2)$, also

$$\partial y = \frac{c\,\partial x}{\sqrt{[(x+c')^2 - c^2]}}.$$

Weil $\frac{\partial x}{\partial y} = 0$ den Ort angiebt, wo die Tangente mit den Ordinaten parallel ist, so erhält man für diesen Fall $\sqrt{[(x+c')^2 - c^2]} = 0$ also $x = c - c'$ und ferner $x = 0$; $c' = c$, daher verwandelt sich obiger Ausdruck in diesen

$$\partial y = \frac{c\,\partial x}{\sqrt{(2cx + x^2)}}$$

welches die Gleichung für die gemeine Kettenlinie ist.

§. 402.

Sucht man den Werth von δ, wenn sich die Abscissen und Ordinaten auf die innere Wölbung $A'mK$, Figur 219., beziehen, so daß hier $A'p = x$, $pm = y$, $A'm = v$ und $Om = r$ wird, so erhält man wie §. 400.

Taf. XIV. Fig. 219.

$$\delta = \frac{\partial Q(\partial^2 \varphi \cos \varphi + 2\partial \varphi^2 . \sin \varphi)}{\partial \varphi^2} - \frac{\partial^2 Q \cos \varphi}{\partial \varphi}$$

und nur die übrigen Schlüsse müssen abgeändert werden. Weil der Bogen $\partial \varphi$ zum Halbmesser 1 gehört, so verhält sich

$$1 : r + \tfrac{1}{2}z = \partial \varphi : MM' \text{ also } MM' = (r + \tfrac{1}{2}z)\,\partial \varphi.$$

Aber $\partial Q = MM . z$ daher

$$\partial Q = (rz + \tfrac{1}{2}z^2)\,\partial \varphi = z\partial v + \tfrac{1}{2}z^2\,\partial \varphi$$

weil $r\partial \varphi = \partial v$ ist. Ferner

$$\begin{aligned}\partial^2 Q &= \partial z \partial v + z \partial z \partial \varphi + \tfrac{1}{2}z^2\,\partial^2 \varphi \\ &= \partial z . r\partial \varphi + z\partial z \partial \varphi + \tfrac{1}{2}z^2\,\partial^2 \varphi \\ &= (r+z)\,\partial z \partial \varphi + \tfrac{1}{2}z^2\,\partial^2 \varphi.\end{aligned}$$

Diese

Diese Werthe für ∂Q und $\partial^2 Q$ in obige Gleichung gesetzt, giebt

$$\delta = (rz + \tfrac{1}{2}z^2)\left(\frac{\partial^2\varphi}{\partial\varphi}\cos\varphi + 2\partial\varphi . \sin\varphi\right) - (r+z)$$
$$\partial z . \cos\varphi - \tfrac{1}{2}z^2\frac{\partial^2\varphi}{\partial\varphi}\cos\varphi$$
$$= rz\frac{\partial^2\varphi}{\partial\varphi}\cos\varphi + 2rz\partial\varphi . \sin\varphi + z^2\partial\varphi . \sin\varphi$$
$$-(r+z)\partial z . \cos\varphi$$

Es ist aber §. 400.

$-\partial r = \frac{\partial v \partial^2\varphi}{\partial\varphi^2}$; also, weil $\frac{\partial v}{\partial\varphi} = r$ ist,

$-\partial r = \frac{r\partial^2\varphi}{\partial\varphi}$; diesen Werth in die vorstehende Gleichung gesetzt, giebt, weil $-\partial\cos\varphi = \partial\varphi\sin\varphi$ ist,

$$\delta = -(r+z)(z\partial\cos\varphi + \partial z\cos\varphi)$$
$$-z(\partial r\cos\varphi + r\partial\cos\varphi)$$

folglich

$$\text{(I)}\quad \delta = -(r+z)\partial(z\cos\varphi) - z\partial(r\cos\varphi)$$

oder auch, weil $\frac{\partial y}{\partial v} = \cos\varphi$,

$$\text{(II)}\quad \delta = -(r+z)\partial\frac{z\partial y}{\partial v} - z\partial\frac{r\partial y}{\partial v}$$

wo ∂v constant ist.

Ist das Gewölbe durchgängig gleich dick, so wird $z = b$ also

$$\text{(III)}\quad \delta = -(2br + b^2)\partial\cos\varphi - b\cos\varphi\,\partial r,$$

oder

$$\text{(IV)}\quad \delta = -(2br + b^2)\frac{\partial^2 y}{\partial v} - b\frac{\partial r\partial y}{\partial v}.$$

Wenn die innere Wölbung ein Kreisbogen ist, so erhält man für das gleich dicke Gewölbe

$$\delta = -(2br + b^2)\, \partial \cos \varphi.$$

Weil aber bei der Kreislinie $\cos \varphi = \frac{r-x}{r}$ also $\partial \cos \varphi = -\frac{\partial x}{r}$ ist, so wird

$$\text{(V)}\ \delta = \frac{2br + b^2}{r}\, \partial x.$$

§. 403.

Die Ausdrücke des vorigen §. hätte man auch sogleich für die innere Wölbung aus §. 401. erhalten können, wenn daselbst $r + \frac{1}{2}z$ statt r gesetzt worden wäre, weil für die innere Wölbung der Krümmungshalbmesser um $\frac{1}{2}z$ zu groß ist.

Wollte man δ für die äußere Wölbung A″K′, Figur 219., finden, so darf nur §. 402., $r - \frac{1}{2}z$ statt r oder im vorigen §., r — z statt r gesetzt werden, so erhält man

$$\text{(I)}\ \partial = -(r - z)\, \partial\, (z \cos \varphi) - z\, \partial\, (r \cos \varphi)$$

und für $z = b$

$$\text{(II)}\ \delta = -(2br - b^2)\, \partial \cos \varphi - b \cos \varphi\, \partial r.$$

Aus den verschiedenen für δ gefundenen Werthen kann man eben so wie §. 378. die erforderliche Dicke z des Gewölbes für den Fall finden, wenn alle Steine einander wechselseitig gleich stark pressen sollen, indem man nur $\delta = o$ setzen darf, um daraus den Werth von z zu entwickeln. Die Rechnung ist aber alsdann weitläuftiger als §. 378.

§. 404.

Um die erforderliche Stärke der Widerlage irgend

eines Gewölbes zu finden, dessen mittlere Wölbung gegeben ist, wenn alle Fugenschnitte auf dieser winkelrecht stehen, muß der Ueberschuß von der Kraft, welchen jedes Element des Gewölbe gegen das darunter befindliche Element ausübt oder δ nach vertikaler Richtung MJ, Figur 219., und nach horizontaler MH zerlegt werden, wobei vorausgesetzt wird, daß der Mittelpunkt des Drucks in der mittlern Wölbung liege. Der Vertikaldruck in $M = \delta \sin \varphi$ strebt die Widerlage um den Punkt E nach MJ, und der Horizontaldruck $= \delta \cos \varphi$ nach MH zu drehen. Das Moment dieses Vertikaldrucks ist $= EJ . \delta \sin \varphi$ und die Summe aller Momente von A bis M. Taf. XIV. Fig. 219.

$$= \int EJ . \delta \sin \varphi$$

wodurch zugleich die Summe von dem Ueberschusse aller Vertikalpressungen von A bis N ausgedrückt werden kann, wenn man voraussetzt, daß das Integral für $x = AB$ genommen werde. Eben so findet man die Summe aller Momente von dem Ueberschusse der Horizontalpressungen von A bis N

$$= \int EH . \delta \cos \varphi.$$

Das Element des Gewölbes, welches unmittelbar an die Widerlage bei KK′ fällt, wirkt mit seinem Normaldruck

$$N = \frac{\partial Q . \cos \varphi}{\partial \varphi} \text{ (§. 400.)}$$

gegen die Widerlage, und weil dieser Druck nicht durch den Gegendruck M eines Gewölbsteins aufgehoben werden kann, so wird sich derselbe gegen die Widerlage fortpflanzen und sie um E zu drehen streben.*) Es ist aber

$$N = \frac{\partial Q . \cos \varphi}{\partial \varphi} = \frac{z \partial v . \cos \varphi}{\partial \varphi} = r z \cos \varphi$$

weil (§. 400.), $\partial Q = z \partial v$ und $\frac{\partial v}{\partial \varphi} = r$ ist. Für die Fuge KK′ an der Widerlage sey $z = z'$, $r = r'$ und φ oder der Winkel ACK′ $= \alpha$, so wird der Normaldruck

$$N = r' z' \cos \alpha$$

und wenn diese Kraft nach vertikaler und horizontaler Richtung zerlegt wird, so ist der Vertikaldruck $= N \sin \alpha = r' z' \sin \alpha \cos \alpha$ und der Horizontaldruck $= N \cos \alpha = r' z' \cos \alpha^2$. Hieraus findet man das Moment

des Vertikaldrucks $= EN' . r' z' \sin \alpha \cos \alpha$

des Horizontaldrucks $= N'N . r' z' \cos \alpha^2$.

h, a, k. Man setze $AB = h$, $BN = FN' = a$, $NN' = k$, ED
w $= w$, so kann das Gewicht der Widerlage EDKK′ durch $k w$ ausgedrückt werden und man erhält das Moment dieses Vertikaldrucks

$$= \tfrac{1}{2} k w^2.$$

Für das Gleichgewicht wird erfordert, daß die Summe aller Momente von den Vertikalpressungen, der Summe der Momente von den Horizontalpressungen gleich sey, oder

$$\int EJ . \delta \sin \varphi + EN' . r' z' \sin \alpha \cos \alpha + \frac{kw^2}{2}$$
$$= \int EH . \delta \cos \varphi + NN' . r' z' \cos \alpha^2 .$$

*) Bei entstehendem Zweifel, ob es nöthig sey, diesen Normaldruck noch besonders in Rechnung zu bringen, kann man sich am besten dadurch überzeugen, wenn man das Gewölbe aus einer bestimmten Anzahl Gewölbsteine bestehend annimmt.

Es ist aber im ΔKNn, $nK = \frac{1}{2}z' \sin \alpha$, also

$EJ = ED - DN' + N'F - FJ = ED - NK + NB - PM$, oder

$EJ = w - \frac{1}{2}z' \sin \alpha + a - y$

$EN' = w - \frac{1}{2}z' \sin \alpha$

$EH = k + h - x$, $NN' = k$ und

$\delta = - 2rz\,\partial \cos \varphi - \partial (rz) \cos \varphi$.

Setzt man diese Werthe in die gefundene Gleichung, so kann für jeden besondern Fall daraus die Breite der Widerlage oder w entwickelt werden, wenn die mittlere Wölbung gegeben ist.

§. 405.

Wäre irgend eine Kurve als innere Wölbung gegeben und man sucht daraus die Breite der Widerlage, so sey mit Beibehaltung der Bezeichnung §. 402., Figur 219., $A'B' = h$, $B'K = FD = a$, $NN' = k$, $ED = w$, so ist wie im vorigen §. die Summe von den Momenten aller Pressungen des Gewölbes von A bis N Taf. XIV. Fig. 219.

nach vertikaler Richtung $= \int EJ . \delta \sin \varphi$

nach horizontaler Richtung $= \int EH . \delta \cos \varphi$.

Der Normaldruck im Punkte N ist (§. 404.)

$$N = \frac{\partial Q \cos \varphi}{\partial \varphi} = (rz + \tfrac{1}{2}z^2) \cos \varphi$$

weil (§. 402.) $\partial Q = (rz + \frac{1}{2}z^2)\,\partial \varphi$ ist, oder weil für die Fuge KK', $z = z'$, $r = r'$ und $\varphi = \alpha$ wird,

$N = (r' + \frac{1}{2}z')\,z' \cos \alpha$. Hieraus entsteht ein Vertikaldruck $= (r' + \frac{1}{2}z')\,z' \sin \alpha \cos \alpha$ und ein Horizontaldruck $= (r' + \frac{1}{2}z')\,z' \cos \alpha^2$, woraus man das Moment des Vertikaldrucks $= EN' . (r' + \frac{1}{2}z') z' \sin \alpha \cos \alpha$ und das Moment des Horizontaldrucks $= NN' . (r' + \frac{1}{2}z') z' \cos \alpha^2$ findet.

Wird zu den Momenten der Vertikalpressungen noch das Moment der Widerlage $= \frac{1}{2}kw^2$ hinzu gesetzt, so erhält man für das Gleichgewicht

$$\int EJ . \delta \sin \varphi + EN' . (r' + \frac{1}{2}z') z' \sin \alpha \cos \alpha + \frac{kw^2}{2} =$$
$$\int EH . \delta \cos \varphi + NN' (r' + \frac{1}{2}z') z' \cos \alpha^2.$$

Im ΔMmq ist $Mm = \frac{1}{2}z$ und
$mq = \frac{1}{2}z \sin \varphi$; $Mq = \frac{1}{2}z \cos \varphi$; auch ist $nK = \frac{1}{2}z' \sin \alpha$ und $nN = \frac{1}{2}z' \cos \alpha$, daher erhält man

$$EJ = ED + DF - mp - mq$$
$$= w + a - y - \frac{1}{2}z \sin \varphi.$$
$$EN' = w - \frac{1}{2}z' \sin \alpha$$
$$EH = N'N - nN + A'B' - A'p + qM$$
$$= k - \frac{1}{2}z' \cos \alpha + h - x + \frac{1}{2}z \cos \varphi \text{ und}$$
$$\delta = -(r + z) \partial (z \cos \varphi) - z \partial (r \cos \varphi) \text{ oder}$$
$$\delta = -(r + z) \partial \frac{z \partial y}{\partial v} - z \partial \frac{r \partial y}{\partial v}.$$

Der bessern Uebersicht wegen kann man

$\int EJ . \delta \sin \varphi$ das erste Moment des Vertikaldrucks,

$EN' . (r' + \frac{1}{2}z') z' \sin \alpha \cos \alpha$ das zweite Moment, und

$\frac{kw^2}{z}$ das dritte Moment desselben; ferner

$\int EH . \delta \cos \varphi$ das erste Moment des Horizontaldrucks und

$NN' . (r' + \frac{1}{2}z') z' \cos \alpha^2$ das zweite Moment des letztern nennen.

§. 406.

Zusatz. Die innere Wölbung sey ein Kreisbogen $A'mK$, Figur 220., und das Gewölbe durchgängig von einerlei Dicke $mm' = A'A'' = KK' = b$, so ist hier $z = z' = b$. Wird die Bezeichnung im vorigen §. auf Figur 220. übertragen, so ist hier Taf. XIV. Fig. 220.

$A'C = CK = r = r'$, $A'B' = h$, $B'K = a$, $NN' = k$; $A'p = x$, $pm = y$; der Winkel $A'CK = \alpha$, $A'Cm = \varphi$.

Nach den Eigenschaften des Kreises ist

$pm = y = r \sin \varphi$ und $A'p = x = r - r \cos \varphi$

daher §. 405.

$EJ = w + a - (r + \frac{1}{2}b) \sin \varphi$

$EN' = w - \frac{1}{2}b \sin \alpha$

$EH = k - \frac{1}{2}b \cos \alpha + h - r + (r + \frac{1}{2}b) \cos \varphi$

$\delta = -(2br + b^2) \partial \cos \varphi = (2br + b^2) \partial \varphi \sin \varphi$.

Es ist daher

$$\int EJ . \delta \sin \varphi = (2br + b^2) \int [w + a - (r + \tfrac{1}{2}b) \sin \varphi] \partial \varphi \sin \varphi^2.$$

Aber (P. A. S. 247. 248.)

$\int \partial \varphi \sin \varphi^2 = \frac{1}{2} \operatorname{arc} \varphi - \frac{1}{2} \sin \varphi \cos \varphi + C$ und

$\int \partial \varphi \sin \varphi^3 = -\frac{1}{3} \sin \varphi^2 \cos \varphi - \frac{2}{3} \cos \varphi + C'$.

Für $\varphi = 0$ verschwinden die Integrale, daher

$0 = C$ und $0 = -\frac{2}{3} + C'$ also

$\int \partial \varphi \sin \varphi^2 = \frac{1}{2} \operatorname{arc} \varphi - \frac{1}{2} \sin \varphi \cos \varphi$

$\int \partial\varphi \sin\varphi^3 = \frac{2}{3} - \frac{1}{3}\sin\varphi^2 \cos\varphi - \frac{2}{3}\cos\varphi$.

Für $\varphi = \alpha$ werden die Integrale vollständig. Es ist aber

$$\sin\alpha = \frac{a}{r} \text{ und } \cos\alpha = \frac{r-h}{r} \text{ daher}$$

wenn α statt φ und demnächst die hier gefundenen Werthe in die letzten Integralgleichungen gesetzt werden

$$\int \partial\varphi \sin\varphi^2 = \tfrac{1}{2}\operatorname{arc}\alpha - \frac{a(r-h)}{2r^2} = \frac{r^2 \operatorname{arc}\alpha - a(r-h)}{2r^2}$$

$$\int \partial\varphi \sin\varphi^3 = \frac{2}{3} - \frac{a^2(r-h)}{3r^3} - \frac{2(r-h)}{3r} = \frac{2hr^2 - a^2(r-h)}{3r^3}.$$

Nun war

$$\int EJ.\delta \sin\varphi = (2br + b^2)(w+a)\int\partial\varphi \sin\varphi^2$$
$$-(2br+b^2)(r+\tfrac{1}{2}b)\int\partial\varphi\sin\varphi^3$$

daher findet man, wenn die gefundenen Werthe statt der Integrale in diese Gleichung gesetzt werden, und

$$\frac{(2br+b^2)}{6r^3} = A$$

gesetzt wird, das erste Moment des Vertikaldrucks

$$(I) = A\,[3r(w+a)(r^2 \operatorname{arc}\alpha - ar + ah)$$
$$-(2r+b)(2hr^2 - a^2r + a^2h)].$$

Ferner ist hier

$$EN'.(r' + \tfrac{1}{2}z')\, z' \sin\alpha\cos\alpha = (w - \tfrac{1}{2}b\sin\alpha)$$
$$(r+\tfrac{1}{2}b)\, b \sin\alpha\cos\alpha,$$

oder wenn statt sin α und cos α die gefundenen Werthe gesetzt werden, so ist das zweite Moment des Vertikaldrucks

$$(II) = \frac{ab(r-h)(2r+b)(2rw-ab)}{4r^3}.$$

Das dritte Moment des Vertikaldrucks bleibt ungeändert

$$(III) = \frac{1}{2} kw^2.$$

Es ist ferner

$$\int EH . \partial \cos \varphi = -(2br + b^2) \int [k - \tfrac{1}{2} b \cos \alpha + h - r + (r + \tfrac{1}{2} b) \cos \varphi] \cos \varphi . \partial \cos \varphi \; [I].$$

Aber $\int \cos \varphi \, \partial \cos \varphi = \frac{1}{2} \cos \varphi^2 + C$ und

$$\int \cos \varphi^2 \, \partial \cos \varphi = \frac{1}{3} \cos \varphi^3 + C'.$$

Für $\varphi = o$ verschwinden die Integralien und man erhält $o = \frac{1}{2} + C$ und $o = \frac{1}{3} + C'$ daher

$$\int \cos \varphi \, \partial \cos \varphi = \frac{1}{2} \cos \varphi^2 - \frac{1}{2}$$

$$\int \cos \varphi^2 \, \partial \cos \varphi = \frac{1}{3} \cos \varphi^3 - \frac{1}{3}.$$

Für $\varphi = \alpha$ werden die Integrale vollständig und man erhält, wenn statt $\cos \alpha$ sein Werth $\frac{r-h}{r}$ gesetzt wird,

$$\int \cos \varphi \, \partial \cos \varphi = \frac{(r-h)^2 - r^2}{2r^2}$$

$$\int \cos \varphi^2 \, \partial \cos \varphi = \frac{(r-h)^3 - r^3}{3r^3}.$$

Setzt man diese Werthe in die vorstehende Gleichung [I], so findet man das erste Moment des Horizontaldrucks

$$(IV) = hA [3kr(2r - h) + h(3r - h)(r + \tfrac{1}{2}b)].$$

Endlich findet man statt $NN' . (r' + \frac{1}{2}z') z' \cos \alpha^2$, das zweite Moment des Horizontaldrucks

$$(V) = \frac{bk(2r + b)(r - h)^2}{2r^2} = 3krA(r - h)^2.$$

Durch die Ausdrücke (I) bis (V) erhält man §. 405.

$$(I) + (II) + (III) = (IV) + (V)$$

in gegebenen Größen, so daß nur die Breite der Widerlage w unbekannt bleibt, welche sich alsdann leicht entwickeln läßt.

§. 407.

Aufgabe. Die erforderliche Stärke der Widerlage eines Gewölbes von gleicher Dicke zu finden, dessen innere Wölbung ein Kreisbogen ist, auf welchem alle Fugenschnitte winkelrecht stehn, wenn weder Reibung noch Kohäsion zwischen den Gewölbsteinen in Rechnung gebracht wird.

Auflösung. Mit Beibehaltung der bisherigen Be-
Taf. XIV. Fig. 220. zeichnung sey Figur 220. $A'A'' = KK' = b$, $A'C = CK = r$, $A'B' = h$, $B'K = a$, $NN' = k$ und der Winkel $A'CK = \alpha$, so kommt es darauf an, aus den für das Gleichgewicht gefundenen fünf Ausdrücken §. 406. die Breite der Widerlage oder $w = DE$ zu entwickeln. Giebt man den Momenten (I) und (II) die zu diesem Endzwecke bequemste Gestalt, so ist

$$(I) = 3rA\,(r^2 \text{ arc } \alpha - ar + ah)\, w + A$$
$$[3ar^3 \text{ arc } \alpha - 2hr^2\,(2r + b) - a^2\,(r - h)(r - h)].$$
$$(II) = 3arA\,(r - h)\, w - \tfrac{3}{2} a^2 bA\,(r - h)$$

und wenn man (I) und (II) addirt, so wird $(I) + (II) =$
$$3r^3 Aw \text{ arc } \alpha + A$$
$$[3ar^3 \text{ arc } \alpha - (r + \tfrac{1}{2}b)(4hr^2 + a^2 r - a^2 h)].$$

Nun ist $A = \frac{2br + b^2}{6r^3}$;

ferner setze man

$$B = 3r^3 \text{ arc } \alpha,$$

$$C = (r + \tfrac{1}{2}b)[4hr^2 + a^2(r-h)] - a.B,$$

$$D = h[3kr(2r-h) + h(3r-h)(r+\tfrac{1}{2}b)],$$

so wird, weil (§. 406.) (III) + (I) + (II) — (IV) — (V) = o ist,

$$\tfrac{1}{2}kw^2 + A.Bw - A.C - A.D - 3krA(r-h)^2 = o$$

oder

$$w^2 = \frac{2A.B}{k}w - \frac{2A}{k}[C + D + 3kr(r-h)^2 = o$$

und hieraus findet man die Breite der Widerlage oder

$$w = \frac{-A.B + \sqrt{\{A^2.B^2 + 2kA[C + D + 3kr(r-h)^2]\}}}{k}.$$

Beispiel. Die halbe Weite des kreisförmigen Gewölbes sey 7 Fuß, die lichte Höhe 4 Fuß, die Dicke des Gewölbes 2 Fuß und die Höhe der Widerlage 10 Fuß, man sucht die Breite derselben.

Hier ist $a = 7$, $h = 4$, $r = 10$, $b = 2$ und $k = 10$ Fuß. Ferner ist

$\sin\alpha = \frac{a}{r} = 0{,}7 = \sin 44^0\ 26'$ also

$\text{arc } \alpha = \text{arc } 44^0\ 26' = 0{,}7755$ folglich

$A = 0{,}007333$; $B = 2326{,}5$;

$C = 4548{,}5$; $D = 23776$;

daher findet man die Breite der Widerlage

$$w = \frac{-17{,}0602 + \sqrt{5737{,}999}}{10} = 5{,}869 \text{ Fuß}.$$

§. 408.

1. Zusatz. Besteht die ganze innere Wölbung aus einem halben Kreise, so wird $a = h = r$ und $\alpha = 90$ Grad, also $\text{arc } \alpha = \tfrac{1}{2}\pi$, daher

$$A = \frac{2br + b^2}{6r^3}$$

$$B = \tfrac{3}{2}\pi\, r^3$$

$$C = r^3\ (2b + 4r - \tfrac{3}{2}\pi\, r)$$

$$D = r^3\ (b + 3k + 2r).$$

Setzt man diese Werthe in die zuletzt im vorigen §. gefundene Gleichung, so erhält man für das vollständige kreisförmige Tonnengewölbe die Breite der Widerlage oder

$$w = \frac{-\frac{1}{4}\pi(2br+b^2) + \sqrt{[\frac{1}{16}\pi^2(2br+b^2)^2 + k(2br+b^2)(b+k+2r-\frac{1}{2}\pi r)]}}{k}.$$

1. **Beispiel.** Der Halbmesser eines Gewölbes, dessen ganze innere Wölbung einen Halbkreis bildet, sey 10 Fuß, die Höhe der Widerlage eben so groß, und die Dicke des Gewölbes 2 Fuß, man sucht die Stärke der Widerlage.

Hier ist $r = k = 10$ Fuß, $b = 2$ Fuß, also die Breite der Widerlage oder

$$w = \frac{-31.557 + \sqrt{8362.71}}{10} = 5{,}689 \text{ Fuß}.$$

2. **Beispiel.** Bleibt alles übrige wie vorhin, nur daß $r = 9$ Fuß wird, so erhält man für die Breite

$$w = \frac{-31{,}416 + \sqrt{7332.08}}{10} = 5{,}4213 \text{ Fuß}.$$

§. 409.

2. **Zusatz.** Die Summe der Momente von den Vertikalpressungen ist §. 407. bei dem kreisförmigen Gewölbe, wenn das Moment der Widerlage nicht mit gerechnet wird $= A.B\,w - A.C$ und von den Horizontalpressungen $= A.D - 3krA\,(r - h)^2$; daher erhält

man, wenn die innere Wölbung ein Halbkreis ist, die Summe der Momente von den Vertikalpressungen

$$= r^3 A \left(\tfrac{3}{2}\pi w - 2b - 4r + \tfrac{3}{2}\pi r\right)$$

und die Summe von den Momenten der Horizontalpressungen

$$= r^3 A (b + 3k + 2r).$$

§. 410.

Bei einem Gewölbe, dessen mittlere Wölbung nach der Kettenlinie gebildet war, fand man §. 398. für $a = h = k = 10$ und $b = 2$ Fuß, die für das Gleichgewicht erforderliche Breite der Widerlage

$$w = 3{,}209 \text{ Fuß}.$$

Dagegen wird nach §. 408., wenn a, h, k und b für ein kreisförmiges Gewölbe eben diese Abmessungen erhalten, die erforderliche Breite der Widerlage

$$w = 5{,}422 \text{ Fuß},$$

woraus schon in dieser Hinsicht der große Vortheil erhellt, welchen die nach einer Kette gebildeten Gewölbe gegen die kreisförmigen gewähren.

Wenn also Herr v. Apsaltern in der Abhandlung vom Druck der Gewölbe auf ihre Seitenmauern (Wien 1782.) S. 161 meint, daß man auf die Vortheile welche ein Gewölbe von der Kettenlinie haben soll, getrost Verzicht leisten könnte und (S. 155.) daß die Beweise für die Vortheile der Kettenlinie dann nicht mehr paßten, wenn die Gewölbdicke mit in Anschlag kommt, so lassen sich diese Behauptungen sehr leicht durch die vorhergehenden Auseinandersetzungen widerlegen.

§. 411.

Aufgabe. Die Stärke der Widerlage eines gleich dicken Gewölbes zu finden, dessen innere Wölbung irgend einen gedrückten Bogen bildet, welcher aus drei Kreisbogen zusammen gesetzt ist.

Taf. XVI. Fig. 221. Auflösung. Es sey, Figur 221., $A'C = Cn = r$
$r\ \varrho$ der Halbmesser für den mittlern und $Gn = GK = \varrho$
a für den untern Kreisbogen. Ferner sey $KB = a$,
$h\ k\ h'$ $A'B = h$, $DK = k$, so kann daraus $A'L = h'$ und
h'' $nS = h''$ gefunden werden. Denn

$$CG : BC = Gn : nS \text{ oder}$$

$$r - \varrho : r - h = \varrho : h'' \text{ also}$$

$$h'' = \frac{r - h}{r - \varrho} \cdot \varrho \text{ und hieraus } h' = h - h''.$$

Ferner verhält sich $CG : GB = Gn : GS$.
$a'\ a''$ Wird nun $Ln = a'$ und $KS = a''$ gesetzt, so findet man eben so leicht

$$a'' = \frac{r - a}{r - \varrho} \cdot \varrho \text{ und } a' = a - a''.$$

Um die Gleichung für die Stärke der Widerlage DE
w $= w$ zu erhalten, muß zuerst die Summe der Momente von A bis N', für den Halbmesser r und dann von N' bis N, für den Halbmesser ϱ gesucht werden, wodurch in Verbindung mit dem Momente $\frac{1}{2} k w^2$ eine Gleichung entsteht, aus welcher w entwickelt werden kann.

Man setze den Winkel $A'Cn = \alpha$ und $mGK = \alpha'$, so ist nach einem ganz ähnlichen Verfahren wie §. 407.

$EJ = w + a - (r + \frac{1}{2}b) \sin \varphi$

$EH = DK + BA' - A'C + CP$

$= k + h - r + (r + \frac{1}{2}b) \cos \varphi$, daher

$$\int EJ \,.\, \delta \sin \varphi = (2br + b^2) \int [w + a - (r + \tfrac{1}{2}b) \sin \varphi] \partial\varphi \sin \varphi^2$$

und weil $\sin \alpha = \frac{a'}{r}$ und $\cos \alpha = \frac{r - h'}{r}$ ist, so wird

$$\int \partial\varphi \sin \varphi^2 = \frac{r^2 \operatorname{arc} \alpha - a'(r - h')}{2r^2} \text{ und}$$

$$\int \partial\varphi \sin \varphi^3 = \frac{2h'r^2 - a'a'(r - h')}{3r^3}, \text{ folglich}$$

das Moment des Vertikaldrucks für den Bogen AN' $= \int EJ \,.\, \delta \sin \varphi$ oder

$$(I) = A[3r(w + a)(r^2 \operatorname{arc} \alpha - \alpha' r + a'h') - (2r + b)(2h'r^2 - a'a'r + a'a'h')].$$

Weil ferner

$$\int EH \,.\, \delta \cos \varphi = -(2br + b^2) \int (k + h - r + r \cos \varphi) \cos \varphi \,.\, \partial \cos \varphi \text{ und}$$

$$\int \cos \varphi \, \partial \cos \varphi = \frac{(r - h')^2 - r^2}{2r^2};$$

$$\int \cos \varphi^2 \, \partial \cos \varphi = \frac{(r - h')^3 - r^3}{3r^3},$$

so findet man das Moment des Horizontaldrucks für den Bogen AN'.

$$(II) = h'A [3r(k + h - r)(2r - h') + (2r + b)(3r^2 - 3rh' + h'h')].$$

Die Momente, welche aus dem Normaldruck auf die

Fuge nn entstehen, werden hier nicht besonders in Rechnung gebracht, weil diese bei den Momenten für das Gewölbstück N′N mit inbegriffen werden.

Um die Momente für den Untertheil des Gewölbes von N′ bis N zu finden, nehme man die Summe der Momente für den ganzen Quadranten Kna, dessen Halbmesser $= \varrho$ ist, und ziehe davon die Momente für den Bogen an ab, so bleibt die Summe der Momente für nK übrig.

Nach §. 409. ist für den Quadranten Kna, wenn

$$A' = \frac{2b\varrho + b^2}{6\varrho^3}$$

gesetzt wird, das Moment der Vertikalpressungen

$$(III) = \varrho^3 A' (\tfrac{3}{2}\pi w - 2b - 4\varrho + \tfrac{3}{2}\pi\varrho)$$

und das Moment der Horizontalpressungen

$$(IV) = \varrho^3 A' (b + 3k + 2\varrho).$$

Für das Gewölbstück an ist das Moment des Horizontaldrucks wie bei (I), wenn der Winkel $aGn = \beta$ und $SG = \varrho - a''f$ gesetzt wird

$$(V) = A' [3\varrho^3 (w + \varrho) \operatorname{arc} \beta - (2\varrho + b)$$
$$(2\varrho^3 - 2\varrho^2 h'' - f^2 h'')].$$

und das Moment des Horizontaldrucks wie bei (II)

$$(VI) = (\varrho - h'') A' [3k\varrho (\varrho + h'') + (2\varrho + b)$$
$$(\varrho^2 + \varrho h'' + h'' h'')].$$

Wird (V) von (III) abgezogen, so erhält man das Moment des Vertikaldrucks für das Gewölbstück N′N, wenn $\frac{1}{2}\pi - \operatorname{arc} \alpha'$ statt $\operatorname{arc} \beta$ gesetzt wird,

(VII)

$$(VII) = A' [3\varrho^3 w \operatorname{arc} \alpha' + 3\varrho^4 \operatorname{arc} \alpha' - h'' (2\varrho + b)(2\varrho^2 + f^2)]$$

und wenn man (VI) von (IV) abzieht, so ist das Moment des Horizontaldrucks für das Gewölbstück N'N

$$(VIII) = h''h'' A' [3k\varrho + 2\varrho h'' + bh''].$$

Endlich ist das Moment vom Vertikaldruck der Widerlage

$$(IX) = \tfrac{1}{2} k w^2.$$

Daher weil für das Gleichgewicht, die Summe der Momente von den Vertikalpressungen, den Momenten der Horizontalpressungen gleich seyn müssen, so wird

$$(I) + (VII) + (IX) = (II) + (VIII)$$

Es ist aber

$$\begin{aligned}(I) + (VII) &= 3w[A(r^2 \operatorname{arc} \alpha - a'r + a'h) + \varrho^3 A' \operatorname{arc} \alpha'] \\ &+ A[3ar(r^2 \operatorname{arc} \alpha - a'r + a'h) - (2r + b)(2h'r^2 - a'a'r + a'a'h')] \\ &+ A'[3\varrho^4 \operatorname{arc} \alpha' - h''(2\varrho + b)(2\varrho^2 + f^2)].\end{aligned}$$

Nun war

$$A = \frac{2br + b^2}{6r^3} \text{ und } A' = \frac{2b\varrho + b^2}{2\varrho^3}$$

daher wenn man

$$B = 3[A(r^2 \operatorname{arc} \alpha - a'r + a'h) + \varrho^3 A' \operatorname{arc} \alpha']$$

$$C = A[3ar(r^2 \operatorname{arc} \alpha - a'r + a'h) - (2r + b)(2h'r^2 - a'a'r + a'a'h')]$$

$$D = A'[3\varrho^4 \operatorname{arc} \alpha' - h''(2\varrho + b)(2\varrho^2 + f^2)]$$

$$E = h'A[3r(k + h - r)(2r - h') + (2r + b)(3r^2 - 3rh' + h'h')]$$ und

$F = h''h''A'[3k\varrho + 2\varrho h'' + bh'']$ setzt, erhält man

$$wB + C + D + \tfrac{1}{2}kw^2 = E + F \text{ oder}$$

$$w^2 + \frac{2B}{k}w + \frac{2}{k}(C + D - E - F) = 0$$

und hieraus die Breite der Widerlage

$$w = \frac{-B + \sqrt{[B^2 - 2k(C + D - E - F)]}}{k}.$$

Die Weitläuftigkeit der Rechnung könnte dadurch ansehnlich verkürzt werden, wenn man den Winkel ACN' auf eine gegebene Anzahl Grade beschränkte. In diesem Falle ging aber die Allgemeinheit der Auflösung verloren und man wäre auf einen einzelnen Fall eingeschränkt.

Beispiel. Von einem gedrückten Gewölbbogen, welcher aus drei Kreisbogen besteht, sey die halbe lichte Weite BK $= a = 12$ Fuß, die lichte Höhe BA' $= h = 9$ Fuß, die Dicke A'A'' $= b = 2$ Fuß und die Höhe der Widerlage DK $= k = 10$ Fuß; ferner A'C $=$ Cn $= r = 15$ Fuß und GK $=$ Gn $= \varrho = 7\frac{1}{2}$ Fuß, so ist

$h' = 3$; $h'' = 6$; $a' = 9$; $a'' = 3$ und $f = \varrho - a'' = 4\frac{1}{2}$ Fuß.

Weil $\sin\alpha = \frac{a'}{r} = 0{,}6 = \sin 36^0\ 52'$, so wird

$\text{arc}\ \alpha = 0{,}64344$.

Aber $\alpha' = 90^0 - \alpha$ daher $\text{arc}\ \alpha' = 0{,}92735$

und man findet

$A = 0{,}0031605$; $A' = 0{,}013432$; $B = 16{,}105$;
$C = 24{,}512$; $D = -63{,}675$; $E = 187{,}022$;
$F = 158{,}098$ und man erhält hieraus für die Breite der Widerlage

$$w = \frac{-16{,}105 + \sqrt{7945{,}03}}{10} = 7{,}303 \text{ Fuß.}$$

§. 412.

Außer dem Gewichte der Gewölbsteine können auch noch andere Kräfte auf das Gewölbe pressen, wohin besonders die Fälle gehören, wenn eine auf die äußere Wölbung vertheilte Last nach vertikaler Richtung wirkt. Beziehen sich die Coordinaten auf die mittlere Wölbung AMN, Figur 219., wie §. 400., und wird die daselbst angenommene Bezeichnung mit dem Unterschiede beibehalten, daß hier das Gewölbe durchgängig gleich dick, also $z = b$ voraus gesetzt wird, so sey ∂P ∂P
diejenige äußere Kraft, welche nach vertikaler Richtung auf das Element $\mu\mu'$ der äußern Wölbung wirkt. Für $\mu'\mu''$ sey diese Kraft $\partial P'$, so läßt sich ∂P nach horizontaler Richtung und winkelrecht auf $\mu\mu'$ zerlegen. Der Horizontaldruck ist

$$= \partial P \,.\, \operatorname{tgt} \varphi$$

welcher keinen Druck auf das Gewölbe, sondern nur gegen die Widerlage verursacht. Der winkelrechte Druck auf $\mu\mu'$ ist

$$= \frac{\partial P}{\cos\varphi} \text{ und auf } \mu'\mu'' = \frac{\partial P'}{\cos\varphi'}$$

und die Kraft $\frac{\partial P}{\cos\varphi}$ wird ohne Rücksicht auf das Gewicht Q, gegen $m'\mu'$ einen Normaldruck N' verursachen, der zum Theil oder gänzlich von dem Normaldruck aufgehoben wird, welchen die Kraft $\frac{\partial P'}{\cos\varphi'}$ gegen eben die Fläche $m'\mu'$ aufwärts hervorbringt. Dieser sey M′, so ist N′ — M′ der Ueberschuß des Drucks gegen m′μ′ und mit Rücksicht auf die Gewichte ∂Q, ∂Q′ ist dieser Ueberschuß nach §. 400., N — M + N′ — M′, welcher hier = δ′ gesetzt werden soll. Es ist aber §. 216.

$$N' = \frac{\partial P}{2 \cos \varphi \sin \partial \frac{1}{2}\varphi} = \frac{\partial P}{\partial \varphi \cos \varphi} \text{ und eben so}$$

$$M' = \frac{\partial P'}{\partial \varphi' \cos \varphi'} \text{ also } N' - M' = \frac{\partial P}{\partial \varphi \cos \varphi} - \frac{\partial P'}{\partial \varphi' \cos \varphi'}$$

Aber $P' = P + \partial P$ also $\partial P' = \partial P + \partial^2 P$;
$\partial\varphi' = \partial\varphi + \partial^2 \varphi$ und $\cos \varphi' = \cos \varphi - \partial \varphi \sin \varphi$ (§. 402.) daher

$$N' - M' = \frac{\partial^2 \varphi \cos \varphi \, \partial P - \partial \varphi^2 \sin \varphi \, \partial P - \partial \varphi \cos \varphi \, \partial^2 P}{\partial \varphi^2 \cos \varphi^2}$$

oder

$$N' - M' = -\partial \frac{\partial P}{\partial \varphi \cos \varphi} = -\partial \frac{r \partial P}{\partial v \cos \varphi}$$

weil $\partial \varphi = \frac{\partial v}{r}$ ist.

Nun ist für $z = b$ nach §. 400. (III)

$$N - M = -2 b r \partial \cos \varphi - b \cos \varphi \partial r;$$

daher, wenn sich die Coordinaten auf die mittlere Wölbung beziehen,

$$\text{(I)} \quad \delta' = -2 b r \partial \cos \varphi - b \cos \varphi \partial r - \partial \frac{\partial P}{\partial \varphi \cos \varphi}.$$

Beziehen sich die Coordinaten auf die innere Wölbung, so bleibt der Ausdruck für N′ — M′ ungeändert. Man erhält daher für diesen Fall nach §. 402. (III)

(II) $\delta' = -(2br + b^2)\,\partial \cos\varphi - b\cos\varphi\,\partial r - \partial \frac{r\,\partial P}{\partial v \cos\varphi}$.

Ist die innere Wölbung ein Kreisbogen, so erhält man

(III) $\delta' = -(2br + b^2)\,\partial \cos\varphi - \partial \frac{\partial P}{\partial \varphi \cos\varphi}$

oder auch

$$= \frac{2br + b^2}{r}\,\partial x - \partial \frac{\partial P}{\partial \varphi \cos\varphi}.$$

§. 413.

Aufgabe. Ein Gewölbbogen A'K', Fig. 222., sey noch mit einer Stirnmauer A''K'SL belastet, welche sich in eine wagerechten Linie LL' endet und mit dem Gewölbe von einerlei Materie ist; man sucht die erforderliche Stärke der Widerlage, wenn die innere Wölbung ein Kreisbogen ist. Taf. XIV. Fig. 222.

Auflösung. Das Gewölbe sey durchgängig von einerlei Dicke, die Höhe der Stirnmauer über dem Scheitel mit Inbegriff der Gewölbdicke oder A'L = e, die übrige Bezeichnung aber wie §. 406. und 412., so müssen sowohl die Momente von den Kräften, welche von dem Gewichte des Gewölbbogens entstehen, und eben so die Momente von dem Druck auf die äußere Wölbung A''μK gesucht werden.

Auf das Element μμ' der äußern Wölbung drückt die Masse μRrμ' = ∂P vertikal. Nun verhält sich $1 : r + b = \partial\varphi : \mu\mu'$ also ist $\mu\mu' = (r + b)\,\partial\varphi$. Aber

$\mu n' = \mu\mu' . \cos\varphi = (r + b)\,\partial\varphi . \cos\varphi$ und

$R\mu = LA' + A'C - CP - n\mu$

$= e + r - (r + b)\cos\varphi$, daher

$\partial P = R\mu . \mu n' = (r+b)[c+r-(r+b)\cos\varphi]\,\partial\varphi . \cos\varphi.$

Hienach ist §. 412. (III)

$$\delta' = -(2br+b^2)\,\partial\cos\varphi - (r+b)\,\partial[e+r-(r+b)\cos\varphi]$$

oder

$$\delta' = r^2\,\partial\cos\varphi = -r^2\,\partial\varphi\sin\varphi.$$

Nun ist §. 406.

$EJ = w + a - (r+\tfrac{1}{2}b)\sin\varphi$

$EH = k - \tfrac{1}{2}b\cos\alpha + h - r + (r+\tfrac{1}{2}b)\cos\varphi$, daher

$$\int EJ\,\delta'\sin\varphi = -r^2 \int [w+a-(r+\tfrac{1}{2}b)\sin\varphi]\,\partial\varphi\sin\varphi^2,$$

also ist wie §. 406. (I) das erste Moment des Vertikaldrucks

$$(I) = -\frac{1}{6r}[3r(w+a)(r^2\,\mathrm{arc}\,\alpha - ar + ah) - (2r+b)(2hr^2 - a^2r + a^2h)].$$

Die Summe der Momente des Horizontaldrucks, welche von dem Ueberschuß der Pressungen sämmtlicher Gewölbsteine entsteht, ist

$$\int EH . \delta'\cos\varphi = r^2 \int [k - \tfrac{1}{2}b\cos\alpha + h - r(r+\tfrac{1}{2}b)\cos\varphi]\cos\varphi . \partial\cos\varphi$$

und man findet wie §. 406. (IV) das erste Moment des Horizontaldrucks

$$(II) = \frac{-h}{6r}[3kr(2r-h) + h(3r-h)(r+\tfrac{1}{2}b)].$$

Gegen jede Fuge wie $m'\mu'$ entsteht von dem darüber befindlichen Elemente des Gewölbsteins $m\mu\mu'm'$ ein Normaldruck (§. 404.)

$$= (rb + \tfrac{1}{2}b^2)\cos\varphi$$

und von der Kraft ∂P entsteht ebenfalls gegen $m'\mu'$ nach §. 412. ein Normaldruck

$$= \frac{\partial P}{\partial \varphi \cos \varphi} = (r + b)[e + r - (r + b)\cos \varphi].$$

Für die erste Fuge KK' wird $\varphi = \alpha$, also die Summe dieser beiden Pressungen in N, welche sich gegen die Widerlage fortpflanzen, oder

$$N = (b + r)(e + r) - (\tfrac{1}{2}b^2 + br + r^2)\cos\alpha,$$

oder man erhält auch, weil $\cos\alpha = \frac{r-h}{r}$ ist,

$$N = (b + r)(e + h) - \frac{b^2(r-h)}{r}.$$

Hievon ist das

Moment des Vertikaldrucks $= EN' . N \sin\alpha$ und das Moment des Horizontaldrucks $= N'N . N \cos\alpha$. Aber

$$EN' = w - \tfrac{1}{2}b \sin\alpha;$$

$$NN' = k; \ \sin\alpha = \frac{a}{r}; \ \cos\alpha = \frac{r-h}{r}$$

daher findet man das zweite Moment des Vertikaldrucks

$$(III) = \frac{a(2rw - ab)}{4r^3}[2r(b + r)(e + h) - b^2(r - h)]$$

und das zweite Moment des Horizontaldrucks

$$(IV) = \frac{k(r-h)}{2r^2}[2r(b + r)(e + h) - b^2(r - h)].$$

Vom Druck der Stirnmauer auf die äußere Wölbung entsteht auf jedes Element $\mu\mu'$ nach §. 412. ein Horizontaldruck $= \partial P . \mathrm{tgt}\, \varphi$, dessen Moment $= \mu J'$. $\partial P\, \mathrm{tgt}\, \varphi$ die Widerlage nach horizontaler Richtung um den Punkt E zu drehen strebt. Nun ist

$\mu J' = NN' - BB' + B'A' - AP + n\mu$
$= k - \frac{1}{2} b \cos \alpha + h - (r - r \cos \varphi) + b \cos \varphi$
$= k - \frac{br - bh}{2r} + h - r + (b + r) \cos \varphi,$

oder wenn man

$$A = \frac{2r(k+h+e) - b(r-h)}{4r}$$

setzt, so ist

$\mu J' = 2A - (e + r) + (b + r) \cos \varphi,$

daher findet man die Summe der Momente oder

$\int \mu J' . P \operatorname{tgt} \varphi$
$= (b + r) \int [2A - (r + e) + (b + r) \cos \varphi]$
$[e + r - (b + r) \cos \varphi] \partial \varphi \cos \varphi \operatorname{tgt} \varphi$
$= (b + r) \int [(e + r)(2A - e - r) + 2(b + r)$
$(e + r - A) \cos \varphi - (b + r)^2 \cos \varphi^2] \partial \varphi \sin \varphi.$

Es ist aber $\int \partial \varphi \sin \varphi = - \cos \varphi + C;$
$\int \partial \varphi \sin \varphi \cos \varphi = - \frac{1}{2} \cos \varphi^2 + C'$ und
$\int \partial \varphi \sin \varphi \cos \varphi^2 = - \frac{1}{3} \cos \varphi^3 + C''.$

Für $\varphi = o$ verschwinden die Integrale und man findet

$$C = 1; \; C' = \tfrac{1}{2}; \; C'' = \tfrac{1}{3}.$$

Für $\varphi = \alpha$ werden die Integrale vollständig, und man erhält, wenn $\frac{r - h}{r}$ statt $\cos \alpha$ gesetzt wird,

$\int \partial \varphi \sin \varphi = 1 - \frac{r - h}{r} = \frac{h}{r}$

$\int \partial \varphi \sin \varphi \cos \varphi = \frac{1}{2} - \frac{(r - h)^2}{2r^2} = \frac{2hr - h^2}{2r^2}$

$\int \partial \varphi \sin \varphi \cos \varphi^2 = \frac{1}{3} - \frac{r - h)^3}{3r^3} = \frac{r^3 - (r - h)^3}{3r^3}$, daher

$\int \mu J' . \partial \varphi \operatorname{tgt} \varphi$ oder das dritte Moment des Horizontaldrucks

$$(V) = \frac{b+r}{3r^3}\Big\{3hr^2(e+r)(2A-e-r) + 3rh(b+r)(2r-h)(e+r-A) - (b+r)^2[r^3-(r-h)^3]\Big\}.$$

Endlich ist $TD = b \sin \alpha = \frac{ab}{r}$, daher das Moment von dem Theile ETSL′ der Widerlage

$$= \tfrac{1}{2}\left(w-\frac{b}{r}\right)^2\left(k-\frac{b\,(r-h)}{2r}+h+e\right)$$

und das Moment von dem Theile TK′KD der Widerlage

$$= \left(w-\frac{ab}{2r}\right)k.\frac{ab}{r}.$$

Beide Momente addirt und die Größe A eingeführt, geben das Moment der ganzen Widerlage oder das dritte Moment des Vertikaldrucks

$$(VI)\ A w^2 - \frac{2A-k}{r} a b w + \frac{2A-k}{2r^2} a^2 b^2.$$

Werden die Momente der Vertikalpressungen, den Momenten der Horizontalpressungen gleich gesetzt, so erhält man für das Gleichgewicht

$$(I) + (III) + (VI) = (II) + (IV) + (V).$$

Nun ist (I) + (III) + (VI)

$$= \frac{-w}{2}(r^2 \operatorname{arc} \alpha - ar + ah)$$

$$- \frac{a}{2}(r^2 \operatorname{arc} \alpha - ar + ah) + \frac{2r+b}{6r}(2hr^2 - a^2 r + a^2 b)$$

$$+ \frac{aw}{2r^2}[2r(b+r)(c+h)-b^2(r-h)]$$

$$- \frac{a^2b}{4r^3}[2r(b+r)(c+h)-b^2(r-h)]$$

$$+ Aw^2 - \frac{2A-k}{r}abw + \frac{2A-k}{2r^2}a^2b^2$$

$$= Aw^2 + \frac{a(r-h)(r^2-b^2)+2ar(b+r)(c+h)+4abr(k-A)-r^4\,\mathrm{arc}\,\alpha}{2r^2}.w$$

$$+ \frac{1}{12r^3}[a^2(r-h)(2r^3-2br^2+3b^3)+2hr^4(2r+b)$$

$$-6a^2br(b+r)(c+h)+6a^2b^2r(2A-k)$$

$$-6ar^5\,\mathrm{arc}\,\alpha].$$

Ferner ist (II) + (IV)

$$= \frac{6kr(r-h)(b+r)(c+h)-3b^2k(r-h)^2-3hkr^2(2r-h)-h^2r(3r-h)(r+\frac{1}{2}b)}{6r^3}.$$

Setzt man nun

$$B = \frac{a(r-h)(r^2-b^2)+2ar(b+r)(c+h)+4abr(k-A)-r^4\,\mathrm{arc}\,\alpha}{2r^2}$$

$$C = \frac{1}{12r^3}[6ar^5\,\mathrm{arc}\,\alpha+6a^2br(b+r)(c+h)$$

$$-6a^2b^2r(2A-k)-a^2(r-h)(2r^3-2br^2+3b^3)$$

$$-2hr^4(2r+b)]$$

$$D = \frac{6kr(r-h)(b+r)(c+h)-3b^2k(r-h)^2-3hkr^2(2r-h)-h^2r(3r-h)(r+\frac{1}{2}b)}{6r^2}$$

$$E = \frac{b+r}{3r^3}\{3hr^2(c+r)(2A-c-r)+3hr(b+r)(2r-h)(c+r-A)$$

$$-(b+r)^2[r^3-(r-h)^3]\}$$

so wird

$$Aw^2+Bw-C = D+E \text{ oder}$$

$$w^2 + \frac{B}{A}w - \frac{C+D+E}{A} = 0$$

daher findet man die Breite der Widerlage oder

$$w = \frac{-B + \sqrt{[B^2 + 4A(C + D + E)]}}{2A}.$$

Beispiel. Für ein Gewölbe mit einer Stirnmauer sey $a = 7$, $h = 4$, $r = 10$, $b = 2$, $c = 4$ und $k = 10$ Fuß, so erhält man

$\sin \alpha = \frac{a}{r} = 0{,}7 = \sin 44^0\ 26'$ daher

$\text{arc}\,\alpha = \text{arc}\ 44^0\ 26' = 0{,}7755$ folglich

$A = 8{,}7$; $B = 52{,}225$; $B^2 = 2727{,}451$

$C = 249{,}758$; $D = 172{,}533$; $E = 16{,}584$

und hieraus die Breite der Widerlage oder

$$w = \frac{-52{,}225 + \sqrt{18000{,}201}}{17{,}4} = 4{,}71 \text{ Fuß}.$$

Es ist daher in diesem Falle die erforderliche Breite der Widerlage bei einer Stirnmauer geringer, als wenn sich keine Stirnmauer auf dem Gewölbe befindet. Man vergleiche §. 407.

§. 414.

Zusatz. Besteht der Gewölbbogen, auf welchem die Stirnmauer ruht, aus einem Halbkreise, so wird $a = h = r$, $r - h = o$ und $\text{arc}\,\alpha = \frac{1}{2}\pi$; man erhält daher

$$A = \frac{k + r + c}{2}$$

$$B = bk + r(c + r) - \tfrac{1}{4}\pi r^2$$

$$C = \frac{3\pi r^3 + 6bcr - 4r^2(r - b)}{12}$$

$$D = -\frac{r^2(3k + 2r + b)}{6}$$

$$E = \frac{(b + r)[6k(c + r) + (b + r)(3c + r - 2b - 3k)]}{6}$$

woraus die Breite der Widerlage

$$w = \frac{-B + \sqrt{[B^2 + 4A(C + D + E)]}}{2A}$$

leicht gefunden werden kann.

Beispiel. Der Halbmesser der innern Wölbung sey 10 Fuß, die Gewölbdicke $1\frac{5}{6}$ Fuß, die Höhe der Stirnmauer über dem Scheitel der äußern Wölbung 2 Fuß und die Höhe der Widerlage 10 Fuß, so ist hier

$$r = 10;\ b = \frac{11}{6};\ c = \frac{23}{6} \text{ und } k = 10 \text{ Fuß};$$

ferner

$A = 8{,}083$; $B = 78{,}127$; $B^2 = 6103{,}828$;
$C = 548{,}315$; $D = -863{,}889$; $E = 1524{,}145$;

daher findet man die Breite der Widerlage

$$w = \frac{-78{,}127 + \sqrt{45179{,}345}}{16{,}166} = 8{,}315 \text{ Fuß}.$$

Im System der Mechanik fester Körper (1.Th. S.248.) findet Hr. Ide für dieses Beispiel $w = 22{,}647$ Fuß, welches mit daher rührt, weil daselbst $N = o$ gesetzt ist, ob gleich für $h = r$ nur ein Theil von N verschwindet.

§. 415.

Wenn der Mörtel in den Fugen eines Gewölbes, welches nach den Grundsätzen §. 378. angeordnet worden, erhärtet ist, so kann es gleichgültig seyn, an welchen Stellen dasselbe Risse oder Sprünge nach den Richtungen dieser Fugen erhält, weil das ganze Gewölbe so angeordnet ist, daß sich die einzelnen Gewölbsteine ohne Rücksicht auf Reibung und Kohäsion im Gleichgewichte halten, wenn nur keine andere Kräfte als die in Rechnung gebrachten auf das Umwerfen wirken. Wenn aber das Gewölbe nach andern Regeln ausgeführt ist, und die einzelnen Steine sich nicht im Gleichgewichte erhalten, so kann es nicht gleichgültig seyn, an welchen Stellen das Gewölbe Sprünge oder Risse erhält, weil hiedurch die Kohäsion des Mörtels aufgehoben wird, und die getrennten Gewölbstücke als einzelne Keile auf das Umwerfen der Widerlage wirken. Bisher war angenommen, daß die Gewölbe aus einer unzähligen Menge einzelner Steine bestanden; wird daher angenommen, daß an einem Gewölbbogen, dessen einzelne Steine nicht im Gleichgewichte sind, in gleichen Entfernungen vom Scheitel A, Figur 223., bei M und M′ nach den Richtungen der Fugen Risse entstehen, indem der Scheitel ungetrennt bleibt, so wird das Gewölbstück MAM′ die Widerlagen nebst den damit verbundenen Gewölbmassen umzuwerfen streben, um diejenigen Fugen, wo die meiste Gefahr zum Umwerfen des darunter befindlichen Gewölbstücks nebst der Widerlage vorhanden ist, sollen hier die Brechungsfugen heißen. Bezeichnet nun W das Moment der Vertikalpressungen, mit welchen das Gewölbe nebst der Widerlage der Umdrehung um den Punkt E widersteht und W′ das Moment der Horizontalpressungen, welche die Gewölbmasse ME um den Punkt E nach der horizontalen Richtung MH umzuwerfen strebt, und man setzt

Taf. XIV. Fig. 223.

$$W - W' = D$$

so ist diejenige Fuge M, wo D seinen kleinsten positiven oder seinen größten negativen Werth erhält, die Brechungsfuge.

Für ein gleich dickes Gewölbe aus vollem Kreise, dessen Fugen verlängert im Mittelpunkte C zusammenlaufen, sey M die Brechungsfuge; AP = x, PM = y, der Bogen AM = v, der Halbmesser AC = CN = r, die Gewölbdicke = b, KD = k, ED = w und der Winkel ACM = φ, so ist, wenn das Gewicht, welches jedem Quadratfuße von der Stirnfläche der Gewölbmasse entspricht, = 1 gesetzt wird, das Gewicht vom Gewölbstücke MAM′ = 2 bv. Winkelrecht auf die Fugen M, M′ sey MO, M′O gezogen, so ist der Winkel MOC = 90° — φ und wenn man die Kraft 2 bv nach den Richtungen OM, OM′ zerlegt, so erhält man (§. 21.) den Normaldruck auf die Fuge M

$$= \frac{b\,v}{\sin\varphi}.$$

Diesen Druck nach vertikaler Richtung MJ und nach
Taf. XIV. Fig. 223. horizontaler MH zerlegt, giebt, weil

$$\sin\varphi = \frac{y}{r} \text{ und } \cos\varphi = \frac{r-x}{r} \text{ ist,}$$

den Vertikaldruck in M = bv und

den Horizontaldruck in M $= \frac{bv\cos\varphi}{\sin\varphi} = \frac{bv(r-x)}{y}$

Nun ist EH = k + r — x, daher erhält man, wenn voraus gesetzt wird, daß die Widerlage auf dem festen Boden ED nach horizontaler Richtung nicht weichen, wohl aber sich um den Punkt E herum drehen kann, das Moment der Horizontalpressungen nach MH, oder

$$W' = (k + r - x)\frac{bv(r-x)}{y}$$

$$= \frac{bv}{y}(kr + r^2 - kx - 2rx + x^2),$$

oder, weil $2rx - x^2 = y^2$ ist,

$$W' = \frac{bv}{y}(kr + r^2 - kx - y^2).$$

Für den Vertikaldruck bv in M ist das Moment

$$EJ \,.\, bv = (w + r - y)\, bv.$$

Das Gewicht vom Gewölbstücke MN ist $= b(\frac{1}{2}\pi r - v)$ und wenn durch den Schwerpunkt g desselben die Vertikallinie gg'' gezogen wird, so findet man (§. 86. I.) den Abstand

$$Ng' = r - \frac{r(r-x)}{\frac{1}{2}\pi r - v}, \text{ also}$$

$$Eg'' = (w - \tfrac{1}{2}b) + Ng' = w - \tfrac{1}{2}b + r - \frac{r(r-x)}{\frac{1}{2}\pi r - v}$$

daher ist das Moment vom Vertikaldruck des Gewölbstücks MN

$$= b\left(w + r - \tfrac{1}{2}b - \frac{r(r-x)}{\frac{1}{2}\pi r - v}\right)(\tfrac{1}{2}\pi r - v).$$

Endlich ist das Moment vom Vertikaldruck der Widerlage $= \frac{1}{2} w . wk$, also sämmtliche Momente der Vertikalpressungen, oder

$$W = \tfrac{1}{2}kw^2 + b\left[w + r - \tfrac{1}{2}b - \frac{r(r-x)}{\frac{1}{2}\pi r - v}\right]$$

$$(\tfrac{1}{2}\pi r - v) + bv(w' + r - y) \text{ oder}$$

$$W = \tfrac{1}{2}kw^2 + b[\tfrac{1}{2}\pi r(w + r - \tfrac{1}{2}b)$$

$$- r^2 + \tfrac{1}{2}bv + rx - vy],$$

daher erhält man, wenn

$$\tfrac{1}{2}kw^2 + \tfrac{1}{2}\pi br(w + r - \tfrac{1}{2}b) - br^2 = B \; [I]$$

gesetzt wird, nach gehöriger Zusammenziehung W — W' oder

$$(I) \; D = B + b\left[\tfrac{1}{2}bv + rx - \frac{v}{y}(r^2 + kr - kx)\right].$$

Setzt man statt x, y, v die Werthe $r - r\cos\varphi$, $r\sin\varphi$, $r\varphi$, so erhält man auch

$$(II) \; D = B + b\,r\left[r + \tfrac{1}{2}b\varphi - r\cos\varphi - \frac{\varphi}{\sin\varphi}(r + k\cos\varphi)\right].$$

Um zu untersuchen, für welchen Werth von φ, D seinen kleinsten positiven oder größten negativen Werth erhält, setze man $B + br^2 = B'$, so ist B' eine beständige Größe, welche nicht von φ abhängt, man hat alsdann

$$D = B' + br\left[\tfrac{1}{2}\varphi . b - \left(\cos\varphi + \frac{\varphi}{\sin\varphi}\right) r - \frac{\varphi\cos\varphi}{\sin\varphi} . k\right].$$

Giebt man nun φ verschiedene Werthe, so findet man, daß für

$\varphi = 0$ wird $D = B' + br(0{,}000\,b - 1{,}000\,r - 1{,}000\,k)$
$\varphi = 30^\circ$ „ $D = B' + br(0{,}083\,b - 0{,}913\,r - 0{,}907\,k)$
$\varphi = 60^\circ$ „ $D = B' + br(0{,}166\,b - 0{,}709\,r - 0{,}605\,k)$
$\varphi = 90^\circ$ „ $D = B' + br(0{,}500\,b - 0{,}571\,r - 0{,}000\,k)$

Hieraus läßt sich übersehen, daß innerhalb der Grenzen $\varphi = 0$ und $\varphi = 90^\circ$ der Ausdruck für D weder ein Größtes noch Kleinstes giebt, daß aber für $\varphi = 0$ der kleinste Werth für D erhalten wird, oder daß die Brechungsfuge zunächst bei dem Scheitel des Gewölbbogens

anges

angenommen werden muß. Auch sind Brüche für die Stabilität des Gewölbes desto nachtheiliger, je näher sie bei dem Scheitel entstehen. Man darf daher unter der angenommenen Voraussetzung bei einem gleich dicken kreisförmigen Gewölbe, die Brechungsfuge weder mit de la Hire bei $\varphi = 45$ Grad, noch mit andern nahe über oder unter diesem Winkel annehmen, sondern so fern der Theil des Gewölbes und der Widerlage, welche sich unter der Brechungsfuge befinden, als eine zusammenhängende feste Masse angesehen werden, muß solche zunächst an dem Scheitel angenommen werden, so daß das abgelöste Gewölbstück als äußerst dünne vorauszusetzen ist. Hieraus folgt ferner, daß in jedem Falle die Stärke der Widerlage zu klein gefunden wird, wenn man solche unter der Bedingung berechnet, daß bei einem kreisförmigen Gewölbe die Brechungsfuge um einen bedeutenden Theil vom Scheitel entfernt ist.

Will man den Ausdruck (I) auf das Beispiel §. 408. anwenden, wo hier $r = 10$, $k = 10$, $b = 2$ und $w = 5{,}4213$ ist; so erhält man

$$D = 400 + 2v + 20x - 20\frac{v}{y}(20 - x)$$

und hienach für verschiedene Werthe von x nachstehende Tafel

x	φ		$\frac{v}{y}$	D
0	0°	0′	1,000	0,00
0,1	8°	7′	1,004	5,17
0,5	12°	35′	1,008	21,41
1	25°	50′	1,035	35,91
5	60°	—	1,209	210,59
10	90°	—	1,571	631,42

Wegen des Ausdrucks $\frac{v}{y} = \frac{\varphi}{\sin\varphi}$, für $\varphi = o$, ist noch zu bemerken, daß der alsdann entstehende Werth $\frac{\varphi}{\sin\varphi} = \frac{o}{o}$ zwar unbestimmt zu seyn scheint, daß aber dergleichen Ausdrücke $\frac{o}{o}$ jedesmal einen bestimmten Werth haben, welchen man findet, wenn im Differential des Zählers und Nenners der gegebene Werth gesetzt wird. (P. A. S. 360.) Man erhält daher für $\varphi = o$

$$\frac{\varphi}{\sin\varphi} = \frac{\partial\varphi}{\partial\varphi \cos\varphi} = \frac{1}{\cos\varphi} = \frac{1}{\cos o^0} = 1.$$

§. 416.

In dem allgemeinen Ausdruck für $D = W - W'$ (§. 415. I) erhält man, wenn $\varphi = o$ und $\frac{\varphi}{\sin\varphi} = 1$ gesetzt wird,

$D = B - br(r + k)$ oder wenn man statt B seinen Werth nach [I] §. 415. setzt

$$D = \tfrac{1}{2}kw^2 + \tfrac{1}{2}\pi br(w + r - \tfrac{1}{2}b) - br(2r + k).$$

Wird nun angenommen, daß die Horizontalpressungen des Gewölbes mit den Vertikalpressungen im Gleichgewichte seyn sollen, so ist $W - W'$ oder $D = o$, daher

$$o = \tfrac{1}{2}kw^2 + \tfrac{1}{2}\pi br(w + r - \tfrac{1}{2}b) - br(2r + k),$$

oder wenn sich der Halbmesser nicht auf die mittlere, sondern auf die *innere* Wölbung beziehen soll, so muß $r + \frac{1}{2}b$ statt r gesetzt werden und man erhält:

$$o = \tfrac{1}{2}kw^2 + \tfrac{1}{2}\pi b(r + \tfrac{1}{2}b)(w + r) - b(r + \tfrac{1}{2}b)(2r + b + k)$$

oder

$$w^2 + \frac{\pi}{2k}(2br + b^2).w$$
$$= \frac{2br + b^2}{k}(b + k + 2r - \tfrac{1}{2}\pi r).$$

Entwickelt man hieraus w, so findet man bei einem kreisförmigen Gewölbe, welches nur im Scheitel durch einen äußerst dünnen Gewölbstein getrennt ist, und wenn unter den Horizontal- und Vertikalpressungen ein Gleichgewicht entstehen soll, die erforderliche Breite der Widerlage, oder

$$w = \frac{-\frac{1}{4}\pi(2br + b^2) + \sqrt{\left[\frac{1}{16}\pi^2(2br + b^2)^2 + k(2br + b^2)(b + k + 2r - \frac{1}{2}\pi r)\right]}}{k}.$$

Vergleicht man diesen Ausdruck mit §. 408., so findet man eine vollkommene Uebereinstimmung mit der daselbst gefundenen Breite der Widerlage, woraus der merkwürdige Satz folgt: **Die Breite der Widerlage wird bei einem kreisförmigen Gewölbe eben so groß gefunden, wenn man in der Rechnung voraussetzt, daß das ganze Gewölbe aus unzähligen Gewölbsteinen bestehe, welche unter sich weder durch Kohäsion, noch auf sonst eine Art Zusammenhang haben; oder wenn man voraussetzt, daß das Gewölbe mit der Widerlage aus einer zusammenhängenden Masse bestehe, welche nur im Scheitel durch einen äußerst dünnen Gewölbstein getrennt ist.**

Herr Rath Langsdorf findet zwar im Lehrbuche der Hydraulik S. 259 bei einem gleich dicken kreisförmigen Gewölbbogen, daß für $\varphi = 62$ Grad, das Bestreben zum Umstürzen des Gewölbes am größten ist. Allein dies Resultat entsteht daher, daß mehrere Wirkungen, welche aus der Zerlegung der Kräfte ents nicht in Rechnung gebracht sind. Denn statt, daß der Horizontaldruck in M nach MH = V $\frac{\cos \varphi}{\sin \varphi}$ = cot φ gefunden worden, so findet Herr Lange (S. 252) diesen Druck = V ($\sin \varphi \cos \varphi + \sin$

§. 417.

Um näher zu bestimmen, wie fern bei entstehe Brüchen in einem Gewölbbogen durch die Reibung Einstürzen des Gewölbes verhindert werde, setze man aus, daß die Gewölbsteine ohne Reibung und Koh nicht im Gleichgewichte sind, daß aber die Widerla
Taf. XIV. Fig. 224. und D, Figur 224., und ein Theil des damit verbu nen Gewölbes BE und DF als feststehend angenom werden können, welches nach Erhärtung des Mö leicht der Fall ist. Entsteht nun durch irgend einen stand im Scheitel A eine Trennung, so daß die b Gewölbstücke AE und AF als einzelne Körper au festen Unterlagen EB und FD ruhen, so kann nu Reibung der Steine und die Kohäsion des Mörtels Ausweichen widerstehen und das Niedersinken vom L theile des Gewölbes verhindern. Es ist nicht anzurat viel auf die Kohäsion zu rechnen, weil besonders bei n Gewölben solche viel geringer als bei alten ist; dag ist die Reibung der Gewölbsteine auf einander so be tend, daß sie in vielen Fällen allein zureicht, das weichen einzelner Gewölbstücke zu verhindern.

Unter der angenommenen Voraussetzung sey C Horizontaldruck vom Gewölbstück AE in A, und R Kraft, mit welcher AE in E, nach der Richtung des verlängerten Fugenschnitts auszuweichen strebt, so ist, wenn diese Fuge mit der Vertikallinie den Winkel φ bildet, nach §. 204. II. b., die Kraft mit welcher das Gewölbstück AE nach außen auszuweichen strebt, oder

$$\text{(I)} \quad R = C \sin \varphi - Q \cos \varphi$$

wo Q das Gewicht vom Gewölbstücke AE bezeichnet. Nur wenn $R = o$ wird, ist kein Ausweichen auch ohne Reibung zu befürchten. Wird hingegen R negativ, so hat der Untertheil des Gewölbstücks AE ein Bestreben nach innen abzugleiten.

Der Normaldruck von AE auf die Fuge E sey N und $1 : \mu$ das Verhältniß des Drucks zur Reibung bei Gewölbsteinen, so ist μN die Kraft, mit welcher die Reibung das Ausweichen des Gewölbstücks AE verhindert und das Gewölbe behält einen sichern Stand, wenn

$$\mu N > \text{oder} = \pm R$$

ist, wo das obere Zeichen für positive und das untere für negative Werthe von R genommen wird.

Nach §. 204. III. ist $N = Q \sin \varphi + C \cos \varphi$, also

$$\text{(II)} \quad \mu N = \mu Q \sin \varphi + \mu C \cos \varphi.$$

Es läßt sich nun für jede Fuge eines Gewölbes bestimmen, ob das darüber befindliche Gewölbstück ein Bestreben hat, nach innen oder nach außen auszuweichen, und wenn man

$$\text{(III)} \quad D = \mu N - (\pm R) = \mu N \mp R$$

setzt, wo das obere Zeichen für positive und das untere für negative Werthe von R gilt, so wird bei einem negativen Werthe von D allemal ein Ausweichen des Gewölbes unter den angenommenen Voraussetzungen entstehen.

Der größte negative Werth von D, oder wenn keine negativen Werthe vorhanden sind, der kleinste positive Werth von D, giebt die schwächste Stelle des Gewölbes an; ist dabei R positiv, so strebt das Gewölbstück nach außen und wenn R negativ ist, nach innen abzugleiten.

§. 418.

Werden die Ausmittelungen des vorigen §. auf ein kreisförmiges gleich dickes Gewölbe, dessen Fugenschnitte verlängert nach dem Mittelpunkte gehen, angewandt, so muß zuvor für dasselbe der Werth C allgemein gesucht werden. Man setze für irgend eine Fuge E Figur 225. das Gewicht vom Bogen AE = Q, und wenn sich die rechtwinklichten Coordinaten auf die mittlere Wölbung beziehen, AP = x, PE = y, den Bogen AE = v, den Winkel ACE = φ und den Halbmesser AC = CB = r. Ferner sey GV eine durch den Schwerpunkt des Bogens AE gezogene Vertikallinie und EG = u, so ist §. 84. I. $u = y - \frac{rx}{v}$

Taf. XIV. Fig. 225.

Aber $v = r\varphi$; $y = r \sin \varphi$; $r - x = r \cos \varphi$ also $x = r - r \cos \varphi$, daher

$$u = \frac{r(\varphi \sin \varphi + \cos \varphi - 1)}{\varphi}$$

Nun ist §. 204. I.; $C = \frac{u}{x} Q$ oder wenn die Gewölbdicke $= b$ gesetzt wird, so ist $Q = bv = br\varphi$ also $C = \frac{br\varphi u}{x} = \frac{b\varphi u}{1 - \cos\varphi}$, daher findet man

$$C = \frac{br(\varphi \sin\varphi + \cos\varphi - 1)}{1 - \cos\varphi}$$

und hieraus §. 417. I.

$$R = \frac{br(\varphi \sin\varphi + \cos\varphi - 1)\sin\varphi}{1 - \cos\varphi} - br\varphi\cos\varphi =$$

$$\frac{\varphi + \sin\varphi\cos\varphi - \sin\varphi - \varphi\cos\varphi}{1 - \cos\varphi} . br$$

oder wenn der Zähler durch $1 - \cos\varphi$ dividirt wird, so findet man die Kraft, mit welcher der Untertheil des Gewölbstückes AE bei E auszuweichen strebt, oder

$$R = br(\varphi - \sin\varphi).$$

Weil der Bogen φ eines Kreises nie kleiner als der zugehörige Sinus ist, so kann R nicht negativ werden, oder bei einem gleich dicken kreisförmigen Gewölbe, ist kein Abgleiten des Gewölbbogens nach innen zu befürchten. Dagegen ist das Bestreben zum Ausweichen nach außen an derjenigen Stelle am größten, wo $\varphi - \sin\varphi$ seinen größten Werth erhält. Dies ist der Fall für $\sin\varphi = 1$, also bei B und D; daher ist das Bestreben des Gewölbes zum Ausweichen nach außen beim Anfange des Bogens oder an der Widerlage am größten, vorausgesetzt, daß der Gewölbbogen außer seiner eigenen Last nichts weiter zu tragen hat.

Für den angenommenen Gewölbbogen erhält man ferner (§. 417. II.)

$\mu N = \mu (Q \sin \varphi + C \cos \varphi) =$

$$\mu b r \left[\varphi \sin \varphi + \frac{(\varphi \sin \varphi + \cos \varphi - 1) \cos \varphi}{1 - \cos \varphi}\right]$$

$$= \mu b r \frac{\varphi \sin \varphi + \cos \varphi^2 - \cos \varphi}{1 - \cos \varphi} = \mu b r \left(\frac{\varphi \sin \varphi}{1 - \cos \varphi} - \cos \varphi\right)$$

oder weil $\sin \varphi = 2 \sin \frac{1}{2} \varphi \cos \frac{1}{2} \varphi$ und $1 - \cos \varphi = 2 \sin \frac{1}{2} \varphi^2$ ist, so erhält man auch

$$\mu N = \mu b r (\varphi \cot \tfrac{1}{2} \varphi - \cos \varphi)$$

folglich findet man, weil $R = b r (\varphi - \sin \varphi)$ ist, die Kraft, mit welcher das Gewölbstück AE nach Abzug der Reibung bei E ausweicht, oder

$$D = \mu N - R = \mu b r (\varphi \cot \tfrac{1}{2} \varphi - \cos \varphi) - b r (\varphi - \sin \varphi)$$

So lange dieser Ausdruck positiv bleibt oder o wird, ist kein Ausweichen des Gewölbes zu fürchten. Auch giebt der kleinste positive oder größte negative Werth desselben die schwächste Stelle des Gewölbes an, wobei aber zuvor μ bekannt seyn muß. Zur bessern Uebersicht erhält man für verschiedene Werthe von φ nachstehende Tafel, in welcher μ unbestimmt geblieben ist.

Winkel φ	μN	R
0°	1,0000.μbr	0
10°	1,0101.μbr	0,0009.br
20°	1,0400.μbr	0,0070.br
30°	1,0881.μbr	0,0236.br
40°	1,1518.μbr	0,0553.br
50°	1,2286.μbr	0,1066.br
60°	1,3138.μbr	0,1812.br
70°	1,4028.μbr	0,2820.br
80°	1,4904.μbr	0,4115.br
90°	1,5708.μbr	0,5708.br

Um nun zu übersehen, in welche Stelle des Gewölbes die kleinsten positiven oder größten negativen

Werthe für $D = \mu N - R$ fallen, darf man nur μ verschiedene Werthe geben, so entsteht folgende Vergleichung:

φ	$N - R$	$\frac{1}{2}N - R$	$\frac{1}{3}N - R$	$\frac{1}{4}N - R$	$\frac{1}{10}N - R$
0	1,000.br	0,500.br	+0,333.br	+0,250.br	+0,100.br
10°	1,009.br	0,504.br	+0,336.br	+0,252.br	+0,100.br
20°	1,033.br	0,513.br	+0,340.br	+0,253.br	+0.097.br
30°	1,065.br	0,520.br	+0,339.br	+0,248.br	+0,085.br
40°	1,097.br	0,521.br	+0,329.br	+0,233.br	+0,060.br
50°	1,122.br	0,508.br	+0,303.br	+0,201.br	+0,016.br
60°	1,133.br	0,476.br	+0,257.br	+0,147.br	− 0,050.br
70°	1,121.br	0,419.br	+0,186.br	+0,069.br	−0,142.br
80°	1,079.br	0,334.br	+0,085.br	−0,039.br	−0,263.br
90°	1,000.br	0,215.br	−0,047.br	−0,178.br	−0,414.br

Mit Hülfe dieser Tafel übersieht man, daß auch mit Rücksicht auf Reibung die Gefahr zum Ausweichen des Gewölbbogens bei der Widerlage am größten ist. Denn wenn gleich der Normaldruck, also auch der Widerstand, welcher von der Reibung entsteht, an der Widerlage am größten wird, so fallen doch die kleinsten positiven und die größten negativen Werthe von $D = \mu N - R$ zunächst an die Widerlage. Beträgt die Reibung die Hälfte des Druckes, ($\mu = \frac{1}{2}$), so ist unter den angenommenen Voraussetzungen noch kein Ausweichen des Gewölbes zu fürchten; wird aber $\mu = \frac{1}{3}$ oder noch kleiner, so erhält man für D negative Werthe und das Gewölbe kann unter den angenommenen Voraussetzungen keinen sichern Stand haben.

Der äußerste Fall, in welchem noch ein Gleichgewicht bestehen kann, tritt ein, wenn der Widerstand der Reibung der Kraft, mit welcher das Gewölbstück auszuweichen strebt, gleich ist, oder wenn $\mu N = R$ wird. Dies giebt für $\varphi = \text{Arc } 90^\circ = \frac{1}{2}\pi$; $\cot \frac{1}{2}\varphi = \cot 45^\circ = 1$; $\cos \varphi = \cos 90^\circ = 0$ und $\sin \varphi = \sin 90^\circ = 1$ also

$D = \mu br \,.\, \frac{1}{2}\pi - br\,(\frac{1}{2}\pi - 1) = 0$ also

$$\mu = \frac{\pi - 2}{\pi} = 0{,}36338, \text{ beinahe } = \frac{4}{11}.$$

Wenn daher die Reibung nicht mindestens $\frac{4}{11}$ des Druckes beträgt, so ist unter den angenommenen Voraussetzungen ein Ausweichen des Gewölbes zu befürchten.

Uebrigens lassen sich diese Untersuchungen auch auf anders gestaltete Gewölbe anwenden, wenn man dabei auf eine ähnliche Art verfährt. Auch lassen sich noch mehrere Voraussetzungen untersuchen, welche sich auf das Gleichgewicht der Gewölbe beziehen. Hier war es zureichend, die vorzüglichsten Umstände, welche auf das Gleichgewicht Einfluß haben, auseinander zu setzen.

§. 419.

Zur Beurtheilung der Stärke der Gewölbsteine ist es nothwendig, den Druck zu kennen, welchen solche unter verschiedenen Umständen leiden. Untersucht man zuerst den Normaldruck gegen den Scheitel des Gewölbes, so wird derselbe verschieden ausfallen, nach-
Taf. XIV. dem man voraussetzt, daß ein größeres oder kleineres
Fig. 225. Gewölbstück, wie AE Figur 225., von der übrigen Gewölbmasse, welche als feststehend angenommen wird, getrennt sey. Man setze, daß von dem Gewölbstücke

AE gegen den Gewölbstein im Scheitel bei A, ein Horizontaldruck C entstehe, so ist §. 418. für ein kreisförmiges Gewölbe von gleicher Dicke

$$C = \frac{br(\varphi \sin\varphi + \cos\varphi - 1)}{1 - \cos\varphi} = br\left(\frac{\varphi \sin\varphi}{1 - \cos\varphi} - 1\right) \text{ oder}$$

$$C = br\,(\varphi \cot \tfrac{1}{2}\varphi - 1).$$

Sind b und r unveränderlich, so hängt die Größe des Druckes C im Scheitel lediglich von φ ab. Um denjenigen Werth von φ zu finden, bei welchem C am größten wird, suche man den größten oder kleinsten Werth für C. Nun ist

$$\frac{\partial C}{\partial \varphi} = br\left[\cot \tfrac{1}{2}\varphi - \tfrac{1}{2}\varphi\,(\operatorname{cosec} \tfrac{1}{2}\varphi)^2\right]$$

$$\frac{\partial^2 C}{\partial \varphi^2} = br\left(\tfrac{1}{2}\varphi \cot \tfrac{1}{2}\varphi - 1\right)\left(\operatorname{cosec} \tfrac{1}{2}\varphi\right)^2$$

$$= br\,\frac{\tfrac{1}{2}\varphi \cos\tfrac{1}{2}\varphi - \sin\tfrac{1}{2}\varphi}{(\sin\tfrac{1}{2}\varphi)^3}.$$

Aus $\cot \tfrac{1}{2}\varphi - \tfrac{1}{2}\varphi\,(\operatorname{cosec} \tfrac{1}{2}\varphi)^2 = o$ erhält man $\varphi = 2 \sin \tfrac{1}{2}\varphi \cos \tfrac{1}{2}\varphi = \sin\varphi$ also $\frac{\varphi}{\sin\varphi} = 1$.

Nun ist $\frac{\varphi}{\sin\varphi} = 1$ wenn $\varphi = o$ wird (§. 415.); setzt man daher diesen Werth in den Ausdruck für das zweite Differential, so wird $\frac{\partial^2 C}{\partial \varphi^2} = br \cdot \frac{o}{o}$. Um den wahren Werth zu finden, suche man das Differential vom Zähler und Nenner, so ist

$$\frac{\partial(\tfrac{1}{2}\varphi \cos\tfrac{1}{2}\varphi - \sin\tfrac{1}{2}\varphi)}{\partial(\sin\tfrac{1}{2}\varphi)^3} = \frac{-\varphi}{6 \sin\tfrac{1}{2}\varphi \cos\tfrac{1}{2}\varphi} = \frac{-\varphi}{3\sin\varphi} = -\tfrac{1}{3}.$$

Es ist daher $\frac{\partial^2 C}{\partial \varphi^2}$ eine negative Größe, also wird C ein Größtes für $\varphi = o$. Weil aber für $\varphi = o$,

$\varphi \cot \frac{1}{2} \varphi = 0 . \infty$ wird, so muß man zur Bestimmung des eigentlichen Werthes für $\varphi \cot \frac{1}{2} \varphi = \frac{\varphi \cos \frac{1}{2} \varphi}{\sin \frac{1}{2} \varphi}$ auf eine ähnliche Art verfahren und man findet $\frac{\partial (\varphi \cos \frac{1}{2} \varphi)}{\partial \sin \frac{1}{2} \varphi} = \frac{2 \cos \frac{1}{2} \varphi - \varphi \sin \frac{1}{2} \varphi}{\cos \frac{1}{2} \varphi}$, für $\varphi = 0$ wird also $\varphi \cos \frac{1}{2} \varphi = 2$.

Man erhält daher, wenn das ganze Gewölbe aus einem Halbkreise besteht, den größten Werth für den Normaldruck C im Scheitel oder

$$C = b r.$$

Hiebei ist die Voraussetzung (§. 388. und 400.) wohl zu bemerken, daß das Gewicht, welches jedem Quadratfuße der Stirnfläche des Gewölbes entspricht = 1 angenommen ist, und daß auf jeden Quadratfuß von der Stirnfläche ein Kubikfuß von der Masse des Gewölbes gerechnet wird, wenn man die Länge des Gewölbes = 1 setzt (§. 377.). Wäre daher das Gewicht vom einem Kubikfuße von der Masse des Gewölbes = G, so ist der größte Normaldruck auf die
G Gewölbsteine im Scheitel oder

$$C = b r G.$$

Bei der Länge des Gewölbes = 1, bildet der vertikale Querschnitt im Scheitel eine Fläche, deren Inhalt = b ist, und weil diese Fläche einen Normaldruck = br G leidet, so findet man den Druck auf jeden Quadratfuß der Fuge im Scheitel des Gewölbes

$$= r G.$$

Dieser Druck ist unabhängig von dem Winkel φ; daher bleibt der größte Druck auf den Scheitel eines gleichdicken kreisförmigen Gewölbes ungeändert, so groß oder klein man auch die Länge der Wölblinie annimmt.

Außer dem Druck, welcher vom Gewölbstücke AE im Scheitel A entsteht, wird auch noch ein Normaldruck N gegen den bei E befindlichen Gewölbstein entstehen. Behält C die angenommene Bedeutung, so ist der Normaldruck (§. 418.)

$$N = brG\,(\varphi \cot \tfrac{1}{2}\varphi - \cos \varphi)$$

Sucht man nun den größten Normaldruck, welchen die Steine in irgend einer Fuge E leiden, so weiß man schon aus der ersten Tafel §. 418., daß N mit φ wächst. Daher wird bei einem kreisförmigen Gewölbe derjenige Stein von dem darüber befindlichen Gewölbstücke am stärksten zusammen gedrückt, welcher sich zunächst bei der Widerlage befindet. Jeder Quadratfuß der Fuge leidet alsdann einen Normaldruck

$$\frac{N}{b} = rG\,(\varphi \cot \tfrac{1}{2}\varphi - \cos \varphi)$$

* II. Kuppelgewölbe.

§. 420.

Dreht sich die Vertikalfläche A'K'K''A'' Figur 226. um die vertikale Axe AB, so erzeugt solche ein Kuppelgewölbe oder einen Dom, bei welchem zweierlei Fugen wohl zu unterscheiden sind. Die Stoßfugen, Taf. XIV Fig. 226.

welche sämmtlich vertikal sind und mit der Axe der Kuppel in einerlei Ebene liegen und die Stand- oder Lagerfugen, welche wie NM'M" die innere oder mittlere Wölbung winkelrecht schneiden. Ein Stück des Gewölbes, welches zwischen zwei durch den Scheitel A gehende Stoßfugen liegt, heißt ein Ausschnitt, wie A'kK"A", zu welchem ein horizontaler Mittelpunktswinkel kBK' gehört. Bei den Tonnengewölben bedurften die Stoßfugen keiner besondern Untersuchung, weil solche mit einander parallel waren und keinen besondern Einfluß auf das Ausweichen der Gewölbsteine hatten. Hier aber tritt der Umstand ein, daß die Gewölbsteine zwischen zwei Stoßfugen gegen die Axe zu schmäler werden. Man darf daher unter diesen Umständen auch nicht befürchten, daß eine Kuppel nach innen einstürzt, selbst wenn die Wölbung gegen die Axe convex oder grade ist, so fern nur kein Theil der Wölbung horizontal und das Gewölbe gegen den Schub nach Außen durch die Lage der Standfugen und die Widerlage gesichert ist. Wird hier durchgängig vorausgesetzt, daß sämmtliche Standfugen auf der mittlern Wölbung winkelrecht sind, so müssen alle Kuppelgewölbe, deren mittlere Wölbung gegen die Axe convex ist, wie
Fig. 227. Amk Figur 227. gegen das Ausweichen der Steine sowohl nach innen als nach außen gesichert seyn, wenn nur kein Theil der Wölbung horizontal und der Untertheil des Gewölbes durch die Widerlage gegen das Ausweichen gesichert ist. Dasselbe gilt von den graden Wölbungen, wo die Kuppel einen zum Theil ausgehöhlten

Kegel bildet. Mit Hülfe des §. 203. überzeugt man sich leicht von der Wahrheit dieses Satzes. Denn gesetzt die mittlere Wölbung AMK Figur 227. sey eine grade Linie, M'M'' eine willkührliche Standfuge, V das Gewicht des Gewölbstücks AM'M'', dessen Schwerpunkt innerhalb AM etwa in G liegt, und man zieht G'V durch G vertikal und AG' horizontal, so läßt sich die Kraft V nach G'A und nach G'M zerlegen und das Gewölbstück AM erhält ein Bestreben nach M''M' oder nach innen auszuweichen, so fern der Winkel G'MM' größer als ein rechter ist. (§. 203.) Nun ist AMM' ein rechter Winkel, daher mag der Punkt G' in die Linie AG' fallen wo er will, so muß G'MM' größer als ein rechter Winkel seyn. Da dieser Satz von der graden Wölbung AMK gilt, so muß er um so mehr von der gegen die Axe AB convexen Wölbung Amk gelten, und da in beiden Fällen die Gewölbstücke nur ein Bestreben haben, nach innen auszuweichen, dies aber wegen der vertikalen Stoßfugen nicht möglich ist, so folgt hieraus, daß alle Kuppelgewölbe von den angegebenen Gestalten, mit Rücksicht auf ihre Widerlagen, gegen das Ausweichen gesichert sind.

Bei den Kuppeln, deren Wölbung gegen die Axe hohl oder concav ist, hat man zwar ebenfalls gegen das Ausweichen nach innen nichts zu fürchten, weil aber bei denselben der Fall eintreten kann, daß der auf die Standfuge entstehende Druck dem Gewölbstück ein Bestreben mittheilt, nach außen auszuweichen, so werden nicht alle Kurven, welche gegen die Axe hohl sind, zur mittlern

Wölbung angewandt werden können, wenn man verlangt, daß alle Gewölbsteine ohne Rücksicht auf Reibung und Kohäsion gegen das Ausweichen gesichert seyn sollen.

Taf. XIV. Fig. 226. Es sey Figur 226. AkK″A″ irgend ein Ausschnitt einer Kuppel und M″M′N eine Standfuge desselben, auf welcher das Gewölbstück A′NM″A″, dessen Gewicht $= Q$ ist, steht. Der Winkel, welchen die Standfuge mit der Vertikale bildet oder M″OA sey φ und der Horizontaldruck des Gewölbstücks ANM″ gegen $A = C$. Nach §. 204. und 374. ist das Gewölbstück AM im Gleichgewichte, wenn durchgängig $\operatorname{tgt} \varphi = \frac{Q}{C}$ ist. Wird hingegen $\operatorname{tgt} \varphi > \frac{Q}{C}$, so erhält das Gewölbstück ein Bestreben nach außen oder nach der Richtung MM″ zu weichen (§. 203.) und weil nur in diesem Falle das Gewölbstück der Gefahr des Einstürzens ausgesetzt ist, so muß als Regel angenommen werden, daß $\operatorname{tgt} \varphi < \frac{Q}{C}$ und nur im äußersten Falle $\operatorname{tgt} \varphi = \frac{Q}{C}$ ist. Dies soll durch $\operatorname{tgt} \varphi \lessdot \frac{Q}{C}$ angedeutet werden.

Man setze $AP = x$, $PM = y$, Bogen $AM = v$, $M'M'' = z$, so ist für $Mm = \partial v$, die Fläche $M'M''m''m' = z\partial v$ und der Körper, welcher durch die Umdrehung dieser Fläche um die Axe AB durch die ganze Kuppel entsteht
$= 2\pi yz\partial v$, wovon der Theil, welcher zum Ausschnitt A′kK″A″ gehört oder $NM'M''m'n = \lambda yz\partial v$ seyn soll. Alsdann ist

$\partial Q = \lambda z y \partial v$ und $Q = \lambda \int z y \partial v$

daher, weil $\operatorname{tgt} \varphi = \frac{\partial x}{\partial y}$ ist,

$\frac{\partial x}{\partial y} \leqq \frac{\lambda \int z y \partial v}{C}$ und wenn man differenzirt, indem ∂y als constant angesehen wird

$\frac{\partial^2 x}{\partial y} \leqq \frac{\lambda z y \partial v}{C}$ so erhält man, wenn dieser Ausdruck durch den vorstehenden dividirt wird,

$$\frac{\partial^2 x}{\partial x} \leqq \frac{z y d v}{\int z y \partial v}$$

Hat das Gewölbe durchgängig gleiche Dicke, so daß $z = b$ wird, so erhält man hieraus

$\int y \partial v \leqq \frac{y \partial v \partial x}{\partial^2 x}$, wo ∂y constant ist.

So oft daher bei irgend einer Kurve $\int y \partial v \leqq \frac{y \partial v \partial x}{\partial^2 x}$ ist, so kann solche zur Wölbung einer Kuppel angewandt werden, weil alsdann die Gewölbsteine nicht ausweichen können. Ist hingegen $\int y \partial v > \frac{y \partial v \partial x}{\partial^2 x}$, so werden die Steine von der Axe abwärts ausgedrängt.

§. 421.

Aufgabe. Die vorzüglichsten krummen Linien anzugeben, welche zur mittlern Wölbung bei Kuppeln von gleicher Dicke angewandt werden können, ohne daß ein Ausdrängen der Gewölbsteine zu befürchten ist.

Auflösung. (I) Für die Kettenlinie ist (§. 92. Anhang)

$v \partial y = c \partial x$ daher, wenn ∂y constant, genommen wird

$\partial v \partial y = c \partial^2 x$ oder mit $y \partial x$ multiplizirt

$y\partial x\partial v\partial y = cy\partial x\partial^2 x$ also

$\frac{y\partial v\partial x}{\partial^2 x} = \frac{cydx}{dy} = cy.\frac{v}{c} = yv$ daher §. 420.

$\int y\partial v \leqq yv$ oder

$yv - \int v\partial y \leqq yv$ also $o \leqq \int v\partial y$.

Aber $v\partial y = c\partial x$ also $\int v\partial y = cx$ folglich

$o \leqq cx$.

Weil cx für jeden angeblichen Werth von x größer als o ist, so kann daher die Kettenlinie mit Sicherheit bei Kuppelgewölben angewandt werden.

(II) Für den Kreisbogen ist, wenn r den Halbmesser bezeichnet, $y^2 = 2rx - x^2$, daher

$y\partial y = r\partial x - x\partial x$, und, weil ∂x constant,

$\partial y^2 = r\partial^2 x - x\partial^2 x - \partial x^2$ also

$\partial x = \frac{y\partial y}{r-x}$ und

$\partial^2 x = \frac{\partial x^2 + \partial y^2}{r-x} = \frac{\partial v^2}{r-x}$, daher $\frac{\partial x}{\partial^2 x} = \frac{y\partial y}{\partial v^2}$ oder

$\frac{y\partial v\partial x}{\partial^2 x} = \frac{y^2\partial y}{\partial v}$. Nun ist

$\frac{\partial y}{\partial v} = \frac{1}{\sqrt{\left(1+\frac{\partial x^2}{\partial y^2}\right)}}$ und man erhält, weil

$\frac{\partial x^2}{\partial y^2} = \frac{y^2}{(r-x)^2} = \frac{y^2}{r^2 - y^2}$ ist,

$\frac{\partial y}{\partial v} = \frac{\sqrt{(r^2 - y^2)}}{r}$ also mit Hülfe dieses Ausdrucks

$\frac{y\partial v\partial x}{\partial^2 x} = y^2 \frac{\partial y}{\partial v} = \frac{y^2\sqrt{(r^2-y^2)}}{r}$.

Ferner ist

$\int y\partial v = \int \frac{rydy}{\sqrt{(r^2-y^2)}} = - r\sqrt{(r^2 - y^2)} + \text{const.}$

Für $y = 0$ verschwindet das Integral, also ist

$0 = -r^2 + const$ daher

$\int y \partial v = r^2 - r\sqrt{(r^2 - y^2)}$.

Nach §. 420. wird erfordert, daß

$\int y \partial v \leqq \frac{y \partial v \partial x}{\partial^2 x}$ sey, dies giebt

$r^2 - r\sqrt{(r^2 - y^2)} \leqq \frac{y^2 \sqrt{(r^2 - y^2)}}{r}$ oder

$r^6 \leqq (r^2 + y^2)^2 (r^2 - y^2)$ oder

$y^4 + r^2 y^2 - r^4 \leqq 0$. Hievon die Quadratwurzel, giebt

$y^2 - r^2 (-\frac{1}{2} \pm \sqrt{\frac{5}{4}}) \leqq 0$ und nochmals diese Wurzel genommen, giebt

$y \leqq r\sqrt{(-\frac{1}{2} + \frac{1}{2}\sqrt{5})}$ also nahe genug

$y \leqq 0{,}78615\, r$

Nun ist $\frac{y}{r} = \sin \varphi$ also

$\sin \varphi = 0{,}78615 = \sin 51^\circ\ 50'$.

Ein Kreisbogen kann daher nur auf eine gewisse Länge bei einem Kuppelgewölbe angewandt werden, wenn es darauf ankommt, daß die Steine ohne Rücksicht auf Reibung nicht ausgedrängt werden sollen, weil bei einem Kreisbogen, dessen Winkel am Mittelpunkte mehr als 51 Grad 50 Minuten hält, diejenigen Steine dem Ausdrängen ausgesetzt sind, welche unterhalb dieses Winkels, vom Scheitel an gerechnet, liegen; oder damit bei einem kreisförmigen Kuppelgewölbe kein Stein dem Ausdrängen ausgesetzt sey, muß der Kreisbogen der Wölbung vom Scheitel an gerechnet, nicht mehr als etwa $\frac{4}{7}$ von der Länge des zugehörigen Quadranten seyn.

(III) Für die Parabel ist $px = y^2$ also $p\partial x = 2y\partial y$ und $p\partial^2 x = 2\partial y^2$. Ferner

$\frac{\partial v}{\partial y} = \sqrt{(1 + \frac{\partial x^2}{\partial y^2})} = \frac{\sqrt{(p^2 + 4y^2)}}{p}$ also

$\frac{y\partial v\partial x}{\partial^2 x} = \frac{y^2}{p}\sqrt{(p^2 + 4y^2)}$.

Ferner ist

$\int y\partial v = \int \frac{y\partial y}{p}\sqrt{(p^2 + 4y^2)}$ oder $p^2 + 4y^2 = z^2$ gesetzt, giebt

$\int y\partial v = \int \frac{z^2\partial z}{4p} = \frac{z^3}{12p} + \text{const.}$ Für $y = o$ wird $z = p$ also das vollständige Integral

$\int y\partial v = \frac{z^3}{12p} - \frac{p^2}{12} = \frac{\sqrt{(p^2 + 4y^2)^3 - p^3}}{12p}$ folglich erhält man, weil nach §. 420.

$\int y\partial v \leqq \frac{y\partial v\partial x}{\partial^2 x}$ seyn muß,

$\frac{\sqrt{(p + 4y^2) - p^3}}{12p} \leqq \frac{y^2}{p}\sqrt{(p^2 + 4y^2)}$ und hieraus

$64y^4 \leqq 3p^4$, oder weil $p = \frac{y^2}{x}$ ist

$64x^4 \leqq 3y^4$ folglich

$\frac{x}{y} \leqq \sqrt[4]{\frac{3}{64}} = 0,465302$.

Es darf daher, wenn eine Parabel zum Kuppelgewölbe angewandt wird, keine Abscisse x größer als etwa $\frac{7}{15}$ der zugehörigen Ordinate y seyn. Man habe z. B. die Gleichung $100x = y^2$, wo der Parameter $p = 100$ ist, so erhält man $x = \frac{y^2}{100}$.

Weil aber $x \leqq \frac{7}{15} y$ so wird

$\frac{y^3}{100} \leqq \frac{7}{15} y$ oder $y \leqq 46\frac{2}{3}$.

Ferner ist $y = \sqrt{100x}$ und $\frac{15}{7} x \leqq y$ daher

$x \leqq 21\frac{7}{9}$.

Bei einer Parabel, zu welcher die Gleichung $100x = y^2$ gehört, darf daher x nicht größer als $21\frac{7}{9}$ oder y nicht größer als $46\frac{2}{3}$ seyn, wenn solche auf ein Kuppelgewölbe dergestalt angewandt werden soll, daß kein Gewölbstein ausgedrängt wird.

(IV) Für die Ellipse, bei welcher die Abscissen vom Scheitel der großen Axe an gerechnet werden, erhält man, wenn a die halbe große und b die halbe kleine Axe bezeichnet,

$a^2 y^2 = b^2 \ (2ax - x^2)$

$a^2 y \partial y = b^2 \ (a - x) \ \partial x$ und, weil ∂y constant,

$a^2 \partial y^2 = ab^2 \partial^2 x - b^2 x \partial^2 x - b \partial x^2$

$$\frac{\partial x^2}{\partial^2 x} = \frac{b^2 (a-x)}{b^3 + a^2 . \frac{\partial y^2}{\partial x^2}} = \frac{(a-x) y^2}{b^2}$$

und, wenn man $a^2 - b^2 = c^2$ und $a - x = u$ setzt,

$$\frac{\partial v}{\partial x} = \frac{b \sqrt{(a^4 - c^2 u^2)}}{a^2 y}, \text{ also}$$

$$\frac{y \partial v \partial x}{\partial^2 x} = \frac{bu (a^2 - u^2) \sqrt{(a^4 - c^2 u^2)}}{a^4}.$$

Ferner ist

$$\int y \partial v = - \frac{b}{a^2} \int du \sqrt{(a^4 - c^2 u^2)} = \text{const} - \frac{bu}{2a^2} \sqrt{(a^4 - c^2 u^2)}$$

$$- \frac{a^2 b}{2c} \arcsin \frac{cu}{a}.$$

(P. A. S. 161.) Dies Integral verschwindet für $x = o$ also für $u = a$. Setzt man daher

$\arcsin e - \arcsin \frac{eu}{a} = \psi$ so erhält man

$\int y \partial v = \frac{1}{2} b^2 - \frac{bu}{2a^2} \sqrt{(a^4 - e^2 u^2)} + \frac{a^2 b}{2} \psi$ folglich §. 420.

$\frac{b^2}{2} - \frac{bu}{2a^2} \sqrt{(a^4 - e^2 u^2)} + \frac{a^2 b}{2e} \psi \leqq \frac{bu\sqrt{(a^4 - e^2 u^2)}}{a^4}$ oder

$o \leqq u(a^2 - 2u^2)\sqrt{(a^4 - e^2 u^2)} - a^4 b - \frac{a^6}{e} \psi.$

Weil sich aus diesem Ausdrucke der Werth u nicht allgemein entwickeln läßt, so kommt es darauf an, daß in jedem besondern Falle der vorstehende Ausdruck noch einen positiven Werth behält.

§. 422.

Wollte man untersuchen, welche Kurve zur innern Wölbung einer gleich dicken Kuppel angewandt werden müßte, damit alle Gewölbsteine einander im Gleichgewichte erhalten, ohne daß ein Ausdrängen der Steine, oder nur ein Bestreben dazu, erfolge, so läßt sich dies mit Hülfe des allgemeinen Ausdrucks §. 420. bewerkstelligen. Denn unter den angegebenen Bedingungen ist $\operatorname{tgt} \varphi = \frac{Q}{C}$ oder $\frac{\partial^2 x}{\partial y} = \frac{\lambda z y \partial v}{C}$.

Weil hier $z = b$ eine beständige Größe ist, so setze man $\frac{\lambda z}{C} = \frac{1}{A}$, alsdann wird

$$\frac{A \partial^2 x}{\partial y} = y \partial v = y\sqrt{(\partial y^2 + \partial x^2)} = y \partial y \sqrt{\left(1 + \frac{\partial x^2}{\partial y^2}\right)}.$$

Es sey ferner $\partial x = p \partial y$ also, $\partial^2 x = \partial p \partial y$, folglich $A \partial p = y \partial y \sqrt{(1 + p^2)}$ oder $y \partial y = \frac{A \partial p}{\sqrt{(1+p^2)}}$ daher

(P. A. S. 134.)

$\frac{y^2}{2} = \int \frac{A \partial p}{\sqrt{(1+p^2)}} = A \log [p + \sqrt{(1+p^2)}] - \log B,$

wenn B die beständige Größe bezeichnet, oder

$\frac{y^2}{2A} = \log \frac{p + \sqrt{(1+p^2)}}{B}.$

Die weitere Entwickelung dieses Ausdrucks zur Bestimmung der Gleichung zwischen den Coordinaten ist mit vieler Weitläuftigkeit verbunden; so viel geht aber daraus hervor, daß die gesuchte Kurve keine Kettenlinie ist, ob gleich (§. 421. I.) die Kettenlinie bei Kuppeln angewandt werden kann, ohne ein Ausdrängen nach der Außenseite zu befürchten.

§. 423.

Aufgabe. Irgend eine krumme Linie werde zur mittlern Wölbung einer Kuppel angewandt; man sucht die erforderliche Dicke der Gewölbsteine, damit solche untereinander im Gleichgewichte sind.

Auflösung. Sollen sämmtliche Gewölbsteine im Gleichgewichte seyn, so wird nach §. 374. I. erfordert, daß $\operatorname{tgt} \varphi = \frac{Q}{C}$ sey. Dies giebt, wenn man differenziirt

$\frac{\partial \varphi}{\cos \varphi^2} = \frac{\partial Q}{C} = \frac{\lambda y z \partial v}{C} = \frac{\lambda y z r \partial \varphi}{C}$ oder,

wenn $\frac{\lambda}{C} = \frac{1}{A}$ gesetzt wird, die erforderliche Dicke

$z = \frac{A}{r y \cos \varphi^2}.$

Hieraus folgt, daß wenn für $\varphi = 0$ der Krümmungshalbmesser r einen endlichen Werth erhält, alsdann für $y = 0$, $z = \infty$ ist; es werden daher alle diese krumme Linien, bei welchen die Ordinate am Scheitel

$= o$ wird, eine unendliche Gewölbdicke am Scheitel erfordern, wenn die Steine untereinander im Gleichgewichte seyn sollen. Wäre c eine beständige Größe und $y = c + y$, also

$$z = \frac{A}{r(c+y)\cos\varphi^2},$$

so erhält z einen endlichen Werth, wenn $y = o$ wird. Dieser Fall findet bei jeder Kuppel statt, wo im Scheitel ein kreisförmiges Gewölbstück ausgeschnitten ist, oder in welchem sich eine Scheitelöffnung befindet.

Taf. XVI. Fig. 228. Man setze daher, daß Figur 228. ADMK irgend eine Kurve sey, deren Scheitel in A falle, von welcher aber das Stück AD fehle, so daß nur der übrige Theil DMK durch Umdrehung um die Axe EB, ein oben offenes Kuppelgewölbe erzeuge. Nun sey $AE = a$, $ED = PD' = c$, $FP = DD' = x$, $D'M = y$ also $PM = c + y$. Für den Punkt D sey der Krümmungshalbmesser $r = \varrho$, $\varphi = \alpha$ und $z = b$, so ist:

$$z = \frac{A}{r(c+y)\cos\varphi^2} \text{ daher, für } y = o,$$

$$b = \frac{A}{\varrho c \cos\alpha^2} \text{ oder } A = b c \varrho \cos\alpha^2, \text{ folglich}$$

$$z = \frac{b c \varrho \cos\alpha^2}{r(c+y)\cos\varphi^2}.$$

Zur Anwendung dieses allgemeinen Ausdrucks auf einen besondern Fall, sey die gegebene Kurve ein Kreisbogen, so ist hier $r = \varrho$, also

$$z = \frac{b c \cos\alpha^2}{(c+y)\cos\varphi^2}.$$

Für den Kreis ist aber hier

$\cos\varphi^2 = \frac{r^2-(c+y)}{r^2}$, und für $y = o$,

$\cos\alpha^2 = \frac{r^2-c^2}{r^2}$, daher die Breite

$$z = \frac{bc(r^2-e^2)}{(c+y)[r^2-(c+y)^2]}.$$

Bei näherer Untersuchung findet man für diesen Ausdruck folgende merkwürdige Eigenschaften. Für $r = c + y$ wird der Nenner $= o$ oder das Gewölbe muß in dem Falle, wenn alle Steine ohne Reibung und Kohäsion im Gleichgewicht seyn sollen, unendlich dick werden, wenn $y = r - c$ ist. Ferner erhält man nach den Regeln der Differenzialrechnung für z ein Kleinstes, wenn $y = \frac{r\sqrt{3}}{3} - c$ wird.

Wäre z. B. $b = 2$, $c = 2$ und $r = 10$, so findet man für gegebene Werthe von y nachstehende Werthe für z.

y	z	y	z
0	2,00	4	1,00
1	1,41	5	1,02
2	1,14	6	1,33
3	1,02	7	2,24
3,5	0,99	8	∞

§. 424.

Der Unterschied zwischen den Pressungen zweier aufeinander folgenden Elemente des Kuppelgewölbes sey δ, so findet man nach §. 400. ganz allgemein

$$\delta = \partial Q . \cos\varphi \frac{\partial^2\varphi}{\partial\varphi^2} + 2\partial Q . \sin\varphi - \frac{\partial^2 Q . \cos\varphi}{\partial\varphi}$$

Beziehen sich nun die Coordinaten auf die innere

Taf. XIV. Fig. 226. Wölbung, so daß Figur 226. $A'p = x$, $pM' = y$ ist so verhält sich

$1 : r + \frac{1}{2} z = \partial \varphi : Mm$ also $Mm = (r + \frac{1}{2} z) \partial \varphi$.

Es ist daher die Fläche $M'M''m''m' = (rz + \frac{1}{2} z^2) \partial \varphi$.

Ferner ist $PM = y + \frac{1}{2} z \sin \varphi$, also der Inhalt des Körpers, welcher durch die Umdrehung des Elements $M'M''m''m'$ entsteht

$$= 2\pi (y + \tfrac{1}{2} z \sin \varphi)(rz + \tfrac{1}{2} z^2) \partial \varphi.$$

Irgend ein Theil dieses Elementarkörpers sey ∂V, welcher zu einem bestimmten Ausschnitte der Kuppel gehört, so daß

$$\partial Q = (rz + \tfrac{1}{2} z^2)(y + \tfrac{1}{2} z \sin \varphi) \partial \varphi$$

sey. Ferner setze man

$R = rz + \frac{1}{2} z^2$ und

$Y = y + \frac{1}{2} z \sin \varphi$, so wird

$$\partial Q = RY \partial \varphi \text{ und}$$

$$\partial^2 Q = RY \partial^2 \varphi + \partial \varphi \partial (RY), \text{ daher}$$

nach gehöriger Abkürzung

$\delta = 2 RY \sin \varphi \, \partial \varphi - \cos \varphi \, \partial (RY)$ oder

(I) $\delta = - 2 RY \, \partial \cos \varphi - \cos \varphi \, \partial (RY)$.

Beziehen sich die Coordinaten auf die mittlere Wölbung, so wird

$R = rz$ und $Y = y$, daher

(II) $\delta = - 2 ryz \partial \cos \varphi - \cos \varphi \, \partial (ryz)$.

Ist die Gewölbdicke durchgängig gleich, also $z = b$, so erhält man für die mittlere Wölbung

(III) $\delta = - 2 bry \partial \cos \varphi - b \cos \varphi \partial (ry)$

und für den Kreis, weil $\cos\varphi = \frac{r-x}{r}$ ist,

(IV) $\delta = 2by\partial x - b(r-x)\partial y$.

§. 425.

Zusatz. Wollte man aus dem zuletzt gefundenen Ausdrucke die erforderliche Dicke des Gewölbes bestimmen, damit alle Gewölbsteine im Gleichgewichte sind, so ist für diesen Fall $\delta = o$, also

$2ryz\,\partial\cos\varphi + \cos\varphi\,\partial(ryz) = o$ oder

$\frac{2\partial\cos\varphi}{\cos\varphi} + \frac{\partial(ryz)}{ryz} = o$; davon das Integral

$2\log\cos\varphi + \log ryz = \log A$ oder

$\log ryz\cos\varphi^2 = \log A$, daher $ryz\cos\varphi^2 = A$ wie §. 423.

§. 426.

Zu den ältesten Untersuchungen über die Theorie der Gewölbe, gehört die Abhandlung von de la Hire: *Sur la construction des voûtes dans les édifices*, in den *Mémoires de l'académie de Paris, année* 1712 p. 91—101. und die spätere Untersuchung von Belidor in der *Science des Ingenieurs*, wobei die de la Hiresche Hypothese zum Grunde gelegt ist. Späterhin sind mehrere Untersuchungen über die Theorie der Gewölbe bekannt geworden, welche aber oft in Absicht der Resultate sehr von einander abweichen. Einige der vorzüglichsten sind nach der Zeitfolge geordnet hier angeführt.

De la poussée des voûtes. Par M. *Couplet*. In den Mém. de l'acad. de Paris, année 1729. p. 107—163 et an. 1730. p. 167—203.

Sur les lignes courbes qui sont propres à former les voûtes en domes. Par M. *Bouguer.* Mem. de l'ac. de Paris année 1734. P. 204—227.

J. H. Lambert, Beiträge zum Gebrauche der Mathematik, 3ter Theil, Berlin 1772. S. 359. u. f.

Recherches sur l'équilibre des voûtes. Par M. *Bossut.* Mem. de l'ac. de Paris, année 1774. p. 534—566.

Nouvelles recherches sur l'équilibre des voûtes en dome. Par M. *Bossut.* Mem. de l'ac. de Paris, année 1776. p. 587—596.

Ch. Hutton. The principles of Bridges. The second Edition. London 1801. (Die erste Auflage v. J. 1772.)

J. J. A. Ide. System der reinen und angewandten Mechanik fester Körper, 1ster Theil. Berlin 1802. S. 229—249.

J. F. W. Dietlein. Beitrag zur Statik der Kreuzgewölbe. Halle 1823.

Funfzehntes Kapitel.

Von der Festigkeit der Materialien.

§. 427.

Die Kraft, mit welcher ein Körper der Trennung seiner Theile wiedersteht, nennt man seine Festigkeit (Cohaesio s. Cohaerentia, *Résistance*).

Um die Festigkeit mehrerer Körper von verschiedener Materie mit einander zu vergleichen, kann man Prismen oder Stangen von gleicher Größe aus denselben verfertigen. Alsdann läßt sich die Trennung dieser Stangen auf mancherlei Weise bewerkstelligen, von welchen man vorzüglich hieher zählen kann: I. das Zerreißen, II. das Zerbrechen und III. das Zerdrücken.

Die Kraft, mit welcher ein prismatischer Körper dem Zerreißen widersteht, wenn derselbe an dem einen Ende hinlänglich befestigt wird, und an dem andern Ende eine Kraft nach einer mit der Länge des Prismen parallelen Richtung vom Körper abwärts wirkt, nennt man seine absolute Festigkeit. Sie wird durch diejenige Kraft gemessen, welche ohne die geringste Verminderung im Stande ist, den Körper zu zerreißen.

Wirkt die Kraft auf den befestigten prismatischen Körper nicht parallel mit der Länge desselben, sondern winkelrecht auf seine Länge, und es erfolgt ein Zerbrechen, so nennt man diejenige Kraft, welche ohne die geringste Verminderung dies Zerbrechen bewirkt, seine **respective oder relative Festigkeit**, (Cohaerentia respectiva aut transversa).

Wenn hingegen die an dem einem Ende des Körpers angebrachte Kraft gegen den Körper parallel mit dessen Länge wirkt, so erfolgt ein Zerdrücken oder Zerknicken, und man nennt die Kraft, mit welcher der Körper dem Zerdrücken oder Zerknicken widersteht, seine **rückwirkende Festigkeit**. (Cohaer. corporum compressorum).*)

In Absicht der Festigkeit kann man die Körper noch in harte, biegsame, elastische, gleichartige und ungleichartige eintheilen und bei den einzelnen Körpern eine oder mehrere dieser Eigenschaften in einem höhern oder geringern Grade voraussetzen.

Unter einem **harten** (spröden, unpreßbaren) Körper wird hier derjenige verstanden, welcher zerbricht, ohne sich vorher zu biegen. Die uns bekannten Körper haben zwar durchgängig einen gewissen Grad von Biegsamkeit, dieser ist aber bei einigen, besonders bei mehrern Steinarten, so geringe, daß solcher als nicht vorhanden angesehen werden kann.

Biegsame Körper sind hier diejenigen, welche vor dem Zerbrechen gebogen werden.

---

*) Sonst pflegte man die rückwirkende Festigkeit, durch negative absolute Festigkeit zu bezeichnen. Es kann mir nur angenehm seyn, daß die von mir zuerst eingeführte Benennung: rückwirkende Festigkeit, Beifall gefunden hat.

Ein Körper ist elastisch oder besitzt eine Federkraft, wenn die ursprüngliche Gestalt desselben durch die Wirkung einer äußern Kraft verändert wird, und der Körper nach aufgehobener Wirkung der Kraft seine vorige oder ursprüngliche Gestalt wieder annimmt. In diesem Falle sagt man, die Elasticität ist **vollkommen**. Wenn aber nach aufgehobener Wirkung der angebrachten Kraft die Gestalt des Körpers der vorherigen nicht ganz gleich ist, so sagt man, der Körper ist **unvollkommen** elastisch. Zur vollkommenen Elasticität wird auch noch erfordert, daß bei einem Körper, dessen Gestalt durch einen Druck so weit geändert ist, daß der Druck mit der Kraft, durch welche der Körper dem fernern Biegen oder Zusammendrücken widersteht oder mit seiner Elasticität im Gleichgewichte ist, auch alsdann das Gleichgewicht bestehe, so lange der Druck währt, und daß ohne Vermehrung desselben auch kein ferneres Biegen oder Zusammendrücken erfolge. Je mehr Kraft dazu erfordert wird, die Gestalt eines elastischen Körpers zu verändern, desto mehr Elasticität oder Federkraft wird demselben zugeschrieben.

Die Materie eines Körpers ist in Absicht der Festigkeit **gleichartig** (homogen), wenn alle gleich große Körper, welche aus dieser Materie gebildet werden, gleiche absolute und respective Festigkeit besitzen. Man sagt alsdann von allen Körpern, welche aus dieser Materie geformt werden können, daß sie gleichartig-feste Körper sind. Schneidet man aus einem Sandsteine nach allen Richtungen Prismen von gleicher Größe und diese Prismen haben alle gleiche absolute und auch gleiche respective Festigkeit, so groß oder klein man die gleichen Prismen annehmen mag, so ist der Sandstein in Absicht der Festigkeit homogen. Wenn dagegen ein Körper aus Fibern besteht, wie Holz, so werden die Prismen, welche man nach der Richtung der Fibern schneidet, eine andere Festigkeit als diejenigen besitzen, welche man erhält, wenn die Fibern quer durch geschnitten werden. Solche Körper sind in Absicht ihrer Festigkeit ungleichartig; obgleich, wenn nur von der Festigkeit nach einerlei Richtung die Rede ist, ein ungleichartiger Körper als homogen angesehen werden kann, wie dies beim Holze der Fall seyn kann, wenn man Prismen daraus schneidet, bei welchen die Seiten mit den gleichartigen Fibern parallel laufen.

Man trifft zwar in der Natur eben so wenig vollkommen homogene und vollkommen elastische Körper an, als man vollkommen harte findet. Nachdem aber einem Körper diese Eigenschaften mehr oder weniger zukommen, in eben dem Verhältnisse müssen auch die Gesetze, welche für diese verschiedenen Eigenschaften der Körper entwickelt werden, ihre Anwendung finden.

Wenn gleich die uns bekannten Körper vor dem Zerbrechen erst gebogen und vor dem Zerreißen erst ausgedehnt werden, so pflegt man doch nur die gesammte Kraft, welche zum Biegen und Brechen er-

fordert

fordert wird, die respective, und die gesammte Kraft, welche zum Ausdehnen und Zerreißen erfordert wird, die absolute Festigkeit zu nennen. Dagegen kommt es bei der Anwendung auf architektonische Gegenstände vorzüglich darauf an, den Grad der Biegsamkeit für verschiedene Körper zu bestimmen, weil schon bei den meisten Zusammensetzungen ein merkliches Biegen vermieden werden muß.

I. Die absolute Festigkeit.

§. 428.

Die absolute Festigkeit eines prismatischen Körpers kann man mittelst Gewichte auf zweierlei Art ausmitteln; entweder man befestigt den Körper AD Figur 229. mit dem einen Ende A in einer Wand Taf. XV. Fig. 229. CD dergestalt, daß der Körper AD, welcher zerrissen werden soll, in eine vertikale Lage kommt, und hängt am andern Ende bei B so lange Gewichte an, bis der Körper zerreißt, da alsdann die Summe der aufgehängten Gewichte, nebst dem Gewichte desjenigen Stücks vom Körper, welches abgerissen ist, die absolute Festigkeit von dem horizontalen Querschnitte des Körpers bestimmt; oder man befestigt den Körper EF, Figur 230., welcher zerrissen werden soll, derge- Fig. 230. stalt mit dem einen Ende E in einer vertikalen Wand, daß derselbe eine horizontale Lage erhält, und befestigt am andern Ende bei F ein Seil, welches über eine Rolle J geht, dergestalt, daß die Richtung des Seiles

EJ in die Axe des Körpers fällt; wird nun am Ende des Seiles ein Gewicht K aufgehängt, welches eben im Stande ist, den Körper EF zu zerreißen, so ist K die absolute Festigkeit für jeden vertikalen Durchschnitt dieses Körpers, vorausgesetzt, daß die Steifigkeit des Seiles und die Reibung am Rollzapfen als unbedeutend bei Seite gesetzt werden können.

Bei den folgenden Untersuchungen wird man jederzeit, wenn keine Erinnerung beigefügt ist, Körper von gleichartiger Materie in Absicht der Festigkeit verstehen. Auch wird bei allen diesen Untersuchungen vorausgesetzt, daß die Gewichte, welche das Zerreißen verursachen, ohne Erschütterung oder Stoß wirken, weil sonst öfter nur ein sehr geringer Stoß erforderlich ist, eine Trennung zu bewirken.

§. 429.

Die absoluten Festigkeiten zweier Prismen von einerlei Materie, verhalten sich wie die Querschnitte derselben, welche auf die Richtungen der zerreißenden Kräfte winkelrecht sind.

Denn man setze voraus, der Querschnitt F des einen Prismen sey n mal größer als der Querschnitt f des andern, oder F = nf, so sind auch in dem ersten Prismen n mal so viel Theile, welche zerrissen werden müssen, als in dem zweiten, wozu offenbar, da alles übrige gleich ist, auch n mal so viel Kraft erfordert wird.

Da bei einem gleichförmig festen Körper diejenige Stelle die schwächste ist, wo der Querschnitt, welcher winkelrecht auf die Richtung der zerreißenden Kraft steht, am kleinsten wird, so kann man auch sagen, daß sich die absoluten Festigkeiten zweier Körper von einerlei Materie, wie ihre kleinsten Durchschnittsflächen, verhalten, welche auf die Richtung der zerreißenden Kräfte winkelrecht sind. Hiebei muß aber vorausgesetzt werden, daß das Gewicht desjenigen Theils vom Körper, welcher abreißt, nicht außer Acht gelassen werde.

Sind hingegen die Körper nicht von gleichförmiger Festigkeit, wie beim Holze von einerlei Stamme, wo die Fasern näher an der Rinde weniger absolute Festigkeit als am Kerne haben, so finden auch in solchen Fällen die vorstehenden Sätze keine Anwendung, es sey denn, daß man sich mit Mittelresultaten begnügen wolle.

Die meisten Körper, und vorzüglich die Metalle, dehnen sich, ehe sie zerreißen. Hier wird auf diese Kraft, welche zum Dehnen erfordert wird, nicht besonders Rücksicht genommen, sondern man versteht unter absoluter Festigkeit diejenige Kraft, welche sowohl zur Ausdehnung als auch zum Zerreißen des Körpers erfordert wird.

§. 430.

Damit man die absolute Festigkeit mehrerer Körper leicht mit einander vergleichen könne, ist es nothwendig, irgend eine Einheit als Querschnitt des Körpers anzunehmen, für welchen die Festigkeit bestimmt werden soll. Setzt man voraus, daß durchgängig der Buchstab k dasjenige Gewicht in berliner Pfunden bezeichnen soll, welches der absoluten Festigkeit von dem Querschnitte eines preußischen Quadratzolls entspricht, so kann man k das Maaß der absoluten Festigkeit nennen. Ist daher für irgend einen Körper, dessen kleinster Querschnitt F preußische Quadratzoll groß ist, das Maaß der absoluten Festigkeit bekannt, so findet man daraus seine absolute Festigkeit K für den Querschnitt F

$$K = kF.$$

Hätte man hinlänglich genaue Tafeln, in welchen für die am meisten vorkommenden Körper die Werthe von k enthalten wären, so könnte man daraus in jedem besondern Falle entweder die Kraft K zum Zerreißen eines Körpers oder auch die Fläche F bestimmen, welche irgend ein Körper haben muß, damit seine absolute Festigkeit einer gegebenen Kraft K entspricht.

§. 431.

Die vielfältigsten bis jetzt bekannten Versuche über die absolute Festigkeit sind von Musschenbroek angestellt und beschrieben worden. Man darf aber bei der Ungleichartigkeit der Materie in einerlei Körper nicht einmal erwarten, daß man durchgängig gleiche Festigkeit findet, und um so weniger steht zu erwarten, daß andere Versuche eben dieselben Resultate geben werden, so wenig als man berechtigt ist, die aus den Musschenbroekschen Versuchen gezogenen Werthe von k unbedingt auf andere Fälle anzuwenden. Vielmehr muß man die Werthe von k als Mittelresultate ansehen, weil hier eben so wenig als bei der Reibung, Steifigkeit der Seile u. d. gl. ganz genaue Uebereinstimmung zu erwarten ist. Auch hat der verschiedene Grad von Wärme, Trockenheit ꝛc. bei einerlei Materie einen so wesentlichen Einfluß auf ihre Festigkeit, daß auch dieserhalb schon ansehnliche Abweichungen entstehen müssen.

Weil der Werth, welchen dergleichen Versuche haben können, außer der Sorgfalt, mit welcher sie angestellt werden, auch von der Größe der Körper, welche zum Zerreißen dienen, abhängt, so soll hier eine umständliche Uebersicht der Musschenbroekschen Versuche gegeben werden.

Nachstehende Tafel ist aus der Musschenbroekschen Schrift: Introductio ad cohaerent. corpor. firmor. p. 63. etc. (in dessen Dissert. physicae et geometricae, Viennae 1756.) gezogen. Sämmtliche Körper waren Parallelepipeden oder Cylinder, welches durch ein P oder C bemerkt ist. Die Parallelepipeden hatten Quadrate zum Querschnitt und die neben den Buchstaben P oder C stehende Zahl, bezeichnet entweder die Seite von diesem Querschnitte oder den Durchmesser des Cylinders in rheinländischen oder preußischen Zollen. Die Gewichte, welche zum Zerreißen erforderlich waren, sind in amsterdammer Pfunden angegeben, und es ist hier noch die letzte Spalte beigefügt worden, welche die absolute Festigkeit von einem preußischen Quadratzolle oder k in preußischen Pfunden angiebt. Hiebei ist zu bemerken, daß ein preußisches Pfund 9747 und ein amsterdammer Pfund 10280 holländische Asse schwer ist.

Sämmtliche Holzstücke waren 6 Zoll lang. (p. 115.)

Materie des Körpers, welcher zerrissen worden ist.	C Durchmesser oder P Seite des Querschnitts. Preuß. Zoll.	Gewicht zum Zerreißen. Amstd. Pfund.	Gewicht 1 □Zoll zu zerreißen Preuß. Pfund.
Lindenholz	0,27.C	720	13269
	0,27.P	1000	14472
Erlenholz	0,27.C	800	14755
	0,27.P	1000	14472
Kiefernholz	0,27.C	800	14755
Weißtanne	0,27.C	650	11975
	0,27.P	600	8683
Eichenholz	0,27.C	1150	21188
	0,27.P	1150	16625
Ulmenholz	0,26.C	850	16905
	0,27.P	950	13745
Olivenholz	0,27.C	650	11975
	0,26.P	850	13254
Buchenholz	0,26.C	1150	22924
	0,26.P	1250	19497
Buchsbaumholz . .	0,26.C	850	16906
	0,26.P	950	14674
Birnbaumholz . . .	0,24.C	450	10509
	0,25.P	700	11808
Nußbaumholz . . .	0,26.C	800	16038
	0,26.P	800	12485
Weidenholz	0,26.C	1000	19906
	0,26.P	900	14039
Eschenholz	0,26.C	1050	20887
	0,25.P	1250	21088
Rothtannenholz . .	0,26.C	550	10359
	0,26.P	850	12574
Pflaumbaumholz . .	0,25.C	600	12918
	0,25.P	550	9280
Apfelbaumholz . . .	0,25.C	500	10755
	0,25.P	550	9280
Zuckerkistenholz . .	0,25.C	700	15061
	0,26.P	1500	22603

Materie des Körpers, welcher zerrissen worden ist.	C Durchmesser oder P Seite des Querschnitts. Preuß. Zoll.	Gewicht zum Zerreißen. Amstd. Pfund.	Gewicht, 1 □Zoll zu zerreißen. Preuß. Pfund.
Mispelbaumholz . .	0,26.P	650	10133
	0,26.C	700	13924
Guajacholz	0,25.P	855	14432
Weißdornholz . . .	0,25.C	1000	21531
	0,25.P	900	15184
Kirschbaumholz, wildes	0,25.C	650	13978
Sakkerdanholz . . .	0,25.P	1350	22784
Granadillenholz . .	0,25.C	950	20551
	0,25.P	800	13504
Santelbaumholz, rothes	0,25.P	600	10128
Ebenholz.	0,25.P	800	13504
Kupferdrath, roth schwed.	0,10.C	$299\frac{1}{4}$	40205
Messingdrath . . .	0,10.C	360	48480
Golddrath, Pistolettengold	0,10.C	500	67129
Bleidrath	0,10.C	$29\frac{1}{4}$	3934
Zinndrath, reinstes Zinn	0,10.C	$49\frac{1}{4}$	6609
Silberdrath	0,10.C	370	49690
Eisendrath	0,10.C	450	60433
Glas, weißes . . .	0,23.C	118	2997
	0,25.C	150	3228
	0,167.P	78	2963
	0,16.P	50	2058

Noch andere Versuche über absolute Festigkeit beschreibt Musschenbroek in seiner Introductio ad philosophiam naturalem, T. I. (Lugd. 1762.) C. 21. p. 414. etc., von welchen die Mittelwerthe in nachstehender Tafel angegeben sind. Auch hat man dieser Tafel eine Spalte beigefügt, welche die Werthe für k in preußischen Pfunden angiebt. Sämmtliche Querschnitte der Körper waren Quadrate.

Materie von dem Parallelepipeden, welches zerrissen worden.	Seite des Querschnitts. Pr. Zoll.	Gewicht zum Zerreißen. Amstd. Pf.	Gewicht 1 □Zoll zu zerreißen. k Preuß. Pf.	Eigenthümliches Gewicht.
Rothtannenholz . .	0,20	333	8780	
Kiefernholz . . .	0,20	306	8065	
Erlenholz	0,20	555	14632	
Kampferholz . . .	0,20	620	16347	
Cedernholz. . . .	0,20	195	5142	
Buchenholz . . .	0,20	693	18272	
Weidenholz . . .	0,20	500	13182	
Holunderholz . . .	0,20	400	10547	
Ulmenholz	0,20	528	13922	
Gold, gegossen . .	0,17	578	21093	19,238
Silber, feines, gegossen	0,17	1156	42186	11,091
Kupfer, gelbes, aus der Barbarei, gegossen	0,17	638	23284	8,1818
Kupfer, gelbes, japanisches, gegossen. .	0,17	573	20910	8,7267
Eisen, deutsches, gegossen	0,17	1930	70433	7,8076
Zinn, englisches, gegossen	0,17	169	6167	7,295
Zinn, aus Banca, geg.	0,17	104	3796	7,2165
Zinn, aus Malacca, geg.	0 17	91	3322	6,1256
Blei, englisches, gegossen	0,17	25	913	11,3333
Spiesglaskönig, gegoss.	0,17	30	1093	4,500
Zink, goslarsches, geg.	0,17	79½	2903	7,215
Wismuth, gegossen .	0,17	88½	3228	9,850
Eisen, schwedisches, geschmiedet . . .	0,10	726	76570	
— osmunder, geschm.	0,10	700	73830	
— deutsches, gutes, geschmiedet . . .	0,10	740	78035	
— deutsches, gemeines, geschmiedet . . .	0,10	676	71300	
Stahl, bester, biegsamer	0,10	1190	125510	
— mittelmäßiger, biegsamer	0,10	1240	130780	
— gemeiner, biegsamer	0,10	1080	113900	

Materie von dem Parallelepipeden, welches zerrissen worden.	Seite des Querschnitts.	Gewicht zum Zerreißen.	Gewicht 1 □Zoll zu zerreißen. k	Eigenthümliches Gewicht.
	Pr. Zoll	Amstd. Pf.	Preuß. Pf.	
Stahl, gehärtet . .	0,10	1120	118120	
— bester, wie zu Scheermessern . . .	0,10	1500	158200	
— bester, wie zu gemeinen Messern . .	0,10	1350	142380	
Kupfer, schwedisches, geschmiedet . . .	0,17	1065	38865	
— schwed. gegossen .	0,17	1054	38463	
— barbarisches, geg.	0,17	638	23284	
— ——— geschm.	0,17	1127	41128	
— ungarisches, gegoss.	0,17	895	32661	
— japanisches, gegoss.	0,17	573	20910	
— spanisches, gegossen	0,17	597	21785	

Durch die Vermischung zweier Metalle leidet sowohl die Festigkeit als auch das eigenthümliche Gewicht eine merkwürdige Veränderung, weil selten die Festigkeit und das Eigengewicht des vermischten Körpers demjenigen entspricht, welches man aus den unvermischten Körpern folgern würde. Hierüber hat ebenfalls Musschenbroek Versuche angestellt, welche man a. a. O. S. 419. u. f. beschrieben findet und wovon hier nur ein Auszug mitgetheilt werden kann. Die Körper hatten sämmtlich Quadrate zum Querschnitt.

Vermischungen.	Seite des Querschnitts.	Gew. zum Zerreißen.	Gewicht 1 □Zoll zu zerreißen. k.	Eigenthümliches Gewicht.
t bedeutet Theile.	Pr. Zoll.	Afd. Pf.	Preuß. Pf.	
Gold 24 t. Silber 1 t.	0,10	240	25310	
— 10 t. — 1 t.	0,10	240	25310	
— 9 t. — 1 t.	0,10	235	24780	
— 6 t. — 1 t.	0,10	255	26890	
— 4 t. — 1 t.	0,10	271	28580	
— 2 t. — 1 t.	0,10	285	30060	
— 1 t. — 1 t.	0,10	280	29530	
Gold 20 t. schwed. Kupf 1 t.	0,10	361	38170	18,760
— 15 t. — — 1 t.	0,10	400	42190	17,180
— 10 t. — — 1 t.	0,10	430	45350	17,01754
— 5 t. — — 1 t.	0,10	500	52730	15,84615
— 2 t. — — 1 t.	0,10	480	50620	13,920
— 1 t. — — 1 t.	0,10	320	33750	11,4807
Silber 10 t. schwed. Kup. 1 t.	0,10	460	48520	10,3076
— 8 t. — — 1 t.	0,10	480	50620	
— 6 t. — — 1 t.	0,10	475	50100	
— 4 t. — — 1 t.	0,10	470	49570	
— 2 t. — — 1 t.	0,10	445	46930	
— 1 t. — — 1 t.	0,10	400	42190	9,317
Silber 10 t. Schott. Blei 1 t.	0,17	338	12335	10,4333
— 4 t. — — 1 t.	0,17	202	7373	10,3694
— 1 t. — — 1 t.	0,17	283	10328	10,4801
Silber 10 t. Engl. Zinn 1 t.	0,17	1098	40138	10,0000
— 4 t. — — 1 t.	0,17	1228	44811	9,5625
— 1 t. — — 1 t.	0,17	606	22114	9,9348
Kupfer, gelbes 10 t. Engl. Zinn 1 t.	0,17	920	33574	8,35135
— — 6 t. — — 1 t.	0,17	1145	41785	8,70777
— — 1 t. — — 1 t.	0,17	23½	861	8,62500

Vermischungen.	Seite des Querschnitts.	Gew. zum Zerreißen.	Gewicht 1 □Zoll zu zerreißen. k	Eigenthümliches Gewicht.
t bedeutet Theile.	Pr. Zoll.	Astd. Pf	Preuß. Pf.	
Kupfer, gelb 1 t. Zink 1 t.	0,10	128	13498	8,0476
— — 2 t. — 1 t.	0,10	207½	21884	8,275
— — 4 t. — 3 t.	0,10	415	43770	9,600
— — 1 t. — 4 t.	0,10	255	26894	8,325
Kupfer, gelbes 5 t. schwed. Eisen 1 t.	0,10	402	42398	
— — 10 t. — — 3 t.	0,10	345	36386	
— — 50 t. — — 4 t und Zinn 10 t.	0,10	460	48520	
Kupfer, gelbes 10 t. schw. Eisen 1 t. und Zinn 2 t.	0,10	395	41660	
Kupfer, gelbes 50 t. Messing 4 t. und Zinn 5 t.	0,10	513	5410	

Aus den vorstehenden Tafeln läßt sich leicht übersehen, daß in der Regel die geschmiedeten Metalle mehr Festigkeit als die gegossenen erhalten. Eben so findet man nach der letzten Tafel, daß die Festigkeit des Goldes durch die Beimischung von Silber oder Kupfer verstärkt wird. Dagegen kann durch Vermischung zweier Metalle die Festigkeit derselben sehr geschwächt werden, wie dies beim Kupfer und Zinn, zu gleichen Theilen vermischt, der Fall ist, welche unvermischt eine größere Last tragen können.

Im Jahre 1789 hat der Schiffbaudirektor Quantin aus Stettin in Berlin Versuche über die absolute und respective Festigkeit einiger Körper mit einer von ihm verfertigten Maschine angestellt, welche mit der Figur 233. abgebildeten Zurüstung in den wesentlichen Theilen übereinstimmte, nur daß zur Vermehrung der Kraft einige Hebel über einander angebracht waren. Nachstehende Versuche sind in meiner Gegenwart über die absolute Festigkeit des Eisens angestellt worden*).

1. Versuch. Eine 18 preußische Zoll lange Stange von geschmiedetem schlesischen Eisen, deren Querschnitt ein Quadrat bildete, dessen Seiten 6 Linien groß waren, zerriß durch eine Kraft von 21160 preußische Pfund.

2. Versuch. Eine eiserne Stange von denselben Abmessungen, welche vor dem Zerreißen mit der ersten verglichen, durchaus keinen Unterschied bemerken ließ, zerriß bei 17560 Pfund.

3. Versuch. Eine Stange von geschmiedetem schlesischen Eisen von 2 Linien im Geviert, zerriß bei 2600 Pfund.

4. Versuch. Eine der vorigen dem Anscheine nach ganz gleiche Stange Eisen wurde von 1780 Pfund zerrissen.

*) Es ist sehr zu bedauern, daß die vielerlei von Quantin mit seiner großen Maschine angestellten Versuche nicht so, wie die vorstehenden, sorgfältig aufgezeichnet worden sind, weil hiedurch das Gebiet der Erfahrungen über die Festigkeit der Körper ansehnlich erweitert werden könnte.

Das Mittel aus den beiden ersten Versuchen giebt für einen Querschnitt von $\frac{1}{4}$ Quadratzoll 19360, also für das Maaß der absoluten Festigkeit 77440 Pfund. Aus den beiden letzten Versuchen erhält man als Mittelwerth für die absolute Festigkeit eines Querschnitts von $\frac{1}{36}$ Quadratzoll, 2190 Pfund, also für das Maaß der absoluten Festigkeit 78840 Pfund.

Als Mittelwerth für das Maaß der absoluten Festigkeit des geschmiedeten schlesischen Eisens kann man daher 78140 Pfund annehmen.

Die hier gemachte Erfahrung, daß bei dünnen geschmiedeten eisernen Stangen das Maaß der absoluten Festigkeit größer als bei dickern ist, stimmt auch mit den Erfahrungen Musschenbroeks überein, weil beim Bearbeiten der Metalle die dünnen Stangen besser als die dickern gehämmert werden können. Auch bei dünnen Metalldrähten findet man gewöhnlich das Maaß der absoluten Festigkeit größer als bei dicken, weil man zum dünnen Draht in der Regel das beste Material wählt.

§. 432.

Die größten Abweichungen unter den Musschenbroekschen Angaben über die absolute Festigkeit der Körper finden sich bei den Holzarten, wenn man beide §. 431. enthaltene Tafeln mit einander vergleicht. Es steht zwar zu erwarten, daß man beim Holze von einerlei Stamme auch selbst dann, wenn man Kern und Splint sorgfältig von einander unterscheidet, dennoch abweichende Resultate erhält. Allein die großen Abweichungen bei den Musschenbroekschen Resultaten und der Umstand, daß noch keine Versuche über die absolute Festigkeit der bei uns einheimischen und beim Bauwesen vorkommenden Holzarten bekannt sind, veranlaßten mich, einige Versuche hierüber anzustellen.

Jedes Holzstück, dessen man sich zu den Versuchen bediente, war aus einem Parallelepipeden geschnitten, und erhielt die Gestalt, Figur 231. AB, so daß der mittlere Theil CD, welcher zum Zerreißen bestimmt war, ein Parallelepipeden von 6 Zoll Länge bildete, dessen Querschnitt ein Quadrat war, von welchem jede Seite $\frac{1}{2}$ Zoll Länge hatte. Beim Bearbeiten dieser Hölzer wurde mit der größten Sorgfalt darauf gehalten, daß die Holzfasern durchgängig parallel mit einer der Seitenflächen des Holzes waren, so daß man nach der Kunstsprache auf zwei entgegen stehenden Seiten den Holzspiegel hatte. War bei einem solchen Holzstücke der Spiegel oder die glatte Holzfaser durchschnitten, welches bei wenn gleich unmerklichen Längenkrümmungen öfters der Fall gewesen, so wurde das Holz als untauglich zu den Versuchen verworfen. Diese Holzstücke einzufassen, um sie bequem zu zerreißen, dienten zwei gleiche eiserne $2\frac{3}{4}$ Zoll lange, zwei Zoll breite und $\frac{5}{6}$ Zoll dicke eiserne Schlösser, Figur 232., die in ihrer Mitte eine Oeffnung bildeten, welche oben einen und unten $\frac{1}{2}$ Zoll

Taf XV. Fig. 231.

im Geviert hatte. Das Einsatzstück E des Schlosses konnte man herausnehmen, um die Hölzer einzuspannen, deren schräge Seiten genau in die Oeffnung des Schlosses paßten. Wurde alsdann noch das Einsatzstück E eingeschoben, und mittelst durchgesteckter Bolzen F, F befestigt, so durfte man nur die beiden Schlösser von einander entfernen, um das Holz zu zerreißen. Hiezu diente eine Vorrichtung, deren wesentliche Theile, Figur 233., abgebildet sind. An einem festen Gerüste ABC war eine, mit einem starken eisernen Wagebalken versehene Schnellwage DEF in A so aufgehängt, daß solche leicht höher oder niedriger geschraubt werden konnte. Am kurzen Arme der Wage in D war eine Kette befestigt, welche sich in zwei eiserne Haken H, H endete, deren Untertheile rechtwinklicht gebogen waren. Auf diesen Untertheilen ruhte das oberste Schloß von dem eingespannten Holzstück J. Das unterste Schloß ward ebenfalls von zwei gleichen in entgegengesetzter Lage befindlichen Haken bei K, K gefaßt, welche mit Hülfe einer Kette bei L befestigt waren. Mittelst des Gegengewichts G konnte man die zum Zerreißen verwandte Kraft bis auf zehn Pfund genau bestimmen, auch konnte man durch Vorhängegewicht bei F die Kraft vermehren. Die Mittellinien AE und DL waren beide vertikal und wenn durch die aufgehängten Gewichte die Zunge nicht mehr einspielte, so konnte der Wagebalken leicht wieder in die horizontale Lage gebracht werden. Außerdem war

Taf. XV. Fig. 233.

noch eine Vorrichtung vorhanden, damit nach erfolgter Zerreißung des Holzes, der Arm EF, nebst dem daran befindlichen Gewichte nicht herunter sinken konnte, welche aber hier nicht abgebildet ist.

Man wählte zu den Versuchen nur Hölzer aus einheimischen Forsten, welche schon zwei Jahre gefällt und trocken aufbewahrt waren, an welchen man weder Aeste noch sonst einen Tadel auffinden konnte. Besonders strengte man alle Aufmerksamkeit an, nur solche Holzstücke zu zerreißen, bei welchen durchgängig die Fasern parallel mit den Seitenflächen angesehn werden konnten. Sämmtliche bearbeiteten Hölzer hatten, so weit solche zwischen beiden Schlössern enthalten waren, auf eine Länge von 6 Zoll ein Quadrat zum Querschnitt, dessen Inhalt genau einen viertel Quadratzoll groß war. Die Resultate aus sämmtlichen Versuchen sind in der nachstehenden Tafel aufgeführt, wo die zusammen geklammerten Zahlen in der dritten Vertikalspalte anzeigen, daß die zugehörigen Hölzer von einerlei Stamme, und so weit sich beurtheilen ließ, keinen bemerkbaren Unterschied anzeigten.

Holzarten.	No. des Versuchs.	Gew. zum Zerreißen. Pfunde.	Mittelwerth dieses Gewichts. Pfunde.	Eigenthümliches Gewicht.	Gew. 1 □ Zoll zu zerreißen. Pfunde.
Kiefer (Pin. sylvestris)					
vom Kern	1	5540	5350	0,623	21400
= =	2	5160			
vom Kern, harzig =	3	4040	4040	0,624	16160
zwischen Kern u. Splint	4	5100	5170	0,612	20873
= = = =	5	5240			
= = = =	6	5510	5455	0,565	
= = = =	7	5400			
= = = =	8	4680	5030	0,604	
= = = =	9	5380			
= = sehr harzig	10	2900	3130	0,657	12520
= = = =	11	3360			
vom Splint	12	4400	4580	0,554	18320
= =	13	4760			
Sommereiche (Quercus foemina)					
vom Kern	14	7020	6650	0,795	26600
= =	15	6280			
zwischen Kern u. Splint	16	4740	4600	0,685	21940
= = = =	17	4460			
= = = =	18	6900	6370	0,618	
= = = =	19	5840			
vom Splint	20	3420	3690	0,616	14760
= =	21	3960			
Steineiche (Quercus robur)					
zwischen Kern u. Splint	22	5640	5530	0,747	22120
= = = =	23	5420			
Rothtanne, Fichte, (Pinus picea)					
zwischen Kern u. Splint	24	2700	2730	0,374	10920
= = = =	25	2760			
Weißtanne (Pinus abies)					
zwischen Kern u. Splint	26	3860	3850	0,421	15400
= = = =	27	3840			

Holzarten.	No. des Versuchs.	Gew. zum Zerreißen. Pfunde.	Mittelwerth dieses Gewichts. Pfunde.	Eigenthümliches Gewicht.	Gew. 1□Zoll zu zerreißen. Pfunde.
Weißbuchen, Hornbaum (Carp. betul.) zwischen Kern u. Splint	28	5240	5100	0,765	20400
" " " "	29	4960			
Buche, Rothbuche (Fag. sylvat.) zwischen Kern u. Splint	30	5500	5590	0,762	22360
" " " "	31	5680			
Erle (Betula alnus) zwischen Kern u. Splint	32	6400	6185	0,656	24740
" " " "	33	5970			

Bei diesen Versuchen ist noch zu bemerken, daß man ein jedes Holzstück, sobald es aufgehängt war, nur nach und nach mit einer größern Kraft anspannte und daß, als die Kraft bis auf 1000 Pfund vermehrt war, die ganze Zurüstung unter dieser Spannung wenigstens einige Stunden ruhig stehen blieb. Alsdann vermehrte man die Kraft von 10 zu 10 Pfund, allemal erst nach Verlauf einiger Minuten, wobei man alle Erschütterungen sorgfältig vermied, bis der Bruch erfolgte.

Der äußere Bruch war zwar jedesmal zwischen Taf. XV. Fig. 231. CD, Figur 231., enthalten, allein die Fläche des Bruchs war sehr uneben und mit einzelnen hervorragenden Holzfasern versehen. Zuweilen waren diese einzelnen aus der Mitte der Bruchfläche hervorragenden Spitzen 4 bis 5 Zoll lang.

Aus den Versuchen selbst geht so viel hervor, daß bei einem gesunden Stamme der Kern die größte und der Splint die geringste absolute Festigkeit besitzt, und daß beim kiefern Holze diese Festigkeit geringer wird, wenn das Holz harzig ist.

Noch ist zu bemerken, daß unter mehrern von mir angestellten Versuchen über die absolute Festigkeit der gebräuchlichen gebrannten Mauerziegel, das Mittel für einen preußischen Quadratzoll, 290 preuß. Pfund gegeben hat.

§. 433.

Unter den neuern Versuchen über die absolute Festigkeit mehrerer Körper, sollen hier die vorzüglichsten, welche seit der ersten Ausgabe dieses Handbuchs bekannt geworden sind, noch angeführt werden.

Mit vieler Sorgfalt sind von Peter **Barlow** Versuche mit verschiedenen Holzarten ausgeführt und beschrieben worden (An Essay on the Strength and Stress of Timber. By Peter *Barlow*. Second Edition. London 1824. pag. 81—88). Nachstehende Tafeln enthalten die mit cylinderischen Stäben angestellten Versuche.

I. Tafel.

Absolute Festigkeit nach der Richtung der Holzfasern. Von Barlow.

Nummer.	Holzarten.	Eigenthümliches Gewicht.	Umfang des Cylinders. engl. Zoll.	Gewicht zum Zerreißen. engl. Z.	Gewicht zum Zerreißen eines engl. □Zolls. engl. Pfd.	Mittelwerth zum Zerreißen eines engl. □Zolls. engl. Pfd.	Mittelwerth zum Zerreißen eines preuß. □Zolls. preuß. Pf.
1	Kiefern (Fir.)	0,600	1,05	1140	12993		
2	"	0,600	1,10	1260	13073		
3	"	0,600	1,10	1191	12037		
4	"	0,600	1,05	1160	13220	12857	
5	"	0,600	1,11	1213	12371		
6	"	0,600	1,05	1180	13448		
7	"	0,581	1,10	1059	11000		12542
8	"	0,564	1,10	1201	12472		
9	"	0,601	1,10	1094	11360		
10	"	0,611	1,10	1130	11736	11594	
11	"	0,532	1,10	1076	11180		
12	"	0,590	1,10	1112	11548		
13	Eschen	0,594	0,8800	1100	17850		
14	"	0,611	0,9000	1096	17003	17207	
15	"	0,611	0,8750	1024	16770		
16	"	0,600	0,8375	881	15784		17551
17	"	0,600	0,8625	1025	17315	16947	
18	"	0,600	0,8750	1081	17742		
19	Buchen ...	0,712	0,880	716	11626		
20	"	0,694	0,890	721	11437	11467	11785
21	"	0,700	0,900	731	11338		
22	Eichen	0,770	1,10	856	8889		
23	"	0,770	1,10	887	9211	9198	
24	"	0,770	1,10	908	9494		
25	"	0,920	0,8800	740	12008		10677
26	"	0,920	0,8750	712	11660	11580	
27	"	0,920	0,8900	698	11072		
28	Teak oder indian. Eichen	0,860	0,8625	868	14662		
29	—	0,860	0,8625	900	15203	15090	15509
30	—	0,860	0,8625	912	15405		

Nummer.	Holzarten.	Eigenthümliches Gewicht.	Umfang des Cylinders. engl. Zoll.	Gewicht zum Zerreißen. engl. Z.	Gewicht zum Zerreißen eines engl. □Zolls. engl. Pfd.	Mittelwerth zum Zerreißen. eines engl. □Zolls. engl. Pfd.	eines preuß. □Zolls. preuß. Pf.
31	Buchsbaum .	0,960	0,8625	1168	19730		
32	„ .	0,960	0,8625	1160	19595	19891	20443
33	„ .	1,024	0,8625	1200	20348		
34	Birnbaum .	0,646	0,8625	683	11537		
35	„ .	0,646	0,8500	523	9096	9822	10095
36	„ .	0,646	0,8625	523	8834		
37	Mahagony .	0,637	1,1125	783	7950		
38	„ .	0,637	1,1125	783	7950	8041	8264
39	„ .	0,637	1,1125	810	8224		

Hierbei ist, so wie bei allen folgenden Vergleichungen angenommen, daß 1 englischer Zoll = 0,9711 preußische Zoll, 1 englischer □Zoll = 0,943113 preußische □Zoll; eine Tonne = 20 Centner = 2240 englische Pfund und 1 englisches Pfund, Avoir du pois = 0,969313 preußische Pfund ist.

Noch ist zu erinnern, daß eben so wie in Teutschland zwischen Kiefern und Tannenholz häufig Verwechselungen entstehen, auch in England das Wort Fir bald Kiefern-, bald Tannenholz bezeichnet. Hier hat man Fir durch Kiefernholz (Pinus sylvestris) übersetzt, weil sowohl das von Barlow angegebene Eigengewicht als auch die absolute Festigkeit dieser Holzart entspricht.

Ueber die absolute Festigkeit mehrerer Holzarten hat Bevan (Philosophical Magazine and Journal. No. 342. 343. October, November 1826. Seite 269.

und 343.) mit etwa ½ engl. Zoll dicken cylindrischen Stäben Versuche angestellt. Diejenigen Versuche, bei welchen das Zerreißen während der Bewegung des Gewichts erfolgte oder wenn der zu zerreißende Cylinder sich von dem dickern Theile des Holzes trennte und in Gestalt eines cylindrischen Zapfens aus dem zurück gebliebenen Holze heraus gezogen wurde, sind hier weggelassen worden.

II. Tafel.

Absolute Festigkeit nach der Richtung der Holzfasern. Von Bevan.

Nummer.	Holzarten.	Eigenthümliches Gewicht.	Gewicht zum Zerreißen eines engl. □Zolls. engl. Pfd.	Gewicht zum Zerreißen eines preuß. □Zolls. preuß. Pfd.
1	Esche	0,84	16700	17164
2	=	0,78	19600	20144
3	Rothbuche	0,72	22200	22817
4	Birke	0,64	15000	15417
5	Buchsbaum	0,99	15500	15931
6	Rohr, spanisches	0,40	6300	6475
7	Ceder	0,54	11400	11717
8	Kastanie, Roßkastanie	0,61	12100	12436
9	Kastanie, süße	0,61	10500	10792
10	Pflaumbaum	0,79	14000	14389
11	Tanne, von Christiania	0,40	12400	12744
12	= = =	0,46	12300	12642
13	= = =	0,46	14000	14389
14	= englische	0,47	7000	7194
15	Holunder	0,73	15000	15417
16	Weißdorn	0,91	9200	9455
17	Stechpalme	0,76	16000	16444

Nummer.	Holzarten.	Eigenthümliches Gewicht.	Gewicht zum Zerreißen eines engl. □Zolls. engl. Pfd.	Gewicht zum Zerreißen eines preuß. □Zolls. preuß. Pfd.
18	Bohnenbaum (Laburnum) . .	0,92	10500	10792
19	Lebensbaum, Lignum vitae . .	1,22	11800	12128
20	Mahagony	0,80	16500	16958
21	Ahorn	0,66	17400	17883
22	Maulbeerbaum	0,66	10600	10894
23	Eiche, englische	0,76	15000	15417
24	„ „ alte	0,76	14000	14389
25	„ Pfahl aus dem Flusse Cam,	0,61	4500	4625
26	„ hamburger	0,66	14000	14389
27	Kiefer, norwegische	0,66	14300	14697
28	Feigenbaum, egyptischer, Sycamore	0,69	13000	13361
29	Teak, indisches Eichenholz, altes	0,53	8200	8428
30	Wallnußbaum	0,59	7800	7194
31	Weide	0,39	14000	14389
32	Rotheiben, Yew	0,79	8000	8222
33	Apfelbaum	0,71	19500	20042
34	Ulme	0,69	14400	14800

Die Versuche über die absolute Festigkeit mehrerer Metalle von G. Rennie. (Accunt of Experiments made on the Strength of matrials. — Philosoph. Transact. of the royal Soc. of London. For the Year 1818. Part. I. pag. 126.) sind mit 6 Zoll langen prismatischen Stäben angestellt, deren Querschnitt ein Quadrat bildete, dessen Seite 0,25 englische Zoll lang war.

III. Tafel.
Absolute Festigkeit mehrerer Metalle. Von G. Rennie.

Nummer.	Metalle.	Gewicht zum Zerreißen. engl. Pfund.	Gewicht zum Zerreißen eines preuß. □Zolls. preuß. Pfund.
1	Gußstahl, gehämmert	8391	137985
2	Cementstahl, gehämmert (Blister)	8322	136851
3	Gerbstahl, gehämmert (Shear)	7977	131178
4	Stabeisen, schwedisches, gehämmert	4504	74066
5	" englisches, gehämmert	3492	57424
6	Gußeisen	1166	19174
7	"	1218	20029
8	Kupfer, geschlagen	2112	34731
0	" gegossen	1192	19602
10	Hartes Kanonenmetall	2273	37379
11	Messing, feines	1123	18468
12	Zinn, gegossen	296	4867
13	Blei, gegossen	114	1875

Die Versuche von J. M. Brunel (in Barlow's angef. Essay — Seite 259.) mit gehämmerten Eisenstäben aus Yorkshire, welche einen quadratförmigen Querschnitt hatten, enthalten zugleich die Belastung, bei welcher die Eisenstäbe anfingen, sich auszudehnen.

IV. Tafel.

Absolute Festigkeit gehämmerter Eisenstäbe. Von Brunel.

Nummer.	Seite des □förm. Querschnitts.	Belastung eines engl. □Zolls.		Nummer.	Seite des □förm. Querschnitts.	Belastung eines engl. □Zolls.	
		für den Anfang der Ausdehnung.	zum Zerreißen.			für den Anfang der Ausdehnung.	zum Zerreißen.
	engl. Zoll	Tonnen.	Tonnen.		engl. Zoll	Tonnen.	Tonnen.
1	$\frac{3}{8}$	21	29,8	14	$\frac{3}{8}$	27,16	33,10
2	„	24	32	15	„	22,15	31,14
3	„	18,15	25	16	„	25,18	31,15
4	„	22	34,19	17	„	22,3	31,9
5	„	20	34,6	18	„	21,9	29,6
6	„	20	28,2	19	„	23,9	31,7
7	„	23,2	28,2	20	„	21,9	30,7
8	„	24	31,6	21	$\frac{1}{2}$	—	27
9	„	26,9	32,11	22	„	—	31,12
10	„	23,1	28,12	23	„	—	31,62
11	„	28,16	35,12	24	„	—	32,25
12	„	27,4	36,4	25	„	—	33,75
13	„	24,16	32,16	26	„	—	30,00

Der Mittelwerth aus diesen Versuchen, von welchen der dritte wahrscheinlich fehlerhaft war, ist 31,209 Tonnen = 69908 engl. Pfund, Avoir du pois, daher findet man die absolute Festigkeit eines preuß. □Zolls = 71850 preuß. Pfund.

Sehr wichtige Versuche hat Thomas Telford (nach Barlow's angef. Essay — Seite 251.) mit geschmiedeten Eisenstäben angestellt, bei welchen zugleich auf die Verlängerung derselben und auf die Verminderung ihrer Dicke unter verschiedenen Belastungen und nach erfolgtem Zerbrechen Rücksicht genommen ist.

In der nachstehenden Tafel bedeutet:

Q einen Stab mit einem quadratförmigen Querschnitt, dessen Dicke die Seite des Quadrats,

C einen cylindrischen Stab, dessen Durchmesser die angegebene Dicke bezeichnet, und

* den Anfang der Verlängerung oder der Streckung des Stabes unter der zugehörigen Belastung.

V. Tafel.

Versuche mit geschmiedeten Eisenstäben. Von Telford.

Nummer.	Eisenstäbe von		Englische Zoll			Dicke in engl. Zoll			Belastung.	Gewicht zum Zerreißen.	
			Länge ohne Belastung.	Ausdehnung durch die Belastung.	Ausdehnung nach dem Zerreißen.	vor der Belastung.	während der Belastung.	nach dem Zerreißen.	Tonnen.	Tonn.	Pfunde.
1	Südwallis	C	$26\frac{3}{4}$	—	$4\frac{1}{8}$	$1\frac{3}{8}$	—	$1\frac{1}{8}$	—	43.	1232
2	Südwallis	C	$27\frac{3}{8}$	—	$3\frac{1}{4}$	$1\frac{1}{2}$	—	$1\frac{1}{4}$	—	52.	1718
3	Stafford-shire	Q	$17\frac{1}{8}$	*	—	$\frac{3}{4}$	—	—	12	—	—
	" "	"	"	—	$6\frac{1}{8}$	"	—	$\frac{6}{10}$	—	15.	648
4	Stafford-shire	Q	$19\frac{1}{4}$	*	—	$1\frac{1}{12}$	—	—	32	—	—
	" "	"	"	—	2	"	—	$\frac{5}{6}$	—	32.	676

Nummer.	Eisenstäbe von		Englische Zoll. Länge ohne Belastung.	Englische Zoll. Ausdehnung durch die Belastung.	Englische Zoll. Ausdehnung nach dem Zerreißen.	Dicke in engl. Zoll vor der Belastung.	Dicke in engl. Zoll während der Belastung.	Dicke in engl. Zoll nach dem Zerreißen.	Belastung. Tonnen.
5	Wallis . .	Q	—	$\frac{1}{4}$	—	1	—	—	18
	″ ″ . .	″	—	$\frac{1}{2}$	—	″	—	—	21
	″ ″ . .	″	—	$\frac{3}{4}$	—	″	—	—	23
	″ ″ . .	″	—	1	—	″	—	—	25
	″ ″ . .	″	—	$2\frac{1}{4}$	—	″	—	—	27
	″ ″ . .	″	—	—	$2\frac{3}{8}$	″	—	—	—
6	Schweden	Q	—	*	—	1	—	—	17
	″ ″	″	—	$\frac{1}{10}$	—	″	—	—	20
	″ ″	″	—	$\frac{3}{8}$	—	″	—	—	27
	″ ″	″	—	—	—	″	—	—	—
7	Rotherhite	Q	—	*	—	1	—	—	16
	″ ″	″	—	$\frac{3}{8}$	—	″	—	—	20
	″ ″	″	—	$\frac{3}{4}$	—	″	—	—	25
	″ ″	″	—	$2\frac{3}{8}$	—	″	—	—	28
	″ ″	″	—	—	—	″	—	—	—
8	Stafford- shire . .	Q	—	*	—	1	—	—	19
	″ ″	″	—	$\frac{1}{2}$	—	″	—	—	24
	″ ″	″	—	$\frac{5}{8}$	—	″	—	—	28
	″ ″	″	—	$\frac{5}{8}$	—	″	—	—	29
	″ ″	″	—	1	—	″	—	—	30
	″ ″	″	—	—	—	″	—	—	—
9	Gemeinem Eisen . .	C	12	$\frac{1}{10}$	—	2	—	—	45
	″ ″	″	—	0,125	—	″	—	—	50
	″ ″	″	—	0,25	—	″	—	—	55
	″ ″	″	—	0,26	—	″	—	—	60
	″ ″	″	—	0,375	—	″	—	—	70
	″ ″	″	—	0,544	—	″	—	—	75
	″ ″	″	—	0,75	—	″	$1\frac{1}{16}$	—	$80\frac{1}{10}$
	″ ″	″	—	0,86	—	″	—	—	85
	″ ″	″	—	1,00	—	″	—	—	90
	″ ″	″	—	1,35	—	″	$1\frac{7}{8}$	—	95
	″ ″	″	—	—	2,2	″	—	$1\frac{1}{2}$	—

Aus diesen und den Brunelschen Versuchen geht hervor, daß mit Ausnahme des neunten Versuchs das Gewicht, welches das Eisen auszudehnen anfängt, größer ist als die Hälfte des Gewichts, welches das Eisen zu zerreißen im Stande ist: daß daher eine Eisenstange mit Sicherheit die Hälfte eines Gewichts tragen kann, welches zum Zerreißen erforderlich ist. Noch muß angeführt werden, daß beim neunten Versuche, die Ausdehnung $1\frac{15}{16}$ statt $1\frac{1}{16}$ seyn muß, wie solches auch bereits von H. Burg (Jahrbücher des polytechnischen Instituts zu Wien, 5. Band, Seite 227.) bemerkt worden ist.

Die zum Zerreißen eines englischen □Zolls erforderlichen Gewichte enthält die nachstehende Zusammenstellung.

No.	1	Walliser	Eisen	29	Tonnen	672	engl.	Pfund.
=	2	=	=	29	=	1792	=	=
=	3	Staffordsh.	=	27	=	336	=	=
=	4	=	=	27	=	1120	=	=
=	5	Walliser	=	29	=	—	=	=
=	6	Schwedish.	=	29	=	—	=	=
=	7	Rotherhiter	=	29	=	—	=	=
=	8	Staffordsh.	=	31	=	—	=	=
=	9	Gemeines	=	31	=	1792	=	=

Als Mittelwerth erhält man hieraus für das englische Eisen, die absolute Festigkeit eines englischen □Zolls = 29 Tonnen 714 englische Pfund Avoir du pois oder für den preußischen □Zoll, 67498 preußische

Pfund und für schwedisches Eisen beträgt hiernach die absolute Festigkeit eines preußischen □Zolls 66764 preußische Pfund.

VI. Tafel.

Versuche über die absolute Festigkeit cylindrischer Metalldrähte von 2 Millimeter Durchmesser. Von Guyton Morveau. (Gilbert's Annalen der Physik. 34. Band. Leipzig 1810. Seite 213.)

Nummer.	Metalldrähte.	Gewicht zum Zerreißen. Kilogramm.	Absolute Festigkeit eines preuß. □Zolls. preuß. Pfund.
1	Eisen	249,659	116183
2	Kupfer	137,399	63941
3	Platin	124,690	58027
4	Silber	85,062	39585
5	Gold	68,216	31745
6	Zinn	49,790	23171
7	Zink	15,740	7325
8	Blei	5,623	2617

Hier ist, so wie bei den folgenden Versuchen gerechnet, daß 1 Meter = 3,186798 preußische Fuß, 1 □Millimeter = 0,001462418 preußische □Zoll und 1 Kilogramm = 2,138072 preußische Pfund.

Ueber die absolute Festigkeit einiger Materien hat Navier Versuche angestellt und solche beschrieben (Expériences sur la Résistance de diverses substances à la rupture causée par une tension longutudinale. Annales de Chemie et de Physique.

Tom. 33. à Paris 1826. pag, 225.); auch zugleich die Belastung angegeben, bei welcher die Körper anfangen, sich zu verlängern.

VII. Tafel.
Versuche mit verschiedenen Körpern.
Von Navier.

Nummer.	Körper.	Breite. Millim.	Dicke. Millim.	Gewicht zur ersten Verlängerung. Kilogram.	Gewicht zum Zerreißen. Kilogram.	Gewicht zum Zerreißen eines □Millimeters. Kilogram.
1	Eisenblech in der Richtung des Walzens . .	9,0	1,5	363	488	36,1
2	" " " "	6,3	1,5	319	374	39,6
3	" " " "	7,3	2,6	713	823	43,3
4	" " " "	8,3	2,4	635	905	45,4
5	" " " "	7,8	1,5	376	461	39,4
6	" " " "	7,3	2,3	336	686	40,0
7	Eisenblech winkelrecht auf die Richtung des Walzens	6,1	1,0	216	241	39,5
8	" " " "	7,2	2,2	381	531	33,5
9	" " " "	7,0	1,5	286	351	33,4
10	" " " "	7,3	1,1	266	316	39,3
11	Kupferblech, gewalztes	11,2	1,2	123	269	20,0
12	" " " "	11,6	1,8	268	463	22,2
13	Blei, gewalztes .	30,4	3,3	106	166	1,65
14	" " " .	20,2	3,3	76	116	1,74
15	" " " .	29,6	2,4	46	86	1,21
16	" " " .	31,2	2,4	36	63	0,84
17	" " " .	14,7	3,3	51	78	1,61
18	" " " .	16,5	2,4	28,3	41,3	1,04

Nummer.	Körper.	Innerer Durchmesser. Millim.	Aeußerer Durchmesser. Millim.	Gewicht zum Zerreißen. Kilogram.	Gewicht zum Zerreißen eines □Millimeters. Kilogram.
19	Glasröhre	2,30	4,85	44,4	3,10
20	" "	3,45	7,00	71,9	2,47
21	" "	3,45	6,95	65,9	2,30
22	" "	2,45	5,60	40,4	2,03
23	Glasstange	—	6,45	54,9	1,68
24	" "	—	6,55	110,0	3,26
25	Stange von Krystallglas	—	9,60	164,0	2,27

Hiernach findet man für die absolute Festigkeit eines □Millimeters den Mittelwerth bei Eisenblech 38,95; bei Kupferblech 21,1; bei gewalztem Blei 1,35; bei Glasröhren 2,475; bei Glasstangen 2,47 und bei Stangen von Krystallglas 2,27 Kilogramm. Dies giebt die absolute Festigkeit eines preußischen □Zolls, für

gewalztes Eisenblech . . .	55483	preuß.	Pfund.
" Kupferblech . .	30848	"	"
" Blei	1974	"	"
Glasröhren.	3619	"	"
Glasstangen	3611	"	"
" von Krystallglas	3319	"	"

Die absolute Festigkeit mehrerer Steinarten hat Thomas Tredgold untersucht und beschrieben (Philosophical Magazine and Journal, Vol. 56. October 1820.). Hier sind die gefundenen Mittelwerthe aufgeführt.

VIII. Tafel.
Versuche mit verschiedenen Steinarten.
Von Tredgold.

Nummer.	Steinarten.	Eigengewicht.	Gewicht zum Zerreißen eines engl. □Zolls. engl. Pfd.	Gewicht zum Zerreißen eines preuß. □Zolls. preuß. Pfd.
1	Bildhauer Marmor, weißer, sehr rein	2,706	2009	2037
2	Portland Kalkstein, brauner .	2,113	916	941
3	Bruchstein von Dundee . . .	2,621	2661	2735
4	Sandstein von Long-annet .	2,212	688	707
5	Sandstein von Craigleith . .	2,362	772	793
6	Sandstein von Hailes	2,155	740	761

Die hier zusammengestellten mannichfaltigen Versuche über die absolute Festigkeit, konnten leicht noch vermehrt werden. Die angeführten werden aber um so mehr zureichend seyn, da Versuche wie die von Soufflot (*Rondelet* Traité théorique et pratique de l'art de bâtir. Tome IV. Part. II. Paris, 1830. p. 85.) solche Verschiedenheit in den Angaben enthalten, daß nach denselbem Körper von einerlei Materie eine beinahe um das fünffache verschiedene Festigkeit enthalten sollen.

§. 434.

Bei den Seilen ist der Unterschied in Absicht der absoluten Festigkeit sehr groß, weil derselbe von der Güte des Hanfs und der Art, wie die Seile ver-

verfertigt werden, abhängt. Musschenbroek beschreibt (Intr. ad cohaer. p. 96.) drei von ihm angestellte Versuche, bei welchen dünne Seile von gemeinem Hanf verfertigt, zerrissen worden sind. Jedes Seil war aus 6 Fäden zusammengesetzt.

Das erste hatte 2 rheinländische Linien im Umfange und trug 92 amsterdammer Pfunde.

Das zweite von 0,4 Zoll oder 4,8 Linien Umfang, zerriß bei 160 Pfund.

Das dritte von 0,54 Zoll oder 6,48 Linien Umfang, hatte 240 Pfund getragen.

Außer diesen Versuchen giebt Musschenbroek in der Introd. ad phil. nat. T. I. p. 409. eine Tafel über die absolute Festigkeit der Seile. Er beschreibt zwar die angestellten Versuche nicht, versichert aber, daß sich die Tafel auf Versuche gründet und bestimmt die Abmessungen der Seile nach ihrer Dicke, obgleich sonst von ihm nur der Umfang der Seile angegeben wird. Dieser Umstand ist deshalb zu bemerken, weil in dem Falle, daß man in der Musschenbroekschen Tafel die gegebenen Abmessungen der Querschnitte von den Seilen als Dicke annimmt, die angegebenen Resultate durchaus nicht mit den oben angeführten Versuchen übereinstimmen. Man wird daher berechtigt seyn, den Musschenbroekschen Ausdruck: Funis crassus, als einen Schreibfehler anzusehen und Umfang anstatt Dicke zu schreiben. Hienach ist die Ueberschrift in der ersten Vertikalspalte der nachstehenden

Musschenbroekschen Tafel abgeändert und derselben noch die beiden letzten Vertikalspalte beigefügt worden.

Umfang des Seils.	Absolute Festigkeit		
	dieses Seils.		von 1 □Zoll k.
Preuß.Linien.	Amstd. Pfd.	Preuß. Pfd.	Preuß. Pfd.
6	190	200	10052
8	330	348	9812
10	540	569	10317
12	750	791	9948
13	840	886	9478
15	990	1044	8412
16	1030	1086	7685
20	2080	2194	9913
24	3000	3164	9939
30	4730	4988	10048
36	7900	8332	11632

Wegen des angeführten Zweifels bin ich veranlaßt worden, einige Versuche mit gewöhnlichen hanfenen Seilen, wie solche in Berlin verfertigt werden, anzustellen. Die Länge des Seils, welches man der Spannung aussetzte, war drei Fuß. Das obere Ende des Seils war an eine auf zwei Rüstböcken ruhende Walze geknüpft, und am untern Ende befestigte man eine große Wageschale, welche nach und nach immer mit kleinern Gewichten beschwert worden, nachdem vor dem Auflegen eines neuen Gewichts jedesmal eine geraume Zeit verflossen war.

1. Versuch. Ein neues Seil von drei Litzen oder Geflechten, jede von zwei Fäden, also überhaupt

von 6 Fäden, hatte $6\frac{1}{2}$ Linien im Umfange, oder 2,07 Linien Dicke und wog, 4 Fuß lang, 1 Loth $\frac{3}{4}$ Quentchen preußisches Gewicht. Es zerriß unter einer Belastung von 261 preuß. Pfund.

2. Versuch. Ein neues Seil von 4 Litzen, jede zu 3 Fäden, zusammen 12 Fäden, hatte $10\frac{1}{4}$ Linien im Umfange, also 3,26 Linien Dicke und wog, 4 Fuß lang, 3 Loth $\frac{1}{4}$ Quentchen. Es zerriß bei einer angehängten Last von 610 preuß. Pfund.

Aus dem ersten Versuche findet man für das Maaß der absoluten Festigkeit des Seils 11168 Pfund und aus dem zweiten Versuche 10523 Pfund.

Noch ist zu bemerken, daß man von dem Seile, welches zum ersten Versuche diente, vorher ein Stück von 12 Zoll lang abschnitt und aufdrehte. Jede der drei Litzen hatte alsdann grade ausgespannt eine Länge von $14\frac{1}{8}$ Zoll, und wenn man jede Litze aufdrehte, so war im Durchschnitt die Länge eines jeden Fadens $15\frac{1}{1}\frac{1}{2}$ Zoll, so daß jeder im Seile befindliche Faden etwa um $\frac{1}{4}$ seiner Länge verkürzt war.

Bei dem Seile des zweiten Versuchs fand man, wenn vor dem Gebrauche ein Ende von 12 Zoll lang abgeschnitten und aufgedreht worden, daß jede Litze $14\frac{3}{4}$ Zoll lang war. Die drei Fäden einer Litze hatten im Durchschnitte jeder $17\frac{1}{4}$ Zoll Länge. Es war daher jeder Faden beinahe um den dritten Theil seiner Länge eingedreht.

Damit die Fäden und die daraus zu verfertigenden

Seile nicht zu locker werden, muß jeder Faden wenigstens so weit eingedreht werden, daß er etwa nur um den fünften Theil seiner Länge kürzer wird, obgleich die Seiler sehr häufig die Stricke so weit eindrehen, daß solche den dritten Therl ihrer Länge verlieren. Allein durch dieses Zusammendrehen verlieren die Seile, besonders wenn die einzelnen Hanffasern steif und wenig biegsam sind, an ihrer Festigkeit, weil die Fäden in einen gespannten Zustand kommen, welcher so anzusehen ist, als wenn schon eine Last an dem Seile wirkte. Auch kann diese Spannung so vermehrt werden, daß die Seile ohne angehängte Last zerreißen müssen. Die Erfahrung bestätigt auffallend, wie sehr die Seile an Festigkeit verlieren, wenn solche zusammengedreht werden. So konnte nach Mußchenbroeks Versuchen (Introd. ad phil. nat. T. I. p. 407.) ein Seil, dessen Fäden um $\frac{1}{5}$ ihrer Länge eingedreht waren, 6205 amsterdammer Pfunde tragen. Wenn man aber die Fäden bis auf ein $\frac{1}{4}$ ihrer Länge verkürzte, trug das Seil nur 4850 Pfund, und bei einer Verkürzung, welche den dritten Theil der Länge betragen hat, nur 4098 Pfund. Auffallend sind die in dieser Absicht von Reaumür (Mem. de l'acad. de Paris, année 1711. p. 7—19. edit. bat.) angestellten Versuche, bei welchen vorher die Last, welche jede einzelne Schnur, ohne zu zerreißen, tragen konnte, durch Versuche bestimmt worden ist, und wo man, als aus diesen Schnüren auf die gewöhnliche Art gedrehte

Seile verfertigt worden, eine weit geringere Last zum Zerreißen der Seile nöthig hatte, als die Summe der Lasten, welche die einzelnen Schnüre tragen konnten, ausmachte. Nachstehende Tafel enthält einen Auszug aus diesen Versuchen.

Anzahl der Schnüre.	Summe der Last, welche die einzelnen Schnüre tragen konnten. Pfund.	Das aus den Schnüren gedrehte Seil konnte nur tragen. Pfund.
2	19	15½
3	23½	17½
4	29	21
5	33	22
6	36	31
10	60	50

Musschenbroek (Intr. ad cohaer. corpor. c. 4. p. 99.) ließ aus drei Schnüren ein Seil aber nur wenig drehen und fand, daß solches 50 Pfund, stärker gedreht, nur 40 Pfund tragen konnte. Wurde hingegen aus den drei Fäden ein Seil nach Art der Weiberzöpfe geflochten, so konnte solches 58 Pfund tragen. Hiedurch ist hinlänglich erwiesen, daß das Zusammendrehen der Seile die absolute Festigkeit derselben vermindert, obgleich das Drehen bis zu einem gewissen Grade gegen die stärkere Abnutzung der Seile sichert. Man hat zur Vermeidung des Nachtheils, welcher aus dem Drehen der Seile entsteht, eine andere Art zur Verfertigung der Seile vorgeschlagen, indem die Seile wie die hanfenen Sprißenschläuche gewebt werden. Die von Herrn Dr. Rappolt mit diesen gewebten Seilen angestellten Versuche geben vortheilhafte Zeugnisse über ihre Festigkeit, und wenn ihrem Gebrauche in Absicht der Abnußung nichts im Wege steht, so verdienen sie in jeder Rücksicht Vorzüge vor den bisher üblichen. Bei einem Versuche mit einem aus 54 Fäden gewebten $\frac{1}{8}$ pariser Zoll dicken Seile fand Herr Rappolt, daß es, ohne zu zerreißen, 213 Pfund tragen konnte. Ein anderes rund gewebtes Seil, welches aus 96 Fäden bestand, und $2\frac{3}{4}$ pariser Linien im Durchmesser hatte, trug ein Gewicht von 383 Pfund, ohne zu zerreißen. Es ist zwar nicht angegeben, was für Pfunde hier zu verstehen sind, indessen folgt aus diesen Angaben, daß die gewebten Seile vor den gedrehten in Absicht der Festigkeit den Vorzug verdienen. Nähere Nachricht findet man in der kleinen Schrift: Ueber die Stärke rund gewobener Seile, wie sie nach Musschenbrökischen Grundsätzen auf dem Bühlhof bei Calw im Wirtembergischen verfertigt werden. Ein Aufsaß mit Versuchen begleitet von W. G. Rappolt. Tübingen, 1795.

Noch kann man in Absicht der Festigkeit der Seile bemerken, daß die Seile durch Nässe an Festigkeit verlieren, und daß unter übrigens gleichen Umständen ein nasses Seil etwa den vierten Theil schwächer als ein ganz trocknes Seil ist. So hat Musschenbroek gefunden (Introd. ad phil. nat. T. I. p. 408.), daß ein trocknes Seil, welches bis 5400 amsterd. Pfunde tragen konnte, genäßt nur 4000 Pfund trug. Ein anderes Seil wurde trocken von 7800 Pfund zerrissen, welches genäßt schon von 5800 Pfund zerrissen worden.

Das sorgfältige Hecheln des Hanfs vermehrt ebenfalls die Stärke des Seils. Nach Musschenbroek (a. a. O. S. 408.) ist ein Seil von 3 rheinländischen Zollen im Umfange aus schlecht gehecheltem Hanfe von 5754 amsterd. Pfund zerrissen worden, statt daß ein Seil von denselben Abmessungen aus gut gehecheltem Hanfe bis 6638 Pfund getragen hat.

§. 435.

Die vorstehend beschriebenen Versuche, welche mit dünnen Seilen bis höchstens von einem Zoll Durchmesser angestellt worden sind, und für welche man im Durchschnitt $k = 9000$ Pfund annehmen kann, geben keine zulängliche Gewißheit über die Festigkeit dicker Seile oder Taue, weil bei diesen ein noch stärkeres Drehen der Litzen und des ganzens Seils entsteht, auch selten so ausgezeichnet guter und fein gehechelter Flachs verwendet wird, wodurch sich die Festigkeit ansehnlich vermindert.

Ueber die absolute Festigkeit sehr dicker hanfener Seile oder Ankertaue hat John Knowles im Philosophical Magazine and Journal, Juni 1820, bedeutende Versuche mitgetheilt, welche auf Befehl der Königl. Großbrittanischen Admiralität unter sachverständiger Leitung angestellt worden sind.

Eine Zusammenstellung dieser Versuche enthält nachstehende Tafel.

Umfang des Seils. Engl. Zoll.	Durchmesser des Seils. Preuß. Zoll.	Gewicht zum Zerreißen. Engl. Tonnen	Absolute Festigkeit eines preuß. □Zolls. Preuß. Pfund.
12	3,71	30	6097
14	4,33	40	5973
16	4,95	47	5373
18	5,56	59	5329
18	5,56	63½	5736
20	6,18	76	5561
24	7,42	91	4624
24	7,42	105	5330

In der angeführten Barlow'schen Schrift (Essay on the Strength and Strep of Timber) befinden sich Seite 262. nachstehende Angaben über die absolute Festigkeit, von welchen sich die ersten vier auf die bei der englischen Seemacht üblichen Taue beziehen, die drei letzten aber sich auf eine Mittheilung von J. Knowles gründen.

Umfang des Seils. Engl. Zoll.	Durchmesser des Seils. Preuß. Zoll.	Gewicht zum Zerreißen. Engl. Pfund.	Absolute Festigkeit eines preuß. □Zolls. Preuß. Pfund.
23	7,11	255360	6307
22 bis 21	6,55	199360	5635
18	5,56	141120	5691
14½	4,48	89600	5568
4	1,24	11088	9054
3½	0,94	8092	8630
3	0,93	5628	8170

Nach diesen und den vorhin angeführten Versuchen, läßt sich als ungefährer Mittelwerth, die absolute Festigkeit eines preuß. □Zolls, für Seile, deren Dicke $\frac{1}{4}$ bis 1 Zoll beträgt = 9000, von 1 bis 3 Zoll = 7000 von 3 bis 5 Zoll = 5500 und von 5 bis 7 Zoll = 5000 preuß. Pfund annehmen.

Sehr auffallende Versuche mit Seilen, deren man sich beim Bau des Doms der Kirche Sainte-Geneviève in Paris bediente, werden von J. Rondelet (Traité de l'art de bâtir, Tome IV. pag. 41.) mitgetheilt; sie beweisen, daß entweder diese französischen Seile außerordentlich stark gedreht oder aus kurzem und nicht zulänglich gehecheltem Flachse bestanden haben, daher auch von denselben keine weitere Anführung in der Zusammenstellung §. 436. erfolgen soll, ob sie gleich beweisen, wie nothwendig es ist, daß Seile vor dem Gebrauche einer Prüfung unterworfen werden. Rondelet nahm zu seinen Versuchen 4 Seile, jedes $2\frac{1}{2}$ pariser Zoll im Durchmesser, von 4 Litzen, deren jede 60 Fäden hielt. Das erste Seil zerriß von 11553, das zweite von 10522, das dritte von 7522 und das vierte von 6235 pariser Pfund. Der Mittelwerth hievon ist 8958 pariser = 9358,9 preußische Pfund und weil der Flächenraum vom Querschnitt des Seils 5,26 preuß. □Zoll beträgt, so erhält man hiernach die mittlere absolute Festigkeit der durch irgend einen Umstand geschwächten Seile oder k = 1708 preuß. Pfund.

§. 436.

In der nachstehenden Tafel ist das Maaß der absoluten Festigkeit mehrerer Materien nach den bereits angeführten Versuchen für einen Quadratzoll in preußischem Maaße und Gewichte angegeben. Man darf aber bei der großen Mannichfaltigkeit der gleichnamigten Materien die angegebenen Zahlen nur als Mittelwerthe ansehen. Auch ist zu bemerken, daß bei den Holzarten die Festigkeit nur nach der Richtung der Holzfasern angegeben ist.

Tafel
über das Maaß der absoluten Festigkeit mehrerer Materien.

Prismatische Körper, deren Querschnitt einen preußischen Quadratzoll groß ist.	Absolute Festigkeit. k. Preuß. Pfd.
Ahornholz . . . . (Bevan)	17883
Apfelbaumholz . . . . (Musschenbr.)	10018
= = = ... (Bevan)	20042
Birnbaumholz . . . . (Musschenbr.)	11158
= = = ... (Barlow)	10095
Birken . . . . (Bevan)	15417
Blei, englisches, gegossen . . . (Musschenbr.)	913
= = = ... (Rennie)	1875
= gewalztes . . . . (Navier)	1974
Bleidraht . . . . (Musschenbr.)	3934
= = ... (Morveau)	2617
Bohnenbaum . . . . (Bevan)	10792
Bruchstein, englischer, von Dundee (Tredgold)	2735
Buchen, Rothbuchen . . . . (§. 432.)	22360
= = = ... (Barlow)	11785
= = = ... (Bevan)	22817

Prismatische Körper, deren Querschnitt einen preußischen Quadratzoll groß ist.		Absolute Festigkeit. k. Preuß. Pfd.
Buchsbaum	(Musschenbr.)	15790
= = ...	(Barlow)	20443
= = ...	(Bevan)	15931
Cedernholz	(Musschenbr.)	5142
= = ...	(Bevan)	11717
Ebenholz	(Musschenbr.)	13504
Eichenholz, Sommereiche, vom Kern	(§. 432.)	26600
= = zwischen Kern und Splint	desgl.	21940
= = vom Splint	desgl.	14760
= = englisches	(Barlow)	10677
= = = ...	(Bevan)	15417
= = hamburger	desgl.	14389
= = indisches, Teak	(Barlow)	15509
Eisen, geschmiedet, deutsches, gutes	(Musschenbr.)	78050
= = = gemeines	desgl.	71300
= = = osmunder	desgl.	73830
= = = schlesisches	(Quantin)	78140
= = = schwed.	(Musschenbr.)	76570
= = = =	(Rennie)	74066
= = = =	(Telford)	66764
= = . englisches	(Rennie)	57424
= = = =	(Brunel)	71850
= = = =	(Telford)	67498
= gegossen, deutsches . . .	(Musschenbr.)	(?)70433
= = englisches	(Rennie)	19601
Eisenblech, gewalztes	(Navier)	55483
Eisendraht	(Musschenbr.)	60433
= = ...	(Morveau)	116183
Erlenholz	(Musschenbr.)	14622
= = ...	(§. 432.)	24740
Eschenholz	(Musschenbr.)	21488
= = ...	(Barlow)	17551
= = ...	(Bevan)	18654
Feigenbaum, egyptischer	desgl.	13361
Fichte, s. Rothtanne.		
Glas, weißes	(Musschenbr.)	2812
Glasröhre	(Navier)	3619
Glasstange	desgl.	3611

Prismatische Körper, deren Querschnitt einen preußischen Quadratzoll groß ist.		Absolute Festigkeit k. Preuß. Pfd
Glasstange von Krystallglas	(Navier)	3319
Gold, gegossen	(Musschenbr.)	21093
Golddraht, Pistolengold	desgl.	67129
= = ...	(Morveau)	31745
Granadillenholz	(Musschenbr.)	17028
Guajacholz	desgl.	14432
Holunderholz	desgl.	10547
= = ...	(Bevan)	15417
Hornbaum, Weißbuche	(§. 432.)	20400
Kalkstein, brauner, von Portland	(Tredgold)	941
Kampferholz	(Musschenbr.)	16347
Kanonenmetall, hartes	(Rennie)	37379
Kastanienbaum, Roßkastanie	(Bevan)	12436
= = süße	desgl.	10792
Kiefernholz, vom Kerne	(§. 432.)	21400
= = = = harzig ...	desgl.	16160
= = zwischen Kern u. Splint .	desgl.	20873
= = = = = = sehr harzig	desgl.	12520
= = vom Splint	desgl.	18320
= = ...	(Barlow)	12542
= = norwegisches	(Bevan)	14697
= = englisches	desgl.	7194
Kirschbaumholz, wildes	(Musschenbr.)	13978
Kupfer, gegossen, a. d. Barbarei, gelbes	desgl.	23284
= = japanisches, gelbes	desgl.	20910
= = schwedisches	desgl.	38463
= = spanisches	desgl.	21785
= = ungarisches	desgl.	32661
= = ...	(Rennie)	19602
= geschlagen	desgl.	34731
Kupferblech, gewalzt	(Navier)	30848
Kupferdraht, schwedischer ...	(Musschenbr.)	40205
= = = ...	(Morveau)	63941
Lebensbaum	(Bevan)	12128
Lindenholz	(Musschenbr.)	13870
Maghagonyholz	(Barlow)	8264
= = ...	(Bevan)	16958
Marmor, weißer, Bildhauer ...	(Tredgold)	2037

Prismatische Körper, deren Querschnitt einen preußischen Quadratzoll groß ist.		Absolute Festigkeit k. Preuß. Pfd
Mauerziegel, gebrannter	(§. 432.)	290
Maulbeerbaum	(Bevan)	10894
Messing, feines	(Rennie)	18468
Messingdraht	(Musschenbr.)	48480
Mispelbaum	desgl.	12028
Nußbaum	desgl.	14261
Olivenholz	desgl.	12614
Pflaumenbaum	desgl.	11099
„ „	(Bevan)	14389
Platinadraht	(Morveau)	58027
Rohr, spanisches	(Bevan)	6475
Rothbuchen, s. Buchen.		
Rotheibenholz	(Bevan)	8222
Rothtanne, Fichte	(Musschenbr.)	8780
„ zwischen Kern und Splint	(§. 432.)	10920
„ norwegische	(Bevan)	13258
Sakkerdanholz	(Musschenbr.)	22784
Santelbaumholz, rothes	desgl.	10128
Sandstein, engl., von Longannet	(Tredgold)	707
„ „ von Craigleith	desgl.	793
„ „ von Hailes	desgl.	761
Seile, von Hanf gedreht, $\frac{1}{4}$ bis 1 Zoll dick	(§. 434.)	9000
„ „ „ „ 1 bis 3 Zoll dick	(Knowles)	7000
„ „ „ „ 3 bis 5 Zoll dick	desgl.	5500
„ „ „ „ 5 bis 7 Zoll dick	desgl.	5000
Silber, gegossen, feines	(Musschenbr.)	42186
Silberdraht	desgl.	49690
„ „	(Morveau)	39585
Spiesglaskönig, gegossen . . .	(Musschenbr.)	1093
Stahl, biegsamer, bester	desgl.	125510
„ „ mittelmäßiger	desgl.	130780
„ „ gemeiner . .	desgl.	113900
„ gehärtet	desgl.	118120
„ bester, wie zu Scheermessern	desgl.	158200
„ „ wie zu gemeinen Messern	desgl.	142380
„ Gußstahl, gehämmert . . .	(Rennie)	137985
„ Cementstahl, gehämmert, Blister	desgl.	136851
„ Gerbstahl, gehämmert, Sheer	desgl.	131178

Prismatische Körper, deren Querschnitt einen preußischen Quadratzoll groß ist.		Absolute Festigkeit k. Preuß. Pfd.
Stechpalme	(Bevan)	16444
Steineiche	(§. 432.)	22120
Tanne, s. Weißtanne.		
Ulmenholz	(Musschenbr.)	14857
„ „	(Bevan)	14800
Wallnußbaum	desgl.	8428
Weidenholz	(Musschenbr.)	15709
„ „	(Bevan)	14389
Weißbuche, s. Hornbaum.		
Weißdornholz	(Musschenbr.)	18358
„ „	(Bevan)	9455
Weißtanne	(Musschenbr.)	10329
„ „	(§. 432.)	15400
Wismuth, gegossen	(Musschenbr.)	3228
Zink, gegossen, goslarischer . .	desgl.	2903
Zinkdraht	(Morveau)	7325
Zinn, gegossen, goslarisches . .	(Musschenbr.)	2903
„ „ aus Banca . .	desgl.	3796
„ „ aus Malacca .	desgl.	3322
„ „ englisches . . .	desgl.	6167
„ „ „	(Rennie)	4867
Zinndraht	(Musschenbr.)	6609
„ „	(Morveau)	23171
Zuckerkistenholz	(Musschenbr.)	18832

§. 437.

Wenn es darauf ankommt, aus dem bekannten Maaße der absoluten Festigkeit eines Körpers diejenige
K Last K′ zu bestimmen, welche er mit Sicherheit tragen kann, so scheint es rathsam zu seyn, bei Metallen nur die Hälfte und bei Holzarten und Seilen nur den dritten Theil der absoluten Festigkeit in Rech-

nung zu bringen. Dies giebt für Metalle die Last, welche der Körper tragen kann, oder

$$K' = \frac{1}{2} k F \text{ und } F = \frac{K'}{\frac{1}{2} k}$$

und für Holzarten und Seile

$$K' = \frac{1}{3} k F \text{ und } F = \frac{K'}{\frac{1}{3} k}$$

wo F in preußischen Quadratzollen ausgedrückt und K' in preußischen Pfunden gefunden wird.

1. Beispiel. Wie viel Last wird man an einen geschmiedeten eisernen Bolzen, welcher $\frac{1}{2}$ Zoll dick ist, mit Sicherheit hängen können?
Hier ist $F = 0{,}7854 . (\frac{1}{2})^2 = 0{,}1963$ und $\frac{1}{2} k = 39070$. daher die Last, welche der Bolzen mit Sicherheit tragen kann, oder

$$K' = 0{,}1963 . 39070 = 7669{,}4 \text{ preuß. Pfund.}$$

2. Beispiel. Der Querschnitt einer Hängesäule von Rothtannenholz soll ein Quadrat seyn. Wie groß wird man denselben annehmen müssen, damit die Hängesäule eine Last von 92000 Pfund mit Sicherheit tragen kann?
Hier ist $K' = 92000$ und $\frac{1}{3} k = 3640$, daher der Querschnitt $F = \frac{92000}{3640} = 25{,}27$ Quadratzoll, also die Seite von dem Querschnitte der Hängesäule

$$= \sqrt{25{,}27} = 5{,}03 \text{ preuß. Zoll.}$$

§. 438.

Sind die Körper, an welchen Lasten aufgehängt werden sollen, von beträchtlicher Länge, so muß bei einem ansehnlichen eigenthümlichen Gewichte, das Gewicht des Körpers mit in Rechnung gebracht werden, weil dasselbe ebenfalls zum Zerreißen des Körpers beiträgt. Bei gleichförmiger Festigkeit und wenn die Körper prismatisch gestaltet sind, wird der Riß allemal an der obersten Stelle des Körpers erfolgen, weil daselbst die größte Last das Zerreißen bewirkt. Setzt man daher voraus, daß L die Länge, F den Querschnitt und g das Eigengewicht eines prismatischen Körpers bezeichne, dessen absolute Festigkeit = K ist, so ist das Gewicht desselben (§. 74) = $g\gamma FL$, daher wird $K - g\gamma FL$ die Last bezeichnen, welche man an den vertikal aufgehängten Körper anbringen muß, um denselben zu zerreißen. Diese Last sey Q, so wird $Q = K - g\gamma FL$ oder man findet, weil (§. 430.) $K = kF$,

$$\text{(I)}\ Q = (k - g\gamma L)\ F$$

und hieraus den Flächeninhalt des Querschnitts, oder

$$\text{(II)}\ F = \frac{Q}{k - g\gamma L}.$$

Weil hier k die Festigkeit von einem Quadratzolle bezeichnet, so muß auch L in Zollen ausgedrückt werden. Auch ist hier γ das Gewicht von einem Kubikzolle Regenwasser = 0,03819 preuß. Pfund.

Der Körper muß durch sein eigenes Gewicht zerreißen, wenn $Q = 0$ oder $k = g\gamma L$ wird; dies giebt die Länge, bei welcher der prismatische Körper durch sein eigenes Gewicht zerreißt, oder

$$\text{(III)}\ L = \frac{k}{g\gamma}.$$

Hiebei ist zu bemerken, daß wenn von der Last die Rede ist, welche ein Körper mit Sicherheit tragen kann, nur die Hälfte oder der dritte Theil von k in Rechnung kommt.

1. Bei-

1. Beispiel. An einer 100 Fuß langen eisernen Stange soll ein Gewicht von 10000 Pfund aufgehängt werden. Wie groß muß der Querschnitt dieser Stange seyn, damit sie das aufgehängte Gewicht noch mit Sicherheit tragen kann? Wäre die Stange von geschmiedetem Eisen, so ist hier $\frac{1}{2}$ k = 39070; g = 8,189; L = 1200 Zoll und Q = 10000, daher nach (II) der Querschnitt

$$F = \frac{10000}{39070 - 8{,}189 \,.\, 0{,}03819 \,.\, 1200} = 3{,}2584 \text{ preuß. } \square\text{Zoll},$$

also der Durchmesser bei einem kreisförmigen Querschnitte 0,508 Zoll.

2. Beispiel. Man fragt, wie lang muß ein aufgehängter bleierner Draht seyn, damit er durch sein eigenes Gewicht zerreißt?

Hier ist k = 3934; g = 11,310, daher nach (III) die gesuchte Länge

$$L = \frac{3934}{11{,}310 \,.\, 0.3819} = 9108 \text{ Zoll} = 759 \text{ Fuß}.$$

* §. 439.

Will man einem Körper BCDE, Figur 234., an dessen Ende ein Gewicht Q aufgehängt werden soll, durchgängig gleiche Festigkeit geben, so muß jeder höhere Querschnitt wie MN größer als die untern werden. Man setze daher, daß der unterste Querschnitt bei BC = F zureichend sey, die Last Q mit Sicherheit zu tragen, und daß auf die Höhe AP = x ein Querschnitt MN = Z erfordert werde, damit der Körper eben die absolute Festigkeit bei P wie bei A erhalte. Das Gewicht des Körpers BCMN sey Q' und das eigenthümliche Gewicht des ganzen Körpers = g. Wächst nun x um ∂x, so wächst Q um $\partial Q'$ = $g\gamma Z\partial x$. Es verhält sich aber nach §. 429. Taf. XV. Fig. 234.

$Q : Q + Q' = F : Z$, daher ist $Q + Q' = \frac{Q}{F} Z$, oder wenn man differenziirt

$\partial Q' = \frac{Q}{F} \partial Z$ also $\frac{Q}{F} \partial Z = g\gamma Z \partial x$ oder

$\frac{\partial Z}{Z} = \frac{g\gamma F}{Q} \partial x$ oder integrirt

$$\log Z = \frac{g\gamma F x}{Q} + \text{const.}$$

Für $x = o$ wird $Z = F$ also const $= \log F$, daher

$\log \frac{Z}{F} = \frac{g\gamma F x}{Q}$ oder wenn $\frac{g\gamma F x}{Q} = y$ gesetzt wird

und e die Basis der natürlichen Logarithmen bezeichnet

$\frac{Z}{F} = e^y$. Aber

$$e^y = 1 + y + \tfrac{1}{2} y^2 + \frac{1}{2.3} y^3 + \frac{1}{2.3.4} y^4 + \ldots.$$

oder wenn man diese Reihe in einen zusammenhängenden Bruch verwandelt und einen Näherungswerth sucht, so findet man nahe genug (H. A. §. 293.)

$e^y = \frac{12 + 6y + y^2}{12 - 6y + y^2}$ daher, wenn für y sein Werth gesetzt wird,

$\frac{Z}{F} = \frac{12Q^2 + 6g\gamma F Q x + g^2\gamma^2 F x^2}{12Q^2 - 6g\gamma F Q x + g^2\gamma^2 F^2 x^2}$ oder

man findet für den Körper von gleicher absoluter Festigkeit, den Flächeninhalt von dem erforderlichen Querschnitte

$$\text{(I)}\ Z = \frac{12Q^2 + 6g\gamma F Q x + g^2\gamma^2 F^2 x^2}{12Q^2 - 6g\gamma F Q x + g^2\gamma^2 F^2 x^2} F.$$

Der Ausdruck für Z wird weniger weitläuftig, aber auch weniger genau, wenn man $e^y = \frac{2+y}{2-y}$ annimmt; alsdann erhält man für den Querschnitt

$$\text{(II)}\ Z = \frac{2Q + g\gamma F x}{2Q - g\gamma F x} F.$$

Wie hienach die Abmessungen der Ketten und Taue von gleicher Festigkeit bestimmt werden können, läßt sich leicht übersehen.

Beispiel. An einer gegossenen eisernen Stange, deren unterer Querschnitt einen Quadratzoll groß ist, soll eine Last von 5000 Pfund aufgehängt werden; man sucht die erforderliche Größe der Querschnitte von 100 zu 100 Zoll.

Bedient man sich hiezu der Formel

$$Z = \frac{12Q^2 + 6g\gamma FQx + g^2\gamma^2F^2x^2}{12Q^2 - 6g\gamma FQx + g^2\gamma^2F^2x^2} F,$$

so ist hier $Q = 5000$; $F = 1$; $g = 7{,}199$, $\gamma = 0{,}03819$, also

$$Z = \frac{300000000 + 8241{,}36x + 0{,}075468x^2}{300000000 - 8241{,}36x + 0{,}075468x^2}.$$

Für $x = 100$ erhält man $Z = 1{,}0055$ □Zoll
$x = 200$ . . $Z = 1{,}0110$
$x = 300$ . . $Z = 1{,}0166$
$x = 400$ . . $Z = 1{,}0222$
$x = 500$ . . $Z = 1{,}0278$
$x = 1000$ . . $Z = 1{,}0564$

II. Von der respectiven Festigkeit.

A. Von den Balken.

§. 440.

Bei der respectiven Festigkeit sind vorzüglich zwei Arten von Körper zu unterscheiden, die harten oder spröden, welche brechen, ohne sich vorher zu biegen, und die biegsamen, welche zugleich elastisch seyn können.

Es sey AE, Figur 235., ein wagerechter Balken (ein Parallelepipeden) aus einer harten unbiegsamen Materie, mit dem einen Ende bei DF in der vertikalen Wand MN befestigt und an dem andern Ende bei A mit einem Gewichte Q belastet. Man setze Taf. XV. Fig. 235.

die Länge DB, oder diejenige Dimension, welche, wenn der Körper aus Fasern besteht, nach der Richtung dieser Fasern genommen wird = a; die Höhe DE oder diejenige Dimension, welche auf der Länge winkelrecht und mit der Richtung der Last Q parallel ist = h; die Breite EF oder die Dimension, welche auf Länge und Höhe winkelrecht steht = b und das Maaß der absoluten Festigkeit = k, so ist die absolute Festigkeit des Balkens (§. 430.) = kbh. Ist nun das Gewicht Q mit der absoluten Festigkeit der Fläche DEF im Gleichgewicht, so wird, wenn G der Schwerpunkt der Fläche DEF ist, eine Kraft = kbh in G, welche winkelrecht auf diese Fläche wirkt, mit der Kraft Q im Gleichgewichte seyn. Erfolgt nun der Bruch bei DF plötzlich und die Materie des Balkens ist so fest, daß der Punkt H nicht ausweicht und als Umdrehungspunkt angenommen werden kann, so müssen, wenn das Gewicht des Balkens bei Seite gesetzt wird, die Momente HA.Q und HG.kbh einander gleich seyn. Es ist aber HG = $\frac{1}{2}$ DE = $\frac{1}{2}$ h, daher aQ = $\frac{1}{2}$H.kbh, folglich die respective Festigkeit bei einem harten unbiegsamen Balken oder

$$Q = \tfrac{1}{2}k\,\frac{bh^2}{a}.$$

Dieser Ausdruck stimmt mit der Regel des Galilei überein.

Die Fläche DEF, in welcher der Bruch des Körpers erfolgt, heißt die Brechungsfläche (*Base de fracture*) und muß, wenn die Materie des Balkens von gleicher Festigkeit ist, allemal in diejenige Fläche fallen, wo der Balken aus der Wand MN herauskommt, oder unter allen winkelrechten Querschnitten des Balkens, wird die Brechungsebene in denjenigen fallen, für welchen das Moment der Last Q am größten wird, weil offenbar alsdann unter allen Querschnitten auf diesen die meiste Gewalt zur Trennung angewandt wird. Wäre bei einem andern Balken von derselben Materie Q′ die respective Festigkeit und A, B, H die Abmessungen des Balkens, so ist

$$Q' = \tfrac{1}{2}k\,\frac{BH^2}{A^2} \text{ daher verhält sich}$$

$$Q : Q' = \frac{bh^2}{a} : \frac{BH^2}{A}$$

oder die respectiven Festigkeiten zweier Balken von einerlei Materie verhalten sich wie die Producte aus den Breiten in die Quadrate der Höhen von den Brechungsebenen und umgekehrt wie die Längen der Balken.

§. 441.

Aus dem allgemeinen Ausdrucke des vorherigen §. scheint zwar zu folgen, daß wenn die absolute Festigkeit eines Körpers bekannt ist, daraus leicht die respective gefunden werden kann. Weil aber kein vollkommen harter unbiegsamer Körper bekannt ist, so läßt sich auch die respective Festigkeit nicht mit Sicherheit aus der absoluten bestimmen, und man muß sich damit begnügen, die respectiven Festigkeiten nur unter sich nach der zuletzt gefundenen Proportion zu vergleichen.

Vor der nähern Untersuchung der Festigkeit biegsamer Körper ist es nothwendig, zuvor einige Sätze über die Ausdehnung und Zusammendrückung biegsamer Fasern voraus zu schicken.

* §. 442.

Die Fasern zweier prismatischen Körper von einerlei Materie mögen vollkommen oder nur unvollkommen elastisch seyn, so müssen doch die folgenden beiden Sätze von denselben gelten, vorausgesetzt, daß die Ausdehnung oder Zusammendrückung keine Zerstörung des Körpers bewirke, und daß bei unvollkommen elastischen Körpern die Ausdehnung oder Zusammendrückung nur sehr klein sey.

I. Fasern von gleichen Querschnitten und ungleichen Längen werden von gleichen Kräften nach Verhältniß ihrer Längen ausgedehnt oder zusammengedrückt.

II. Fasern von gleichen Längen aber ungleichen Querschnitten werden durch Kräfte, welche diesen Querschnitten proportional sind, gleich viel ausgedehnt oder zusammengedrückt.

Der erste Satz ist deshalb einleuchtend, weil bei einer doppelt so großen Länge nochmal so viel Theile sind, welche ausgedehnt oder zusammengedrückt werden. Die Verlängerung oder Verkürzung muß daher auch doppelt so groß seyn. Da dies nun eben so von jedem andern Verhältnisse der Längen gilt, so müssen sich überhaupt, unter übrigens gleichen Umständen, die Zunahmen an Länge oder die Ausdehnungen wie die Längen verhalten. Dasselbe gilt von den Abnahmen an Länge oder von den Zusammendrückungen.

Der zweite Satz ist eben so einleuchtend; weil zwei gleiche Fiebern, gleich viel auszudehnen, offenbar doppelt so viel Kraft erfordern als eine u. s. w., woraus die Richtigkeit des zweiten Satzes folgt.

Von drei prismatischen elastischen Körpern, welche aus gleicher Materie bestehen, bezeichne

A, B, C die Körper,

α, α', α' die Ausdehnungen oder Zusammendrückungen nach ihrer Länge,

β, β, β' die Querschnitte der Körper,

λ, λ', λ' die Längen im natürlichen Zustande, und

q, q, q' die Kräfte, welche die Ausdehnung oder Zusammendrückung nach der Länge dieser Körper bewirken, so verhält sich für A und B nach I.

$$\alpha : \alpha' = \lambda : \lambda'$$

und für die Körper B und C nach II.

$$\beta : \beta' = q : q'$$ daher

$$\alpha\beta : \alpha'\beta' = \lambda q : \lambda' q'$$ oder es ist die Ausdehnung

$$\alpha = \frac{\alpha'\beta'}{\lambda' q'} \cdot \frac{\lambda q}{\beta}.$$

Ist nun für irgend eine Materie aus Versuchen bekannt, wie groß bei einem Körper C, dessen Querschnitt β' und Länge λ' ist, die Ausdehnung α' bei einer Kraft q' wird, so läßt sich daraus der Werth $\frac{\alpha'\beta'}{\lambda' q'}$ finden, welcher eine beständige Größe ist und $=$ n gesetzt werden kann. Hieraus erhält man, wenn die Zahl n bekannt ist, welche hier der Ausdehnungs-coefficient heißen kann, für jeden andern prismatischen Körper von gleicher Materie, die Ausdehnung

$$(I)\ \alpha = \frac{n\lambda}{\beta}\, q.$$

Weil man zu der Annahme nicht berechtigt ist, daß bei einer Faser dieselbe Kraft q, welche eine Verängerung α bewirkt, auch nach entgegengesetzter Richtung angebracht, eine eben so große Verkürzung $= \alpha$ bewirken wird, so sey die Verkürzung der Länge λ, welche das Gewicht q bewirkt $= \alpha'$, der Coefficient $n = n'$, wo n' der Coefficient der Zusammendrückung heißen kann, so erhält man für einerlei β wie vorhin die Verkürzung der Faser, oder

$$(II)\ \alpha' = \frac{n'\lambda}{\beta}\, q.$$

* §. 443.

Ein biegsamer Balken, dessen Schwere man bei
Taf. XV. Fig. 236. Seite setzt, sey in einer Wand CG, Figur 236., so befestigt, daß er in seinem natürlichen Zustande nach der graden Linie BT′ gerichtet ist. Durch ein am Ende des Balkens aufgehängtes Gewicht Q werde derselbe aus der Lage BT′ in die Lage BMA gebogen, so muß dadurch ein Theil seiner Fasern ausgedehnt, ein anderer zusammengedrückt werden. Zwischen die-

sen muß eine Faser liegen, welche weder ausgedehnt noch zusammengedrückt wird und durch welche man die Linie BMA ziehen kann. Von dieser Linie sey Mm $= \lambda$ ein sehr kleiner Theil und man ziehe M'M'' und m'm'' auf die Linie BMA in den Punkten M und m winkelrecht, so ist M'M''m''m' ein Scheibchen oder ein Element des Balkens, welches im natürlichen Zustande durchgängig die Länge Mm $= \lambda$ hat. Zieht man daher no durch M mit m'm'' parallel, so ist m'n $=$ mM $=$ m''o $= \lambda$ und nM' $= \alpha$ ist der Theil, um welchen die oberste Faser m'M' ausgedehnt worden. Ist nun uw irgend eine andere Faser, deren Abstand von M oder Mw $=$ u ist, und man setzt die Breite des Balkens $=$ b, die Höhe M'M'' $=$ h und den Abstand MM' $=$ f, also MM'' $=$ h $-$ f, so verhält sich MM' : Mw $=$ nM' : vw oder f : u $= \alpha$: vw, daher ist

die Ausdehnung der Faser m'M' oder $vw = \frac{\alpha}{f}\,u$.

Die Dicke der Faser uw sey ∂u, so ist ihr Querschnitt $= b\partial u$, und wenn solcher mit der Kraft q ausgedehnt wird, so erhält man auch §. 442.

$vw = \frac{n\lambda q}{b\partial u}$ also $\frac{n\lambda q}{b\partial u} = \frac{\alpha}{f}\,u$ und hieraus

die Kraft, mit welcher die Faser uw gespannt wird,

oder $q = \frac{\alpha b}{n\lambda f}\,u\partial u$.

Wäre rs irgend eine andere unterhalb mM gelegene Faser, welche um den Theil st durch eine Kraft q' zusammengedrückt ist, so erhält man, wenn Ms

$= w$ gesetzt wird, $MM' : Ms = Mn : st$ oder $f : w = \alpha : st$, daher

$st = \frac{\alpha w}{f}$. Auch ist §. 442. (II) wenn n' der Verkürzung der Fasern entspricht,

$st = \frac{n'\lambda q'}{b\partial w}$, daher die Kraft, welche die Faser rs zusammendrückt oder

$$q' = \frac{\alpha b}{n'\lambda f} w\partial w.$$

Die zum Punkte M gehörige Tangente MT werde in T von der verlängerten Richtung der Kraft Q geschnitten, so kann man statt des Stücks MA des Balkens die Tangente MT als eine feste unbiegsame Stange annehmen, welche mit dem Elemente $M'M''m''m'$ in M genau verbunden ist; alsdann wird das Gewicht Q in T aufgehängt das Element $M'M''m''m'$ eben so biegen, als wenn es in A aufgehängt wäre. Man ziehe durch A die Linie AC horizontal und MP darauf winkelrecht. Ist alsdann $AP = x$, so findet man das Moment der Kraft Q, welches an der Stange MT wirkt $= xQ$. Soll ein Gleichgewicht zwischen Q und den Kräften, durch welche das Element $M'm''$ zusammengedrückt und ausgedehnt wird, entstehen, so muß das Moment xQ der Summe von den Momenten dieser Kräfte gleich seyn. Nun ist die Kraft, welche die Faser uw ausdehnt, oder

$q = \frac{\alpha b}{n\lambda f} u\partial u$, daher das Moment oder

$u.q = \frac{\alpha b}{n\lambda f} u^2\partial u$,

also die Summe der Momente von M bis w

$\frac{\alpha b}{n\lambda f} \int u^2 \partial u = \frac{\alpha b u^3}{3n\lambda f}$, wo keine Constante hinzukommt, weil die Momente mit $u = o$ verschwinden.

Für $u = MM' = f$ erhält man die Summe der Momente von M bis M'

$$= \frac{\alpha b f^3}{3n\lambda f} = \frac{\alpha b f^2}{3n\lambda}$$

Auf eine ähnliche Art findet man die Summe der Momente von M bis M''

$$= \frac{\alpha b (h-f)^3}{3n'\lambda f}$$

daher ist das Gleichgewicht

$$\text{(I)}\ xQ = \frac{\alpha b f^2}{3n\lambda} + \frac{\alpha b (h-f)^3}{3n'\lambda f} = \frac{\alpha b}{3\lambda f}\left[\frac{f^3}{n} + \frac{(h-f)^3}{n'}\right].$$

Weil aber die Faser mM von der Kraft, welche den Balken biegt, weder ausgedehnt noch zusammengedrückt wird, so darf der Punkt M als Mittelpunkt der Ausdehnung und Zusammendrückung, keinen Druck leiden. Dies geschieht aber nur, wenn die Summe der Pressungen gegen MM' eben so groß, als gegen MM'' ist (§. 43.). Nun findet man die Summe der Pressungen gegen MM' =

$$\frac{\alpha b}{n\lambda f} \int u \partial u = \frac{\alpha b u^2}{2n\lambda f} \text{ und für } u = f; = \frac{\alpha b f^2}{2n\lambda f}.$$

Eben so ist die Summe der Pressungen gegen MM''

$$= \frac{\alpha b (h-f)^2}{2n'\lambda f},$$

folglich $\frac{\alpha b f^2}{2n\lambda f} = \frac{\alpha b (h-f)^2}{2n'\lambda f}$ oder

$$n' = \frac{n (h-f)^2}{f^2}.$$

Diesen Werth in die Gleichung (I) anstatt n' gesetzt, giebt

$$\text{(II)}\ \varkappa Q = \frac{\alpha bbf}{3n\lambda}.$$

Eine Linie, die durch den Punkt M und alle übrigen Punkte der Brechungsebene geht, welche weder ausgedehnt noch zusammengedrückt werden, heißt die *neutrale* Axe der Brechungsebene. Sie ist im vorliegenden Falle eine wagerechte Linie.

Anmerkung. Wenn bei den vorstehenden Untersuchungen eine Ausdehnung der Fibern angenommen ist, so stimmt dies mit den Voraussetzungen von *Leibnitz* und *Mariotte* überein; so fern aber zugleich auf den größern oder geringern Grad der Zusammendrückbarkeit (Compressibilität) Rücksicht genommen worden, so ist dies den Voraussetzungen von Jacob Bernoulli gemäß. Die Bernoullische Theorie in dessen Abhandlung: Veritable hypothèse de la résistance des solides (Mém. de l'ac. de Paris 1805, p. 230. etc. ed. bat.) ist aber gegründeten Zweifeln ausgesetzt, weil der vierte Lehnsatz (Lemme IV. p. 236.), worauf sich die Theorie stützt, keineswegs befriedigt, und weil sich die Unrichtigkeit desselben beweisen läßt. Man war daher bemüht, in den beiden vorhergehenden §§. diese wichtige Theorie so vorzutragen, daß solche mit der erforderlichen Ueberzeugung die möglichste Kürze verbindet, ohne in Gefahr zu kommen, dieserhalb ein eigenes weitläufiges Werk zu schreiben, welches der Herausgeber von Jacob Bernoulli's Werken nöthig findet, wenn man eine genauere Auflösung geben will. M. s. Jacobi *Bernoulli* Opera. Tom. II. Genevae 1744. p. 984.

* §. 444.

Taf. XV. Fig. 236. Zusatz. Verlängert man die beiden Seiten M'M'' und m'm'', Figur 236., bis sie sich in R schneiden, so ist MR = r der Krümmungshalbmesser für das Bogenelement Mm. Nun ist das Dreieck RMm dem Dreieck MM′n ähnlich, weil die Linien Rm′ und Mn parallel sind, daher verhält sich

$$RM : Mm = MM' : M'n \text{ oder}$$

$$r : \lambda = f : \alpha \quad \text{also ist } \frac{f}{r} = \frac{\alpha}{\lambda}$$

und wenn man diesen Werth statt $\frac{\alpha}{\lambda}$ in die Gleichung (II) setzt, so wird, wenn die Fasern des Balkens ausdehnbar und compressibel sind,

$$xQ = \frac{bhf^2}{3nr} \text{ oder } rxQ = \frac{bhf^2}{3n};$$

Es ist aber MM′ = f bei einerlei Balken irgend ein Theil von der Höhe M′M″ = h. Setzt man daher f = mh, wo m von der Lage der neutralen Axe abhängt, so wird m

$$rxQ = \frac{m^2}{3n} bh^3.$$

Bei einerlei Balken muß der Ausdruck $\frac{m^2}{3n} bh^3$ einerlei Werth behalten oder eine beständige Größe seyn, weil bh^3 von den Dimensionen und $\frac{m^2}{3n}$ von der Materie des Balkens abhängt, welche hier durchgängig als gleichartig vorausgesetzt wird. Besonders ist der letztere Ausdruck $\frac{m^2}{3n}$ von der Elasticität, Biegsamkeit oder Steifigkeit der Materie abhängig. Setzt man daher

$$\frac{m^2}{3n} = e^2 \text{ und } \frac{m^2}{3n} bh^3 = E^2$$

so kann man e^2 die absolute Elasticität oder e
Steifigkeit der Materie des Balkens und E^2 die E

relative Elasticität des Balkens nennen. Alsdann ist

$$E^2 = e^2bh^3 \text{ und}$$

$$rxQ = E^2$$

M oder wenn man das Moment $xQ = M$ setzt

$$rM = E^2.$$

Weil nun für einerlei Balken, E^2 eine beständige Größe ist und für jeden andern Querschnitt die dazu gehörigen Werthe $r'M'$ ebenfalls $= E^2$ sind, so folgt hieraus, daß bei einem gebogenen Balken für jeden auf seiner Länge winkelrechten Querschnitt, die Produkte aus dem Krümmungshalbmesser in das Moment der Kraft für diesen Querschnitt, einander gleich seyn müssen.

Uebrigens kann $M = xQ$ jede Summe von den Momenten mehrerer Gewichte bezeichnen, welche an dem Balken angebracht seyn mögen, weil auch für diesen Fall alle Folgerungen dieselben bleiben.

* §. 445.

Nimmt man an, daß der Balken bei einer anfänglich wagerechten Lage nur wenig gebogen sey, so daß man ohne Nachtheil den Abstand $AP = x$, Taf. XV. Fig. 236. Figur 236., der Länge AM gleich setzen kann, so a wird, wenn $AM = a$ ist, auch $x = a$, also §. 443. (II) $aQ = \frac{\alpha bhf}{3n\lambda}$, oder wenn nach §. 444., $f = mh$ gesetzt wird

$$aQ = \frac{m\alpha}{3n\lambda} bh^2.$$

Damit die Länge λ der Faser um den Theil α ausgedehnt werde, sey p die für irgend einen Querschnitt β erforderliche Kraft. Alsdann ist §. 442. $\alpha = \frac{n\lambda p}{\beta}$ oder $\frac{\alpha}{n\lambda} = \frac{p}{\beta}$. Wird der Balken bei $m'm''$ befestigt und man nimmt die Kraft p so groß an, daß die Faser bei der Ausdehnung α zerreißen muß, so ist p die absolute Festigkeit für den Querschnitt β. Setzt man daher für den Querschnitt von einem Quadratzolle die absolute Festigkeit der Faser oder des Balkens $= k$, so verhält sich $\beta : 1 = p : k$ §. 430. k

$$\text{also ist } k = \frac{p}{\beta} \text{ daher } k = \frac{\alpha}{n\lambda}.$$

Diesen Werth in die vorstehende Gleichung gesetzt, giebt $aQ = \frac{1}{3}\, mk \,.\, bh^2$ und weil unter diesen Umständen die oberste Faser $M'm'$ um die Länge α ausgedehnt wird, bei welcher sie zerreißt, so muß auch jede darunter befindliche Faser zerreißen oder der ganze Balken brechen. Es ist daher Q die **respective Festigkeit** des biegsamen und zugleich compressibelen Balkens AM und man findet

$$Q = \tfrac{1}{3} mk \,.\, \frac{bh^2}{a},$$

woraus folgt, daß die respective Festigkeit Q, außer den Abmessungen des Balkens, auch zugleich von seiner absoluten Festigkeit k und von der Biegsamkeit der Fasern, also von der Lage der neutralen Axe abhängt, statt daß §. 440. nach der Hypothese des Galilei, die respective Festigkeit nur durch die absolute Festigkeit und die Abmessungen des Balkens bestimmt wird.

Für einen andern Balken von derselben Materie sey Q′ die respective Festigkeit, A seine Länge, B die Breite und H die Höhe, so ist ebenfalls

$$Q' = \frac{1}{3} mk . \frac{BH^2}{A},$$

daher verhält sich

$$Q : Q' = \frac{bh^2}{a} : \frac{BH^2}{A},$$

oder bei biegsamen Balken von einerlei Materie verhalten sich eben so wie bei unbiegsamen (§. 440.) die respectiven Festigkeiten wie ihre Breiten, wie die Quadrate der Höhen und umgekehrt wie die Längen.

§. 446.

Zusatz. Sind die Längen und Höhen zweier Balken einander gleich, aber ihre Breiten b und B von einander verschieden, so verhält sich, wenn beide Balken von einerlei Materie sind

$$Q : Q' = b : B$$

oder bei gleich langen und gleich hohen Balken verhalten sich die respectiven Festigkeiten wie ihre Breiten.

Wäre b = B und h = H so verhält sich

$$Q : Q' = A : a$$

oder bei gleich hohen und breiten Balken verhalten sich die respective Festigkeiten umgekehrt wie ihre Längen.

Ist endlich a = A und b = B, so verhält sich

$$Q : Q' = h^2 : H^2$$

oder

oder bei gleich langen und gleich breiten Balken verhalten sich die respectiven Festigkeiten wie die Quadrate ihrer Höhen.

Es wird daher ein doppelt so hoher Balken unter übrigens gleichen Umständen viermal so viel als bei der einfachen Höhe tragen. Ueberhaupt geht hieraus hervor, wie wichtig es sey, die Balken auf ihre schmale Seite, oder wie man sich ausdrückt, auf die hohe Kante zu legen (poser de champ), weil sie alsdann die größte Last zu tragen im Stande sind.

Will man übrigens die respective Festigkeit mehrerer Balken von einerlei Materie mit einander vergleichen, so darf man nur für jeden derselben den Werth $\frac{bh^2}{a}$ suchen und in dem Verhältnisse wie diese Werthe größer gefunden werden, in demselben Verhältnisse haben auch die Balken mehrere respective Festigkeit.

1. Beispiel. Ein Balken ist so behauen worden, daß solcher 9 Zoll breit und 11 Zoll im Querschnitt hoch ist. Wie verhalten sich die respectiven Festigkeiten desselben, wenn solcher auf die Breite oder schmale Seite gelegt wird.

Im ersten Fall ist $\frac{bh^2}{a} = \frac{11.9.9}{a}$ und die respective Festigkeit sey Q. Im zweiten Falle ist $\frac{BH^2}{A} = \frac{9.11.11}{a}$ (weil $A = a$ ist) und die respective Festigkeit sey Q'. Nun verhält sich

$Q : Q' = \frac{11.9.9}{a} : \frac{9.11.11}{a} = 9 : 11$ also ist

$Q = \frac{9}{11} Q'$ oder der Balken auf die breite Seite gelegt, hat nur $\frac{9}{11}$ so viel Festigkeit als auf der hohen Kante.

2. Beispiel. Man soll die respective Festigkeit eines 24 Fuß langen, 8 Zoll breiten und 9 Zoll hohen Balkens mit der eines 14 Fuß langen, 6 Zoll breiten und 7 Fuß hohen Balkens vergleichen.

Man setze die respective Festigkeit des ersten Balkens $= Q$, des zweiten Q', so ist für den ersten Balken $\frac{bh^2}{a} = \frac{8.9.9}{24} = 27$ und für den zweiten $\frac{BH^2}{A} = \frac{6.7.7}{14} = 21$, daher verhält sich

$Q : Q' = 27 : 21 = 9 : 7$ oder es ist

$Q' = \frac{7}{9} Q$, folglich wird die respective Festigkeit des zweiten Balkens $\frac{2}{9}$ geringer als die des ersten seyn.

3 Beispiel. Ein 8 Zoll breiter und 9 Zoll hoher Balken ist zureichend, eine gewisse Last zu tragen. Wie hoch wird eine dreizöllige Bohle seyn müssen, damit sie bei gleicher Länge mit dem Balken eben dieselbe respective Festigkeit hat.

Die Festigkeit des Balkens sey Q, der Bohle Q' und die gesuchte Höhe der Bohle $= x$, so findet man

für den Balken $\frac{bh^2}{a} = \frac{8.9.9}{a}$

für die Bohle $\frac{BH^2}{A} = \frac{3.x^2}{a}$ also

$Q : Q' = \frac{8.9.9}{a} : \frac{3x^2}{a} = 8.9.9 : 3x^2$.

Aber $Q = Q'$ also $8.9.9 = 3x^2$, folglich die gesuchte Höhe der Bohle oder

$$x = \sqrt{8.9.3} = 6\sqrt{6} = 14{,}69 \text{ Zoll.}$$

§. 447.

Aufgabe. Aus einem runden Stück Bauholze den stärksten Balken zu schneiden.

Auflösung. Vorausgesetzt, daß der kleinste Querschnitt des Bauholzes kreisförmig sey oder daß man auf diesem Querschnitt den größtmöglichen Kreis

ADBE, Figur 237., beschrieben habe, so ziehe man Taf. XVI. Fig. 287.
in demselben den Durchmesser AB, theile solchen in drei gleiche Theile AC, CF, FB; ziehe CD und FE winkelrecht auf AB, bis solche den Kreis in D und E schneiden. Verbindet man alsdann die Punkte A, D, B, E durch grade Linien, so giebt das Rechteck ADBE den Querschnitt des stärksten Balkens, wenn AE = BD zur Höhe angenommen wird.

Jeder breitere oder schmälere Balken, welcher sich aus diesem Kreise schneiden läßt, wird schwächer seyn.

Beweis. Man setze den Durchm·sser AB = c, die gesuchte Breite BE = x, die Höhe AE = y, so muß für den stärksten Balken xy^2 den größtmöglichen Werth erhalten (§. 446.). Es ist aber $y^2 = b^2 - x^2$ also

$xy^2 = c^2x - x^3$. Damit dieser Ausdruck ein Größtes werde, muß

$$\frac{\partial(xy^2)}{\partial x} = c^2 - 3x^2 = o \text{ und}$$

$$\frac{\partial^2(xy^2)}{\partial x^2} = -6x \text{ eine negative Größe seyn.}$$

Aus $c^2 - 3x^2 = o$ findet man

$x^2 = \frac{1}{3}c^2$ also $y^2 = c^2 - x^2 = \frac{2}{3}c^2$ oder

$x = c\sqrt{\frac{1}{3}}$ und $y = c\sqrt{\frac{2}{3}}$.

Nun verhält sich nach der angenommenen Auflösung

BF : BE = BE : BA oder

$\frac{1}{3}c : x = x : c$, daher ist $x^2 = \frac{1}{3}c^2$

wie erfordert wird.

Vergleicht man die Breite des Balkens mit dem Durchmesser oder der Diagonale seines Querschnitts, so verhält sich

$x : c = \sqrt{\tfrac{1}{3}} : 1 = 1 : \sqrt{3} = 1 : 1{,}7320508$ oder beinahe $= 41 : 71$ oder $15 : 26$ oder $8 : 19$ oder $4 : 7$.

Vergleicht man die Breite mit der Höhe, so verhält sich

$x : y = c\sqrt{\tfrac{1}{3}} : c\sqrt{\tfrac{2}{3}} = 1 : \sqrt{2} = 1 : 1{,}4142136$ oder beinahe $= 70 : 99$ oder $12 : 17$ oder $5 : 7$.

§. 448.

Bei harten unbiegsamen Balken ist §. 440. die respective Festigkeit

$$Q = \tfrac{1}{2} k \frac{bh^2}{a}.$$

Sind die Fasern des Balkens ausdehnbar aber nicht compressibel, so wird $f = h$, also $m = 1$, daher

$$Q = \tfrac{1}{3} k \frac{bh^2}{a} \text{ [I]}$$

und wenn die Fasern ausdehnbar und compressibel sind §. 445.

$$Q = \tfrac{1}{3} m k \frac{bh^2}{a}$$

wo $m = \frac{f}{h}$ denjenigen Theil von der ganzen Höhe des Balkens anzeigt, welcher ausgedehnt und nicht zusammengedrückt wird.

Wäre die Materie eines Balkens von der Beschaffenheit, daß eben so viel Kraft zur Ausdehnung als zur Zusammendrückung einer Fiber erfordert würde, so ist $f = \tfrac{1}{2} h$ also $m = \tfrac{1}{2}$ oder die neutrale Axe geht durch die Mitte der Brechungsebene und theilt dieselbe in zwei gleich große Theile, daher

$$Q = \tfrac{1}{6} k \frac{bh^2}{a}.$$

Für $m = \frac{3}{4}$ erhält man

$$Q = \tfrac{1}{4} k \frac{bh^2}{a}.$$

Könnte man für verschiedene Materien den Werth m genau bestimmen, so ließe sich alsdann mit Hülfe des Maaßes k von der absoluten Festigkeit die respective Festigkeit eines Balkens angeben. Die Bestimmung von m hat aber ihre eigenen Schwierigkeiten, und da es überhaupt mißlich ist, aus der absoluten Festigkeit auf die respektive zu schließen, weil nach der Mannigfaltigkeit der Materie beim Zerbrechen der Körper solche Umstände eintreten können, welche die Vergleichung mit der absoluten Festigkeit unsicher machen, so wird es zweckmäßiger seyn, Körper von einerlei Materie in Absicht ihrer respectiven Festigkeit nur unter sich zu vergleichen, ohne auf die Werthe von k und m Rücksicht zu nehmen. Es sey daher für irgend einen Balken A die Länge, B die Breite, H die Höhe und Q′ das Gewicht, welches am Ende des Balkens aufgehängt, ohne die geringste Verminderung im Stande ist, den Balken zu zerbrechen. Werden bei einem Balken von eben der Materie, die Größen a, b, h, Q in der bisherigen Bedeutung genommen, so verhält sich ganz allgemein §. 440.

$$Q : Q' = \frac{bh^2}{a} : \frac{BH^2}{A} \text{ daher wird}$$

$$Q = \frac{AQ'}{BH^2} \cdot \frac{bh^2}{a}.$$

Ist nun der Werth $\frac{AQ'}{BH^2}$ aus zuverläßigen Versuchen bekannt, so kann man

$$\frac{AQ'}{BH^2} = N$$

setzen und erhält alsdann die respective Festigkeit

$$\text{(I) } Q = N \frac{bh^2}{a}$$

und hieraus das Moment des Gewichts, welches den an seinem Ende befestigten Balken zerbricht

$$\text{(II) } aQ = Nbh^2$$

wo man N den Coeffizienten der respectiven Festigkeit oder den Brechungscoeffizienten einer Materie nennen kann. Uebrigens wird hier und in der Folge ohne weitere Erinnerung jederzeit vorausgesetzt, daß sich die Balken in einer wagerechten Lage befinden.

Hätte man Tafeln, in welchen die Werthe von N für verschiedene Materien enthalten wären, so könnte man daraus die respectiven Festigkeiten für jede Abmessung eines Balkens von dieser Materie finden. In der folgenden Abtheilung zu diesem Kapitel, §. 495., sind für mehrere Holzarten die Werthe von N angegeben, wenn sich die Abmessungen des Balkens auf preußische Zoll beziehen.

§. 449.

Taf. XV. Fig. 235. Anstatt den Balken AE, Figur 235., an dem einem Ende bei DF in eine Wand MN zu befestigen, kann man sich den Balken, dessen Gewicht hier bei Seite gesetzt wird, nach der andern Seite verlängert und bei D hinlänglich unterstützt, vorstellen, wie Figur 238. Wird alsdann bei dem andern Ende bei B ein Gewicht Q′ aufgehängt und es ist $AD = a$, $BD = c$ und das Moment $cQ' = aQ$, so bleibt der Balken auf der Stütze bei D im Gleichgewichte, und wenn die Kraft Q im Stande ist, den Balken bei D zu brechen, so wird die Kraft Q′, welche die Stelle der Wand vertritt, ebendasselbe für das Ende BD bewirken. Der Punkt D leidet alsdann einen Druck $Q + Q'$ und man kann statt der Stütze D eine Kraft $P = Q + Q'$ noch oben anbringen, da alsdann der Bruch bei D noch eben so wie bei der angebrachten Stütze erfolgen muß. Denkt man sich den ganzen Balken umgedreht, so daß die Kräfte Q, Q′, P nun nach entgegengesetzten Richtungen wirken, wie bei Figur 239., so wird das Ende A mit der Kraft Q und B mit der Kraft Q′ von der Kraft P vertikal herunter gedrückt, und man kann statt der Kräfte Q und Q′ bei A und B Stützen anbringen, so daß nunmehr durch die Kraft P der Bruch bei D eben so erfolgen muß, als wenn am Hebelsarme $AD = a$ die Kraft Q den Bruch des Balkens bewirkt.

Taf. XVI. Fig. 238.

Fig. 239.

Nun ist §. 448. $Q = N\frac{bh^2}{a}$ und eben so $Q' = N\frac{bh^2}{c}$, daher $P = N\frac{bh^2}{a} + N\frac{bh^2}{c} = N\frac{bh^2(a+c)}{ac}$ weil $P = Q + Q'$ ist.

Setzt man die ganze Länge des Balkens oder $AB = l$ so ist $c = (l - a)$, daher findet man die respective Festigkeit eines an beiden Enden unterstützten Balkens, wenn das Gewicht zwischen den Unterstützungen angebracht wird, oder

$$(I)\ P = N \frac{lbh^2}{a(l-a)}.$$

Hängt das Gewicht P in der Mitte, so wird $l = 2a$ oder $a = \frac{1}{2}l$, daher

$$(II)\ P = 4N \frac{bh^2}{l}.$$

Nun war (§. 448. I.) $Q = N\frac{bh^2}{l}$, also wird $P = 4Q$; wenn daher die Abmessungen eines an beiden Enden unterstützten und in seiner Mitte belasteten Balkens mit den Abmessungen eines andern Balkens von derselben Materie gleich sind, welcher aber an dem einen Ende in einer Wand befestigt und am andern Ende belastet ist, so wird ersterer in seiner Mitte viermal so viel Kraft zum Zerbrechen erfordern, als bei letzterm am Ende angebracht werden muß.

Hier und in der Folge wird ohne weitere Erinnerung vorausgesetzt, daß die beiden Stützen am Ende des Balkens wagerecht liegen.

Aus $P = 4Q$ erhält man ferner nach §. 448. für harte unbiegsame Balken

$$P = 2k\frac{bh^2}{l}.$$

Sind die Fasern des Balkens ausdehnbar aber nicht compressibel

$$P = \frac{4}{3} k \frac{bh^2}{l}$$

und wenn die Fasern ausdehnbar und compressibel sind

$$P = \frac{4}{3} mk \frac{bh^2}{l}$$

wo m denjenigen Theil von der ganzen Höhe des Balkens anzeigt, welcher ausgedehnt und nicht zusammengedrückt wird.

Für $m = \frac{1}{2}$ ist die Materie des Balkens von der Beschaffenheit, daß eben so viel zur Ausdehnung als zur Zusammendrückung einer Fiber erfordert wird, und man erhält alsdann

$$P = \frac{2}{3} k \frac{bh^2}{l}.$$

§. 450.

Das Zerbrechen eines Balkens kann nur dadurch bewirkt werden, daß durch die Biegung desselben die äußersten am meisten ausgedehnten Fibern eine solche Spannung erhalten, daß sie zerreißen müssen. Erfolgt dieser Bruch bei einigen Fibern, so ist bei unveränderter Kraft das Zerreißen der übrigen ein nothwendiger Erfolg, weil die Festigkeit des Balkens durch den Bruch einiger Fibern schon vermindert ist. Damit aber die Fibern eine gewisse Ausdehnung erhalten, so muß der Balken eine bestimmte Krümmung annehmen, und es giebt daher für jeden Balken eine gewisse Biegung, bei welcher derselbe brechen muß. Jede Krümmung läßt sich aber durch den zugehörigen Krümmungshalbmesser bestimmen; wenn daher bei zwei gleichen Balken von einerlei Materie der eine bei einer Biegung, zu welcher ein Krümmungshalbmesser r gehört, zerbricht, so kommt der andere so viel mehr in die Gefahr zu zerbrechen, je kleiner sein Krümmungshalbmesser wird, und je mehr sich derselbe dem Werthe r nähert. Ueberhaupt wenn ein belasteter Balken unter einer Biegung, deren Krümmungshalbmesser = r ist, zerbricht, so wird ein anderer gleicher von eben der Materie, aber auf eine verschiedene Art belasteter Balken ebenfalls zerbrechen müssen, wenn an irgend einer Stelle sein kleinster Krümmungshalbmesser = r wird.

Man denke sich einen an beiden Enden unterstützten Balken ohne Gewicht, welcher in seiner Mitte beschwert unter der Last P zerbricht, wenn im Augenblick des Bruchs sein Krümmungshalbmesser = r wird. Auf einem andern gleichen Balken von derselben Materie werde aber eine Last P′ gleichförmig verbreitet, oder außer der Mitte aufgehängt, so wird der Balken nur dann brechen, wenn P′ so groß wird, daß dessen kleinster Krümmungshalbmesser mit r übereinkommt.

Ein Balken, dessen Länge = l ist, werde in seiner Mitte mit einem Gewichte P belastet, welches denselben zu zerbrechen im Stande ist, so findet man für diese Belastung (§. 119. Anhang) seinen kleinsten Krümmungshalbmesser

$$r = \frac{4E^2}{lP}$$

wo E^2 die relative Elasticität bezeichnet (§. 444.)

Ein gleicher Balken werde an irgend einer andern Stelle mit dem Gewichte P′ belastet, dessen Aufhängepunkt von der Unterlage um die Weite a entfernt ist, so findet man unter dieser Voraussetzung, wenn r′ den kleinsten Krümmungshalbmesser dieses zweiten Balkens bezeichnet (§. 118. Anhang)

$$r = \frac{lE^2}{a(l-a)P'}.$$

Soll nun der zweite Balken ebenfalls brechen, so muß $r = r'$ seyn, dies giebt $\frac{4E^2}{lP} = \frac{lE^2}{a(l-a)P'}$ folglich

$$P' = \frac{l^2P}{4a(l-a)}.$$

Ist nun a nicht größer als $\frac{1}{2}l$, so folgt hieraus, daß P′ desto größer werden muß, je kleiner a ist, oder es **wird desto mehr Kraft erfordert, den Balken zu zerbrechen, je weiter die Belastung von der Mitte entfernt wird.**

Für $a = \frac{1}{2}l$ ist $P' = P$ wie erfordert wird.
Für $a = \frac{1}{3}l$ ist $P' = \frac{9}{8}P = 1{,}125P$
Für $a = \frac{1}{4}l$ ist $P' = \frac{4}{3}P = 1{,}333P$
Für $a = \frac{1}{10}l$ ist $P' = \frac{25}{9}P = 2{,}777P$.

Eben diesen Ausdruck hätte man nach §. 449. erhalten können. Denn nach den angenommenen Bezeichnungen ist $P = 4N\frac{bh^2}{l}$ und $P' = N\frac{lbh^2}{a(l-a)}$ oder $\frac{lP}{4} = Nbh^2$ und $\frac{a(l-a)P'}{l} = Nbh^2$ daher

$$\frac{a(l-a)P'}{l} = \frac{lP}{4} \text{ oder } P' = \frac{l^2P}{4a(l-a)}.$$

§. 451.

Wird eine Last auf einem Balken gleichförmig verbreitet, so wird die größte Ordinate der Krümmung oder derjenige Theil, um welchen der Balken von seiner ursprünglich graden Richtung abgebogen wird, nur $\frac{5}{8}$ von demjenigen Abstande betragen, welcher entsteht, wenn man diese Last in der Mitte des Balkens aufhängt (§. 122. Anhang).

Damit zwei übrigens ganz gleiche Balken, von welchen der eine in seiner Mitte mit einem Gewichte beschwert und der andere durchgängig auf seine ganze Länge gleichförmig belastet ist, einerlei Krümmung erhalten, oder sich in gleicher Gefahr zu zerbrechen befinden, da das Zerbrechen des Balkens von dem Zerplatzen oder der Spannung seiner untersten Fasern, diese Spannung aber von der Krümmung des Balkens abhängt, so wird erfordert, daß nur die Hälfte der Last in der Mitte des einen Balkens aufgehängt wird, welche auf dem zweiten Balken verbreitet ist, weil nur in diesem Falle die kleinsten Krümmungshalbmesser einander gleich sind (§. 122. Anhang).

Daher wird in Absicht des Zerbrechens eine in der Mitte eines Balkens aufgehängte Last eben dasselbe bewirken, als wenn die doppelte Last auf dem Balken gleichförmig verbreitet wäre.

Es sey P′ die auf einem Balken gleichförmig verbreitete Last und P die zum Zerbrechen desselben in der Mitte erforderliche Kraft, so ist $P = \frac{1}{2} P'$. Aber §. 449. (II) $P = 4N \frac{bh^2}{l}$, daher findet man die Last, welche auf einem Balken gleichförmig verbreitet werden muß, um ihn zu zerbrechen, oder

$$P' = 8N \frac{bh^2}{l}.$$

Dieser wichtige Satz findet seine Anwendung, wenn Balken mit Getreide u. d. gl. beschwert sind. Auch folgt daraus, wenn man das Gewicht eines Balkens als Belastung mit in Rechnung bringen will, daß man sich sein halbes Gewicht in der Mitte vereinigt vorstellen kann, indem übrigens der Balken so angesehen wird, als wenn er in Absicht des Zerbrechens ohne Schwere wäre.

Hiedurch erhält man ein leichtes Mittel, das Gewicht der Balken, auf welches bisher nicht Rücksicht genommen worden, mit in Rechnung zu bringen, wenn es darauf ankommt, ihre respective Festigkeit zu bestimmen.*)

Man setze, daß g daß eigenthümliche Gewicht des Balkens bezeichne, so ist das absolute Gewicht desselben zwischen den Unterlagen $= g\gamma bhl$ (§. 74)

*) Gewöhnlich pflegt man sich das Gewicht eines an beiden Enden unterstützten Balkens in seinem Schwerpunkte vereinigt vorzustellen und daher so zu rechnen, als wenn eine Last, die dem ganzen Gewichte des Balkens gleich ist, in seiner Mitte aufgehängt wäre. Dies kann aber nur in Beziehung auf den Druck gelten, welchen die Unterlagen leiden, nicht aber in Bezug auf die Kraft, welche zum Zerbrechen des Balkens mitwirkt.

und dies Gewicht wirkt eben so, als wenn in der Mitte des Balkens eine Last $\frac{1}{2}g\gamma bhl$ aufgehängt wäre. Ist nun R derjenige Theil der Kraft, welcher ohne Rücksicht auf das Gewicht des Balkens, in der Mitte angebracht, zum Zerbrechen noch erfordert wird, so erhält man §. 449. (II) $R + \frac{1}{2}g\gamma bhl = 4N\frac{bh^2}{l}$ oder

$$\text{(I)}\quad R = 4N\frac{bh^2}{l} - \frac{1}{2}g\gamma bhl.$$

Für $R = o$ muß der Balken durch sein eigenes Gewicht zerbrechen, dies giebt $4N\frac{bh^2}{l} = \frac{1}{2}g\gamma bhl$ oder man findet die Länge

$$\text{(II)}\quad l = 2\sqrt{\frac{2Nh}{g\gamma}}$$

§. 452.

Zusatz. Wäre der Balken an dem einen Ende in einer Wand befestigt, und am andern Ende in der Entfernung a eine Last Q aufgehängt, so erhält der gebogene Balken an derjenigen Stelle, wo er an der Wand befestigt ist, seinen kleinsten Krümmungshalbmesser (§. 112. Anhang), oder er muß daselbst brechen, weil an dieser Stelle das Moment der Last Q am größten wird, vorausgesetzt, daß die Materie des Balkens durchgängig gleich fest ist. Will man bei einem solchen Balken sein Gewicht als Belastung mit in Rechnung bringen, so wirkt dasselbe auf das Biegen und Zerbrechen eben so, als wenn das halbe

Gewicht des Balkens am Ende desselben als Last aufgehängt wäre (§. 114. Anhang).

Bezeichnet daher g das eigenthümliche Gewicht des Balkens, so ist sein absolutes Gewicht $= g\gamma b h a$ (§. 74.). Wäre daher Q die noch fehlende Belastung, welche am Ende des Balkens das Zerbrechen bewirkt, so ist die gesammte Belastung am Ende des Balkens $= Q + \frac{1}{2} g\gamma b h a$, also §. 448.

$Q + \frac{1}{2} g\gamma b h a = N\frac{hb^2}{a}$, und hieraus erhält man mit Rücksicht auf das Gewicht des Balkens, die Last, welche zum Zerbrechen desselben an seinem Ende aufgehängt werden muß, oder

$$\text{(I)}\ Q = N\frac{bh^2}{a} - \frac{1}{2} g\gamma b h a.$$

Für $Q = 0$ wird der Balken durch sein eigenes Gewicht zerbrechen, und man findet alsdann die Länge

$$\text{(II)}\ a = \sqrt{\frac{2Nh}{g\gamma}}.$$

§. 453.

Auf den beiden Stützen A, B, Figur 240, Taf. XVI. Fig. 240.
liege ein Balken EF. Die Entfernung AB sey $= l$; ferner $AE = AD = a$ und $BF = BD = l - a$. Soll nun der Balken bei A und B brechen, so wäre §. 448.

bei E ein Gewicht $Q = N\frac{bh^2}{a}$ und

bei F ein Gewicht $Q' = N\frac{bh^2}{l-a}$

erforderlich. Sollte außerdem noch der Balken an einer dritten Stelle bei D brechen, so wird zur Bewirkung dieses Bruch §. 449. (I)

bei D ein Gewicht $P = N\frac{lbh^2}{a(l-a)}$ erfordert.

Werden statt der Stützen bei A und B Wände angebracht und in diese die Balken befestigt, daß sie durchaus nicht ausweichen können, so fallen die in E und F aufgehängten Gewichte Q, Q′ weg. Soll alsdann doch noch bei A ein Bruch erfolgen, so muß zur Bewirkung dieses Bruchs das Gewicht Q in D am Hebel AD = AE aufgehängt werden. Eben so wird zur Bewirkung des Bruchs bei B in D das Gewicht Q′ erfordert. Hängt man also an dem an beiden Enden AB fest eingemauerten Balken in D die drei Gewichte Q, Q′ und P auf, so wird der Bal-
R ken an drei Stellen A, B, D brechen, und wenn R das Gewicht bezeichnet, welches diese drei Brüche bewirkt, so ist $R = Q + Q' + P$.

Aber

$$Q + Q' + P = Nbh^2\left[\frac{1}{a} + \frac{1}{l-a} + \frac{1}{a(l-a)}\right] = 2N\frac{lbh^2}{a(l-a)},$$

daher findet man die Kraft, welche erfordert wird, einen an beiden Enden eingemauerten Balken, welcher von seinen Unterlagen nicht ausweichen oder herausgezogen werden kann, an drei Stellen zu zerbrechen, oder

$$\text{(I)}\ R = 2N\frac{lbh^2}{a(l-a)}.$$

Wäre

Wäre der Balken auf seinen Unterstützungen nicht befestigt oder eingemauert, so wird (§. 449. I.) nur halb so viel Kraft zum Zerbrechen desselben erfordert.

Für $l = 2a$ oder wenn die Last R in der Mitte des eingemauerten Balkens hängt, erhält man

$$(II)\ R = 8N\frac{bh^2}{l}.$$

Es ist wohl zu bemerken, daß der vorstehende Ausdruck nur unter der Voraussetzung gilt, daß die Enden des Balkens nicht von den Unterlagen weichen und daß alle drei Brüche zugleich erfolgen. Die erste Voraussetzung kann in vorkommenden Fällen nur selten Anwendung finden, und die zweite findet beim wirklichen Zerbrechen eines Balkens deshalb nicht im ganzen Umfange statt, weil gewöhnlich zuerst die Fasern in der Mitte zerplatzen und dann der Bruch eines Endes erfolgt, bevor der Balken gänzlich zerbricht. Die Versuche geben daher auch nur das Verhältniß 2 : 3, anstatt des gefundenen 1 : 2.

§. 454.

Wäre der Balken nur auf der einen Stütze bei A, Figur 240., befestigt oder eingemauert, auf die andere B aber frei aufgelegt, so werden nur zwei Brüche bei A und D erfolgen, wenn in D eine hinlängliche Last aufgehängt wird. Diese sei R′, so ist zur Bewirkung beider Brüche $R' = Q + P = N\frac{bh^2}{a} + N\frac{lbh^2}{a(l-a)}$; man findet daher die Kraft, welche erfordert wird, den an einem Ende eingemauer- Taf. XVI. Fig. 240.

ten und am andern Ende frei liegenden Balken zu zerbrechen, wenn a den Abstand der Last vom eingemauerten Ende bezeichnet

$$(I)\ R' = N\frac{bh^2(2l-a)}{a(l-a)}$$

und wenn $l = 2a$, also R in der Mitte aufgehängt wird

$$(II)\ R' = 6N\frac{bh^2}{l}.$$

Können sich die Balken frei um ihre Stützen drehen, so ist unter übrigens gleichen Umständen die erforderliche Last $P = 4N\frac{bh^2}{l}$ (§. 449. II.); alsdann verhält sich

$$P : R' = 2 : 3.$$

Wenn nun vorausgesetzt werden kann, daß bei an beiden Enden eingemauerten Balken, dennoch das eine oder andere Ende etwas nachgiebt, so ist man berechtigt, das Verhältniß 2 : 3 anzunehmen, womit die Versuche sehr wohl überein stimmen.

§. 455.

Zur Beurtheilung der Biegung oder Einsenkung eines an beiden Enden unterstützten und in der
U Mitte belasteten Balkens sey U die in seiner Mitte aufgehängte Last, bei welcher der Balken so weit von seiner ursprünglich wagerechten Lage ACB, Figur
Taf. XVI. Fig. 241. 241., abgebogen ist, daß seine größte Ordinate CD $= u$ werde, so erhält man, wenn die übrigen Abmessungen des Balkens bekannt sind, und wie bisher bezeichnet werden (§. 119. II. Anhang), die respective

Elasticität $E^2 = \frac{l^3U}{48u}$, oder weil §. 444. $E^2 = e^2bh^3$ ist, so wird $e^2bh^3 = \frac{l^3U}{48u}$ und man findet aus der Belastung U, den Abmessungen des Balkens und der absoluten Elasticität e^2 desselben, die größte Ordinate, oder

$$(I)\quad u = \frac{l^3U}{48e^2bh^3}.$$

Unter übrigens gleichen Umständen verhalten sich die größten Biegungen zweier belasteter Balken, wie diese Belastungen multiplicirt mit den Würfeln ihrer Länge und umgekehrt wie ihre Breiten multiplicirt mit den Würfeln der Höhe.

Von zwei Balken, wovon der eine doppelt so lang als der andere ist, bei welchen aber alle übrige Umstände gleich sind, wird der doppelt so lange bei gleicher Belastung eine achtmal so große Biegung erhalten, als der einfache, weil sich die Biegungen unter übrigens gleichen Umständen, wie die Würfel der Balkenlängen verhalten.

Wäre bei einerlei Balken für die Belastung U' die zugehörige Ordinate u', so erhält man ebenfalls

$$u' = \frac{l^3U'}{48e^2bh^3}, \text{ daher verhält sich}$$

$$u : u' = U : U' \text{ oder es ist}$$

$$(II)\quad u' = \frac{uU'}{U};$$

es verhalten sich daher bei einerlei elastischen Balken die größten Ordinaten oder die Biegungen wie die zugehörigen Belastungen.

Findet man bei einem Balken, daß sich die verschiedenen Belastungen desselben wie die entsprechenden Biegungen verhalten, so kann man daraus schließen, daß dessen Elasticität während dieser Belastungen unverändert geblieben ist. Entsprechen aber bei fortgesetzter Belastung die zugehörigen Biegungen nicht mehr diesen Belastungen, so muß man voraussetzen, daß die vermehrte Belastung einen Theil der Elasticität vernichtet habe, welches auch mit den Erfahrungen überein stimmt, nach welchen die Körper nur bis zu einer gewissen Grenze ihrer Biegung vollkommene Elasticität behalten.

Setzt man, daß in dem Augenblicke des Bruchs
w die größte Ordinate $= w$ und das zugehörige Ge-
P wicht in der Mitte des Balkens $= P$ werde, so findet man für $u = w$ und $U = P$ die größte Ordinate beim Bruch oder

$$\text{(III)}\quad w = \frac{l^3 p}{48 e^2 b h^3}.$$

Es ist aber $P = 4N \frac{bh^2}{l}$ (§. 449.) und wenn dieser Werth statt P in die Gleichung gesetzt wird

$$w = \frac{Nl^2}{12 e^2 h};$$

daher verhalten sich bei Balken von einerlei Materie die größten Ordinaten, bei welchen der Bruch erfolgt, wie die Quadrate der Längen und umgekehrt wie die Höhen der Balken.

In dem vorstehenden Ausdruck ist $\frac{N}{12e^2}$ also auch $\frac{wh}{l^2}$, für einerlei Materie, eine beständige Größe. Wenn man daher aus mehrern Versuchen die Werthe von $\frac{wh}{l^2}$ sucht und das Mittel aus demselben $= M$ setzt, so erhält man

$$\text{(IV)}\ \frac{wh}{l^2} = M \text{ oder } w = M\frac{l^2}{h}.$$

Sowohl die Werthe für e^2 als auch für M findet man in Bezug auf die bei uns gebräuchlichen Holzarten §. 502. angegeben.

§. 456.

Ein Balken sey nicht in seiner Mitte allein, sondern durchgängig auf seine ganze Länge gleichförmig belastet. Wird die Bezeichnung des vorigen § beibehalten, und U ist die auf den ganzen Balken ausgebreitete Last, so findet man die zugehörige größte Ordinate (§. 122. Anhang)

$$\text{(I)}\ u = \frac{5l^3U}{384e^2bh^3}.$$

Wäre w die größte Ordinate, wenn der Balken unter der Belastung P zerbricht, so ist

$$\text{(II)}\ w = \frac{5l^3P}{384e^2bh^3}.$$

Nach §. 451. ist $P = 8N\frac{bh^2}{l}$, daher findet man auch

$$\text{(III)}\ w = \frac{5Nl^2}{48e^2h}.$$

Uebrigens lassen sich aus den hier gefundenen Gleichungen eben die Folgerungen wie im vorhergehenden §. ableiten.

* §. 457.

Wollte man denjenigen Theil von der Höhe eines Balkens kennen lernen, dessen Fasern ausgedehnt und nicht zusammen gedrückt werden, so wird erfordert, daß man die absolute Festigkeit k und den Brechungscoeffizienten N des Balkens kennt. Man setze Figur
Taf. XV. Fig. 236. 236. die Höhe des Balkens oder $M'M'' = h$, den Theil von der Höhe, auf welchen die Fasern ausgedehnt werden, oder $M'M = f$ und es sey $m \cdot h = f$, so ist nach §. 445. $Q = \frac{1}{3} mk \frac{bh^2}{a}$ und nach §. 448.

(I) $Q = N \frac{bh^2}{a}$ also $\frac{1}{3} mk = N$, folglich

$$\text{(I)}\ m = \frac{3N}{k} \text{ oder } f = \frac{3N}{k} h.$$

Eben so kann man mit Hülfe der absoluten Elasticität e^2 eines Balkens finden, um wie viel eine Faser von gegebener Länge ausgedehnt werden muß, bis sie zerreißt, weil alsdann nur der Ausdehnungscoeffizient n bekannt seyn darf. Nach §. 444. ist $e^2 = \frac{m^2}{3n}$ oder $n = \frac{m^2}{3e^2}$, daher, wenn statt m der oben gefundene Werth gesetzt wird,

$$\text{(II)}\ n = \frac{3N^2}{e^2 k^2}.$$

Bezeichnet nun λ die Länge einer Faser, welche um den Theil α vor dem Zerreißen ausgedehnt wird, und es ist k die Kraft, welche einen Körper, dessen Querschnitt einen Quadratzoll beträgt, zerreißt, so ist §. 442. (I) $\alpha = n\lambda k$ oder

$$(III)\ \alpha = \frac{3N^2\lambda}{c^2k}.$$

Wäre n′ der Coeffizient der Zusammendrückung für dieselbe Materie des Balkens, so ist §. 443.

$\frac{n'}{n} = \frac{(h-f)^2}{f^2}$ oder es wird $\frac{n'}{n} = \frac{(1-m)^2}{m^2}$, weil $f = mh$, und man findet, wenn aus (I) statt m sein Werth gesetzt wird, das Verhältniß

$$(IV)\ \frac{n'}{n} = \frac{(k-3N)^2}{9N^2}$$

Auch findet man hieraus nach (II)

$$(V)\ n' = \frac{(k-3N)^2}{3c^2k^2}.$$

* B. Von der respectiven Festigkeit der prismatischen Körper überhaupt.

§. 458.

Weil alle Körper vor dem Brechen, wenn auch noch so wenig, ausgedehnt werden, so kann hier nicht die Rede davon seyn, die allgemeineren Untersuchungen über die respective Festigkeit, auf die Galileische Hypothese §. 440. zu gründen, sondern da jede Materie als ausdehnbar und compressibel anzunehmen ist, so muß diese Untersuchung auch auf diese beiden Eigenschaften der Körper ausgedehnt werden.

Es sey daher ABM Figur 242. der winkelrechte Querschnitt eines mit dem einen Ende in eine loth- Taf. XVI. Fig. 242.

rechte Wand befestigten und am andern Ende belasteten, wagerechten prismatischen Körpers, von welchem der Querschnitt ABC als Brechungsebene desselben angenommen wird. Die Gestalt des Querschnitts sey durch eine Gleichung zwischen den winkelrechten Coordinaten $AP = x$ und $PP' = y$ gegeben; auch sey OM die wagerechte neutrale Axe, so daß die Fasern der Fläche AOM ausgedehnt und der Fläche BOM zusammengedrückt werden. Man setze $AB = h$ und die Höhe der Fasern, welche ausgedehnt werden, oder $AO = f$; die Ausdehnung der Faser in $A = \alpha$, in $P = \alpha'$, so verhält sich, weil die Fasern in OM weder ausgedehnt, noch zusammengedrückt werden

$$\alpha : \alpha' = OA : OP = f : f - x, \text{ daher wird}$$

$$\alpha' = \frac{\alpha}{f}(f - x).$$

Wächst nun $AP = x$ um $Pp = \partial x$, so ist das Element $Ppp'P' = y\partial x$, und wenn q' die Kraft bezeichnet, mit welcher dasselbe ausgedehnt oder gespannt wird, so erhält man §. 442. (I)

$$\alpha' = \frac{n\lambda}{y\partial x} q', \text{ also } \frac{n\lambda}{y\partial x} q' = \frac{\alpha}{f}(f - x) \text{ oder}$$

$$q' = \frac{\alpha}{n\lambda f}(f - x) y\partial x.$$

Das Moment von der Spannung des Elements Pp' gegen die neutrale Axe OM ist

$$(f - x) q' = \frac{\alpha}{n\lambda f}(f - x)^2 y\partial x.$$

Die Summe aller Momente von A bis P oder das Moment für die Ausdehnung der Fläche APP' wird daher

$$= \frac{\alpha}{n\lambda f} \int [(f-x)^2 y \partial x] + C$$

wo die Constante C dadurch bestimmt werden kann, daß für $x = o$ das Moment von APP′ verschwindet. Hierdurch wird C bekannt und man kann dies auf nachstehende Weise bezeichnen

$$\frac{\alpha}{n\lambda f} \int^{o} [(f-x)^2 y \partial x] + C.$$

In diesem Ausdruck $x = f$ gesetzt giebt das Moment für die Ausdehnung der ganzen Fläche AOM, welches man auf nachstehende Weise bezeichnen kann

$$\frac{\alpha}{n\lambda f} \int_{f}^{o} [(f-x)^2 y \partial x] + C \ *).$$

Zur Bestimmung des Moments der Kraft, mit welcher die Fasern der Fläche OBM zusammengedrückt werden, setze man $AQ = x'$, $QQ' = y'$, die Verkürzung der Faser in $Q = \alpha''$ und wenn y' um $Qq = \partial x'$ wächst, die Kraft, welche zum Zusammendrücken des Elements $Qqq'Q' = y'\partial x'$ erfordert wird $= q''$. Nun verhält sich

$\alpha : \alpha'' = OA : OQ = f : x' - f$, also wird

$\alpha'' = \frac{\alpha}{f}(x' - f)$. Nach §. 442. (II) ist aber

$\alpha'' = \frac{n'\lambda}{y'\partial x'} q''$, daher $q'' = \frac{\alpha}{n'\lambda f}(x' - f) y' \partial x'$

---

*) So oft hier ähnliche Ausdrücke wie $\int_{b}^{a}$ vorkommen, so bezeichnen solche, daß man zur Bestimmung der Constante, den Werth der veränderlichen Größe oder hier $x = a$ setzen, und wenn hiernächst C bestimmt ist, $x = b$ setzen soll. Hierdurch erhält man aus dem allgemeinen Integral ein besonderes Integral innerhalb der Grenzen a und b.

Das Moment der Kraft, welche das Element Qq′ zusammendrückt, ist daher in Bezug auf die neutrale Axe OC

$$(x'-f)\,q'' = \frac{\alpha}{n'\lambda f}(x'-f)^2\,y'\partial x',$$

also die Summe der Momente für die Fläche OQQ′M

$$= \frac{\alpha}{n'\lambda f}\int [(x'-f)^2\,y'\partial x'] + C.$$

Für $x' = f$ verschwindet dies Integral und für $x' = h$ wird dasselbe vollständig; daher ist das Moment der Kraft für die Zusammendrückung der Fläche OBM

$$= \frac{\alpha}{n'\lambda f}\int_h^f [(x'-f)^2\,y'\partial x'] + C.$$

Bezeichnet nun a den Abstand der zum Zerbrechen des prismatischen Körpers erforderlichen Belastung Q von der Brechungsebene, so muß das Moment aQ den Momenten der Kräfte gleich seyn, welche zum Ausdehnen und Zusammendrücken der Fasern erfordert werden. Läßt man die Constante hinweg, weil solche leicht wieder zugesetzt werden kann, so erhält man

$$aQ = \frac{\alpha}{n\lambda f}\int_f^o [(f-x)^2\,y\partial x] + \frac{\alpha}{n'\lambda f}\int_h^f [(x'-f)^2\,y'\partial x'].$$

Soll nun mittelst dieser Gleichung die Belastung Q gefunden werden, so sind die Größen a, h, x, y, x′, y′, durch die Abmessungen des gegebenen Prismas bekannt, die Größen α, λ, n, n′ und f sind aber unbekannt und müssen noch besonders bestimmt werden.

Da die neutrale Axe keinen Druck leidet, so muß die Summe der Kräfte, welche die Ausdehnung der Fläche AOC bewirkt, der Summe der Kräfte, welche die Zusammendrückung der Fläche BOM bewirkt, gleich seyn. Dies giebt mit Bezug auf die vorstehende Auseinandersetzung

$$\frac{\alpha}{n\lambda f}\int_{f}^{o}[(f-x)y\partial x]=\frac{\alpha}{n'\lambda f}\int_{h}^{f}[(x'-f)y'\partial x']$$

wodurch eine Gleichung zwischen den Größen α, λ, n, n' und f gefunden ist. Da man ferner das Maaß der absoluten Festigkeit von dem gegebenen Körper als bekannt voraus setzen kann, so erhält man (§. 445.)

$$k=\frac{\alpha}{n\lambda}.$$

Nun könnte man noch nach §. 457. (IV) den Werth von $\frac{n'}{n}$ finden; allein die Unsicherheit, welche in den aus Versuchen zu bestimmenden Werthen zwischen k und N herrscht, gestattet dieses nicht, und man wird sich mit der den Versuchen nahe genug entsprechenden Voraussetzung begnügen können, daß die Kraft zum Ausdehnen einer Fiber der zum Zusammendrücken erforderlichen, unter übrigens gleichen Umständen, gleich ist. Hiernach wird $n=n'$, und wenn man k statt $\frac{\alpha}{n\lambda}$ in den vorstehenden Gleichungen einführt, so erhält man zur Bestimmung des Werths von f

$$\text{(I)}\quad\int_{f}^{o}[(f-x)y\partial x]=\int_{h}^{f}[(x'-f)y'\partial x']$$

und zur Bestimmung der zum Zerbrechen am Ende

des Prismas erforderlichen Belastung

$$\text{(II) } Q = \frac{k}{af} \int_f^o [(f-x)^2 y \partial x] + \frac{k}{af} \int_h^f [(x'-f)^2 y' \partial x]$$

wo y eine Funktion von x und die Gleichung zwischen x und y eben dieselbe, wie zwischen x′ und y′ ist.

Auch ist noch zu bemerken, daß wenn

$$q' = \frac{k}{f} (f-x) y \partial x$$

die Kraft bezeichnet, mit welcher das Element ydx ausgedehnt wird, so bedeutet

k das Maaß der absoluten Festigkeit der Materie des Körpers,

f den Abstand des entferntesten Punktes in der Brechungsebene von der neutralen oder Umdrehungsaxe, welcher am meisten ausgedehnt wird, und

(f—x) den Abstand des Elements ydx von der Umdrehungsaxe, um hiernach für jeden vorkommenden Fall den Werth von q′ zu finden.

Bei den zunächst folgenden Untersuchungen wird man stets voraussetzen, daß die wagerechten Prismen an dem einen Ende befestigt und am andern belastet sind, weil man daraus leicht für die übrigen Fälle das Erforderliche ableiten kann.

§. 459.

Zusatz. Wird vorausgesetzt, daß die Materie des zu zerbrechenden Körpers so hart sey, daß man ihre Zusammendrückbarkeit nicht in Rechnung bringen darf und nur lediglich auf ihre Ausdehnbarkeit Rücksicht zu nehmen hat, so fällt die neutrale Axe der

Brechungsebene ABM, Figur 242., in den tiefsten Punkt B und die ganze Fläche ABM wird nur ausgedehnt; daher ist alsdann $f = h$, und man findet die am Ende des Körpers zum Zerbrechen erforderliche Last, wenn solche durch Q′ bezeichnet wird,

$$Q' = \frac{k}{ah} \int_h^o (h - x)^2 y \partial x.$$

§. 460.

Die Lage der **Mittelpunkte der Pressungen** von den ausgedehnten und zusammengedrückten Theilen der Brechungsebene zu finden, setze man, daß für die Ausdehnung des Theils der Brechungsebene, welcher hier über der neutralen Axe liegt, u den Abstand des Mittelpunkts der Pressungen von der neutralen Axe, U die gesammten Pressungen, welche die Brechungsebene ausdehnen, und M das Moment dieser Pressungen auf die neutrale Axe bezogen, bezeichne, so wird $uU = M$, also $u = \frac{M}{U}$, daher findet man nach §. 458. für $n = n'$ den Abstand des Mittelpunkts der Pressungen von der neutralen Axe für die Ausdehnung der Brechungsebene oder

$$\text{(I)}\quad u = \frac{\int_f^o (f - x)^2 y \partial x}{\int_f^o (f - x) y \partial x}.$$

Eben so wenn u′ den Abstand des Mittelpunkts der Pressungen von der neutralen Axe für die Zusammendrückung der Brechungsebene bezeichnet

$$(II)\ u' = \frac{\int_h^f (x'-f)^2 y' \partial x'}{\int_h^f (x'-f) y' \partial x'}.$$

Für den besondern Fall, daß nach §. 459. die Materie des Körpers als so hart vorausgesetzt wird, daß nur eine Ausdehnung, aber keine Zusammendrückung derselben entsteht, fällt die Umdrehungsaxe BN in den tiefsten Punkt B der Brechungsebene, und man findet u″ oder den Abstand des Mittelpunkts der Pressungen von der Umdrehungsaxe, wenn die Brechungsebene nur ausgedehnt, aber nicht zusammengedrückt wird

$$(III)\ u'' = \frac{\int_h^o (h-x)^2 y \partial x}{\int_h^o (h-x) y \partial x}.$$

§. 461.

Aufgabe. Den Querschnitt eines prismatischen Taf.XVI. Fig. 243. Körpers bilde irgend ein Dreieck BDE, Figur 243., dessen wagerechte Seite DE oben und die Spitze B unten liegt; man soll die Lage der neutralen Axe und die respective Festigkeit des Körpers finden.

Auflösung. Man ziehe BA winkelrecht auf DE und es sey MM′ die neutrale Axe, welche AB in O schneidet; mit DE oder MM′ ziehe man durch P, Q die Linien P′P″, Q′Q″ parallel und setze DE $= b$, AB $= h$, AO $= f$, AP $= x$, P′P″ $= y$, AQ $= x'$, Q′Q″ $= y'$, so verhält sich

$$BA : DE = BP : P'P'' = BQ : Q'Q''$$ oder

$$h : b = h - x : y = h - x' : y'$$ daher

$y = \frac{b}{h}(h - x)$ und $y' = \frac{b}{h}(h - x')$. Dies giebt

$(f-x)y\partial x = \frac{b}{h}(f-x)(h-x)\partial x = \frac{b}{h}(fh - fx - hx + x^2)\partial x$ also

$$\int (f-x)y\partial x = \frac{b}{h}(fhx - \tfrac{1}{2}fx^2 - \tfrac{1}{2}hx^2 + \tfrac{1}{3}x^3) + C.$$

Für $x = o$ wird das Integral $= o$, also $C = o$ und für $x = f$

$$\int_f^o (f - x)y\partial x = \frac{b}{h}(\tfrac{1}{2}hf^2 - \tfrac{1}{6}f^3).$$

Ferner wird

$(x'-f)y'\partial x = \frac{b}{h}(x'-f)(h-x')\partial x' = \frac{b}{h}(hx' - x'^2 - fh + fx')\partial x'$ also

$$\int (x'-f)y'\partial x' = \frac{b}{h}(\tfrac{1}{2}hx'^2 - \tfrac{1}{3}x'^3 - fhx' + \tfrac{1}{2}fx'^2) + C.$$

Für $x' = f$ wird das Integral $= o$ also

$C = \frac{b}{h}(\tfrac{1}{2}hf^2 - \tfrac{1}{6}f^3)$, daher

$$\int^f (x'-f)y'\partial x' = \frac{b}{h}(\tfrac{1}{2}hx'^2 - \tfrac{1}{3}x'^3 - fhx' + \tfrac{1}{2}fx'^2 + \tfrac{1}{2}hf^2 - \tfrac{1}{6}f^3).$$

Für $x' = h$ wird

$$\int_h^f (x'-f)y'\partial x' = \frac{b}{h}(\tfrac{1}{6}h^3 - \tfrac{1}{2}fh^2 + \tfrac{1}{2}hf^2 - \tfrac{1}{6}f^3).$$

Nun ist §. 458. I.

$\int_f^o (f-x)y\partial x = \int_h^f (x'-f)y'\partial x'$ oder

$\frac{h}{b}(\tfrac{1}{2}hf^2 - \tfrac{1}{6}f^3) = \frac{b}{h}(\tfrac{1}{6}h^3 - \tfrac{1}{2}fh^2 + \tfrac{1}{2}hf^2 - \tfrac{1}{6}f^3)$ oder

$o = \tfrac{1}{6}h^3 - \tfrac{1}{2}fh^2$ oder $o = \tfrac{1}{6}h - \tfrac{1}{2}f$, folglich

$$f = \tfrac{1}{3}h$$

wodurch die Lage der neutralen Axe MM' bestimmt ist.

Für die Momente der Ausdehnung und Zusammendrückung der Brechungsebene erhält man

$$(f-x)^2 y \partial x = \frac{b}{h}(hf^2 - 2hfx - f^2 x + hx^2 + 2fx^2 - x^3)\partial x, \text{ also}$$

$$\int (f-x)^2 y \partial x = \frac{b}{h}(hf^2 x - hfx^2 - \tfrac{1}{2}f^2 x^2 + \tfrac{1}{3}hx^3 + \tfrac{2}{3}fx^3 - \tfrac{1}{4}x^4) + C.$$

Für $x = o$ wird das Integral $= o$ also $C = o$ und für $x = f$

$$\int_f^o (f-x)^2 y \partial x = \frac{b}{h}(\tfrac{1}{3}hf^3 - \tfrac{1}{12}f^4), \text{ oder für } f = \tfrac{1}{3}h$$

$$= \frac{b}{h} \cdot \tfrac{11}{972} h^4 = \tfrac{11}{972} bh^3.$$

Ferner wird

$$(x'-f)^2 y' \partial x' = \frac{b}{h}(hf^2 - 2hfx - f^2 x + hx^2 + 2fx^2 - x^3)\partial x, \text{ also}$$

$$\int (x'-f)^2 y' \partial x' = \frac{b}{h}(hf^2 x - hfx^2 - \tfrac{1}{2}f^2 x^2 + \tfrac{1}{3}hx^3 + \tfrac{2}{3}fx^3 - \tfrac{1}{4}x^4) + C.$$

Für $x' = f$ wird das Integral $= o$ also

$$C = \frac{b}{h}(\tfrac{1}{12}f^4 - \tfrac{1}{3}hf^3), \text{ daher}$$

$$\int^f (x'-f)^2 y' \partial x' = \frac{b}{h}(hf^2 x - hfx^2 - \tfrac{1}{2}f^2 x^2 + \tfrac{1}{3}hx^3 + \tfrac{2}{3}fx^3 - \tfrac{1}{4}x^4 + \tfrac{1}{12}f^4 - \tfrac{1}{3}hf^3).$$

Für $x' = h$ wird

$$\int_h^f (x'-f)^2 y' \partial x' = \frac{b}{h}(\tfrac{1}{12}h^4 - \tfrac{1}{3}h^3 f + \tfrac{3}{2}h^2 f^2 - \tfrac{1}{3}hf^3 + \tfrac{1}{12}f^4),$$

oder für $f = \tfrac{1}{3}h$

$$= \frac{b}{h} \cdot \tfrac{31}{243} h^4 = \tfrac{31}{243} bh^3.$$

Es wird daher (§. 458. II.) wenn a die Länge des Prismas bezeichnet, die zum Zerbrechen erforderliche Kraft

Q =

$$Q = \frac{k}{af}\left(\tfrac{11}{972}\,bh^3 + \tfrac{31}{243}\,bh^3\right) \text{ oder wegen } f = \tfrac{1}{3}h$$

$$Q = \tfrac{5}{12}\,k\,\frac{bh^2}{a}.$$

§. 462.

Zusatz. Ist der dreikantige prismatische Körper nur ausdehnbar, so fällt die wagerechte Umdrehungsaxe NN′, Figur 243., in den tiefsten Punkt B der Brechungsebene und es wird Taf. XVI. Fig. 243.

$$(h-x)^2 y\partial x = \frac{b}{h}(h-x)^3\partial x = \frac{b}{h}(h^3 - 3h^2x + 3hx^2 - x^3)\,\partial x \text{ also}$$

$$\int (h-x)^2 y\partial x = \frac{b}{h}(h^3x - \tfrac{3}{2}h^2x^2 + hx^3 - \tfrac{1}{4}x^4) + C.$$

Für $x = o$ wird das Integral $= o$, also $C = o$ und für $x = h$

$$\int_h^o (h-x)^2 y\,\partial x = \tfrac{1}{4}bh^3,$$

daher (§. 459.) die zum Zerbrechen erforderliche Kraft

$$Q' = \frac{k}{ah}\cdot\tfrac{1}{4}bh^3 = \tfrac{1}{4}k\,\frac{bh^2}{a}.$$

§. 463.

Aufgabe. Der Querschnitt eines prismatischen Körpers sey irgend ein Dreieck ADE, Figur 244., Taf. XVI. Fig. 244. dessen wagerechte Seite DE unten und die Spitze A oben liegt; man soll die Lage der neutralen Axe und die respective Festigkeit des Körpers finden.

Auflösung. Man ziehe AB winkelrecht auf die Grundlinie DE, und es sey MM′ die neutrale Axe, welche AB in O schneidet, so wird die Fläche AMM′ der Brechungsebene ausgedehnt, wenn die Fläche MM′DE zusammengedrückt wird. Man setze

$ED = b$, $AB = h$ und $AO = f$. Weil aber nach §. 458. $n = n'$ ist, also die zum Ausdehnen und Zusammendrücken gleich großer Theile der Brechungsebene erforderlichen Kräfte gleich groß sind, so findet man hier eben so wie §. 461. $BO = \frac{1}{3} AB$ also $AO = \frac{2}{3} AB$ oder

$$f = \frac{2}{3} h.$$

Ferner erhält man die zum Zerbrechen erforderliche Kraft

$$Q = \frac{5}{12} k \frac{b h^2}{a}.$$

Hieraus folgt, daß wenn die Materie eines zu zerbrechenden Prismas von der Beschaffenheit ist, daß zum Ausdehnen oder Zusammendrücken gleich großer Theile seines Querschnitts, gleiche Kräfte erfordert werden, so ist es einerlei, ob man die wagerechte Seite vom Querschnitte eines dreikantigen Prismas nach oben oder nach unten kehrt, weil in beiden Fällen gleiche Kräfte zum Zerbrechen des Körpers erforderlich sind.

§. 464.

Zusatz. Wäre der Körper nur ausdehnbar, so fällt die Umdrehungsaxe in die Grundlinie ED, Figur 244. Setzt man dann $AP = x$ und zieht PP'' $= y$ durch P mit ED parallel, so verhält sich $AB : AP$ $= ED : PP''$ oder $h : b = x : y$ also wird $y = \frac{bx}{h}$, daher

Taf. XVI. Fig. 244.

$$(h-x)^2 \, y\partial x = \frac{h}{b}\,(h^2 x - 2hx^2 + x^3)\,\partial x \text{ oder}$$

$$\int (h-x)^2 \, y\partial x = \frac{b}{h}\,(\tfrac{1}{2}h^2x^2 - \tfrac{2}{3}hx^3 + \tfrac{1}{4}x^4) + C.$$

Für $x = o$ verschwindet das Integral, also wird $C = 0$, daher für $x = h$

$$\int_h^o (h-x)^2 \, y\partial x = \tfrac{1}{12}bh^3$$

folglich (§. 459.) die zum Zerbrechen erforderliche Kraft

$$Q' = \tfrac{1}{12}k\frac{bh^2}{a}.$$

Hieraus folgt, daß wenn bei einem prismatischen Körper die Brechungsebene irgend ein Dreieck ist, und man setzt das Dreieck mit seiner Spitze so auf die Drehungsaxe, daß die eine Seite des Dreiecks wagerecht wird, so ist seine respective Festigkeit dreimal so groß, als wenn das Dreieck umgekehrt gelegt und die Seite, welche vorher oben lag, in die Brechungsebene fällt, vorausgesetzt, daß die Materie des Körpers nur ausdehnbar und nicht compressibel ist. Bei Körpern, welche an beiden Enden unterstützt sind, findet das umgekehrte Verhältniß statt.

§. 465.

Aufgabe. Der Querschnitt ADBE, Figur 245., Taf. XVI. Fig. 245.
eines prismatischen Körpers sey irgend ein Viereck, dessen beide Diagonalen AB und DE sich winkelrecht schneiden und die Dreiecke ADE und BDE einander gleich sind; man soll die respective Festigkeit des Körpers finden, wenn die Diagonale DE wagerecht liegt.

Auflösung. Weil die Dreiecke ADE und BDE einander gleich sind, so kann wegen $n = n'$ (§. 458.) die neutrale Axe nur in die Diagonale DE fallen, und es wird zur Ausdehnung des Dreiecks ADE nur eben so viel Kraft als zur Zusammendrückung des Dreiecks BDE erfordert, weshalb die Momente dieser Dreiecke gegen die Axe DE einander gleich seyn müssen. Setzt man nun ED = b, AO = OB = h, so ist das Moment des Dreiecks ADE gegen die Axe ED eben so wie §. 464. $= \frac{1}{12} k \frac{bh^2}{a}$. Eben so groß ist das vom Dreieck BDE herrührende Moment, daher die respective Festigkeit

$$Q = \frac{1}{6} k \frac{bh^2}{a}.$$

§. 466.

1. Zusatz. Wenn das vierkantige Prisma nur ausdehnbar ist, so fällt die Umdrehungsaxe NN', Figur 245., in den tiefsten Punkt B, und man muß die Momente der Dreiecke ADE und BDE gegen die Axe NN' suchen. Man setze AP = x, OQ = x' und die zugehörigen wagerechten Ordinaten P'P'' = y, Q'Q'' = y', so wird für das Dreieck ADE, $y = \frac{b}{h} x$, und nach §. 458. ist die Kraft zur Ausdehnung des Elements $y \partial x$ in P'P'', $= \frac{k}{2h} (2h - x) y \partial x$, also das Moment desselben gegen NN'

Taf. XVI. Fig. 245.

$$= \frac{k}{2h} (2h - x)^2 \, y \partial x = \frac{kb}{2h^2} (2h - x)^2 \, x \partial x \text{ und}$$

$$\frac{k}{2h} \int (2h - x)^2 y \partial x = \frac{kb}{2h^2} (2hx^2 - \tfrac{4}{3} hx^3 + \tfrac{1}{4} x^4) + C.$$

Für x = o verschwindet das Integral und es wird C = o. Für x = h erhält man das Moment des Dreiecks ADE gegen die Axe NN', oder

$$\frac{k}{2h}\int_{h}^{o}(2h-x)^2 y\partial x = \frac{11}{24}kbh^2.$$

Für das Dreieck EDB ist $y' = \frac{b}{h}(h-x')$ und die Kraft zur Ausdehnung des Elements $y'\partial x = \frac{k}{2h}(h-x')\,y'\partial x'$, also das Moment desselben gegen NN'

$$= \frac{k}{2h}(h-x')^2\,y'\partial x' = \frac{kb}{2h^2}(h-x')^3\,\partial x' \text{ und}$$

$$\frac{k}{2h}\int(h-x')^2 y'\partial x' = \frac{kb}{2h^2}(h^3x' - \tfrac{3}{2}h^2x'^2 + hx'^3 - \tfrac{1}{4}x'^4) + C.$$

Für x' = o verschwindet das Integral und es wird C = o.

Für x' = h erhält man das Moment des Dreiecks BDE gegen NN' oder

$$\frac{k}{2h}\int_{h}^{o}(h-x')^2 y'\partial x' = \tfrac{1}{8}kbh^2.$$

Beide Momente zusammengenommen geben das Moment des Vierecks ADBE oder

$$aQ' = (\tfrac{11}{24} + \tfrac{1}{8})\,kbh^2$$

folglich die respective Festigkeit

$$Q' = \tfrac{7}{12}k\frac{bh^2}{a}.$$

§. 467.

2. Zusatz. Wäre das Viereck ADBE, Figur 245., ein Quadrat, und man setzt die Seiten AD = AE = BD = BE = c, so ist hier $c^2 = 2h^2$, $b = 2h$, Taf. XVI. Fig. 245.

daher $bh^2 = \frac{\sqrt{2}}{2} c^3$, und man findet, wenn der Körper ausdehnbar und compressibel ist

$$Q' = \tfrac{1}{6} k \frac{bh^2}{a} = \frac{\sqrt{2}}{12} k \frac{c^3}{a}.$$

Wäre der Körper nur ausdehnbar, so wird

$$Q' = \tfrac{7}{12} k \frac{bh^2}{a} = \frac{7\sqrt{2}}{24} k \frac{c^3}{a}.$$

Nach §. 448. ist für einen dergleichen Körper, dessen Seite wagerecht liegt, wenn derselbe eben so viel ausdehnbar als zusammendrückbar ist, $Q = \frac{1}{6} k \frac{c^3}{a}$ und wenn derselbe nur ausdehnbar ist, $Q' = \frac{1}{3} k \frac{c^3}{a}$. Hiernach verhalten sich die respectiven Festigkeiten von Balken, deren Querschnitte Quadrate sind, wenn man solche so legt, daß einmal die Diagonal vertikal steht, dann daß eine Seite des Quadrats wagerecht liegt

(I) wenn eben so viel Kraft zur Ausdehnung als zur Zusammendrückung der Fibern erfordert wird, wie $\frac{\sqrt{2}}{12} : \frac{1}{6} = 1 : \sqrt{2} = 1 : 1,4142136$ oder beinahe wie 12 : 17;

(II) wenn die Fibern nur ausdehnbar und nicht compressibel sind

$\frac{7\sqrt{2}}{24} : \frac{1}{3} = 1 : \frac{4\sqrt{2}}{7} = 1 : 0,8081222$ oder beinahe wie 21 : 17.

Es muß daher einen Zustand zwischen der Ausdehnbarkeit und Zusammendrückbarkeit der Fibern geben, in welchem ein mit seiner Diagonale vertikal liegender quadratförmige Balken eben so viel trägt, als wenn man ihn mit einer seiner Seiten wagerecht legt.

§. 468.

Aufgabe. Die respective Festigkeit eines Cylinders zu finden.

Auflösung. Der wagerechte Durchmesser DF, Figur 246., vom winkelrechten Querschnitte des Cy- Taf. XVI. Fig. 246.
linders theilt die Brechungsebene in zwei gleich große und ähnliche Theile, daher ist wegen $n = n'$ (§. 458.) DF die neutrale Axe, und das Moment zur Ausdehnung des Halbkreises BDF ist eben so groß als zum Zusammendrücken von ADF. Durch den Mittelpunkt C ziehe man AB vertikal und setze die Halbmesser $AC = CB = r$, $BP = x$ und die zugehörige halbe Ordinate $PQ = PQ' = y$, so ist $PQ^2 = CQ^2 - CP^2$ oder $y^2 = r^2 - (r-x)^2 = 2rx - x^2$; auch findet man (§. 458.) für das Element $QQ'.\partial x = 2y\partial x$ die zur Ausdehnung desselben erforderliche Kraft $= \frac{k}{r}(r-x) \,.\, 2y\partial x$, also das Moment derselben gegen $DF = \frac{2k}{r}(r-x)^2 y\partial x$. Nun ist für $y = \sqrt{(2rx - x^2)}$,

$$\frac{2k}{r}\int(r-x)^2 y\partial x = 2kr\int y\partial x - 4k\int xy\partial x + \frac{2k}{r}\int x^2 y\partial x.$$

Aber P. A. S. 161. und S. 145. n. 1.

$$\int y\partial x = \frac{x-r}{2}y + \frac{r^2}{2}\,\text{Arcsinvers}\,\frac{x}{r},$$

$$\int xy\partial x = \frac{2x^2 - rx - 3r^2}{6}y + \frac{r^3}{2}\,\text{Arcsinv}\,\frac{x}{r} \text{ und}$$

$$\int x^2 y\partial x = \frac{6x^3 - 2rx^2 - 5r^2x - 15r^3}{24}y + \frac{5r^4}{8}\,\text{Arcsinv}\frac{x}{r} \text{ daher}$$

$$\frac{2k}{r}\int(r-x)^2 y\partial x = \frac{6x^3 - 18rx^2 + 15r^2x - 3r^3}{12r}ky + \frac{kr^3}{4}\,\text{Asinv}\,\frac{x}{r} + C.$$

Für x = o verschwindet das Integral, also wird C = o und für x = r wird Arcsinvers $\frac{x}{r}$ = Arcsinv 1 = $\frac{1}{2}\pi$, daher findet man das Moment für die Ausdehnung des Halbkreises BDF oder

$$\frac{2k}{r}\int_{r}^{o}(r-x)^2\, y\partial x = \frac{\pi k r^3}{8}.$$

Eben so groß ist das Moment der Zusammenpressung des Halbkreises ADF gegen die neutrale Axe DF, also die Momente der Ausdehnung und Zusammenpressung $= \frac{\pi k r^3}{4}$, folglich die zum Zerbrechen des Cylinders erforderliche Kraft

$$Q = \frac{\pi k r^3}{4a} = 0{,}785398\frac{kr^3}{a} \text{ oder beinahe } \frac{11}{14}\frac{kr^3}{a}.$$

§. 469.

1. Zusatz. Wäre der Cylinder nur ausdehnbar, so fällt die Umdrehungsaxe in den tiefsten Punkt A, Taf. XVI. Fig. 246. Figur 246., und man findet die Kraft zur Ausdehnung des Elements $2y\partial x$ in Bezug auf die Axe AE, $= \frac{k}{2r}(2r-x) \cdot 2y\partial x$ und das Moment derselben $= \frac{k}{r}(2r-x)^2 y\partial x$.

Nun ist

$$\frac{k}{r}\int(2r-x)^2 y\partial x = 4kr\int y\partial x - 4k\int xy\partial x + \frac{k}{r}\int x^2 y\partial x, \text{ daher}$$

$$\frac{k}{r}\int(2r-x)^2 y\partial x = \frac{6x^3-34rx^2+59r^2x-15r^3}{24r}ky + \frac{5kr^3}{8}\text{Acsinv}\frac{x}{r} + C.$$

Für x = o verschwindet das Integral, daher wird C = o und für x = 2r wird y = o und Arcsinv$\frac{x}{r}$ = Arcsinv 2 = π, daher findet man das

Moment für die Ausdehnung der Kreisfläche ADBF oder

$$\frac{k}{r}\int_{2r}^{0}(2r-x)^2 y\,\partial x = \frac{5\pi k r^3}{8}$$

also die zum Zerbrechen des Cylinders erforderliche Kraft, wenn derselbe nur ausdehnbar ist

$$\text{(I)}\quad Q = \frac{5\pi}{8}\cdot\frac{kr^3}{a} = 1{,}9634954\cdot\frac{kr^3}{a}\,^{*)}.$$

Für einen Cylinder, wenn derselbe nur ausdehnbar ist und der Durchmesser seines Querschnitts in die Umdrehungsaxe fällt, wird nach dem vorhergehenden §.

$$\text{(II)}\quad Q = \frac{\pi}{8}\cdot\frac{kr^3}{a} = 0{,}3926966\,\frac{kr^3}{a}.$$

§. 470.

2. Zusatz. Ein Balken mit quadratförmigem Querschnitte, dessen Seiten dem Durchmesser des Cylinders gleich sind, wenn derselbe eben so viel ausdehnbar als zusammendrückbar ist, erfordert (§. 448.) eine Kraft zum Zerbrechen

$$Q = \tfrac{1}{6}k\,\frac{bh^2}{a} = \tfrac{1}{6}k\,\frac{8r^3}{a} = \tfrac{4}{3}k\,\frac{r^3}{a},$$

daher verhält sich (§. 468.) wenn eben so viel Kraft zur Ausdehnung als zur Zusammendrückung der Fibern erfordert wird, die respective Festigkeit eines Cylinders zu der eines Balkens von gleicher

---

*) Herr Girard findet (Traité analyt. de la résistance etc. p. 23) statt des hier gegebenen Koeffizienten, die Zahl 1,9663493, welches daher entsteht, weil das Integral mittelst Reihen gesucht worden, obgleich eine directe Integration statt findet.

Länge, dessen Querschnitt ein um die Kreisfläche des Cylinders beschriebenes Quadrat ist, wie

$$\frac{\pi}{4} : \frac{4}{3} = \frac{3\pi}{16} : 1 = 0{,}589048 : 1$$

oder beinahe, wie 10 : 17.

Wären die Fibern nur ausdehnbar, so wird (§. 448.) für den Balken $Q = \frac{1}{3} k \frac{8 r^3}{a} = \frac{8}{3} k \frac{r^3}{a}$, daher verhält sich (§. 469.), wenn die Fibern nur ausdehnbar sind, die respective Festigkeit des Cylinders zu der des Balkens, wie

$$\frac{5\pi}{8} : \frac{8}{3} = \frac{15\pi}{64} : 1 = 0{,}7363108 : 1$$

oder beinahe, wie 14 : 19.

§. 471.

Aufgabe. Die respective Festigkeit einer cylindrischen Röhre zu finden.

Taf. XVI. Fig. 247. Auflösung. Es sey $AC = r$, Figur 247., der Halbmesser des äußern und $CA' = \varrho$ der Halbmesser des innern Kreises oder der Höhlung, so geht die wagerechte neutrale Axe DD′ durch den Mittelpunkt C. Berechnet man die respective Festigkeit eines Cylinders, welcher mit der Höhlung einerlei Querschnitt hat, und zieht diese von der Festigkeit eines Cylinders ab, dessen Halbmesser r ist, so erhält man dadurch die Festigkeit der Röhre. Man setze für die Höhlung die rechtwinklichten Coordinaten $B'P = x$, $PQ = PQ' = y$, so ist die zur Ausdehnung des Elements $2y\partial x$ erforderliche Kraft $= \frac{k}{r}(\varrho - x) \cdot 2y\partial x$,

(§. 458.) und das Moment derselben $= \frac{2k}{r}(\varrho - x)^2 y \partial x$, daher weil $y = \sqrt{(2\varrho x - x^2)}$, so erhält man, wie §. 468.

$$\frac{2k}{r}\int(\varrho - x)^2 y \partial x = \frac{6r^3 - 18\varrho x^2 + 15\varrho^2 x - 3\varrho^3}{12r} ky$$
$$+ \frac{k\varrho^4}{4r} \text{Asinv} \frac{x}{\varrho} + C.$$

Für $x = 0$ verschwindet das Integral, also wird $C = 0$ und für $x = \varrho$ wird Arcsinv $\frac{x}{\varrho} = \frac{1}{2}\pi$, daher findet man das Moment für die Ausdehnung des Halbkreises DB'D' oder

$$\frac{2k}{r}\int_{\varrho}^{0}(\varrho - x)^2 y \partial x = \frac{\pi k \varrho^4}{8r}.$$

Eben so groß ist das Moment der Zusammenpressung des Halbkreises DA'D', daher die Momente der Ausdehnung und Zusammenpressung des Cylinders, welcher mit der Höhlung einerlei Querschnitt hat

$$= \frac{\pi k \varrho^4}{4r}.$$

Für den vollen Cylinder, dessen Durchmesser $AB = 2r$ ist, findet man das Moment gegen AE (§. 468.) $= \frac{\pi k r^3}{4} = \frac{\pi k r^4}{4r}$, daher wenn von diesem Moment das vorstehende abgezogen wird, so erhält man die respective Festigkeit der Röhre

$$Q = \frac{\pi}{4} k \frac{r^4 - \varrho^4}{ar}.$$

§. 472.

1. Zusatz. Wäre die Röhre nur ausdehnbar, so fällt die Umdrehungsaxe in den tiefsten Punkt A,

Taf. XVI. Fig. 247. Figur 247., und man findet für den Cylinder, welcher mit der Höhlung gleichen Querschnitt hat, die zur Ausdehnung des Elements $2y\partial x$ erforderliche Kraft (§. 458.) $= \frac{k}{2r}(r+\varrho-x) \,.\, 2y\partial x$, und das Moment derselben $= \frac{k}{r}(r+\varrho-x)^2 y\partial x$, daher weil $y = \sqrt{(2\varrho x - x^2)}$, so erhält man

$$\frac{k}{r}\int(\imath+\varrho-x)^2 y\partial x =$$

$$\frac{k(r+\varrho)^2}{r}\int y\partial x - \frac{2k(r+\varrho)}{r}\int xy\partial x + \frac{k}{r}\int x^2 y\partial x$$

oder wie §. 468.

$$\frac{k}{r}\int(r+\varrho-x)^2 y\partial x = \frac{k(r+\varrho)^2}{r} \,.\, \frac{x-\varrho}{2} y + \frac{k(r+\varrho)^2\varrho^2}{2r} \operatorname{Asinv}\frac{x}{\varrho}$$
$$- \frac{2k(r+\varrho)}{r} \,.\, \frac{2x^2-\varrho x-3\varrho^2}{6} y - \frac{2k(r+\varrho)\varrho^3}{2r} \operatorname{Asinv}\frac{x}{\varrho}$$
$$+ \frac{k}{r} \,.\, \frac{6x^3-18\varrho x^2-5\varrho^2 x-15\varrho^3}{24} y + \frac{5k\varrho^4}{8r} \operatorname{Asv}\frac{x}{\varrho} + C.$$

Für $x = 0$ verschwindet das Integral, daher wird $C = 0$ und für $x = 2\varrho$ wird $y = 0$ und $\operatorname{Arcsinv}\frac{x}{\varrho} = \operatorname{Arcsinv} 2 = \pi$, daher findet man das Moment für die Ausdehnung der Kreisfläche B′DA′D′ oder

$$\frac{k}{r}\int_{2\varrho}^{0}(\imath+\varrho-x)^2 y\partial x = \frac{\pi k}{8r}(4r^2\varrho^2+\varrho^4).$$

Für den Cylinder, dessen Durchmesser AB $= 2r$ ist, findet man (§. 469.) das Moment

$$= \frac{5\pi k r^3}{8},$$

daher wenn von diesem Ausdruck der vorstehende abgezogen wird, so erhält man das Moment von der

Brechungsebene der Röhre

$$=\frac{\pi k}{8r}(5r^4-4r^2\varrho^2-\varrho^4),$$

also die zum Zerbrechen der Röhre erforderliche Kraft, wenn deren Materie nur ausdehnbar ist,

$$Q=\frac{\pi k}{8ar}(5r^4-4r^2\varrho^2-\varrho^4)=\frac{\pi k}{8ar}(r^2-\varrho^2)(5r^2+\varrho^2)\text{*)},$$

oder beinahe

$$=\tfrac{11}{28}\frac{k}{ar}(r^2-\varrho^2)(5r^2+\varrho^2).$$

§. 473.

2. Zusatz. Die respective Festigkeit eines vollen Cylinders verhält sich zu der einer Röhre, deren Länge und äußerer Durchmesser dem des Cylinders gleich ist, wenn ihre Materien eben so viel ausdehnbar als zusammendrückbar sind (§. 468. und 471.), wie

$$\frac{\pi k r^3}{4a}:\frac{\pi k}{4}.\frac{r^4-\varrho^4}{ar}=1:\frac{r^4-\varrho^4}{r^4}.$$

Ist Cylinder und Röhre nur ausdehnbar, so verhalten sich die respective Festigkeiten (§. 469. und 471.), wie

$$\frac{5\pi kr^3}{8a}:\frac{\pi k}{8ar}(r^2-\varrho^2)(5r^2+\varrho^2)=1:\frac{(r^2-\varrho^2)(5r^2+\varrho^2)}{5r^4}.$$

§. 474.

Aufgabe. Die respective Festigkeit eines Kettenringes zu finden.

*) Nach Herrn Girard (a. a. O. §. 45. p. 25.) soll

$$Q=\frac{k}{3ar}\,5{,}899043\,(r^4-r^2\varrho^2-\varrho^4)$$

seyn. Von der Unrichtigkeit dieses Ausdrucks kann man sich sogleich dadurch überzeugen, wenn man $r=\varrho$ setzt. Alsdann erhält man für Q eine negative Größe, statt daß in diesem Falle $Q=0$ seyn muß.

Auflösung. Die centrische Linie des Ringes AEBF, Figur 248., sey ein Kreis, und jeder auf die centrische Linie winkelrechte Querschnitt wie AA′, BB′, eine Kreisfläche. Soll der Ring zerbrechen und nicht zerreißen, wenn in F nach der verlängerten Richtung des Halbmessers CF die Kraft P wirkt und der Ring am entgegengesetzten Ende bei E gehalten wird, so werde durch C die Linie AB auf CF winkelrecht gezogen; alsdann fällt, wenn man die Materie des Ringes nur als ausdehnbar annimmt, die Drehungsaxe in den tiefsten Punkt A, und AA′, BB′, sind Brechungsebenen. Man setze den Halbmesser CA = CB = CF = c und dem Halbmesser der Querschnitte AA′ und BB′ = ϱ, ferner für die Kreisfläche BB′ die zugehörigen rechtwinklichten Coordinaten, vom Scheitel B angerechnet, wie bisher = x, y, so ist $y = \sqrt{(2\varrho x - x^2)}$ und die zur Ausdehnung des Elements $2y\partial x$ erforderliche Kraft (§. 458.)

Taf. XVI. Fig. 248.

$$= \frac{k}{2c}(2c - x) \,.\, 2y\partial x,$$

also das Moment derselben gegen die durch A gehende Umdrehungsaxe

$$= \frac{k}{c}(2c - x)^2 y\partial x, \text{ daher}$$

$$\frac{k}{c}\int(2c-x)^2 y\partial x = 4kc\int y\partial x - 4k\int xy\partial x + \frac{k}{c}\int x^2 y\partial x$$

oder wie §. 468.

$$4kc\int y\partial x = 4kc\frac{x-\varrho}{2}y + \frac{4kc\varrho^2}{2}\text{Arcsinv}\frac{x}{\varrho}$$

$$-4k\int xy\partial x = -4k\frac{x^2-\varrho x-3\varrho^2}{6}y - \frac{4k\varrho^3}{2}\text{Arcsinv}\frac{x}{\varrho} \text{ und}$$

$$\frac{k}{c}\int x_2 y\partial x = \frac{k}{c}\cdot\frac{6x^3-2\varrho x^2-5\varrho^2 x-15\varrho^3}{24}y + \frac{5k\varrho^4}{8c}\text{Arcsinv}\frac{x}{\varrho}.$$

Für $x = 0$ verschwinden diese Integrale und die Constante wird $= 0$. Für $x = 2\varrho$ wird $y = 0$ und Arcsinvers $\frac{x}{\varrho} =$ Arcsinv $2 = \pi$, daher findet man das Moment für die Ausdehnung der Kreisfläche BB′ degen die durch A gehende Axe, oder

$$\frac{k}{c}\int_{2\varrho}^{0}(2c-x)^2 y\,\partial x = \frac{\pi k \varrho^2}{8c}(16c^2 - 16c\varrho + 5\varrho^2).$$

Das Moment der Kreisfläche AA′ gegen die durch A gehende Axe ist (§. 469.) $= \frac{5\pi k \varrho^3}{8}$.

Beide Momente zusammengenommen müssen dem Moment der Kraft $P = AC . P = CP$ gleich seyn, daher erhält man die respective Festigkeit des Ringes, oder

$$P = \frac{\pi k \varrho^2}{8c^2}(16c^2 - 11c\varrho + 5\varrho^2);$$

wo $\frac{\pi}{8} = 0{,}3926966$ oder beinahe $= \frac{1}{2}\frac{1}{8}$ ist.

Soll der Ring nicht zerbrechen, sondern zerreißen, so sey K seine absolute Festigkeit. Alsdann erhält man §. 430.

$$K = 2\pi k \varrho^2.$$

Die respective Festigkeit P wird am größten oder kleinsten, wenn $\frac{16c^2 - 11\varrho c + 5\varrho^2}{c^2}$ ein Größtes oder Kleinstes wird. Setzt man diesen Werth $= z$, so ist, wenn man differenziirt und c veränderlich annimmt

$$\frac{\partial z}{\partial c} = \frac{11\varrho c - 10\varrho^2}{c^2} \text{ und } \frac{\partial^2 z}{\partial c^2} = \frac{30\varrho^2 - 22\varrho c}{c^4}.$$

Aus $\frac{11\varrho c - 10\varrho^2}{c^2} = 0$ erhält man $c = \frac{10}{11}\varrho$ und

$c = \infty$. Den ersten Werth in $\frac{\partial^2 z}{\partial c^2}$ gesetzt, giebt eine positive und für den zweiten eine negative Größe, daher wird P ein Kleinstes für $c = \frac{10}{11}\varrho$ und ein Größtes für $c = \infty$. Da nun c nie kleiner als 4ϱ werden kann, und für $c = \infty$, die respective Festigkeit oder $P = 2\pi k \varrho^2$ wird, so folgt hieraus, daß die absolute Festigkeit eines Ringes allemal größer als die respective ist, und daß beide nur einander gleich werden können, wenn der Ring unendlich weit wäre.

Unter übrigens gleichen Umständen wird daher jeder Ring, welcher weiter ist, auch mehr respective Festigkeit besitzen.

Herr Ide (Syst. d. Mechanik, 1. Theil, §. 300. S. 282.) erhält in Absicht der Weite der Kettenglieder ein entgegengesetztes Resultat; die Begründung desselben läßt indessen einige Zweifel zurück.

Beispiel. Ein Kettenglied von geschmiedetem gemeinem deutschen Eisen ist $\frac{1}{2}$ Zoll dick und im Lichten $\frac{3}{4}$ Zoll weit; man soll die respective Festigkeit desselben ohne Rücksicht auf das übrige Gewicht der Kette finden.

Hier ist $\varrho = \frac{1}{4}$ und $c = \frac{3}{8} + \frac{1}{2} = \frac{7}{8}$ Zoll.

Nach §. 436. ist $k = 71300$, also die respective Festigkeit oder

$$P = \frac{\pi . 71300 . \frac{1}{16}}{8 . \frac{49}{64}} \left(16 . \frac{49}{64} - 11 . \frac{7}{8} . \frac{1}{4} + 5 . \frac{1}{16}\right)$$
$$= 23214 \text{ Pfund.}$$

Daher wenn man hievon den dritten Theil in Rechnung bringt, so wird dieser Ring mit Sicherheit eine Last von 7738 Pfund tragen können.

§. 475.

Herr Quantin hat im Jahre 1789 mit der §. 431. angeführten Maschine einen Versuch über die Festigkeit einer $1\frac{1}{2}$ Fuß langen Kette angestellt, von welcher jedes Glied 4 Linien Dicke hatte und innerhalb oder im Lichten 8 Linien weit war. Die Kette war aus schlesischem Eisen geschmiedet und zerbrach bei einer Spannung von 10160 preuß. Pfunden.

Vergleicht man diesen Versuch mit dem gefundenen allgemeinen Ausdruck für die Festigkeit eines Kettengliedes, indem nach §. 431. $k = 78140$ gesetzt wird, so erhält man, weil hier $\varrho = \frac{1}{6}$ Zoll und $c = \frac{2}{3}$ Zoll ist,

$$P = \frac{\pi \,.\, 78140 \,.\, 217}{4608}$$

oder wenn man die Rechnung durch Logarithmen ausführt

$$\begin{array}{ll} \text{Log } 217 & = 2,3364597 \\ \text{Log } 78140 & = 4,8928734 \\ \text{Log } \pi & = \underline{0,4971498} \\ & 7,7264829 \\ \text{Log } 4608 & = \underline{3,6635125} \\ & 4,0629704 = \text{Log } 11560,34. \end{array}$$

Es ist daher $P = 11560$ Pfund, statt daß der Versuch $P = 10160$ giebt.

*C. Von der respectiven Festigkeit solcher Körper, deren Querschnitte ungleich sind.

Erster Fall. Wenn man die Körper an dem einen Ende befestigt.

§. 476.

Bei prismatischen Körpern, welche mit dem einen Ende in eine Wand befestigt sind, und am andern Ende belastet werden, widersteht zwar jeder winkelrechte Querschnitt des Körpers mit gleicher Kraft, weil aber an derjenigen Stelle des Körpers, wo er aus der Wand tritt, welche hier die Grundfläche des Körpers heißen soll, das Gewicht, welches das Zerbrechen bewirkt, die größte Gewalt ausübt, so muß die Brechungsebene unter allen Querschnitten des prismatischen Körpers am weitesten vom Aufhängepunkt der Last entfernt seyn. Sind dagegen nicht alle Querschnitte eines Körpers einander gleich, so kann man fragen, wo sich der Querschnitt befindet, auf dessen Trennung die mindeste Belastung am Ende des Körpers verwandt werden muß, und dieser Querschnitt ist alsdann offenbar die Brechungsebene, weil der Körper an dieser Stelle die mindeste respective Festigkeit besitzt, und daselbst brechen muß.

Die Brechungsebene eines jeden Körpers wird daher gefunden, wenn man untersucht, für welchen Querschnitt des Körpers das zum Zerbrechen erforderliche Gewicht oder seine respective Festigkeit den kleinsten Werth erhält.

Setzt man voraus, daß die Wand, in welcher der Körper befestigt ist, vertikal steht, und daß alle mit der vertikalen Wand parallele Querschnitte des Körpers Rechtecke bilden, deren winkelrechte Abstände von einander zugleich die Länge des Körpers angeben, ist überdies die Grundlinie dieser Rechtecke wagerecht und man setzt, daß für irgend einen Querschnitt des Körpers

x die Grundlinie

y die Höhe und

z den Abstand des Querschnitts von dem Punkte, an welchem die Last wirkt, bezeichnet, so ist, wenn das eigene Gewicht des Körpers nicht in Rechnung kommt, das zum Zerbrechen erforderliche Gewicht §. 448.

$$Q = N\frac{xy^2}{z}.$$

Nun ist N für einerlei Materie des Körpers eine unveränderliche Größe, daher wird Q desto kleiner, je kleiner $\frac{xy^2}{z}$ ist und wenn $\frac{xy^2}{z}$ seinen kleinstmöglichen Werth erhält, so ist auch das hienach bestimmte Gewicht Q das kleinste, welches das Zerbrechen des Körpers nur allein an demjenigen Querschnitte bewirken kann, welchem die Abmessungen x, y, z entsprechen, wodurch die Brechungsebene gefunden ist.

Um daher die Brechungsebene eines jeden an dem einen Ende befestigten und am andern Ende belasteten Körpers, dessen Querschnitte Rechtecke sind, zu finden, darf man nur untersuchen, wo der Ausdruck $\frac{xy^2}{z}$ den kleinstmöglichen Werth erhält. An dieser Stelle befindet sich die Brechungsebene.

Für einen Balken sey b die Breite, h die Höhe und a seine Länge, so ist für denselben $xy^2 = bh^2$ eine unveränderliche Größe, also

$$\frac{xy^2}{z} = \frac{bh^2}{z}$$

wo nur noch z veränderlich ist. Der Ausdruck $\frac{bh^2}{z}$ wird offenbar desto kleiner, je größer z wird, also für $z = a$ am kleinsten, daher ist die Brechungsebene eines Balkens um die Länge a von der Last entfernt, welches auch schon bekannt ist.

Es läßt sich übrigens leicht einsehn, daß man den kleinsten Werth für $\frac{xy^2}{z}$ erhält, wenn man die geringsten Werthe für diesen Ausdruck aufsucht und darunter den kleinsten nimmt. Weil aber die brauchbaren geringsten Werthe zwischen $z = o$ und $z = a$ fallen müssen, da weder negative Werthe für z noch solche, welche größer als a ausfallen, statthaft sind, so muß man, wenn für $z > a$ ein Kleinstes gefunden wird, den Werth $z = a$ ebenfalls in Betrachtung ziehen. Dasselbe gilt, wenn z für das Kleinste des Ausdrucks $\frac{xy^2}{z}$ negativ gefunden wird, alsdann muß zur Auffindung des kleinstmöglichsten Werths auf $z = o$ Rücksicht genommen werden.

§. 477.

Aufgabe. Der Körper ACD, Figur 249., sey mit seiner Fläche AC in der vertikalen Wand YZ befestigt und am andern Ende bei DF mit einem Gewichte Q belastet. Die Seitenfläche BCFE ist ein Trapez und der Fläche ADG gleich und parallel; man soll die schwächste Stelle dieses Körpers oder seine Brechungsebene suchen. Taf. XVI. Fig. 249.

Auflösung. Man setze $AB = DE = b$, $BC = h$, $EF = DG = c$ und $BE = a$. Wäre nun der mit der Grundfläche AC parallele Querschnitt MP die Brechungsebene, also $MN = PQ = x$, $PN = y$, $DM = z$, so ist $x = b$. Ferner verhält sich $a : h - c = z : y - c$, also ist $y = \frac{ac + (h-c)z}{a}$ folglich §. 469.

$$\frac{xy^2}{z} = \frac{b[ac + (h-c)z]^2}{a^2 z} = \frac{b}{a^2}\left[\frac{a^2c^2}{z} + 2ac(h-c) + (h-c)^2 z\right].$$

Wird das erste Differential $= o$ gesetzt, so erhält man

$$-\frac{a^2c^2}{z^2}\partial z + (h-c)^2 \partial z = o, \text{ also } z = \frac{ac}{h-c}.$$

Wird nochmals differenzirt, so findet man $\frac{2a^2c^2}{z^4}$, welches eine positive Größe wird, daher giebt $z = \frac{ac}{h-c}$ für $\frac{xy^2}{z}$ ein Kleinstes. Für die Brechungsebene ist daher

der Abstand $DM = z = \frac{ac}{h-c}$ und

ihre Höhe $PN = y = 2c$.

Hienach findet man die geringste Kraft, welche zum

Zerbrechen des Körpers erfordert wird, oder

$$Q = N\frac{xy^2}{z} = N\frac{4bc(h-c)}{a}.$$

Wäre $c = \frac{1}{4}h$, so wird $z = \frac{1}{3}a$ und $y = \frac{1}{2}h$, also

$$Q = N\frac{3bh^2}{4a}.$$

§. 478.

Aufgabe. Die Brechungsebene einer abgekürzten Pyramide zu bestimmen.

Auflösung. Die abgekürzte Pyramide AF, Taf. XVI. Fig. 250. Figur 250., sey bei AC befestigt und in J das Gewicht Q aufgehängt. Man setze $AB = b$, $BC = h$, $DE = \frac{1}{2}b$, $EF = \frac{1}{2}h$; für die Brechungsebene MP, $MN = x$, $NP = y$ und die Abstände $JG = a$, $JH = z$, so verhält sich

$a : \frac{1}{2}b = z : x - \frac{1}{2}b$, also ist $x = \frac{b(a+z)}{2a}$

$a : \frac{1}{2}h = z : y - \frac{1}{2}h$, also ist $y = \frac{h(a+z)}{2a}$ folglich

$\frac{xy^2}{z} = \frac{bh^2}{8a^3} \cdot \frac{(a+z)^3}{z}$, und wenn das Differential des veränderlichen Theils dieses Ausdrucks = o gesetzt wird

$\frac{3(a+z)^2 z - (a+z)^3}{z^2} = o$ oder $3z - (a+z) = o$ daher $z = \frac{1}{2}a$.

Für das zweite Differential dieses Ausdrucks erhält man

$\frac{(a+z)(2a^2 - 2az - z^2)}{z^3}$ und für $z = \frac{1}{2}a$ findet man $+ 9$, daher wird für $z = \frac{1}{2}a$ ein Kleinstes erhalten und es ist

$$z = \tfrac{1}{2}a;\; x = \tfrac{3}{4}b;\; y = \tfrac{3}{4}h.$$

Die Brechungsebene liegt daher in der Mitte der gegebenen abgekürzten Pyramide.

Für die respective Festigkeit findet man

$$Q = \frac{27}{32} N \frac{bh^2}{a} = 0,84375 \, N \frac{bh^2}{a}.$$

Wollte man $z = 0,4a$, also kleiner annehmen, so wird $x = 0,7b$ und $y = 0,7h$, daher

$$Q = 0,8575 \, N \frac{bh^2}{a}.$$

Für $z = 0,6a$, ist $x = 0,8b$ und $y = 0,8h$ daher

$$Q = 0,8533 \, N \frac{bh^2}{a}$$

wie erfordert wird.

§. 479.

Es läßt sich einsehn, daß man die schwächsten Stellen oder Brechungsebenen derjenigen Körper, bei welchen die senkrechten Durchschnitte Dreiecke, Kreisflächen oder irgend eine andere Figur bilden, auf eine ähnliche Art wie im vorhergehenden finden kann. Wollte man zugleich das Gewicht des Körpers, welcher zerbrochen werden soll, mit in Rechnung bringen, so sey M das Moment gegen die Brechungsebene von demjenigen Theile des Körpers, welcher abbricht, also $\frac{M}{z}$ die am Ende des Hebelarms z wirkende Kraft. Wird nun zur Bewirkung des Bruchs am Ende desselben noch eine Last Q erfordert und man setzt, mit Beibehaltung der übrigen bisherigen Bezeichnung, voraus, daß die Brechungsebene ein Rechteck ist, so erhält man wie §. 451.

$$Q + \frac{M}{z} = N \frac{xy^2}{z}, \text{ also } Q = N \frac{xy^2}{z} - \frac{M}{z}.$$

An demjenigen Querschnitte des Körpers, wo Q seinen kleinsten Werth erhält, muß derselbe die geringste respective Festigkeit haben, und daselbst vor allen andern Querschnitten zerbrechen. Man erhält daher den Abstand der rechtwinklichten Brechungsebene vom Aufhängepunkt der Last Q, wenn für den Ausdruck

$$N \frac{xy^2}{z} - \frac{M}{z}$$

der kleinstmögliche Werth gesucht und daraus z entwickelt wird.

Wären alle Querschnitte des gegebenen Körpers Kreisflächen und der Halbmesser der Brechungsebene = y, so ist (§. 469. I.)

$$Q + \frac{M}{z} = \frac{5\pi k}{8} \cdot \frac{y^3}{z}, \text{ also } Q = \frac{5\pi k}{8} \cdot \frac{y^3}{z} - \frac{M}{z}.$$

Wird daher für den Ausdruck

$$\frac{5\pi k}{8} \cdot \frac{y^3}{z} - \frac{M}{z}$$

der kleinste Werth gesucht, so kann mit Hülfe desselben z bestimmt werden.

Ein ähnliches Verfahren wird bei jedem anders gestalteten Körper beobachtet.

§. 480.

Aufgabe. Die Brechungsebene des prismati-
Taf. XVI. Fig. 251. schen Keils ACED, Figur 251., zu finden, wenn auf das Gewicht dieses Körpers Rücksicht genommen wird.

Auflösung. Man setze AD = BE = a, AB = ED = b, BC = b, und wenn MNP die Brechungsebene ist, DM = EM = z, MN = x = b,

NP $= y$, so verhält sich $a : h = z : y$, also ist $y = \frac{hz}{a}$.

Jeder Kubikzoll von der Materie des Keils wiege G′ Pfund, so ist, wenn sich alle Abmessungen des Körpers auf Zolle beziehen, das Gewicht des Körpers MNPED $= \frac{bzy}{2} \cdot G' = \frac{bhz^2}{2a} \cdot G'$ und sein Moment gegen die Fläche MP $= \frac{1}{3} z \cdot \frac{bhz^2}{2a} G'$, daher

$$M = \frac{G'bh}{6a} z^3, \text{ folglich}$$

$$N \frac{xy^2}{z} - \frac{M}{z} = \frac{Nbh^2}{a} z - \frac{G'bh}{6a} z^2, \text{ oder}$$

$$Q = \frac{bh}{a} \left(\frac{Nh}{a} - \frac{1}{6} G' z \right) z.$$

Hieraus folgt, daß Q den kleinsten Werth erhält, wenn $z = o$ wird, also muß der Körper da brechen, wo die Last Q aufgehängt ist.

Zusatz. Aehnliche Resultate erhält man, wenn die Brechungsebene eines Kegels ABD, Figur 252, Taf. XVI. Fig. 252. gesucht wird.

§. 481.

Aufgabe. Die Brechungsebene eines abgekürzten Kegels zu finden, wenn auf das Gewicht desselben Rücksicht genommen wird.

Auflösung. Man nehme an, daß D, Figur 252., den Mittelpunkt der Kreisfläche bezeichne, welche Fig. 252. den abgekürzten Kegel begrenzt und daß ϱ der Halbmesser derselben sey. Ist ferner von der Grundfläche AB der Halbmesser AC $= r$, der Abstand CD $= a$, und für die Brechungsebene der Halbmesser $MN = y$ und der Abstand $ND = z$, so ist das Gewicht des abgekürzten Kegels $DMP = \frac{1}{3}\pi z\,(y^2 + \varrho y + \varrho^2)\,G'$ und sein Moment gegen die Fläche MP (§. 133.) oder

$$M = \frac{z}{4}\,\frac{y^2 + 2\varrho y + 3\varrho^2}{y^2 + \varrho y + \varrho^2}\cdot\frac{1}{3}\pi z(y^2 + \varrho z + \varrho^2)G' = \frac{\pi G'}{12}(y^2 + 2\varrho y + 3\varrho^2)\,z^2.$$

Nun verhält sich $a : z = r - \varrho : y - \varrho$, daher $r - \varrho = \delta$ gesetzt, giebt $y = \frac{a\varrho + \delta z}{a}$ also $y^2 = \frac{a^2\varrho^2 + 2a\varrho\delta z + \delta^2 z^2}{a^2}$ und $y^3 = \frac{a^3\varrho^3 + 3a^2\varrho^2\delta z + 3a\varrho\delta^2 z^2 + \delta^3 z^3}{a^3}$. Ferner ist (§. 479.)

$$Q = \frac{5\pi k}{8}\cdot\frac{y^3}{z} - \frac{M}{z};$$

daher wenn hierin die Werthe von y gesetzt werden, so erhält man

$$Q = \frac{5\pi k}{8a^3}\left(\frac{a^3\varrho^3}{z} + 3a^2\varrho^2\delta + 3a\varrho\delta^2 z + \delta^3 z^2\right)$$
$$- \frac{\pi G'}{12a^2}\,(6a^2\varrho^2 z + 4a\varrho\delta z^2 + \delta^2 z^3),$$

$$\frac{\partial Q}{\partial z} = \frac{5\pi k}{8a^3}\left(-\frac{a^3\varrho^3}{z^2} + 3a\varrho\delta^2 + 2\delta^3 z\right)$$
$$- \frac{\pi G'}{12a^2}\,(6a^2\varrho^2 + 8a\varrho\delta z + 3\delta^2 z^2) \text{ und}$$

$$\frac{\partial^2 Q}{\partial z^2} = \frac{5\pi k}{4a^3}\left(\frac{a^3\varrho^3}{z^3} + \delta^3\right) - \frac{\pi G}{6a^2}\,(4a\varrho + 3\delta^2 z^2.$$

Für $\frac{\partial Q}{\partial z} = 0$ findet man, wenn $\frac{15k}{2G'a} = \alpha$ gesetzt wird

$$z^4 - \frac{2\alpha\delta^2 - 8a\varrho}{3\delta}\,z^3 - \frac{\alpha a\varrho\delta^2 - 2a^2\varrho^2}{\delta^2}\,z^2 + \frac{\alpha a^3\varrho^3}{3\delta^2} = 0.$$

Hieraus den Werth von z entwickelt, so findet man ein Kleinstes für Q, wenn $\frac{\partial^2 Q}{\partial z^2}$ eine positive Größe wird und der für z gefundene Werth ist anwendbar, wenn derselbe zwischen 0 und a fällt. Da k gegen G′ sehr groß ist, so wird für die vorkommenden Fälle $\frac{\partial^2 Q}{\partial z^2}$ positiv.

Beispiel. Für einen abgekürzten Kegel von Sandstein sey die absolute Festigkeit eines Quadratzolles oder $k = 750$, das Gewicht eines Kubikzolls des Sandsteins $= \frac{1}{12}$ Pfund und für die Abmessungen des abgekürzten Kegels $a = 100$, $r = 12$ und $\varrho = 6$ Zoll, so wird $\delta = 6$ und $\alpha = 675$, daher

$$z^4 - 2433\tfrac{1}{3} z^3 - 385000 z^2 + 1350000000 = 0.$$

Aus dieser Gleichung erhält man für den Abstand der Brechungsebene oder $z = 51{,}6$ Zoll.

§. 482.

So wie die respective Festigkeit für jeden Querschnitt eines Körpers verschieden seyn kann, so lassen sich Körper denken, bei welchen für alle ihre Querschnitte die respective Festigkeit gleich groß ist, in welchem Falle für einerlei Gewicht Q, alle Querschnitte Brechungsebenen sind. Ein solcher Körper, welcher für alle mit der Grundfläche (§. 476.) parallele Querschnitte gleiche respective Festigkeit hat, soll hier ein **Körper von gleichem Widerstande** (*d'égale résistance*) heißen.

Wäre Q die respective Festigkeit von der Grundfläche eines Körpers, und R der allgemeine Ausdruck von der respectiven Festigkeit für jeden andern mit der Grundfläche parallelen Querschnitt, so muß, wenn der Körper von gleichem Widerstande seyn soll, für alle Querschnitte

$$R = Q$$

seyn. Es kommt also nur darauf an, wenn die Abmessungen der Grundfläche gegeben sind, daraus Q zu bestimmen, und alsdann R so anzunehmen, daß durchgängig R = Q bleibt.

Sind die Querschnitte des Körpers durchgängig Rechtecke, die Abmessungen der Grundfläche b, h; des unbestimmten Querschnitts x, y, der Abstand des Aufhängepunkts der Last Q von der Grundfläche = a, und von dem unbestimmten Querschnitte = z, so findet man §. 448. wenn auf das Gewicht des Körpers nicht Rücksicht genommen wird, $Q = N\frac{bh^2}{a}$; $R = N\frac{xy^2}{z}$, daher erhält man, weil R = Q seyn muß, wenn die Querschnitte des Körpers durchgängig Rechtecke sind, deren untere Seiten wagerecht liegen, $\frac{xy^2}{z} = \frac{bh^2}{a}$, oder weil es darauf ankommt, die Abmessungen des unbestimmten Querschnitts für jeden besondern Fall anzugeben:

$$\text{(I)}\quad xy^2 = \frac{bh^2}{a} z.$$

Eben diesen Ausdruck erhält man, wenn sämmtliche Querschnitte des Körpers Dreiecke sind, deren eine wagerechte Seite in oder über die Umdrehungsaxe fällt (§. 462.—464.), wo alsdann b, x die wagerechten Seiten und h, y die Höhen der Dreiecke bezeichnen.

Wenn sämmtliche Querschnitte des Körpers Kreisflächen bilden und man setzt den Halbmesser der Grundfläche $= r$ und den Halbmesser eines jeden andern Querschnitts $= y$, so ist (§. 469. I.)

$$A = \frac{5\pi k}{8} \cdot \frac{r^3}{a} \text{ und } R = \frac{5\pi k}{8} \cdot \frac{y^3}{z}, \text{ daher}$$

$$\text{(II) } y^3 = \frac{r^3}{a} \cdot z.$$

Auf eine ähnliche Art verfährt man bei jeder andern Gestalt der Querschnitte.

Aus dem allgemeinen Ausdruck (I) geht hervor, daß wenn die Querschnitte des Körpers Dreiecke oder Rechtecke bilden, so muß für $z = 0$ auch $xy^2 = 0$ werden. Dies kann geschehen, wenn allein $x = 0$, oder allein $y = 0$ oder beide zugleich Null werden. Es muß daher jedesmal im Aufhängepunkt der Last eine von den Dimensionen des Körpers oder beide zugleich Null werden.

§. 483.

Aufgabe. Die Gestalt eines Körpers von gleichem Widerstande zu finden, dessen Querschnitte Rechtecke von gleicher Breite sind.

Auflösung. Für die Grundfläche AC, Fig. 253., sey $AB = b$, $BC = h$ und der Abstand $AD = a$, so ist für irgend einen andern Querschnitt $MN = x = b$, $NP = y$, $MD = NE = z$, daher $xy^2 = by^2 = \frac{bh^2}{a} z$, oder Taf. XVI. Fig. 253.

$$y^2 = \frac{h^2}{a} z.$$

Die Linie EPC ist daher eine gemeine Parabel,

deren Abscissen EN = z und Ordinaten NP = y sind. Der Parameter dieser Parabel ist $\frac{h^2}{a}$.

Soll daher ein Körper, dessen Querschnitte Rechtecke von gleicher Breite seyn, durchgängig von gleichem Widerstande seyn, so müssen seine parallele Seitenflächen Parabeln bilden, deren Parameter die dritte Proportionallinie zur Länge des Körpers und Höhe der Grundfläche ist.

Wollte man die Höhe BC = h aus dem Gewichte Q und den Abmessungen a, b finden, so ist nach §. 482. $N\frac{bh^2}{a} = Q$, daher findet man

$$h = \sqrt{\frac{aQ}{Nb}}.$$

Eben so leicht könnte man a und b bestimmen.

§. 484.

Aufgabe. Die Gestalt eines Körpers von gleichem Widerstande zu finden, dessen Querschnitte Rechtecke von gleicher Höhe sind.

Taf. XVI. Fig. 254. Auflösung. Hier ist Figur 254. für AB = b, BC = h, DG = a, MN = x, die Höhe NP = y = h und DK = z, daher $xy^2 = xh^2 = \frac{bh^2}{a}z$, oder

$$x = \frac{b}{a}z.$$

Daher verhält sich a : b = x : z, oder DNB = EPC ist eine gerade Linie.

§. 485.

Aufgabe. Die Gestalt eines Körpers von gleichem Widerstande zu finden, dessen Querschnitte durchgängig ähnliche Rechtecke sind.

Auflösung. Man setze die halbe Breite der Grundfläche AC, Figur 255, oder $GB = GA = b$, die Höhe $GH = h$ und den Abstand $GD = a$; ferner für irgend einen Querschnitt MP, die halbe Breite $OM = ON = x$, $OU = NP = y$ und $OD = z$, so verhält sich nach den Bedingungen der Aufgabe Taf. XVI. Fig. 255.

$$b : h = x : y, \text{ also ist } y = \frac{hx}{b} \text{ und } x = \frac{by}{h},$$

daher erhält man

$$xy^2 = \frac{h^2}{b^2} x^3 = \frac{bh^2}{a} z, \text{ oder}$$

$$x^3 = \frac{b^3}{a} z \text{ und } y^3 = \frac{h^3}{a} z;$$

es verhält sich also

$$a : z = b^3 : x^3 \text{ und } a : z = h^3 : y^3.$$

Für die Abscissen $DO = z$ sind die zugehörigen Ordinaten $ON = OM = x$, daher sind die Linien DMA und DNB die Schenkel einer kubischen Parabel, deren Scheitel in D fällt. Eben so ist die Linie DUH eine kubische Parabel, deren Scheitel gleichfalls in D liegt.

§. 486.

Zusatz. Ganz ähnliche Resultate erhält man, wenn sämmtliche Querschnitte ähnliche Dreiecke sind. Alsdann sind die Linien DMA, DNB und DUH, Figur 256., kubische Parabeln. Fig. 256.

§. 487.

Aufgabe. Man soll die Gestalt eines Körpers

von gleichem Widerstande finden, dessen Querschnitte sämmtlich Kreisflächen sind.

Tf. XVII. Fig. 257. Auflösung. Der Halbmesser der Grundfläche AB, Figur 257., oder AC sey r und CD = a. Für irgend einen Querschnitt MP sey MN = NP = y und ND = z, so erhält man nach §. 482. (II)

$$y^3 = \frac{r^3}{a} . z.$$

Es verhält sich daher a : z = r³ : y³, folglich ist die Linie DMA oder DPB eine kubische Parabel, deren Scheitel in den Aufhängepunkt D fällt.

§. 488.

Zusatz. Wären sämmtliche Querschnitte des Körpers Halbkreise, deren Durchmesser wagerecht liegen, und man setzt den Halbmesser der Grund-
Fig. 258. fläche, Figur 258., CA = CE = CB = r und für den unbestimmten Querschnitt NM = NO = NP = y, so findet man ähnliche Resultate, wie im vorhergehenden §., und die Linien DMA, DOE, DPB sind kubische Parabeln.

§. 489.

Für alle diejenigen Körper, welche einem an ihrem Ende angebrachten Gewichte Q gleichen Widerstand leisten, und deren Querschnitte Rechtecke oder Dreiecke sind, wird für jede Stelle, zu welcher irgend eine Höhe y gehört, die Biegung desto größer, je kleiner y ist, weil sich die Krümmungshalbmesser wie die zugehörigen Höhen der Querschnitte verhalten.

Wäre

Wäre für irgend einen Querschnitt die Breite x, die Höhe y, der Abstand vom Aufhängepunkt des Gewichts $Q = z$ und für die Biegung bei diesem Querschnitt der Krümmungshalbmesser $= R$, so ist §. 444. $RzQ = E^2$ und $E^2 = c^2xy^3$, also $R = c^2 \frac{xy^3}{zQ}$. Nun ist für Körper von gleichem Widerstande (§. 482.) $Q = N \frac{xy^2}{z}$, oder $\frac{xy^2}{zQ} = N$, daher der Krümmungshalbmesser

$$R = c^2 Ny.$$

Es sind aber $c^2 . N$ für einerlei Körper unveränderliche Größen, daher ist R nur mit y veränderlich. Wäre y durchgängig $= h$, so ist

$$R = c^2 Nh$$

eine beständige Größe, daher müssen Körper von gleichem Widerstande und gleicher Höhe durchgängig einerlei Biegung annehmen oder nach einem Kreisbogen gekrümmt werden.

Anmerkung. Dieser letzte Satz ist nur unter der angegebenen Einschränkung wahr. Wenn daher Herr Girard (a. a. O. §. 133. p. 82.) diesen Satz unbedingt ohne Rücksicht auf die Höhe der Körper annimmt, so rührt dies wohl daher, daß durchgängig der Ausdruck E^2 (§. 444.) unter der Benennung als absolute Elasticität vorkommt, ob er gleich für jeden verschiedenen Querschnitt des Körpers auch einen verschiedenen Werth erhält.

§. 490.

Will man die Gestalt derjenigen Körper von gleichem Widerstande auffinden, bei welcher ihr eigenes

Gewicht die Stelle der Last Q vertritt, so muß für
Taf. XVI. Fig. 255. jeden Querschnitt, wie MP, Figur 255., das Moment des Körpers MDP mit der Festigkeit der zugehörigen Brechungsebene im Gleichgewichte seyn. Man setze wie vorher, indem man voraussetzt, daß sämmtliche Querschnitte Rechtecke sind, ON = OM = x, NP = y, OD = z, den Inhalt des Körpers MDP = R, und das Gewicht von einem Kubikzoll desselben = G, so ist G . R das Gewicht dieses Körpers, und wenn u den Abstand seines Schwerpunkts von der Ebene MP bezeichnet, so ist sein Moment

$$u \,.\, R \,.\, G = Nxy^2.$$

Wäre der Abstand des Schwerpunkts von D = u′, so ist u′ = z — u. Aber nach §. 142. ist $u'R = \int z\partial R$, daher

$(z - u)\,R = \int z\partial R$, oder $uR = Rz - \int z\partial R$, also

$$G \,.\, Rz - G\int z\partial R = Nxy^2.$$

Wird dieser Ausdruck differentiirt, so ist

$$GR\partial z + Gz\partial R - Gz\partial R = N\partial(xy^2), \text{ oder}$$

$$GR\partial z = N\partial(xy^2),$$

und wenn man nochmals differentiirt, dabei aber ∂z constant annimmt, so wird

$$G\partial R\partial z = N\partial^2(xy^2).$$

Aber $\partial R = xy \,.\, \partial z$, daher

$$\text{(I)}\quad Gxy\partial z^2 = N\partial^2(xy^2).$$

Wären die Querschnitte des Körpers durchgängig Kreisflächen, und man setzt den Halbmesser der Brechungsebene = y, so wird $\partial R = \pi y^2 \partial z$, und statt Nxy^2

erhält man (§. 469. I.)

$$\frac{5\pi k}{8} y^3, \text{ daher}$$

$$\text{(II) } Gy^2 \partial z^2 = \frac{5k}{8} \partial^2 (y^3).$$

§. 491.

Aufgabe. Die Gestalt eines Körpers von gleichem Widerstande zu finden, dessen Querschnitte Rechtecke von gleicher Breite sind, wenn derselbe seinem eigenen Gewichte widerstehen soll.

Auflösung. Man setze, Figur 259., die Breite MN = AB = ED, oder $x = b$, so wird §. 490. (I) Tf. XVII. Fig. 259.
$Gy\partial z^2 = N\partial^2 (y^2)$, oder wenn man $y^2 = u$ und $\partial u = p\partial z$ setzt, so ist, weil ∂z constant angenommen ist, $\partial^2 u = \partial p \partial z$, daher

$$\frac{G}{N} \sqrt{u} = \frac{\partial^2 u}{\partial z^2} = \frac{\partial p}{dz} = \frac{p\partial p}{\partial u}, \text{ oder}$$

$$\frac{G}{N} \partial u \sqrt{u} = p\partial p. \text{ Hievon ist das Integral}$$

$$\frac{G}{N} \cdot \tfrac{2}{3} u^{\frac{3}{2}} = \tfrac{1}{2} p^2, \text{ oder die Quadratwurzel ausgezogen:}$$

$$2u^{\frac{3}{4}} \sqrt{\frac{G}{3N}} = p = \frac{du}{\partial z}, \text{ daher}$$

$$2\partial z \sqrt{\frac{G}{3N}} = u^{-\frac{3}{4}} \partial u. \text{ Nochmals integrirt, giebt}$$

$2z \sqrt{\frac{G}{3N}} = 4u^{\frac{1}{4}} = 4y^{\frac{1}{2}}$, wo keine Constante hinzu kommt, weil nach §. 482. mit $z = o$ auch y verschwindet. Wird der zuletzt gefundene Ausdruck quadrirt, so ist

$$y = \frac{G}{12N} z^2$$

Die Linie DPC ist daher eine gemeine Parabel, und DB eine Tangente des Scheitels D.

§. 492.

Aufgabe. Die Gestalt eines Körpers von gleichem Widerstande zu finden, dessen Querschnitte Rechtecke von gleicher Höhe sind, wenn derselbe seinem eigenen Gewichte widerstehen soll.

Auflösung. Man setze die Höhe $y = h$, so wird §. 490. (I) $Gx\partial z^2 = hN\partial^2 x$. Ferner sey $\partial x = p\partial z$, so ist, weil ∂z constant angenommen worden, $\partial^2 x = \partial p \partial z$, also

$$\frac{Gx}{hN} = \frac{\partial^2 x}{\partial z^2} = \frac{\partial p}{\partial z} = \frac{p\partial p}{\partial x}, \text{ oder } 2x\partial x = \frac{hN}{G} 2p\partial p,$$

daher, wenn man integrirt

$$x^2 + C = \frac{hN}{G} p^2,$$

und wenn die Quadratwurzel ausgezogen wird

$$\sqrt{(x^2 + C)} = p\sqrt{\frac{hN}{G}} = \frac{\partial x}{\partial z}\sqrt{\frac{hN}{G}}, \text{ oder}$$

$$\partial z \sqrt{\frac{G}{hN}} = \frac{\partial x}{\sqrt{(x^2+C)}}.$$

Wird nochmals integrirt, so ist

$$z\sqrt{\frac{G}{hN}} = \log\left[x + \sqrt{(x^2 + C)}\right] - \log C'.$$

Für $z = 0$ wird $x = 0$, also

$$0 = \log \sqrt{C} - \log C' \text{ oder } C' = \sqrt{C}, \text{ folglich}$$

$$z\sqrt{\frac{G}{hN}} = \log \frac{x + \sqrt{(x^2 + C)}}{\sqrt{C}},$$

daher ist die Kurve, welche die horizontalen Querschnitte des prismatischen Körpers begrenzt, eine logarithmische Linie.

§. 493.

Aufgabe. Die Gestalt eines Körpers von gleichem Widerstande zu finden, dessen Querschnitte Kreisflächen sind, wenn derselbe seinem eigenen Gewichte widerstehen soll.

Auflösung. Es sey, Figur 260., MP ein Querschnitt des Körpers, welcher auf der Are DN senkrecht steht. Ist nun der Halbmesser NM = MP = y und ND = z, so erhält man §. 490. II: Tf. XVII. Fig. 260.
$\frac{3G}{8k} y^2 \partial z^2 = \partial^2 (y^3)$, oder wenn man $y^3 = u$ und $\partial u = p \partial z$ setzt, so ist $\partial^2 u = \partial p \partial z$, daher

$$\frac{3G}{8k} u^{\frac{2}{3}} = \frac{\partial^2 u}{\partial z^2} = \frac{\partial p}{\partial z} = \frac{p \partial p}{\partial u}, \text{ oder}$$

$$\frac{3G}{8k} u^{\frac{2}{3}} \partial u = p \partial p,$$

davon das Integral

$$\frac{3G}{8k} \cdot \frac{3}{5} u^{\frac{5}{3}} = \tfrac{1}{2} p^2,$$

oder die Quadratwurzel ausgezogen

$$u^{\frac{5}{6}} \sqrt{\frac{9G}{20k}} = p = \frac{\partial u}{\partial z}, \text{ daher } \partial z \sqrt{\frac{18\,G}{25\,k}} = u^{-\frac{5}{6}} \partial u,$$

und wenn man nochmals integrirt, so wird

$$z \sqrt{\frac{9G}{20k}} = 6 u^{\frac{1}{6}} = 6 y^{\frac{1}{2}},$$

wo keine Constante hinzu kommt, weil y mit z = 0 verschwindet. Wird dieser gefundene Ausdruck quadrirt, so erhält man

$$y = \frac{4G}{75k} z^2.$$

Die Linie DPB ist daher eine gemeine Parabel, zu

welcher die Axe DN als Tangente ihres Scheitels D gehört. Durch Umdrehung dieser Parabel um die Tangente ihres Scheitels, wird der gesuchte Körper erzeugt, welcher daher eine trompetenförmige Gestalt erhält.

Zweiter Fall. Wenn die Körper an beiden Enden unterstützt sind.

§. 494.

Auf eine ganz ähnliche Art, wie solches §. 449. geschehen ist, kann man auch hier die Lehren von der respectiven Festigkeit solcher Körper, welche nur an dem einen Ende befestigt sind, auf die Fälle anwenden, wenn diese Körper an beiden Enden unterstützt sind. Gesetzt, der feste Körper ADECHB, Figur
Tf. XVII. Fig. 261. 261., sey an seinen beiden Enden D und F gestützt und zwischen denselben, ohne Rücksicht auf sein eigenes Gewicht, in G mit einer Last P beschwert, so entsteht hievon auf D ein Druck Q und auf F ein Druck Q'. Man setze den Abstand GD = a, und die ganze Länge DF = l, so ist GF = l — a, daher für das Gleichgewicht

$$Q = \frac{l-a}{l} P \text{ und } Q' = \frac{a}{l} P,$$

und es ist einerlei, ob in G das Gewicht P wirkt und an beiden Enden die Unterlagen D, F angebracht sind, oder ob man den Körper in dem vertikalen Querschnitt ABCG befestigt und an beiden Enden

D, E die Kräfte Q, Q′ vertikal aufwärts anbringt. So fern in diesem letzten Falle die Festigkeit des Körpers mit den Kräften Q, Q′ im Gleichgewichte ist, so wird solches auch für die Kraft P und die Unterstützungen D, E gelten.

Ist daher der gegebene Körper von ungleichem Widerstande, so kann man aus den gegebenen Abmessungen die Brechungsebene für den Theil ACD und ACF und die Kräfte Q, Q′ finden. Ist alsdann $aQ = (1-a)\,Q'$, so wird $P = Q + Q'$ die respective Festigkeit für den an beiden Enden unterstützten Körper. Wäre hingegen aQ größer oder kleiner als $(1-a)\,Q'$, so muß der kleinste von diesen Ausdrücken gewählt und mit Hülfe desselben die respective Festigkeit P gesucht werden.

§. 495.

Wollte man einen an beiden Enden unterstützten Körper von gleichem Widerstande haben, wenn man voraussetzt, daß die Last P nicht in der Mitte angebracht wäre, so setze man mit Beibehaltung der bisherigen Bezeichnung, daß die Querschnitte MP, M′P′, Figur 261., auf der Länge FD winkelrecht, oder mit dem Querschnitt AC parallel und durchgängig Rechtecke sind. Auch sey $MN = x$, $NP = y$, $EP = z$ und $M'N' = x'$, $N'P' = y'$, $H'P' = z'$ und für die Ebene AC, an welcher das Gewicht P unmittelbar wirkt, $AB = b$, $BC = h$, $CE = a$ und $CH = 1 - a$. Sollte nun der Körper von gleichem Tf. XVII. Fig. 261.

Widerstande seyn, so muß für alle Querschnitte wie MP, das Moment $Qz = Nxy^2$ und eben so $Q'z' = Nx'y'y'$ seyn. Für $z = a$ wird $x = b$ und $y = h$, also $aQ = Nbh^2$. Eben so ist für $z' = l - a$, $x' = b$, $y' = h$, also $(l - a) Q' = Nbh^2$, daher $aQ = (l - a) Q'$, wie erfordert wird.

Soll die Breite des Körpers von gleichem Widerstande durchgängig gleich groß seyn, also $MN = M'N' = AB$ oder $x = x' = b$, so erhält man für diesen Fall nach §. 483.

$$y^2 = \frac{h^2}{a} z \text{ und } y'y' = \frac{h^2}{l-a} \cdot z',$$

daher sind die Linien BNE und BN'H gemeine Parabeln. Soll die Höhe $BC = h$ mit Hülfe des Gewichts P gefunden werden, so ist §. 483.

$$N \frac{bh^2}{a} = Q, \text{ aber } Q = \frac{l-a}{l} P, \text{ daher } N \frac{bh^2}{a} = \frac{l-a}{l} P,$$

folglich

$$h = \sqrt{\frac{a(l-a)}{Nbl} P}.$$

Auf eine ähnliche Art verfährt man, wenn irgend eine andere Bedingung für den Querschnitt des Körpers gegeben wird.

§. 496.

Tf. XVII. Fig. 261. u. 262. Zusatz. Wäre die Linie ECH, Figur 261., nicht grade, sondern wie ECH, Figur 262., irgend eine krumme Linie, so muß nothwendig für diese krumme Linie jeder Querschnitt des Körpers für gleiche Abstände von den Unterstützungen auch eben die Abmessungen haben, als wenn die Linie ECH grade wäre. Ist daher ebhce der Längendurchschnitt des Körpers, wenn die krumme Linie ECH in die grade Linie EH = eh fiele und bildet EHhe ein Rechteck, so darf man nur mit eE parallel die Linien nP, bC, n′P′ u. s. w. ziehen, PN = pn, CB = cb, P′N′ = p′n′ u. s. w. nehmen, so erhält man dadurch den Längendurchschnitt EBHCE für den Körper von gleichem Widerstande, dessen Breite durchgängig gleich groß ist.

D. Versuche über die Biegsamkeit und respective Festigkeit mehrerer Holzarten.

§. 497.

Es ist schon angeführt worden, daß man nicht von der bekannten Festigkeit einer Materie unbedingt auf die Festigkeit einer andern, dem Anscheine nach ganz gleichen Materie, schließen könne, und daß man daher die Resultate über die Festigkeit der Materialien nur als Mittelwerthe ansehen kann. In Absicht der respectiven Festigkeit des Holzes giebt es besonders vielerlei Umstände, welche zu ansehnlichen Abweichungen Veranlassung geben. So findet man gewöhnlich, daß bei einerlei Baum das Holz am Kerne stärker als näher nach dem Splinte und vom Splint am schwächsten ist. Näher nach der Wurzel haben gleiche Holzstücke mehr Festigkeit als am Wipfel, und wenn man ein Holzstück nimmt, dessen Fasern oder Holzringe mit einer seiner Seitenflächen parallel gehen, so findet man, daß es unter übrigens gleichen Umständen mehr Festigkeit besitzt, wenn man die Holzringe vertikal oder mit der Richtung der Last parallel stellt, als wenn man die Holzringe wagerecht legt. Nur bei sehr altem Holze findet man die Festigkeit des Kerns geringer als zwischen Kern und Splint. Frisches Holz, welches gleich nach dem Fällen untersucht wird, ist gewöhnlich fester als mehrere Jahre nachher, so wie auch die Umstände, ob es während dieser Zeit der abwechselnden Witterung ausgesetzt war, sehr viel zur Veränderung seiner Festigkeit beitragen, weil das gut ausgetrocknete Holz weit mehr Festigkeit besitzt, als wenn Sonne und Regen darauf gewirkt haben, oder wenn bei dem frischen Holze aus Mangel an allem Luftzuge die Säfte stocken. Auch findet man die Bäume von einerlei Gattung aus einerlei Wald, sehr verschieden, weil außer dem Unterschiede des Bodens, auch der höhere oder niedrigere Stand, die freie Lage gegen Luftzug und Sonnenstrahlen und noch viele andere Umstände auf die verschiedene Festigkeit Einfluß haben. Eben das gilt von Bäumen, die in wärmern Ländern wachsen, welche gewöhnlich fester sind, als Bäume von gleicher Gattung in kältern Ländern.

Die angeführten Umstände, aus welchen schon eine große Verschiedenheit der Festigkeit für einerlei Holzart entsteht, machen es um so wünschenswerther, recht viel genaue Versuche über die respective Festigkeit verschiedener Holzarten zu erhalten. Bis jetzt kennt man aber nur wenig dergleichen Bemühungen, wohin nur die von Parent, Musschenbrök, Büffon, Belidor und Girard gezählt werden können. Die Parentschen Versuche (Mem. de l'ac. de Paris, année 1707. p. 680.) sind mit Stückchen Holz von Eichen und Fichten, $5\frac{1}{2}$ bis 24 Zoll lang und 5 bis 12 Linien stark und die Musschenbrökschen zwar beinahe mit allen Holzarten, aber gewöhnlich nur mit 5 bis 18 Zoll langen und $\frac{1}{4}$ bis $\frac{3}{4}$ Zoll starken Stückchen Holz angestellt. Dabei ist aber eben so wenig als bei den Belidorschen Versuchen (Ingenieur-Wissenschaft 1ster Theil 4. Buch 3. Kap.), welcher mit 18 bis 36 Zoll langen und $\frac{1}{2}$ bis 2 Zoll starken Stücken Eichenholz gemacht sind, die Zeit angegeben, wie lange das Gewicht vor dem Bruch gelegen hat; auch fehlt die Angabe, um wie viel sich der Körper bis zum Brechen gebogen hatte. Die Büffonschen Versuche haben den wesentlichen Vorzug, daß sie mit 7 bis 28 Fuß langen und 4 bis 8 Zoll starken eichenen Balken angestellt sind, wobei zugleich die Zeit, welche während der Belastung verflossen und die Biegung, welche der Balken erhalten hat, größtentheils angegeben ist. Bei diesen Versuchen ist nur zu bedauern, daß die Belastung so sehr schnell hinter einander aufgebracht worden, indem man noch nicht eine halbe Stunde darauf verwandt hat, um durch Lasten von 80 Centner einen Bruch zu bewirken. Hiedurch mußte nothwendig zum

Zerbrechen des Balkens ein größeres Gewicht verwandt werden, als nöthig war, den Balken nach einer längern Zeit zu zerbrechen, weil eine Last noch lange fortfährt, den Balken zu biegen, und ihn erst nach mehrern Tagen zerbricht, statt daß zum augenblicklichen Bruch ein weit größeres Gewicht erfordert wird. Die Girardschen Versuche über respective Festigkeit des Eichen- und Kiefernholzes betreffen lediglich das Biegen desselben, weil kein Holzstück zum Zerbrechen verwandt worden. Aber wenn gleich in Absicht des Zerbrechens keine Folgerungen aus denselben entspringen, so wären sie doch in Absicht der Biegung dieser beiden Holzarten sehr wichtig, wenn nicht die Holzstücke zu diesen Versuchen schon vorher bei Versuchen über die rückwirkende Festigkeit wären gebogen worden. Wenn man nun gleich nur solche Hölzer zu den Versuchen gebrauchte, welche sich, der Versicherung gemäß, nach der vorhergegangenen Biegung wieder grade gerichtet hatten, so ist es doch sehr einleuchtend, daß durch die erste Biegung das Holz einen Theil von derjenigen Kraft verloren hat, mit welcher solches dem Biegen widersteht. Es mußten daher die mit diesen Hölzern angestellten Versuche größere Biegungen angeben, als wenn das Holz ohne vorheriges Krümmen wäre verwandt worden.

§. 498.

Da keine Versuche über die respective Festigkeit der bei uns einheimischen Holzarten bekannt sind, so hat mir dies Veranlassung gegeben, die Biegsamkeit und respective Festigkeit einiger dieser Holzarten mit Rücksicht auf die während der Belastung verflossene Zeit näher zu untersuchen.

Die Zurüstung, deren man sich zu den Versuchen bediente, bestand aus zwei unverrückbar mit einander verbundenen Rüstböcken HJ, KL, Figur 263., Tf. XVII. Fig. 263. auf welchen zwei balkenförmige eiserne Stäbe F, G so befestigt waren, daß die beiden obersten Flächen dieser Stäbe in einerlei wagerechter Ebene sich befanden, weil man befürchten mußte, daß wenn man die Kanten dieser Stäbe nach oben brachte, und darauf die zum Zerbrechen bestimmte Hölzer legte, viel leichter tiefe Eindrücke in dem aufgelegten Holze entstehen konnten. Sobald man das ganze Gerüst so verbunden hatte, daß die lichte Entfernung DE von den beiden mit einander parallelen eisernen Stäben F, G die erforderliche Größe hatte, legte man das balkenförmig bearbeitete Holzstück auf die beiden Unterlagen F, G, so daß seine Länge mit der Länge dieser Stäbe rechte Winkel bildete. Hing man nun einen äußerst feinen gewichsten Faden pDCEp, an dessen Enden kleine Gewichte p, p befestigt waren, über die Unterlagen F, G, und fand man, daß der Faden genau mit der Unterkante des aufgelegten Holzes zusammentraf, so konnte man sich überzeugen, daß das Holz als ungebogen zu den Versuchen brauchbar war. Alle Holzstücke, welche diese Eigenschaft nicht hatten, wurden als zu den Versuchen unbrauchbar verworfen. Um mit Leichtigkeit Gewichte an das Holz zu hängen, diente ein eiserner Bügel QR, Figur 264., welcher Figur 263. im Durchschnitt abgebildet ist. Diesen Bügel hing man so über das Holzstück AB, daß sein Obertheil Q genau die bemerkte Mitte des Holzes berührte; damit aber von Q kein Einschnitt in das Holz entstehen konnte, so war der Theil Q mit einer sehr flachen Ründung abgefeilt. An diesem Bügel hing eine Wageschaale RS, welche nach Gefallen mit Gewichten U belastet werden konnte.

Um für jede Belastung und für irgend eine Zeit genau anzugeben, wie viel sich die Mitte des Holzes gesenkt hatte, konnte zugleich der Faden pDEp benutzt werden. Man befestigte in der Mitte von der Länge des Holzes AB auf seine ganze Höhe einen auf Pergament gezeichneten Maaßstab Mm, von welchem jeder Zoll genau in hundert gleiche Theile eingetheilt war, dergestalt, daß der Nullpunkt desselben genau mit der Unterkante des Holzes in M zusammen fiel. Die Höhe MC bestimmte alsdann, um wie viel Hunderttheile eines Zoll die Mitte des Holzes gesenkt war. Diese Einrichtung konnte aber nur so lange benutzt werden, bis der Punkt m den Faden in C erreicht hatte, weil alsdann derselbe von dem Obertheile Q des Bandes QR gebogen wurde. Um daher auch größere Senkungen zu messen, ward ein zweiter Faden ono mit DE parallel mittelst kleiner Gewichte q, q ausgespannt. Hierauf befestigte man so nahe wie möglich, neben dem Quereisen Q des Bügels QR, auf der obersten Fläche des Holzstücks AB einen schmalen vertikalen Maaßstab Nn, dessen Nullpunkt bei N, wenn das Holz nicht belastet war, mit der Linie, welche der Faden oo bildete, zusammen fiel. Hatte alsdann der unterste Faden DE ebenfalls gleiche Höhe mit der Unterkante des Holzstücks AB, so konnte man nach angehängtem Bügel und aufgelegter Belastung mit dem Maaßstabe Nn die Senkungen messen, welches mit dem Maaßstabe Mm aber nur so lange möglich war, als die Senkung die Höhe des Holzes nicht übertraf. Bei den Versuchen konnte man sich jedesmal von der richtigen Stellung des Maaßstabes Nn überzeugen, weil anfänglich stets Nn = MC seyn mußte. War der eiserne Bügel aufgeschoben, so hatte man zu mehrerer Vorsicht noch einen zweiten Maaßstab N′n′ angebracht, welcher mit Nn durchgängig übereinstimmte.

Weil die Hölzer beim Biegen zuweilen ihre Unterstützungspunkte D, E verlassen, so waren an jedem Holzstücke die beiden Linien Dd, Ee bemerkt, welche, wenn das Holz nicht belastet war, vertikal über den Unterstützungspunkten standen. Auch ist noch zu erinnern, daß, wenn man mittelst horizontaler Abscissen und vertikaler Ordinaten die Gestalt der Krümmung des gebogenen Holzes bestimmen wollte, alsdann auf einer der vertikalen Seitenflächen des ungebogenen

Holzes, in der Mitte zwischen Ober- und Unterkante, eine grade Linie gezogen, und die Gestalt der Krümmung durch ihre Abstände vom Faden oo bestimmt worden ist. Dieselbe Krümmung fand man bei der Unterkante des Holzes.

§. 499.

Zu den Versuchen wählte man nur Hölzer aus einheimischen Forsten, welche vor zwei bis drei Jahren gehauen und während dieser Zeit trocken aufbewahrt waren, so daß man die Hölzer als hinlänglich ausgetrocknet ansehen konnte, weil dies eigentlich der Zustand ist, unter welchem das Holz zu Gebäuden verwandt werden sollte. Da hier nur die Rede davon seyn kann, die Festigkeit gesunder, möglichst tadelloser Hölzer zu bestimmen, weil sich die übrigen für uns beinahe außer aller Regel befinden, so war man bemüht, nur ausgezeichnet gutes Holz zu den Versuchen zu verwenden. Jeder Ast und jede Krümmung in der Länge der Fasern machte dasselbe zu den Versuchen unbrauchbar. Jedes Holzstück wurde balkenförmig bearbeitet und mit dem Hobel genau so abgeglichen, daß alle Querschnitte desselben gleich große Rechtecke bildeten. Dabei durfte kein Holz über den Span geschnitten oder überspänig seyn (d. h. die Holzfasern, deren Fläche in die Außenseite des Holzes fiel, durften nicht durchgeschnitten seyn, sondern mußten einen Spiegel bilden), weil sonst beim Biegen das Ablösen

einzelner

einzelner Späne oder Fasern, ohne zerrissen zu seyn, zu befürchten war.

Um in der Folge die ganze Länge eines zu den Versuchen verwendeten Holzes von derjenigen zu unterscheiden, auf welche dasselbe zwischen den Unterstützungspunkten D, E, Figur 263., frei gelegen hat, weil nur der Abstand der Unterstützungspunkte als Länge des Holzes in Rechnung kommen kann, so soll derselbe oder die Weite DE, auf welche der Balken AB zwischen seinen Stützen frei liegt, die **respective Länge des Balkens** heißen. Auch wird allemal, wenn lediglich von Balkenlänge die Rede ist, diese respective Balkenlänge verstanden werden.

Bei der Beschreibung von den folgenden Versuchen wird man sich zu mehrerer Abkürzung nachstehender Bezeichnung bedienen:

l respective Länge des Holzes in Zollen,

b Breite desselben oder diejenige Dimension, welche horizontal lag, in Zollen,

h Höhe des Holzes, in Zollen,

G das Gewicht von einem Kubikfuße des Holzes in Pfunden,

g das zugehörige eigenthümliche Gewicht,

U die Belastung in Pfunden, welche zum Biegen verwandt worden, mit Inbegriff der Wageschaale, des eisernen Bügels und des halben Gewichts des Holzes,

t die Zeit in Stunden, welche während dieser Belastung verflossen, und u die Tiefe in Zollen, um welche die Mitte des Holzes am Ende der Zeit t von ihrer ursprünglichen horizontalen Lage abwich.

Wenn endlich bei mehreren Versuchen diejenigen Punkte des Holzes, welche mit den Punkten der Unterlage zusammenfielen, wegen der ansehnlichen Biegung des Holzes, von den Unterlagen F und G gewichen waren, so bezeichnet

d den Abstand der Unterlage von demjenigen Punkte des Holzes, welcher anfänglich sich über der Unterlage befand, wenn das Holz nicht belastet war, in Zollen.

Fanden sich bei jeder Unterlage solche Abweichungen, so bezeichnet d jedesmal die Summe beider Abweichungen.

Ob man gleich bei den Versuchen die Gewichte nur nur allmählig aufsetzte, damit keine Erschütterung des Holzes entstehen konnte, so war doch die Zeit, welche man auf dieses Aufbringen verwandte, so unbedeutend klein, daß man solche nicht in Rechnung bringen konnte und daher t = 0 gesetzt hat.

Bei sämmtlichen zu den Versuchen verwandten Hölzern erfolgte der Bruch jedesmal in der Mitte oder sehr nahe bei derselben. Mehrmals zerplazte die unterste Holzfaser, worauf bald der Bruch plötzlich erfolgte; öfter entstand aber der Bruch so plötzlich mit einem kurz vorher gegangenen Krachen, daß man kein einzelnes Zerplatzen einer Faser bemerken konnte. Die Bruchfläche war nie eben, sondern dermaßen splitterig, daß einzelne Fasern tief aus der Mitte des Holzes herausgerissen waren. Nur einigemal beim Kiefernholze waren zwei bis drei Fasern über einander in einerlei Ebene zerbrochen, gewöhnlich aber bestand die Bruchfläche aus sehr vielen Hervorragungen und Vertiefungen.

(I.) Versuche mit Kiefernholz.

1. Versuch. Das Holz vom Splint des Stammes sehr wenig harzig, 2 Fuß $7\frac{1}{2}$ Zoll lang; $l = 30$, $b = 0{,}7$ und $h = 0{,}958$ Zoll, wog $13\frac{1}{2}$ Loth. Man fand $G = 37{,}49$ Pfund, also $g = 0{,}567$.

Auf jeden Zoll der Dicke waren 18 Holzringe und beim Auflegen bildeten die Fasern oder Holzringe mit dem Horizont einen Winkel von 45 Grad.

U	t	u	U	t	u
13	0	0,09	80	0	0,92
13	1	0,15	80	$\frac{1}{2}$	0,94
25	0	0,30	90	0	1,03
25	3	0,34	90	$\frac{1}{2}$	1,06
41	0	0,52	96	0	1,11
41	6	0,53	96	$\frac{1}{2}$	1,13
51	0	0,65	102	0	1,18
51	12	0,66	102	$\frac{1}{2}$	1,20
55	0	0,70	108	0	1,27
55	1	0,71	108	$\frac{1}{2}$	1,31
61	0	0,74	114	0	1,37
61	1	0,74	114	1	1,42
70	0	0,83	118	0	1,48
70	$\frac{1}{2}$	0,83	118	$\frac{1}{4}$	1,50
80	0	0,92	118	$\frac{1}{3}$	1,51

Unter einer Belastung von 118 Pfund zerbrach das Holz, als sich seine Mitte bis auf 1,51 Zoll gesenkt hatte. Die anfänglich unterstützten Punkte des Holzes waren nicht von der Unterlage gewichen, also durchgängig d=0. Der ganze Versuch hat vom Anfange der Belastung bis zum Bruch $28\frac{7}{12}$ Stunden gedauert.

2. Versuch. Das Holz vom Splint, ohne Harz, vorher 8 Tage über einem Ofen getrocknet, 2 Fuß $7\frac{1}{2}$ Zoll lang; l=30, b=0,812 und h=1,02 Zoll, wog $14\frac{1}{8}$ Loth. G=29,10 Pfund, g=0,441. Auf jeden Zoll der Dicke 17 Holzringe. Die Fasern horizontal gelegt.

U	t	u	U	t	u
80	0	0,36	104	4	1,36
80	3	0,62	105	0	1,37
80	5	0,75	105	6	1,40
80	7	0,79	106	0	1,41
80	9	0,81	106	14	1,44
80	25	0,91	107	0	1,46
90	0	0,99	107	29	1,53
90	17	1,06	108	0	1,55
90	27	1,10	108	18	1,57
96	0	1,15	109	0	1,59
96	3	1,16	109	4	1,60
100	0	1,18	109	16	1,62
100	15	1,25	109	33	1,64
100	27	1,29	109	63	1,65
102	0	1,31	109	103	1,66
102	11	1,33	$109\frac{1}{2}$	0	1,67
104	0	1,35	$109\frac{1}{2}$	$\frac{1}{2}$	1,68

Unter einer Belastung von $109\frac{1}{2}$ Pfund bei einer Senkung in der Mitte von 1,68 Zoll zerbrochen.

Hier war d durchgängig = 0. Die Dauer des Versuchs war $264\frac{1}{2}$ Stunden oder sehr nahe 11 Tage und Nächte.

3. Versuch. Das Holz zwischen Kern nnd Splint des Stammes, ohne Harz, 4 Fuß $3\frac{1}{2}$ Zoll lang, l = 48, b = 1,146 und h = 1,028 Zoll, wog 1 Pfund $12\frac{3}{4}$ Loth. G = 39,84 Pfund, g = 0,604. Auf jeden Zoll der Dicke 16 Holzringe. Die Fasern horizontal.

U	t	u	U	t	u
128	0	1,28	192	$\frac{1}{4}$	2,59
128	$\frac{1}{4}$	1,36	196	0	2,66
128	$\frac{3}{4}$	1,43	196	$\frac{1}{4}$	2,70
128	$1\frac{1}{2}$	1,48	200	0	2,74
128	$2\frac{1}{2}$	1,52	200	$\frac{1}{4}$	2,79
128	4	1,58	204	0	2,84
128	6	1,63	204	$\frac{1}{4}$	2,88
128	9	1,68	208	0	2,92
128	11	1,70	208	$\frac{1}{4}$	3,00
128	26	1,82	212	0	3,03
156	0	2,08	212	$\frac{1}{4}$	3,09
156	$\frac{1}{4}$	2,11	216	0	3,13
168	0	2,22	216	$\frac{1}{4}$	3,17
168	$\frac{1}{4}$	2,25	220	0	3,22
178	0	2,33	220	$\frac{1}{4}$	3,29
178	$\frac{1}{4}$	2,36	223	0	3,33
186	0	2,45	223	$\frac{1}{4}$	3,43
186	$\frac{1}{4}$	2,49	226	0	3,48
192	0	2,54	226	$\frac{1}{6}$	3,51

Unter einer Last von 226 Pfund, bei einer Senkung in der Mitte von 3,51 Zoll zerbrochen. Die Abweichung oder d durchgängig = 0.

Die absolute Festigkeit dieses Holzes ist im 8ten und 9ten Versuch §. 432. angegeben, so daß für dasselbe k = 20120 Pfund ist.

4. **Versuch.** Das Holz vom Kern und durchgängig harzig, 4 Fuß 3,3 Zoll lang; l = 49, b = h = 1,04 Zoll, wog 1 Pfund $10\frac{9}{16}$ Loth. G = 41,15 Pfund, g = 0,624. Auf jeden Zoll der Dicke 7 Holzringe. Die Fasern bildeten mit dem Horizont einen Winkel von 40 Grad.

U	t	u	U	t	u
73	0	1,00	86	0	1,90
73	1	1,08	86	2	1,91
73	3	1,15	92	0	1,97
73	5	1,20	92	2	1,99
73	8	1,26	98	0	2,07
73	12	1,29	98	1	2,07
73	27	1,36	102	0	2,11
73	40	1,39	102	2	2,12
79	0	1,49	105	0	2,16
79	4	1,50	105	1	2,16
79	15	1,52	107	0	2,18
79	32	1,55	107	1	2,19
79	62	1,58	108	0	2,20
79	96	1,60	108	1	2,21
79	133	1,62	109	0	2,22
79	181	1,65	109	6	2,23
79	220	1,67	110	0	2,24
79	264	1,69	110	1	2,25
79	319	1,71	111	0	2,26
79	386	1,73	111	$\frac{1}{2}$	2,26
79	466	1,75	112	0	2,27
79	556	1,77	112	$\frac{1}{2}$	2,27
9	647	1,79	113	0	2,28
79	706	1,80	113	$\frac{1}{2}$	2,28
79	771	1,81	114	0	2,29

U	t	u	d	U	t	u	d
114	½	2,30	0	133	0	2,57	0,06
115	0	2,31	0	133	½	2,58	0,06
115	½	2,31	0	134	0	2,59	0,06
116	0	2,32	0	134	½	2,60	0,06
116	½	2,32	0	135	0	2,61	0,06
117	0	2,33	0	135	½	2,61	0,06
117	½	2,34	0,01	136	0	2,62	0,06
118	0	2,35	0,01	136	½	2,63	0,07
118	½	2,35	0,01	137	0	2,64	0,07
119	0	2,36	0,01	137	10	2,68	0,07
119	½	2,37	0,02	138	0	2,69	0,07
120	0	2,38	0,02	138	½	2,70	0,07
120	½	2,38	0,02	139	0	2,71	0,07
121	0	2,39	0,02	139	½	2,71	0,08
121	½	2,40	0,03	140	0	2,72	0,08
122	0	2,41	0,03	140	½	2,73	0,08
122	½	2,41	0,03	141	0	2,74	0,08
123	0	2,42	0,03	141	½	2,74	0,08
123	½	2,42	0,03	142	0	2,75	0,08
124	0	2,43	0,03	142	½	2,75	0,09
124	½	2,44	0,04	143	0	2,76	0,09
125	0	2,45	0,04	143	½	2,78	0,09
125	½	2,45	0,04	144	0	2,79	0,09
126	0	2,46	0,04	144	⅓	2,79	0,09
126	½	2,47	0,04	145	0	2,80	0,09
127	0	2,48	0,04	145	2	2,82	0,10
127	½	2,49	0,05	146	0	2,83	0,10
128	0	2,50	0,05	146	½	2,83	0,10
128	½	2,50	0,05	147	0	2,84	0,10
129	0	2,51	0,05	147	½	2,85	0,11
129	½	2,51	0,05	148	0	2,86	0,11
130	0	2,52	0,05	148	½	2,87	0,11
130	½	2,52	0,05	149	0	2,88	0,11
131	0	2,53	0,05	149	½	2,89	0,12
131	½	2,54	0,06	150	0	2,90	0,12
132	0	2,55	0,06	150	½	2,90	0,12
132	½	2,56	0,06	151	0	2,91	0,12

U	t	u	d	U	t	u	d
151	½	2,92	0,12	169	½	3,34	0,18
152	0	2,93	0,12	170	0	3,35	0,18
152	½	2,94	0,13	170	½	3,37	0,19
153	0	2,95	0,13	171	0	3,38	0,19
153	½	2,96	0,13	171	½	3,39	0,19
154	0	2,97	0,13	172	0	3,40	0,19
154	½	2,97	0,13	172	½	3,42	0,20
155	0	2,98	0,13	173	0	3,43	0,20
155	½	2,99	0,14	173	½	3,45	0,20
156	0	3,00	0,14	174	0	3,46	0,20
156	½	3,01	0,14	174	½	3,47	0,20
157	0	3,02	0,14	175	0	3,48	0,20
157	½	3,03	0,14	175	½	3,49	0,20
158	0	3,04	0,14	176	0	3,50	0,20
158	½	3,06	0,15	176	½	3,51	0,20
159	0	3,07	0,15	177	0	3,52	0,20
159	½	3,08	0,15	177	½	3,54	0,21
160	0	3,09	0,15	178	0	3,56	0,21
160	½	3,11	0,15	178	½	3,57	0,21
161	0	3,12	0,15	179	0	3,58	0,21
161	½	3,13	0,16	179	½	3,59	0,22
162	0	3,14	0,16	180	0	3,60	0,22
162	½	3,15	0,16	180	½	3,62	0,23
163	0	3,16	0,16	181	0	3,63	0,23
163	10	3,24	0,16	181	½	3,65	0,25
164	0	3,25	0,16	182	0	3,66	0,26
164	½	3,26	0,17	182	½	3,67	0,28
165	0	3,26	0,17	183	0	3,68	0,29
165	½	3,27	0,17	183	½	3,70	0,32
166	0	3,28	0,17	184	0	3,72	0,33
166	½	3,29	0,17	184	1	3,77	0,35
167	0	3,30	0,17	185	0	3,79	0,35
167	½	3,30	0,18	185	½	3,83	0,36
168	0	3,31	0,18	185	1½	3,85	0,38
168	½	3,32	0,18	185	2½	3,89	0,40
169	0	3,33	0,18	185	6	3,96	0,44
169	½	3,34	0,18	185	8½	3,99	0,46

Unter einer Last von 185 Pfund bei einer Senkung in der Mitte von 3,99 Zoll zerbrochen.

Die absolute Festigkeit dieses Holzes ist §. 432. im dritten Versuch angegeben. Das Maaß derselben oder k fand man 16160 Pfund.

5. Versuch. Das Holz aus der Mitte zwischen Kern und Splint des Stammes, sehr harzig, 4 Fuß $3\frac{7}{12}$ Zoll lang; $l = 50$, $b = 1{,}222$ und $h = 1{,}229$ Zoll, wog 1 Pfund $30\frac{3}{16}$ Loth. $G = 43{,}33$ Pfund, also $g = 0{,}657$.

Auf jeden Zoll der Dicke, $6\frac{1}{2}$ Holzringe. Die Holzringe hatten eine solche Lage, daß ihre größte Sehnen mit dem Horizonte einen Winkel von 45 Grad bildeten.

U	t	u	U	t	u
73	0	0,59	73	24	1,06
73	$\frac{1}{4}$	0,67	73	27	1,07
73	$\frac{1}{2}$	0,73	73	32	1,08
73	1	0,80	156	0	1,77
73	2	0,87	156	$\frac{1}{4}$	1,87
73	5	0,94	156	1	1,90
73	7	0,97	156	2	1,93
73	10	1,00	156	4	1,98
73	12	1,01	156	7	2,01
73	16	1,03	156	16	2,05
73	24	1,06	156	20	2,09

Um zu beobachten, nach welchem Verhältnisse sich das Holz, von aller Belastung befreit, wieder grade richtet, nahm man die ganze Belastung hinweg, und legte dasselbe auf eine wagerechte Tafel, damit durch das Gewicht des Holzes die Verminderung der Senkung u nicht verhindert werden konnte. Die Verminderungen der Senkung sind in der folgenden Tafel enthalten.

U	t	u	U	t	u
156	20	2,09	0	20	0,55
0	0	0,73	0	44	0,50
0	$\frac{1}{4}$	0,68	0	68	0,48
0	1	0,59	0	92	0,46
0	2	0,57	0	116	0,46
0	6	0,56	0	140	0,45
0	20	0,55	0	908	0,45

Während 32 Tage behielt das Holz unverändert eine Senkung der Mitte von 0,45 Zoll, und man hatte also keine Hoffnung, daß es sich wieder grade richten würde. Man legte dasselbe also wieder auf seine vorige Unterlagen, um zu bemerken, nach welcher Ordnung sich dasselbe bei einer der vorherigen gleichen Belastung biegen würde.

U	t	u	d	U	t	u	d
0	908	0,45	0	223	0	2,54	0,03
73	0	1,03	0	223	$\frac{1}{2}$	2,60	0,05
73	$\frac{1}{4}$	1,06	0	233	0	2,68	0,05
73	$\frac{1}{2}$	1,07	0	233	$\frac{1}{2}$	2,74	0,08
73	1	1,08	0	243	0	2,83	0,08
156	0	1,79	0	243	$\frac{1}{4}$	2,90	0,13
156	1	1,93	0	251	0	2,96	0,13
184	0	2,16	0	251	$\frac{1}{4}$	3,03	0,15
184	$\frac{1}{2}$	2,19	0,01	257	0	3,09	0,15
211	0	2,39	0,01	257	$\frac{1}{4}$	3,16	0,21
211	$\frac{1}{2}$	2,46	0,03	263	0	3,20	0,21

U	t	u	d	U	t	u	d
263	$\frac{1}{4}$	3,30	0,24	275	$\frac{1}{4}$	3,57	0,29
267	0	3,33	0,24	279	0	3,60	0,29
267	$\frac{1}{4}$	3,40	0,28	279	$\frac{1}{4}$	3,65	0,31
271	0	3,43	0,28	283	0	3,67	0,31
271	$\frac{1}{4}$	3,49	0,28	283	$\frac{1}{12}$	3,70	0,36
275	0	3,53	0,28	283	$\frac{1}{10}$	3,70	0,36

Als die Last von 283 Pfund 5 Minuten aufgehängt war, hatte sich die Mitte des Holzes 3,70 Zoll gesenkt und eine der untersten Fasern in der Mitte zerplatzte, worauf das Holz nach einer Minute plötzlich zerbrach.

Als Maaß der absoluten Festigkeit dieses Holzes fand man k = 12520 Pfund, wie solches §. 432. durch den 10ten und 11ten Versuch bestimmt worden ist.

6. Versuch. Das Holz aus der Mitte zwischen Kern und Splint des Stammes, ohne Harz, 6 Fuß $2\frac{3}{4}$ Zoll lang; $l = 66$, $b = h = 2$ Zoll, wog 6 Pfund $14\frac{1}{4}$ Loth. $G = 37{,}247$ Pfund; $g = 0{,}565$.

Auf jeden Zoll Dicke 12 Holzringe. Die Fasern horizontal gelegt.

U	t	u	U	t	u
598	0	1,16	598	25	1,37
598	$\frac{1}{4}$	1,22	598	40	1,41
598	1	1,25	598	55	1,44
598	3	1,28	598	75	1,46
598	8	1,31	598	97	1,48
598	17	1,34	708	0	1,71

U	t	u	U	t	u
708	1	1,75	915	$\frac{1}{4}$	2,92
873	0	2,08	915	$\frac{1}{2}$	2,94
873	2	2,25	915	$\frac{3}{4}$	2,97
873	7	2,36	915	1	3,00
873	15	2,45	915	$1\frac{1}{4}$	3,03
873	30	2,63	915	$1\frac{1}{2}$	3,06
873	40	2,75	915	$1\frac{3}{4}$	3,10
873	44	2,77	915	2	3,15
885	0	2,80	915	$2\frac{1}{12}$	3,17
885	$\frac{1}{4}$	2,81	915	$2\frac{1}{6}$	3,19
895	0	2,83	915	$2\frac{1}{4}$	3,21
895	$\frac{1}{4}$	2,84	915	$2\frac{1}{2}$	3,31
905	0	2,87	915	$2\frac{}{12}$	3,43
905	$\frac{1}{4}$	2,88	915	$2\frac{2}{3}$	3,50
915	0	2,91	915	$2\frac{3}{4}$	3,70
915	$\frac{1}{4}$	2,92	915	$2\frac{5}{6}$	3,80

Nachdem die Belastung von 915 Pfund 2 Stunden 35 Minuten aufgehängt und die Mitte bis 3,43 Zoll gesenkt war, zerplatzte ein Theil von der untersten Holzfaser an der Kante. Nach 2 Stunden 40 Minuten bei 3,50 Zoll Senkung, war die ganze unterste Holzfaser zerplatzt und nach 2 Stunden 50 Minuten unter einer Senkung von 3,80 Zoll zerbrach das Holz plötzlich.

Während des ganzen Versuchs war d = 0.

Das Maaß der absoluten Festigkeit dieses Holzes oder k fand man = 21820 Pfund, wie solches §. 432. des 6ten und 7ten Versuchs angegeben ist.

Zur Ausmittelung derjenige Linie, nach welcher das Holz gebogen wird, hatte man in der Mitte der vertikalen Außenfläche des Holzes zwischen Ober- und Unterkante vor der Belastung desselben eine grade Linie gezogen und für dieselbe die horizontalen Abscissen und vertikalen Ordinaten bestimmt. Weil die Unterkante des Holzes dieselbe Biegung annahm, so enthält die nachstehende Tafel die gefundenen Abmessungen, wenn die wagerechte Linie, welche durch die Unterstützungspunkte des Holzes geht, als Abscissenaxe und die Unterstützungspunkte selbst als Anfangspunkte der Abscissen angenommen werden, indem man die Abscissen nicht weiter als bis zur Mitte des Holzes rechnet. Als die Mitte des Holzes genau 2,75 Zoll gesenkt war, maß man die Ordinaten.

Abscissen.	Ordinaten auf der einen Hälfte.	Ordinaten auf der andern Hälfte.	Abscissen.	Ordinaten auf der einen Hälfte.	Ordinaten auf der andern Hälfte.
Zoll.	Zoll.	Zoll.	Zoll.	Zoll.	Zoll.
3	0,35	0,36	18	1,96	1,98
6	0,69	0,70	21	2,20	2,22
9	1,02	1,03	24	2,41	2,42
12	1,36	1,38	27	2,59	2,60
15	1,69	1,70	30	2,71	2,70
18	1,96	1,98	33	2,75	2,75

7. Versuch. Kiefernholz aus der Mitte zwischen Kern und Splint, sehr wenig harzig, 6 Fuß $2\frac{3}{4}$ Zoll lang; $l = 66$, $b = 1,5$ und $h = 1,542$ Zoll, wog 4 Pfund. $G = 39,976$ Pfund, also $g = 0,606$. Auf jeden Zoll der Dicke 8 Holzringe. Die Fasern horizontal gelegt.

Dieses Holzstück war von allen übrigen darin verschieden, daß bei demselben in der Mitte seiner Länge ein

$\frac{1}{3}$ Zoll dicker Ast in vertikaler Richtung von der Mitte der obern Fläche nach der untern ging. Ob nur gleich alle Hölzer, bei welchen sich Aeste zeigten, als unbrauchbar zu den Versuchen verworfen wurden, so hielt man es doch für nützlich, mit diesem Holzstück, welches außerdem ohne allen Tadel war, einen Versuch anzustellen, um den Einfluß des Astes auf die Biegung und auf die größte Ordinate beim Bruche kennen zu lernen.

U	t	u	U	t	u	d
295	0	1,95	295	6	2,50	0
295	$\frac{1}{2}$	2,20	295	16	2,72	0,02
295	1	2,29	295	$19\frac{1}{4}$	3,04	0,06
295	2	2,35	295	$19\frac{1}{2}$	3,16	0,09
295	6	2,50	295	$19\frac{7}{12}$	3,20	0,11

Als die Last von 295 Pfund $19\frac{1}{2}$ Sutnden angehängt und die Mitte bis auf 3,16 Zoll gesenkt war, bemerkte man ein geringes Krachen und eine Ablösung eines Theils der Fibern des Holzes von dem Aste. Nach 19 Stunden 35 Minuten zerbrach endlich das Holz plötzlich unter der anfänglichen Belastung.

8. Versuch. Kiefernholz aus der Mitte zwischen Herz und Splint, ohne Harz, 6 Fuß 1 Zoll lang, $l = 66$, $b = h = 1{,}60$ Zoll, wog 4 Pfund $1\frac{1}{2}$ Loth. $G = 41{,}388$ Pfund, also $g = 0{,}628$.

Auf jeden Zoll Dicke 12 Holzringe. Die Fasern hatten eine wagerechte Lage.

Die Belastung war vom Anfange bis zum Ende Versuchs U = 112 Pfund.

t	u	t	u	t	u
0	0,76	50	0,97	600	1,15
$\frac{1}{4}$	0,80	72	0,99	768	1,17
$\frac{1}{2}$	0,82	96	1,01	864	1,18
1	0,83	144	1,03	960	1 19
2	0,85	192	1,06	1008	1,20
6	0,88	264	1,08	1128	1,21
12	0,90	336	1 10	1272	1,22
24	0,93	432	1,12	1584	1,23
35	0,95	528	1,14	2040	1,24
50	0,97	600	1,15	4224	1,24

Nachdem die Last von 112 Pfund 85 Tage aufgehängt war, hatte sich die Mitte bis auf 1,24 Zoll gesenkt, ohne daß das Holz während des Versuchs von seinen Unterlagen gewichen wäre. Als nach Verlauf von noch 79 Tagen die Senkung unverändert 1,24 Zoll blieb, befreite man das Holz von seiner Belastung, welche überhaupt 164 Tage, also beinahe ein halbes Jahr aufgehängt war. Auf eine ähnliche Art wie beim fünften Versuche, bemerkte man die Verminderung der Senkungen, welche in folgender Tafel enthalten sind.

U	t	u	U	t	u
112	4224	1,24	0	4	0,37
0	0	0,46	0	21	0,36
0	$\frac{1}{4}$	0,43	0	120	0,35
0	1	0,39	0	672	0,34
0	4	0,37	0	2136	0,34

Nach 28 Tagen hatte sich die Senkung des Holzes bis auf 0,34 Zoll vermindert. Als aber nach Verlauf von 2 Monaten die Krümmung unverändert blieb, konnte man den Versuch als beendet ansehn.

9. Versuch. Kiefernholz aus der Mitte zwischen Herz und Splint, ohne Harz, 6 Fuß $2\frac{3}{4}$ Zoll lang; $l = 66$, $b = 1{,}958$ und $h = 2{,}04$ Zoll, wog 6 Pfund 31 Loth. $G = 40\frac{1}{3}$ Pfund, also $g = 0{,}612$.

Auf jeden Zoll Dicke 8 Holzringe. Die Fasern hatten eine horizontale Lage.

U	t	u	U	t	u
681	0	1,54	736	$\frac{1}{2}$	2,40
681	$\frac{1}{2}$	1,70	764	0	2,45
681	1	1,73	764	$\frac{1}{2}$	2,48
681	2	1,78	800	0	2,54
681	3	1,81	800	$\frac{1}{2}$	2,58
681	5	1,85	800	1	2,60
681	18	1,95	800	$1\frac{1}{2}$	2,62
681	29	2,08	828	0	2,68
681	42	2,18	828	$\frac{1}{2}$	2,72
681	54	2,22	840	0	2,75
681	68	2,26	840	$\frac{1}{4}$	2,78
736	0	2,38	850	0	2,80
736	$\frac{1}{2}$	2,40	850	$\frac{1}{5}$	2,82

Unter einer Last von 850 Pfund, nachdem sich die Mitte um 2,82 Zoll gesenkt hatte, plötzlich zerbrochen. Hier war $d = 0$, welches für die Folge allemal gilt, wenn weiter nichts bemerkt wird.

Das Maaß der absoluten Festigkeit dieses Holzes

war k = 20680 Pfund. Man sehe §. 432. den 4. und 5. Versuch.

Auf eine ähnliche Art, wie beim sechsten Versuch näher beschrieben ist, wurde hier die Biegung des ganzen Holzstücks gemessen, als die Mitte desselben genau 2,60 Zoll gesenkt war. Die ausgemessenen Ordinaten sind in der nachstehenden Tafel aufgeführt.

Abscissen	Ordinaten auf der einen Hälfte	Ordinaten auf der andern Hälfte	Abscissen	Ordinaten auf der einen Hälfte	Ordinaten auf der andern Hälfte
Zoll.	Zoll.	Zoll.	Zoll.	Zoll.	Zoll.
3	0,34	0,34	18	1,89	1,89
6	0,69	0,68	21	2,12	2,13
9	1,01	1,00	24	2,30	2,30
12	1,32	1,32	27	2,44	2,44
15	1,63	1,63	30	2,54	2,55
18	1,89	1,89	33	2,60	2,60

10. Versuch. Kiefernholz vom Splint, ohne Harz, 6 Fuß $2\frac{3}{4}$ Zoll lang; l = 70, b = h = 2 Zoll, wog 6 Pfund $10\frac{1}{2}$ Loth. G = 36,57 Pfund, also g = 0,554.

Auf jeden Zoll der Dicke 18 Holzringe. Die Fasern waren horizontal gelegt.

U	t	u	U	t	u
735	0	2,35	735	$\frac{1}{2}$	3,06
735	$\frac{1}{4}$	2,92	735	$\frac{3}{4}$	3,14

Bei der anfänglichen Belastung von 735 Pfund war das Holz nach 45 Minuten zerbrochen, als sich die Mitte bis auf 3,14 Zoll gesenkt hatte.

Die absolute Festigkeit von einem Quadratzolle des Querschnitts war 18320 Pfund. M. s. §. 432. den 12. und 13. Versuch.

11. Versuch. Kiefernholz vom Kern, ohne Harz, 6 Fuß 3 Zoll lang; l = 72, b = 1,458 und h = 1,5 Zoll, wog 3 Pfund $28\frac{1}{2}$ Loth. G = 40,987 Pfund, also g = 0,623.

Auf jeden Zoll Dicke 13 Holzringe, die Fasern lagen horizontal.

U	t	u	U	t	u	d
239	0	1,89	239	29	2,63	0,01
239	$\frac{1}{4}$	1,97	239	42	2,68	0,03
239	$\frac{1}{2}$	2,01	349	0	3,57	0,06
239	1	2,05	349	$\frac{1}{4}$	3,73	0,13
239	2	2,13	377	0	3 99	0,13
239	4	2,23	377	$\frac{1}{4}$	4,16	0,21
239	13	2,40	404	0	4,41	0,22
239	23	2,58	404	$\frac{1}{5}$	4,50	0,24

Als die Last von 404 Pfund 12 Minuten gehangen hatte, war die Mitte um 4,5 Zoll gesenkt und das Holz zerbrach plötzlich.

Das Maaß der absoluten Festigkeit war k = 21400 Pfund. M. s. §. 432. den 1. und 2. Versuch.

12. Versuch. Kiefernholz aus der Mitte zwischen Herz und Splint, sehr wenig harzig; 6 Fuß 3 Zoll lang; l = 72, b = h = 1,276 Zoll, wog 2 Pfund 25 Loth. G = 39,232 Pfund, also g = 0,595.

Auf jeden Zoll Dicke 8 Holzringe. Die Fasern lagen horizontal.

Die aufgehängte Last war während des ganzen Versuchs unveränderlich 84 Pfund.

t	u	d	t	u	d
0	1,90	0,05	962	3,52	0,17
$\frac{1}{4}$	1,95	0,05	1250	3,66	0,20
$\frac{1}{2}$	1,98	0,05	1562	3,90	0,30
$\frac{3}{4}$	2,00	0,05	1778	4,14	0,30
1	2,02	0,05	2018	4,45	0,51
$1\frac{1}{2}$	2,04	0,05	2290	4,78	0,60
2	2,05	0,06	2338	4,89	0,65
3	2,08	0,06	2610	5,18	0,68
5	2,14	0,06	2706	5,32	0,73
8	2,19	0,06	2778	5,34	0,75
13	2,23	0,07	2994	5,40	0,78
21	2,29	0,07	3066	5,44	0,78
28	2,34	0,07	3210	5,46	0,78
37	2,39	0,07	3258	5,56	0,80
50	2,45	0,08	3354	5,68	0,86
74	2,53	0,08	3450	5,70	0,88
98	2,59	0,08	3618	5,78	0,90
122	2,64	0,08	3810	5,89	0,93
146	2,69	0,08	4002	5,95	0,98
170	2,73	0,09	4290	6,03	1,02
194	2,76	0,09	4602	6,15	1,03
242	2,80	0,10	5082	6,27	1,05
314	2,94	0,11	6200	6,39	1,08
410	3,00	0,11	7016	6,43	1,10
530	3,07	0,12	8192	6,44	1,10
650	3,13	0,12	9392	6,44	1,10

Bei diesem Versuche sind die Beobachtungen über ein Jahr lang fortgesetzt worden. Nach 341 Tagen vom Anfange der Belastung hatte sich die Mitte bis auf 6,44 Zoll gesenkt, und das Holz war um 1,1 Zoll von den Unterlagen abgewichen. Da man keine weitere Veränderungen nach dieser Zeit bemerkte und auch nach 50 Tagen die Senkung und Abweichung unverändert blieb, so konnte man den Versuch als beendet ansehen. Beim plötzlichen Abnehmen der Belastung verminderte sich die Senkung u bis auf 4,85 Zoll.

13. Versuch. Kiefernholz aus der Mitte zwischen Kern und Splint, ohne Harz; 8 Fuß $\frac{1}{4}$ Zoll lang; $l = 88$, $b = 1,9$ und $h = 2$ Zoll, wog 7 Pfund 12 Loth. $G = 34,753$, also $g = 0,527$.

Auf jeden Zoll Dicke 13 Holzringe. Die Fasern lagen horizontal.

U	t	u	U	t	u	d
4	0	0	406	$\frac{1}{12}$	2,61	0
20	0	0,10	461	0	2,91	0
50	0	0,28	461	$\frac{1}{12}$	2,93	0
351	0	2,06	516	0	3,25	0
351	$\frac{1}{4}$	2,13	516	$\frac{1}{12}$	3,30	0,01
351	$\frac{1}{2}$	2,15	571	0	3,62	0,01
351	1	2,17	571	$\frac{1}{12}$	3,71	0,03
351	2	2,18	626	0	4,05	0,03
351	5	2,21	626	$\frac{1}{12}$	4,26	0,04
351	7	2,23	626	$\frac{1}{6}$	4,30	0,05
351	10	2,24	654	0	4,52	0,05
351	18	2,26	654	$\frac{1}{12}$	4,65	0,06
351	22	2,27	654	$\frac{1}{8}$	4,70	0,07
351	30	2,29	654	$\frac{1}{6}$	4,78	0,09
351	45	2,31	654	$\frac{5}{24}$	4,90	0,11
406	0	2,60	654	$\frac{1}{4}$	4,97	0,12
406	$\frac{1}{12}$	2,61	654	$\frac{1}{3}$	5,50	0,15

Weil die Zeit äußerst kurz war, in welcher man hinter

einander 4; 20; 50 und 351 Pfund aufgehängt hatte, so ist solche hier als 0 angegeben. Als die Last von 654 Pfund 12½ Minute aufgehängt und die Mitte 4,9 Zoll gesenkt war, zerplatzte ein Theil der untersten Faser, und als sich nach 20 Minuten die Mitte bis auf 5,5 Zoll gesenkt hatte, zerbrach das Holz plötzlich.

(II). Versuche mit Sommereichen.

14. Versuch. Das Holz vom Kern, 4 Fuß 3⅜ Zoll lang; l = 48, b = 0,98 und h = 1,18 Zoll, wog 1 Pfund 20⅛ Loth. G = 47,38 Pfund, also g = 0,719.

Beim Auflegen des Holzes bildeten die Fasern mit dem Horizont einen Winkel von 45 Grad.

U	t	u	U	t	u
85	0	0,60	85	40	0,78
85	¼	0,65	150	0	1,36
85	1	0,73	150	½	1,44
85	7	0,75	150	5	1,50
85	15	0,76	150	14	1,55
85	26	0,77	150	26	1,58
85	40	0,78	150	50	1,62

Als man die aufgehängte Last von 150 bis auf 85 Pfund verminderte, fand man für die größte Senkung unter dieser Last 1,06 Zoll, und als man alle Gewichte abnahm und das Holz schnell auf eine wagerechte Tafel legte, blieb nur noch eine Senkung der Mitte von 0,22 Zoll. Die nachstehende Tafel enthält die Abnahmen dieser Senkung nebst der verflossenen Zeit.

U	t	u	U	t	u
150	50	1,62	0	45	0,09
85	0	1,06	0	69	0,08
0	0	0,22	0	117	0,07
0	$\frac{1}{4}$	0,19	0	189	0,05
0	1	0,16	0	285	0,04
0	5	0,12	0	621	0,03
0	12	0,11	0	1077	0,02
0	22	0,10	0	1797	0,02

Nach beinahe 45 Tagen hatte sich das Holz wieder so weit grade gerichtet, daß in seiner Mitte nur eine Senkung von $\frac{1}{50}$ Zoll blieb, und als sich diese während 30 Tage nicht änderte, so brachte man das Holz wieder auf die Unterlagen, um zu bemerken, wie viel sich dasselbe bei einer der vorigen gleichen Belastung biegen werde.

U	t	u	d	U	t	u	d
0	1797	0,02	0,00	205	0	2,09	0,03
85	0	0,82	0,00	205	$\frac{1}{2}$	2,22	0,05
85	$\frac{1}{4}$	0,85	0,00	233	0	2,46	0,07
85	1	0,86	0,00	233	$\frac{1}{2}$	2,77	0,15
150	0	1,47	0,00	243	0	2,86	0,15
150	$\frac{1}{2}$	1,51	0,00	243	$\frac{1}{4}$	2,96	0,17
150	2	1,54	0,00	360	0	3,15	0,20
178	0	1,79	0,00	360	$\frac{1}{4}$	3,34	0,26
178	1	1,85	0,02	370	0	3,48	0,26
205	0	2,09	0,03	370	$\frac{5}{12}$	3,70	0,38

Unter einer Belastung von 370 Pfund, als sich die Mitte bis auf 3,7 Zoll gesenkt hatte, zerbrach das Holz plötzlich nach 25 Minuten.

15. Versuch. Sommereichenholz vom Splint, 4 Fuß $3\frac{4}{5}$ Zoll lang; $l = 50$, $b = 1$ und $h = 1{,}2$ Zoll; wog 1 Pfund $13\frac{3}{4}$ Loth. $G = 39{,}75$ Pfund, also $g = 0{,}603$.

Die Holzringe machten beim Auflegen einen Winkel von 45 Grad.

U	t	u	d	U	t	u	d
183	0	1,52	0,20	183	$1\frac{1}{2}$	3,79	0,44
183	$\frac{1}{12}$	2,64	0,28	183	2	3,85	0,46
183	$\frac{1}{6}$	3,10	0,32	183	3	4,00	0,47
183	$\frac{1}{4}$	3,32	0,32	183	4	4,10	0,50
183	$\frac{1}{2}$	3,56	0,36	183	5	4,15	0,60
183	$\frac{3}{4}$	3,65	0,40	183	6	4,18	0,62
183	1	3,70	0,42	183	8	4,22	0,63
183	$1\frac{1}{2}$	3,79	0,44	183	$8\frac{1}{4}$	4,23	0,64

Als die Mitte bis auf 4,23 Zoll gesenkt war, zerbrach das Holz nach 8 Stunden 15 Minuten unter der anfänglichen Belastung von 183 Pfund.

16. Versuch. Sommereiche vom Kern, 6 Fuß $2\frac{1}{2}$ Zoll lang; $l = 66$, $b = h = 1\frac{1}{2}$ Zoll; wog 5 Pfund 1 Loth. $G = 51{,}275$ Pfund, also $g = 0{,}795$.

Die größten Sehnen der Holzfasern lagen horizontal.

U	t	u	d	U	t	u	d
295	0	1,66	0	405	½	3,46	0,05
295	¼	1,81	0	417	0	3,51	0,05
295	½	1,86	0	417	½	3,60	0,06
295	1	1,92	0	427	0	3,66	0,07
295	2	1,99	0	427	½	3,71	0,08
295	3	2,04	0	435	0	3,76	0,09
295	5	2,10	0	435	½	3,82	0,11
295	14	2,23	0	441	0	3,86	0,12
295	18	2,32	0	441	½	3,93	0,12
295	26	2,44	0	445	0	3,96	0,12
295	38	2,52	0	445	½	4,00	0,13
295	52	2,61	0	448	0	4,02	0,13
295	71	2,70	0,01	448	1	4,13	0,17
323	0	2,83	0,01	451	0	4,15	0,17
323	½	2,86	0,02	451	¼	4,19	0,18
350	0	3,00	0,02	454	0	4,20	0,18
350	½	3,03	0,03	454	¼	4,22	0,18
378	0	3,16	0,04	454	1	4,28	0,20
378	½	3,23	0,05	454	2	4,34	0,22
405	0	3,38	0,05	454	5	4,58	0,33

Als das Holz während 5 Stunden mit 454 Pfund belastet war, zerbrach dasselbe bei einer Senkung von 4,58 Zoll plötzlich.

Das Maaß der absoluten Festigkeit oder k fand man = 26600 Pfund, wie solches §. 432. in den Versuchen 14 und 15 näher angegeben ist.

17. Versuch. Sommereiche, aus der Mitte zwischen Kern und Splint, 6 Fuß 2 Zoll lang; $l = 66$, $b = 1,5$ und $h = 1,542$ Zoll, wog 4 Pfund $1\frac{1}{8}$ Loth. $G = 40,74$ Pfund, also $g = 0,618$.

Die Holzringe lagen horizontal.

U	t	u	d	U	t	u	d
295	0	1,78	0	484	$\frac{1}{4}$	3,66	0,15
295	$\frac{1}{4}$	2,10	0	494	0	3,71	0,15
295	$\frac{1}{2}$	2,20	0	494	$\frac{1}{4}$	3,78	0,17
295	1	2,28	0	504	0	3,84	0,17
295	2	2,34	0	504	$\frac{1}{4}$	3,91	0,20
295	4	2,42	0	514	0	4,00	0,22
295	8	2,50	0	514	$\frac{1}{4}$	4,05	0,23
295	18	2,61	0,02	522	0	4,10	0,23
295	26	2,68	0,02	522	$\frac{1}{4}$	4,20	0,26
295	30	2,71	0,03	530	0	4,28	0,26
295	42	2,77	0,04	530	$\frac{1}{4}$	4,38	0,29
295	54	2,81	0,04	538	0	4,42	0,30
295	66	2,85	0,05	538	$\frac{1}{4}$	4,50	0,32
295	78	2,88	0,06	544	0	4,54	0,32
295	90	2,90	0,06	544	$\frac{1}{4}$	4,62	0,34
322	0	3,08	0,10	550	0	4,66	0,34
322	1	3,10	0,10	550	$\frac{1}{4}$	4,73	0,38
450	0	3,27	0,10	556	0	4,78	0,38
450	1	3,32	0,12	556	$\frac{1}{4}$	4,82	0,40
462	0	3,39	0,12	562	0	4,88	0,40
462	1	3,45	0,14	562	$\frac{1}{10}$	5,00	0,47
474	0	3,52	0,15	562	$\frac{1}{4}$	5,16	0,50
474	$\frac{1}{4}$	3,56	0,15	562	$\frac{1}{2}$	5,35	0,53
484	0	3,61	0,15	562	$\frac{7}{12}$	5,38	0,54

Das Holz war 6 Minuten mit der Last von 562 Pfund beschwert, als bei einer Senkung von 5,00 Zoll die unterste Faser beinahe gänzlich zerplatzte. Als noch 29 Minuten verflossen waren, zerbrach das Holz plötzlich bei einer Senkung von 5,38 Zoll.

Das Maaß der absoluten Festigkeit fand man = 25480 Pfund. M. s. §. 432. den 18. und 19. Versuch.

18. Versuch. Sommereiche vom Splint, 6 Fuß $2\frac{1}{2}$ Zoll lang; l=66 Zoll, b=1,46 und h=1,96 Zoll, wog 5 Pfund. G = 40,608 Pfund, also g = 0,616.

Die Holzringe lagen horizontal.

U	t	u	U	t	u	d
515	0	1,59	515	3	2,87	0
515	$\frac{1}{4}$	2,08	515	5	2,94	0
515	$\frac{1}{2}$	2,38	515	16	3,17	0
515	1	2,70	515	19	3,24	0,02
515	2	2,80	515	$20\frac{3}{4}$	3,29	0,05

Vom ersten Augenblick der Belastung mit 515 Pfund bis zum Bruch, welcher plötzlich erfolgte, waren 20 Stunden 45 Minuten verflossen, und die Mitte hatte sich 3,29 Zoll gesenkt.

Das Maaß der absoluten Festigkeit oder k fand man = 14760 Pfund. M. s. §. 432. den 20. und 21. Versuch.

19. Versuch. Sommereiche zwischen Kern und Splint, 6 Fuß $2\frac{1}{4}$ Zoll lang; l = 66, b = h = 2 Zoll, wog 7 Pfund 1 Loth. G = 40,909 Pfund, also g = 0,620.

Die Holzringe lagen horizontal.

U	t	u	U	t	u
682	0	1,31	682	4	2,96
682	$\frac{1}{4}$	1,99	682	8	3,11
682	$\frac{1}{2}$	2,38	682	24	3,47
682	1	2,68	682	$24\frac{1}{2}$	3,52
682	2	2,83	682	25	3,56
682	4	2,96	682	$25\frac{1}{2}$	3,61

Als das Holz während 25 Stunden 30 Minuten mit 682 Pfund belastet war, zerbrach dasselbe plötzlich bei einer Senkung von 3,61 Zoll.

Eben so wie solches beim sechsten Versuch beschrieben ist, maß man hier die Biegung des ganzen Holzes, als die Mitte genau 3,52 Zoll gesenkt war.

Abscissen.	Ordinaten auf der		Abscissen.	Ordinaten auf der	
	einen Hälfte.	andern Hälfte.		einen Hälfte.	andern Hälfte.
Zoll.	Zoll.	Zoll.	Zoll.	Zoll.	Zoll.
3	0,48	0,47	18	2,54	2,52
6	0,93	0,91	21	2,91	2,88
9	1,37	1,35	24	3,14	3,12
12	1,79	1,76	27	3,34	3,32
15	2,20	2,18	30	3,48	3,47
18	2,54	2,52	33	3,52	3,52

20. Versuch. Sommereiche vom Herz, 6 Fuß $2\frac{1}{4}$ Zoll lang; $l = 66$, $b = 1,46$ und $h = 2,08$ Zoll, wog 6 Pfund 2 Loth. $G = 46,44$ Pfund, also $g = 0,704$.

Die Holzringe lagen horizontal.

U	t	u	U	t	u
570	0	1,12	625	½	2,47
570	¼	1,49	680	0	2,60
570	½	1,63	680	¼	2,62
570	1	1,73	708	0	2,69
570	3	1,82	708	¼	2,72
570	5	1,88	735	0	2,78
570	14	1,97	735	¼	2,82
570	26	2,15	763	0	2,89
570	38	2,22	763	¼	2,95
570	44	2,25	775	0	2,98
570	64	2,33	775	¼	3,04
625	0	2,46	785	0	3,07
625	½	2,47	785	¼	3,11

Als die Mitte bis auf 3,11 Zoll gesenkt war, zerbrach das Holz plötzlich, nachdem eine Last von 785 Pfund 15 Minuten daran gehangen hatte.

21. **Versuch.** Sommereiche, aus der Mitte zwischen Herz und Splint, 6 Fuß 2¼ Zoll lang; $l = 72$, $b = 1,17$ und $h = 1,34$ Zoll, wog 3 Pfund ¾ Loth. $G = 45,16$ Pfund, also $g = 0,685$.

Die Holzringe horizontal.

U	t	u	d	U	t	u	d
182	0	2,71	0	182	3	4,33	0,34
182	¼	3,28	0,02	182	4	4,42	0,36
182	½	3,59	0,02	182	7	4,60	0,39
182	1	3,99	0,28	182	8	4,66	0,39
182	2	4,19	0,32	182	18	5,05	0,50
182	3	4,33	0,34	182	28	5,37	0,60

Man belastete das Holz nach und nach mit größern

Gewichten, und als man 254 Pfund aufgebracht hatte, senkte sich die Mitte bis auf 7,40 Zoll. Allein, da solches auf beiden Seiten zu wenig über die Unterlagen hervor stand, so verließen die Enden des Holzes die Unterlagen, ohne daß das Holz zerbrach, weshalb man den Versuch enden mußte, weil das einmal gebogene Holz zu keinem andern Versuche brauchbar war.

Das Maaß der absoluten Festigkeit dieses Holzes oder k fand man = 18400 Pfund. M. s. §. 432. den 16. und 17. Versuch.

22. **Versuch.** Sommereiche, aus der Mitte zwischen Herz und Splint, 8 Fuß $3\frac{1}{4}$ Zoll lang, $l = 84$, $b = h = 2$ Zoll; wog 10 Pfund 16 Loth. $G = 45{,}702$, also $g = 0{,}693$.

Die Holzfasern hatten eine solche Lage, daß sie gegen den Horizont unter einem Winkel von etwa 30 Grad geneigt waren.

Dieses Holzstück war von allen übrigen darin verschieden, daß die Fasern dergestalt über den Spahn geschnitten waren, daß solche, ohne durchschnitten zu seyn, nur eine Länge von 20 bis 24 Zoll hatten, statt daß bei allen übrigen Hölzern die Fasern genau eben so lang waren, als das ganze Holzstück. Um den Unterschied beim Biegen und Brechen dieses Holzes gegen die andern Hölzer kennen zu lernen, welche nicht über den Spahn geschnitten waren, dient nachstehende Tafel.

U	t	u	U	t	u
352	0	2,09	407	$\frac{1}{4}$	4,36
352	$\frac{1}{4}$	2,82	462	0	4,77
352	$\frac{1}{2}$	3,13	462	$\frac{1}{4}$	4,93
352	1	3,28	490	0	5,12
352	3	3,35	490	$\frac{1}{4}$	5,21
352	7	3,44	517	0	5,49
352	21	3,65	517	$\frac{3}{4}$	5,64
352	48	3,91	544	0	5,88
407	0	4,32	544	$\frac{1}{4}$	6,12

Als die Last von 544 Pfund während $\frac{1}{4}$ Stunde aufgehängt war, zerbrach das Holz plötzlich in der Mitte, bei einer Senkung von 6,12 Zoll. Der Bruch bildete eine mit den Fasern parallele Fläche.

(III.) Versuche mit Steineichen.

23. **Versuch.** Das Holz zwischen Kern und Splint 3 Fuß 8 Zoll lang; $l = 42$, $b = 1{,}48$, $h = 1{,}13$ Zoll, wog 2 Pfund $1\frac{1}{4}$ Loth. $G = 47{,}88$ Pfund, also $g = 0{,}726$.

Die Holzringe lagen horizontal.

U	t	u	d	U	t	u	d
349	0	1,34	0	349	16	1,92	0,04
349	$\frac{1}{4}$	1,47	0	349	21	2,00	0,05
349	$\frac{1}{2}$	1,51	0	349	30	2,10	0,08
349	1	1,56	0	349	40	2,20	0,10
349	4	1,72	0	349	55	2,26	0,12
349	7	1,78	0,01	349	63	2,39	0,14

Bei einer Belastung von 349 Pfund war dieses Holz nach 63 Stunden gebrochen, als sich die Mitte bis auf 2,39 Zoll gesenkt hatte.

24. Versuch. Steineichenholz, aus der Mitte zwischen Herz und Splint; 5 Fuß 1 Zoll lang; l = 56, b = h = 1,5 Zoll, wog 3 Pfund $29\frac{1}{4}$ Loth. G = 49,28 Pfund, also g = 0,747.

Die Holzringe lagen horizontal.

U	t	u	d	U	t	u	d
240	0	0,83	0	292	0	2,09	0,01
240	$\frac{1}{4}$	0,97	0	292	$\frac{1}{2}$	2,11	0,01
240	$\frac{1}{2}$	1,16	0	302	0	2,15	0,01
240	1	1,23	0	302	$\frac{1}{2}$	2,17	0,01
240	2	1,28	0	312	0	2,20	0,01
240	6	1,37	0	312	$\frac{1}{2}$	2,23	0,02
240	10	1,43	0	322	0	2,27	0,02
240	25	1,57	0	322	$\frac{1}{2}$	2,30	0,02
240	33	1,62	0	332	0	2,34	0,02
240	42	1,66	0	332	$\frac{1}{2}$	2,37	0,02
240	54	1,71	0	342	0	2,40	0,02
240	66	1,75	0	342	2	2,50	0,03
240	78	1,79	0	352	0	2,54	0,03
240	90	1,82	0	352	$\frac{1}{2}$	2,56	0,04
252	0	1,87	0	362	0	2,60	0,04
252	$\frac{1}{2}$	1,88	0	362	$\frac{1}{2}$	2,64	0,05
262	0	1,91	0	370	0	2,68	0,05
262	$\frac{1}{2}$	1,93	0	370	$\frac{1}{2}$	2,72	0,06
272	0	1,96	0	378	0	2,76	0,06
272	1	1,99	0	378	$\frac{1}{2}$	2,79	0,06
282	0	2,03	0	396	0	2,82	0,06
282	1	2,05	0,01	396	$\frac{1}{4}$	2,84	0,06

U	t	u	d	U	t	u	d
404	0	2,87	0,06	460	$\frac{1}{12}$	3,36	0,08
404	$\frac{1}{4}$	2,90	0,06	468	0	3,41	0,08
412	0	2,94	0,06	468	$\frac{1}{12}$	3,48	0,10
412	$\frac{1}{12}$	2,96	0,06	476	0	3,50	0,10
420	0	3,00	0,06	476	$\frac{1}{12}$	3,54	0,12
420	$\frac{1}{12}$	3,01	0,06	484	0	3,59	0,12
428	0	3,06	0,06	484	$\frac{1}{12}$	3,65	0,13
428	$\frac{1}{12}$	3,08	0,07	492	0	3,70	0,13
436	0	3,11	0,07	492	$\frac{1}{12}$	3,73	0,13
436	$\frac{1}{12}$	3,13	0,08	500	0	3,79	0,13
444	0	3,18	0,08	500	$\frac{1}{12}$	3,85	0,18
444	$\frac{1}{12}$	3,21	0,08	508	0	3,90	0,18
452	0	3,26	0,08	508	$\frac{1}{12}$	3,98	0,19
452	$\frac{1}{12}$	3,29	0,08	516	0	4,02	0,19
460	0	3,32	0,08	516	$\frac{1}{12}$	4,12	0,24

Als die Last von 516 Pfund während 5 Minuten aufgehängt war, zerbrach das Holz plötzlich, nachdem seine Mitte bis auf 4,12 Zoll gesenkt war.

Das Maaß der absoluten Festigkeit oder k fand man = 22120 Pfund. M. s. §. 432. den 22sten und 23sten Versuch.

(IV.) Versuche mit Rothtannen.

25. Versuch. Das Holz aus der Mitte zwischen Kern und Splint, 4 Fuß lang; $l = 46$, $b = h = 1{,}208$ Zoll; wog 1 Pfund. $G = 24{,}657$ Pfund, also $g = 0{,}374$.

Die Holzringe machten mit dem Horizont einen Winkel von 45 Grad.

U	t	u	U	t	u	d
128	0	1,10	128	9	1,53	0
128	$\frac{1}{4}$	1,21	128	14	1,61	0
128	$\frac{1}{2}$	1,25	128	22	1,66	0
128	1	1,30	128	30	1,70	0
128	2	1,35	156	0	1,92	0,06
128	3	1,39	156	$\frac{1}{6}$	1,93	0,06
128	5	1,46	185	0	2,35	0,10
128	7	1,50	185	$\frac{1}{6}$	2,66	0,17
128	9	1,53	185	$\frac{5}{24}$	2,70	0,18

Nachdem die Belastung von 185 Pfund 5 Minuten angehängt war, bemerkte man ein starkes Krachen und nach 12$\frac{1}{2}$ Minuten zerbrach das Holz plötzlich, als sich die Mitte bis 2,70 Zoll gesenkt hatte.

Das Maaß der absoluten Festigkeit war 10920 Pfund. M. s. §. 432. den 24sten und 25sten Versuch.

(V.) Versuche mit Weißtannen.

26. Versuch. Das Holz aus der Mitte zwischen Kern und Splint; 4 Fuß 3$\frac{1}{2}$ Zoll lang; $l = 48$, $b = h = 1$ Zoll, wog 27 Loth. $G = 27,78$ Pfund, also $g = 0,421$.

Die Fasern lagen wagerecht.

U	t	u	d	U	t	u	d
101	0	1,38	0	113	$\frac{1}{6}$	2,05	0,06
101	$\frac{1}{4}$	1,46	0	123	0	2,19	0,08
101	$\frac{1}{2}$	1,49	0	123	$\frac{1}{6}$	2,22	0,11
101	1	1,54	0	133	0	2,36	0,12
101	2	1,58	0	133	$\frac{1}{6}$	2,46	0,15
101	3	1,62	0	140	0	2,56	0,16
101	7	1,72	0	140	$\frac{1}{6}$	2,62	0,17
101	15	1,80	0,01	145	0	2,70	0,19
101	20	1,84	0,02	145	$\frac{1}{6}$	2,86	0,20
101	24	1,86	0,03	150	0	2,96	0,20
113	0	2,04	0,05	150	$\frac{1}{12}$	3,08	0,22
113	$\frac{1}{6}$	2,05	0,06	150	$\frac{1}{6}$	3,20	0,36

Als die Last von 150 Pfund 10 Minuten gehangen hatte und die Mitte bis auf 3,20 Zoll gesenkt war, zerbrach das Holz plötzlich.

Das Maaß der absoluten Festigkeit fand man = 15400 Pfund. M. s. §. 432. den 26sten und 27sten Versuch.

27. Versuch. Weißtannen aus der Mitte zwischen Herz und Splint; 4 Fuß $3\frac{1}{2}$ Zoll lang; $l = 48$, $b = 1{,}48$ und $h = 1{,}5$ Zoll; wog 1 Pfund $27\frac{1}{4}$ Loth. $G = 27{,}96$ Pfund, also $g = 0{,}424$.

Die Fasern lagen horizontal.

U	t	u	U	t	u	d
348	0	1,04	348	261	1,44	0
348	$\frac{1}{4}$	1,08	348	309	1,45	0
348	1	1,11	348	357	1,46	0
348	3	1,14	348	405	1,47	0
348	10	1,18	348	465	1,48	0
348	20	1,20	403	0	1,63	0
348	32	1,22	403	$\frac{1}{2}$	1,64	0,01
348	45	1,24	458	0	1,80	0,01
348	68	1,28	458	$\frac{1}{2}$	1,90	0,02
348	93	1,30	486	0	1,99	0,02
348	117	1,33	486	$\frac{5}{12}$	2,21	0,02
348	141	1,36	486	$\frac{1}{2}$	2,40	0,03
348	165	1,38	486	$\frac{7}{12}$	2,56	0,04
348	189	1,40	486	$\frac{2}{3}$	2,72	0,06
348	213	1,42	486	$\frac{3}{4}$	2,90	0,10
348	237	1,43	486	$\frac{4}{5}$	3,25	0,13

Als die Belastung von 486 Pfund 25 Minuten gehangen hatte und die Mitte bis auf 2,21 Zoll gesenkt war, zerplatzte ein Theil der untersten Eckfaser und nach 48 Minuten zerbrach das Holz plötzlich bei einer Senkung von 3,25 Zoll. Man konnte an demselben sehr deutlich bemerken, daß die oberste Faser an mehrern Stellen zusammen gestaucht war.

(VI.) Versuche mit Buchenholz (Rothbuchen).

28. Versuch. Das Holz vom Splint, 2 Fuß 11$\frac{1}{2}$ Zoll lang; $l = 32$, $b = 1$ und $h = 0,82$ Zoll; wog 25$\frac{5}{8}$ Loth. $G = 47,516$ Pfund, also $g = 0,721$.

Die Holzringe lagen wagerecht.

U	t	u	d	U	t	u	d
164	0	1,15	0,03	164	37	1,67	0,11
164	$\frac{1}{4}$	1,25	0,04	164	46	1,72	0,12
164	$\frac{1}{2}$	1,31	0,05	164	61	1,80	0,12
164	2	1,38	0,05	164	76	1,85	0,14
164	4	1,42	0,05	164	95	1,89	0,15
164	12	1,51	0,07	210	0	2,18	0,20
164	22	1,57	0,08	210	1	2,50	0,28

Nachdem zuletzt während einer Stunde eine Last von 210 Pfund aufgehängt war, zerbrach das Holz plötzlich bei einer Senkung von 2,5 Zoll.

29. Versuch. Buchenholz vom Stamme zwischen Herz und Splint, 2 Fuß 11$\frac{3}{4}$ Zoll lang, l = 34, b = 1 und h = 0, 8 Zoll, wog 26$\frac{5}{8}$ Loth. G = 50,27 Pfund, also g = 0,762.

Die Holzringe lagen wagerecht.

U	t	u	d	U	t	u	d
128	0	0,98	0	148	$\frac{1}{2}$	1,73	0,09
128	$\frac{1}{4}$	1,04	0	158	0	1,80	0,09
128	$\frac{1}{2}$	1,08	0	158	$\frac{1}{4}$	1,82	0,10
128	1	1,11	0	168	0	1,89	0,11
128	2	1,16	0	168	$\frac{1}{4}$	2,95	0,13
128	3	1,18	0	178	0	2,14	0,16
128	5	1,22	0	178	$\frac{1}{4}$	2,15	0,16
128	13	1,33	0	182	0	2,19	0,16
128	18	1,40	0	182	$\frac{1}{4}$	2,26	0,20
128	25	1,49	0	184	0	2,29	0,23
128	29	1,52	0	184	$\frac{1}{4}$	2,34	0,23
128	38	1,56	0,05	186	0	2,36	0,23
138	0	1,63	0,08	186	$\frac{1}{4}$	2,42	0,25
138	$\frac{1}{2}$	1,64	0,08	188	0	2,46	0,28
148	0	1,70	0,08	188	$\frac{1}{4}$	2,51	0,30

U	t	u	d	U	t	u	d
190	0	2,54	0,30	198	0	2,82	0,38
190	$\frac{1}{4}$	2,63	0,32	198	$\frac{1}{6}$	2,90	0,42
192	0	2,65	0,32	200	0	2,91	0,42
192	$\frac{1}{6}$	2,71	0,32	200	$\frac{1}{12}$	2,93	0,42
194	0	2,75	0,33	202	0	2,96	0.42
194	$\frac{1}{6}$	2,76	0,35	202	$\frac{1}{12}$	3,00	0,48
196	0	2,78	0,37	202	$\frac{1}{6}$	3,09	0,53
196	$\frac{1}{6}$	2,81	0,38	202	$\frac{1}{4}$	3,50	0,60

Unter einer Belastung von 202 Pfund zerplatzte nach 5 Minuten bei einer Senkung von 3,00 Zoll ein Theil der untersten Faser und nach 15 Minuten zerbrach das Holz plötzlich bei einer Senkung von 3,50 Zoll.

Das Maaß der absoluten Festigkeit dieses Holzes fand man = 22360 Pfund. M. s. §. 432. den 30sten und 31sten Versuch.

(VII.) Versuche mit Hornbaumholz (Weißbuchen).

30. **Versuch.** Das Holz vom Stamme, zwischen Kern und Splint, 4 Fuß $\frac{3}{4}$ Zoll lang; l = 42, b = 1,07 und h = 1 Zoll, wog 1 Pfund 19$\frac{1}{4}$ Loth. G = 53,07 Pfund, also g 0,805.

Die Holzringe lagen horizontal.

U	t	u	d	U	t	u	d
156	0	1,32	0	156	26	2,28	0,09
156	$\frac{1}{4}$	1,52	0	156	35	2,35	0,11
166	$\frac{3}{4}$	1,62	0	156	47	2,42	0,17
156	1$\frac{1}{4}$	1,67	0	156	59	2,47	0,17
156	3	1,77	0,01	168	0	2,55	0,17
156	19	2,18	0,07	168	$\frac{1}{4}$	2,56	0,20

U	t	u	d	U	t	u	d
180	0	2,65	0,20	200	$\frac{1}{4}$	2,93	0,28
180	$\frac{1}{4}$	2,66	0,21	206	0	2,97	0,28
190	0	2,74	0,21	206	$\frac{1}{6}$	3,04	0,32
190	$\frac{1}{4}$	2,78	0,24	212	0	3,09	0,32
200	0	2,86	0,24	212	$\frac{1}{12}$	3,09	0,32

Nachdem zuletzt während 5 Minuten eine Belastung von 212 Pfund aufgehängt war, zerbrach das Holz plötzlich bei einer Senkung von 3,09 Zoll.

31. Versuch. Weißbuchen vom Stamme zwischen Kern und Splint, 4 Fuß $\frac{3}{4}$ Zoll lang; $l = 46$, $b = 1{,}06$ und $h = 1{,}03$ Zoll, wog 1 Pfund $17\frac{1}{16}$ Loth. $G = 50{,}452$, also $g = 0{,}765$.

Die Holzringe lagen wagerecht.

U	t	u	d	U	t	u	d
183	0	2,24	0,08	183	$\frac{1}{4}$	2,94	0,20
183	$\frac{1}{8}$	2,62	0,15	183	$\frac{3}{8}$	3,02	0,28

Als die Mitte bis auf 3,02 Zoll gesenkt war, und während $22\frac{1}{2}$ Minute 183 Pfund aufgehängt waren, zerbrach das Holz plötzlich.

Das Maaß der absoluten Festigkeit dieses Holzes fand man = 20400 Pfund. M. s. §. 432. den 28sten und 29sten Versuch.

(VIII.) Versuche mit Erlenholz.

32. Versuch. Vom Stamme zwischen Herz und Splint, 3 Fuß 10 Zoll lang; $l = 43$, $b =$

1,02 und h = 0,92 Zoll, wog 1 Pfund $\frac{5}{16}$ Loth. G = 43,32 Pfund, also g = 0,656.

Die Holzringe lagen wagerecht.

U	t	u	d	U	t	u	d
128	0	1,58	0,03	138	$\frac{1}{2}$	2,61	0,18
128	$\frac{1}{4}$	1,77	0,05	148	0	2,71	0,19
128	$\frac{1}{2}$	1,80	0,05	148	$\frac{1}{4}$	2,73	0,20
128	1	1,88	0,06	158	0	2,83	0,22
128	2	1,98	0,07	158	$\frac{1}{2}$	2,91	0,23
128	4	2,06	0,08	168	0	3,02	0,25
128	7	2,14	0,11	168	$\frac{1}{4}$	3,14	0,31
128	10	2,20	0,11	174	0	3,20	0,34
128	18	2,31	0,14	174	$\frac{1}{4}$	3,36	0,34
128	22	2,35	0,14	180	0	3,44	0,40
128	29	2,41	0,15	180	$\frac{1}{4}$	3,56	0,45
128	35	2,43	0,15	184	0	3,63	0,45
128	48	2,47	0,15	184	$\frac{1}{12}$	3,70	0,52
138	0	2,59	0,18	184	$\frac{1}{4}$	3,81	0,57
138	$\frac{1}{2}$	2,61	0,18	184	$\frac{1}{3}$	3,88	0,60

Unter einer Belastung von 184 Pfund, als sich die Mitte nach 5 Minuten bis auf 3,70 Zoll gesenkt hatte, krachte das Holz und nach 20 Minuten zerbrach dasselbe plötzlich bei einer Senkung von 3,88 Zoll.

Das Maaß der absoluten Festigkeit dieses Holzes oder k fand man = 24740 Pfund. M. s. §. 432. den 32sten und 33sten Versuch.

33. Versuch. Erlenholz vom Splint, 3 Fuß 10 Zoll lang; l = 43, b = 1 und h = 0,95 Zoll, wog 30½ Loth. G = 37,68 Pfund, also g = 0,572.

Die Holzringe lagen wagerecht.

U	t	u	d	U	t	u	d
156	0	2,00	0,05	156	2	2,45	0,14
156	$\frac{1}{4}$	2,24	0,09	156	4	2,54	0,15
156	$\frac{1}{2}$	2,30	0,10	156	8	2,65	0,17
156	1	2,38	0,11	156	14	2,85	0,22
156	2	2,45	0,14	156	21	3,28	0,30

Unter einer Belastung von 156 Pfund zerbrach das Holz plötzlich nach 21 Stunden, als sich die Mitte bis auf 3,28 Zoll gesenkt hatte.

§. 500.

Aus der Vergleichung der vorstehenden Versuche unter einander überzeugt man sich bald, daß es bei der Bestimmung der respectiven Festigkeit des Holzes wesentlich auf die Zeit ankommt, welche man zur Belastung verwandt hat. Dabei ist es wieder nicht gleichgültig, ob man kleine Gewichte in kleinen Zeitabtheilungen oder größere Gewichte in verhältnißmäßig größern Zeittheilen auflegt. Da es nun bei der Bestimmung der respectiven Festigkeit eines Körpers darauf ankommt, das kleinste Gewicht anzugeben, welches einen Körper zu zerbrechen im Stande ist, so muß man bei Erwägung dieser Umstände beinahe verzweifeln, die respective Festigkeit eines Körpers aus Versuchen abzuleiten. Denn wollte man auch jeden einzelnen Versuch auf mehrere Jahre ausdehnen und dadurch das Gewicht finden, welches den Körper z. B. nach drei Jahren zerbrochen hätte, so ist doch dadurch die respective Festigkeit des Körpers noch nicht bekannt, weil derselbe bei einem etwas kleinern Gewichte ebenfalls zerbrechen konnte, wenn nur die Belastung von längerer Dauer gewesen wäre. Setzt man diese Schlüsse ohne Rücksicht auf die Verweslichkeit des Holzes für jede andere Anzahl Jahre fort, so müßten die Versuche ewig dauern, um endlich die respective Festigkeit eines Körpers zu finden.

Wollte man nach irgend einer Voraussetzung aus allgemeinen Gründen ein Gesetz aufsuchen, nach welchem aus dergleichen Versuchen über das Zerbrechen der Körper ihre respective Festigkeit bestimmt werden könnte, so geben die unzureichenden Kenntnisse von der Struktur des Holzes und von den Kräften, welche der Veränderung seiner Gestalt widerstehen, nur wenig Hoffnung zur Erlangung eines allgemein gültigen Ausdrucks. Eben so wenig darf man erwarten, einen auf alle Versuche passenden einfachen Näherungsausdruck zu erhalten.

Wären die Hölzer vollkommen elastisch, so müßte, wenn der wagerechte Balken in seiner Mitte durch ein Gewicht U belastet wird, irgend eine Senkung u in der Mitte desselben entstehen, und wenn die kleine zur Senkung des Gewichts erforderliche Zeit verflossen ist, so müßte die Last U bei der Senkung u mit der Elasticität des Balkens im Gleichgewichte bleiben, ohne daß ein ferneres Senken erfolgen könnte. Alsdann wäre nach §. 455. I.

$$u = \frac{l^3 U}{48 c^2 b h^3},$$

so daß, wenn U, die Abmessungen des Balkens und die Elasticität c^2 unverändert bleiben, auch u einerlei Werth behalten, also die Elasticität mit der Last U im Gleichgewichte bleiben müßte.

Die vorstehenden Versuche geben indessen in Absicht des Biegens der Hölzer ganz andere Resultate, welches man auch schon deshalb erwarten konnte, weil die Hölzer nur als unvollkommen elastische Körper angesehen werden können. Man bemerkt allgemein, wenn ein Balken von irgend einer Holzart in seiner Mitte belastet wird, daß in dem Augenblick, wenn man das Gewicht aufhängt, ein plötzliches Senken seiner Mitte entsteht, und das aufgehängte Gewicht scheint alsdann mit der Elasticität des Balkens im Gleichgewichte zu seyn. Allein der Balken fährt fort, sich zu biegen, und wenn gleich die zunehmende Senkung nach Verlauf einiger Stunden gegen die erste Senkung nur geringe ist, so fährt dennoch der Balken fort, sich auch nach mehrern Monaten noch zu biegen, bis endlich nach Verlauf einer sehr großen Zeit (m. s. den 8ten und 12ten Versuch), keine weitere Senkung erfolgt. Daß am Ende der auf die Belastung verwandten Zeit ein Theil der Elasticität des Balkens vernichtet worden, beweisen die Versuche (5. 8. und 14.), bei welchen nach abgenommener Belastung dennoch eine Krümmung des Holzstücks zurückblieb. Hieraus geht hervor, daß die Elasticität nach und nach vermindert wird, weil sie nicht im Stande ist, mit der Last U fortwährend im Gleichgewichte zu bleiben, und daß man nur bei der ersten plötzlichen Senkung die Elasticität des Holzes bis zu der Grenze als unverändert ansehen kann, innerhalb welcher das Holz vermöge seiner noch nicht geschwächten Elasticität im Stande ist, nach Hinwegnahme der Belastung, seine vorherige Gestalt wieder anzunehmen. Innerhalb dieser Grenze, wenn die Elasticität des Holzes durch große Belastungen noch nicht vermindert worden, ist e^2 eine beständige Größe. Allein da die Senkung u des Balkens, außer der Belastung U desselben, auch von der Zeit t abhängt, während welcher die Last U zu wirken fortfährt, so müßte e^2 im Ausdruck $u = \frac{l^3 U}{48 e^2 b h^3}$, eine Funktion von t, etwa von den Form $\frac{\alpha + \beta t^n}{\alpha + \gamma t^n}$ seyn, welche, wenn die erste plötzliche Senkung so angenommen wird, als wenn sie in der Zeit $t = 0$ erfolgte, sowohl für $t = 0$ als auch für $t = \infty$ einen endlichen Werth für u giebt, und man könnte alsdann aus den Versuchen die Werthe für die beständigen Größen α, β, γ und n ableiten. Allein da mehrere dergleichen angestellte Untersuchungen keine befriedigende Resultate lieferten, so hat man diesen Weg nicht weiter verfolgt. Uebrigens wird man bei der Ausmittelung der Gesetze, nach welchen das Biegen eines Holzstücks erfolgt, sehr wohl unterscheiden müssen, ob dasselbe während des Biegens von seinen Unterlagen abweicht oder nicht, weil im erstern Falle die größte Ordinate u zugleich eine Funktion dieser Abweichung ist.

§. 501.

Ist gleich das Gesetz unbekannt, nach welchem bei einer gegebenen Belastung die größte Ordinate in bestimmten Zeiten wächst, so ist doch die absolute Elasticität e^2 für den ungebogenen Balken eine beständige Größe. Wird der Balken belastet, so müßte e^2 für jeden Zeitraum ungeändert bleiben, wenn sich die Elasticität des Holzes nicht änderte. Da es indessen wahrscheinlich ist, daß die Elasticität ohne Rücksicht auf zufällige Einwirkungen der Temperatur, Feuchtigkeit u. s. w., auch noch eine Funktion von der während der Belastung verflossenen Zeit und von andern Größen ist, so muß sich aus den Versuchen ergeben, wie weit die Voraussetzung statthaft ist, daß die absolute Elasticität für geringe Belastungen im ersten Augenblicke, innerhalb gewisser Grenzen, noch unveränderlich bleibt. Diese Grenzen kennen zu lernen, innerhalb welcher durch vergrößerte Belastung die Elasticität des Holzes noch nicht vermindert worden ist, kann der §. 455. II. gefundene Ausdruck dienen, nach welchem sich innerhalb der Grenzen der ungeschwächten Elasticität, die Biegungen wie die entsprechenden Belastungen verhalten müssen. Nach den vorstehenden und hiernächst noch folgenden Versuchen wird man annehmen können, daß ohne Rücksicht auf Zeit, die

Werthe von c^2 unverändert bleiben, wenn die Belastung nicht größer als etwa die Hälfte derjenigen ist, welche zum Zerbrechen des Körpers erfordert wird. Mit Beibehaltung der bisher angenommenen Bezeichnungen, nach welchen U die Belastung unter der Voraussetzung anzeigt, daß durch dieselbe die Elasticität noch nicht vermindert worden und daß bei dieser Belastung das Holz in seiner Mitte sogleich um die entsprechende Tiefe c gesenkt ist, bezeichne ferner w diejenige größte Ordinate oder die Biegung, bei welcher das Holz durch das Gewicht P zerbricht, so müssen, wenn die angenommenen Voraussetzungen statthaft sind, die Ausdrücke

$$\frac{l^3 U}{b h^3 c} = 48\, e^2,$$

$$\frac{l^2}{h w} = M \text{ und}$$

$$\frac{l P}{b h^2} = 4N$$

für einerlei Holzart, beständige Größen seyn.

In den folgenden beiden Tafeln sind die zusammengehörigen Werthe nach den verschiedenen Versuchen aufgeführt, wobei noch zu erinnern ist, daß die verschiedenen Holzstücke der ersten Tafel, durch die Buchstaben K, M, S bezeichnet sind, so daß

K, Kern,

M, aus der Mitte zwischen Kern und Splint, und

S, Splint bedeutet. Auch ist zu bemerken, daß P das in der Mitte zum Zerbrechen aufgehängte Gewicht, mit Inbegriff des halben Gewichts des Holzes, bezeichnet.

	No. des Versuchs.	l	h	b	c	U	w	P
Kiefernholz.	1. S.	30	0,958	0,70	0,09	13	1,51	118
	2. S.	30	1,02	0,812	0,36	80	1,68	109$\frac{1}{2}$
	3. M.	48	1,028	1,146	1,28	128	3,51	226
	4. K.	49	1,04	1,04	1,00	73	3,99	185
	5. M.	50	1,229	1,222	0,59	73	3,70	283
	6. M.	66	2,00	2,00	1,16	598	3,43	915
	7. M.	66	1,542	1,500	1,95	295	3,20*	295
	8. M.	66	1,60	1,60	0,76	112		
	9. M.	66	2,04	1,958	1,54	681	2,82	850
	10. S.	70	2,00	2,00	2,35	735	3,14	735
	11. K.	72	1,50	1,458	1,89	239	4,50	404
	12. M.	72	1,276	1,276	1,90	84		
	13. M.	88	2,00	1,90	2,06	351	5,50	654
Sommereichen.	14. K.	48	1,18	0,89	0,60	85	3,70	370
	15. S.	50	1,20	1,00	1,52	183	4,23	183
	16. K.	66	1,50	1,50	1,66	295	4,58	454
	17. M.	66	1,542	1,50	1,78	295	5,00	562
	18. S.	66	1,96	1,46	1,59	515	3,29	515
	19. M.	66	2,00	2,00	1,31	682	3,61	682
	20. K.	66	2,08	1,46	1,12	570	3,11	785
	21. M.	72	1,34	1,17	2,71	182		
	22. M.	84	2,00	2,00	2,09	352	6,12*	544
Steineichen.	23. M.	42	1,13	1,48	1,34	349	2,39	349
	24. M.	56	1,50	1,50	0,83	240	4,12	516
Rothtannen.	25. M.	46	1,208	1,208	1,10	128	2,70	185
Weißtannen.	26. M.	48	1,00	1,00	1,38	101	3,20	150
	27. M.	48	1,50	1,48	1,04	348	2,21	486
Rothbuchen.	28. S.	32	0,82	1,00	1,15	164	2,50	210
	29. M.	34	0,80	1,00	0,98	128	3,00	202
Weißbuchen.	30. M.	42	1,00	1,07	1,32	156	3,09	212
	31. M.	46	1,03	1,06	2,24	183	3,02	183
Erlen.	32. M.	43	0,92	1,02	1,58	128	3,88	184
	33. S.	43	0,95	1,00	2,00	156	3,28	156

*) Beim 7ten Versuche hatte das Holz einen Ast und beim 22sten Versuche war es über den Span geschnitten.

	Nr.	$\frac{l^3 U}{b c h^3} = 48 e^2$	$\frac{l^2}{h w}$	$\frac{l P}{b h^2}$
Kiefernholz.	1	6336804	622	5510,3
	2	7345008	535	4362,9
	3	8882982	638	8957,2
	4	7338005	579	8058,7
	5	6817950	550	7666,2
	6	9263069	635	7547,8
	7	7908144	(883)*	(5458,9)
	8	6464814		
	9	7648127	757	6884,7
	10	6704920	780	6341,2
	11	9591847	768	8866,9
	12	6224726		
	13	7639139	700	7572,6
Sommereichen.	14	10689441	528	14331,4
	15	8709110	492	6354,1
	16	10092075	634	8878,2
	17	8663416	565	10399,7
	18	8470726	676	6060,2
	19	9354590	603	5626,5
	20	11136426	673	8202,3
	21	8904290		
	22	(6238990)*	576	5712,0
Steineichen.	23	9035904	653	11479,3
	24	10030717	507	8561,8
Rothtannen.	25	5318916	649	4827,6
Weißtannen.	26	8094050	720	7200,0
	27	7408590	695	7000,5
Rothbuchen.	28	8475282	500	9994,1
	29	10026527	482	10731,3
Weißbuchen.	30	8183042	571	8321,5
	31	6865293	680	7485,6
Erlen.	32	8109514	518	9164,5
	33	7233180	593	7432,7

§. 502.

Wären die Ausdrücke $\frac{l^3 U}{bch^3}$, $\frac{l^3}{hw}$ und $\frac{lP}{bh^2}$ durchgängig für einerlei Holzart gleich groß, so könnte man daraus e^2, M und N mit Sicherheit finden. Allein die zufälligen Umstände bei den Versuchen, der bedeutende Einfluß, welchen Wärme und Feuchtigkeit auf das Biegen haben, die Verschiedenheit der Hölzer von einerlei Art und die Schwierigkeit, die Senkungen genau anzugeben, lassen schon keine genaue Bestimmung dieser Werthe zu, wenn auch die Voraussetzung angenommen werden könnte, daß die absolute Elasticität bei einerlei Holzstück für jede Belastung unverändert bliebe. Auch müßte man in der Rechnung darauf Rücksicht nehmen, um wie viel die aufgelegten Hölzer von ihrer Unterlage gewichen sind, weil durch größere Werthe von d die Werthe von w größer ausfallen. Will man sich damit begnügen, aus den Zahlen der vorstehenden Tafel Mittelwerthe zu ziehen, so erhält man folgende Zusammenstellung:

	$\frac{l^3 U}{bch^3} = 48e^2$	$\frac{l^2}{hw} = M$	$\frac{lP}{bh^2} = 4N$
Kiefernholz . .	7551195	656	7177
Sommereichen	9502509	593	7285
Steineichen . .	9533310	580	10020
Rothtannen . .	5318916	649	4828
Weißtannen . .	7751320	708	7100
Rothbuchen . .	9250904	491	10363
Weißbuchen . .	7524168	626	7904
Erlenholz . . .	7671347	556	8298

Bei

Bei dem Gebrauche dieser Werthe ist wohl zu bemerken, daß sich die für e^2, M und N gefundenen Zahlen, auf Versuche mit wagerecht auf beiden Enden frei aufliegende und in ihrer Mitte belastete Hölzer beziehen und daß die Werthe von l, b, h, c, w auf preußisches Zollmaaß und U, P auf preußische Pfunde bezogen werden müssen.

Hiernach erhält man, wenn die Balken an beiden Enden frei aufliegen, für geringe Belastungen in der Mitte derselben, die Senkung oder Biegung

$$c = \frac{1}{48e^2} \frac{l^3 U}{bh^3}.$$

Die größte Biegung beim Zerbrechen des Holzes, wird

$$w = \frac{l^2}{Mh}$$

und die in der Mitte des an beiden Enden frei aufliegenden Balkens, zum Zerbrechen erforderliche Belastung mit Einschluß des halben Gewichts des Balkens

$$P = 4N . \frac{bh^2}{l}.$$

Wäre der wagerechte Balken nur an einem Ende befestigt und am andern Ende die zum Zerbrechen erforderliche Kraft angebracht, so wird (§. 448.)

$$P = N \frac{bh^2}{l}.$$

Ist der Balken an beiden Enden so befestigt oder eingemauert, daß die Enden durchaus nicht nachgeben können, so wird die in der Mitte des Balkens erforderliche Kraft (§. 453.)

$$P = 8N . \frac{bh^2}{l}.$$

Liegt der Balken an einem Ende frei und das andere ist eingemauert, so wird (§. 454.)

$$P = 6N.\frac{bh^2}{l}$$

und wenn auf einem an beiden Enden frei aufliegenden Balken eine Last gleichförmig verbreitet ist, so wird (§. 451.)

$$P = 8N.\frac{bh^2}{l}.$$

§. 503.

Mit Hülfe der kleinen Tafel §. 502. läßt sich für jeden Balken die Senkung seiner Mitte nahe genug angeben, bei welcher derselbe zerbrechen wird, wenn nur vorausgesetzt werden kann, daß das Holz durchgängig fehlerfrei und trocken ist. So hätte man z. B. für Sommereichen die größte Ordinate, bei welcher der Bruch erfolgt, oder

$$w = \frac{l^2}{593h}$$

wo l, h und w in jedem Längenmaaße ausgedrückt werden können.

Wäre $l = 12$ und $h = 1$ Fuß, so erhält man

$$w = \frac{144}{593} = 0{,}2428 \text{ Fuß} = 2{,}91 \text{ Zoll}.$$

Für $l = 14$ und $h = \frac{2}{3}$ Fuß wird

$$w = \frac{196.3}{593.2} = 0{,}4958 \text{ Fuß} = 5{,}95 \text{ Zoll}.$$

Hiebei ist wohl zu bemerken, daß sich diese Angaben auf trocknes Holz beziehen. Frisch gehauenes oder nasses Holz kann weit mehr gebogen werden, ehe der Bruch erfolgt.

Weil es für die Ausübung sehr wichtig ist, diejenige Belastung ungefähr zu kennen, welche ein Balken noch mit Sicherheit tragen kann, so wird man zur Begründung eines allgemeinen Ausdrucks den aus vieljähriger Erfahrung bekannten Satz annehmen können, daß bei einem Getreidemagazin ein 9 Zoll breiter und 12 Zoll hoher kieferner Balken, welcher auf 15 Fuß weit frei liegt und dessen Mitte von der Mitte der nächsten Balken $3\frac{1}{2}$ Fuß weit entfernt ist, hinlängliche Stärke besitzt, und ohne sich merklich zu biegen, eine 2 Fuß hohe Schüttung von Roggenkörnern zu tragen. Die Bodenfläche der Schüttung, welche auf jeden Balken kommt, ist daher $15 . 3\frac{1}{2} = 52\frac{1}{2}$ □Fuß, also der Kubikinhalt des Getreides, welches den Balken belastet $= 52\frac{1}{2} . 2 = 105$ Kubikfuß. Jeder Kubikfuß Roggen wiegt etwa 45 Pfund, daher ist die auf dem Balken verbreitete Last $=$ $105 . 45 = 4725$ preußische Pfund. Das Gewicht des Balkens ist nach §. 74. II. $= 0{,}64 . 66 . 1 . \frac{3}{4} . 15$ $= 475$ Pfund beinahe, also die gesammte Belastung $= 5200$ Pfund, wobei die Bediehlung nicht mit gerechnet ist. Von dieser Last kann man annehmen, daß sie auf die Länge des Balkens gleichförmig verbreitet sey. Will man nun hieraus die Last kennen lernen, welche der Balken in seiner Mitte zu tragen im Stande ist, so darf man nur (§. 449.) von der gefundenen Last die Hälfte nehmen. Hieraus folgt, daß ein kieferner, 15 Fuß langer, 9 Zoll breiter und 12 Zoll hoher Balken in seiner Mitte eine Last von 2600 Pfund mit Sicherheit zu tragen im Stande ist, wenn das Gewicht des Balkens in dieser Last mit inbegriffen wird.

Es läßt sich nun entweder bestimmen, den wievielten Theil des Gewichts, welches zum Zerbrechen des Balkens erfordert wird, derselbe noch mit aller erforderlichen Sicherheit tragen kann, oder welche Biegung der Balken erhalten darf, ohne die Grenzen der Sicherheit zu überschreiten. Die erste Bestimmung ist nach dem Ausdruck $P = 4N \frac{bh^2}{l}$ vom Brechungs-Coeffizienten N und die zweite, nach dem Ausdruck $c = \frac{1}{48e^2} \frac{l^3U}{bh^3}$, von der absoluten Elasticität e^2 abhängig. Es zeigen aber die Versuche für die Werthe von N eine bessere Uebereinstimmung als für die Werthe von e^2, daher verdient die erste Voraussetzung den Vorzug.

Nun war $P = 4N \frac{bh^2}{l}$ oder für Kiefernholz $P = 7177 \frac{bh^2}{l}$, wenn P diejenige Last bezeichnet, bei welcher der Balken im ersten Augenblicke brechen muß. Setzt man nun diejenige Last, welche der Balken noch mit Sicherheit tragen kann $= U$, so daß $U = \frac{1}{n} P$ ist, wo n eine noch näher zu bestimmende Zahl bezeichnet, so erhält man

$$nU = 7177 \frac{bh^2}{l} \text{ also } n = 7177 \frac{bh^2}{lU}.$$

Setzt man für b, h, l, U die oben angegebenen Werthe, so wird

$$n = \frac{7177.9.12.12}{15.12.2600} = 19{,}87,$$

wofür man n = 20 annehmen kann. Hieraus folgt, daß ein Balken den zwanzigsten Theil derjenigen Last in seiner Mitte mit der größten Sicherheit tragen kann, welche denselben im ersten Augenblick zu zerbrechen im Stande wäre. Man erhält daher

$$\text{(I)}\quad U = \frac{4N}{20} \cdot \frac{bh^2}{l} = \tfrac{1}{5} N \frac{bh^2}{l}$$

und wenn c die zur Last U gehörige Senkung des Balkens in seiner Mitte für den ersten Augenblick der Belastung bezeichnet, so ist (§. 455. I.) $c = \frac{l^3 U}{48 e^2 b h^3}$ oder man erhält, wenn statt U der eben gefundene Werth gesetzt wird, die zur Last U gehörige Senkung

$$\text{(II)}\quad c = \frac{N}{5.48 e^2} \cdot \frac{l^2}{h}.$$

§. 504.

Mittelst der beiden allgemeinen Ausdrücke für die Belastung U, welche ein Balken mit Sicherheit tragen kann und für die größte Senkung c, welche dieser Belastung im ersten Augenblick entspricht, erhält man mit Hülfe der Tafel §. 502. nachstehende Werthe für

Kiefernholz: $U = 359 \frac{bh^2}{l}$; $c = \frac{l^2}{21043 h}$

Sommereichen: $U = 364 \frac{bh^2}{l}$; $c = \frac{l^2}{26087 h}$

Steineichen: $U = 501 \frac{bh^2}{l}$; $c = \frac{l^2}{19029 h}$

Rothtannen: $U = 241 \frac{bh^2}{l}$; $c = \frac{l^2}{22052\,h}$

Weißtannen: $U = 355 \frac{bh^2}{l}$; $c = \frac{l^2}{21835\,h}$

Rothbuchen: $U = 518 \frac{bh^2}{l}$; $c = \frac{l^2}{17854\,h}$

Weißbuchen: $U = 395 \frac{bh^2}{l}$; $c = \frac{l^2}{19039\,h}$

Erlenholz: $U = 415 \frac{bh^2}{l}$; $c = \frac{l^2}{18190\,h}$.

Bei dem Gebrauche dieser Ausdrücke darf nicht vergessen werden, daß sich die Gewichte auf preußische Pfunde und die Längen auf preußische Zolle beziehen. Auch bezeichnet U die gesammte in der Mitte angebrachte Belastung, nebst dem halben Gewichte des Balkens. Nach §. 74. II. findet man das halbe Ge-
γ' wicht des Balkens, wenn γ' das Gewicht von einem Kubikzoll Wasser bezeichnet $= \frac{1}{2} g \gamma' b h l$. Bezeichnet
U' daher U' die Last, welche der Balken ohne sein eigenes Gewicht noch mit Sicherheit tragen kann, so ist $U = U' + \frac{1}{2} g \gamma' b h l$, daher die in der Mitte des Balkens aufzubringende Belastung oder

$$U' = \frac{1}{5} N \frac{bh^2}{l} - \frac{1}{2} g \gamma' b h l = \frac{bh}{l} \left(\frac{1}{5} N h - \frac{1}{2} g \gamma' l^2\right).$$

Hienach erhält man als Mittelwerthe für

Kiefernholz: $U' = \frac{bh}{l} (359\,h - 0{,}0114 . l^2)$

Sommereichen: $U' = \frac{bh}{l} (364\,h - 0{,}0151 . l^2)$

Steineichen: $U' = \frac{bh}{l} (501\,h - 0{,}0191 . l^2)$

Rothtannen: $U' = \frac{bh}{l} (241\,h = 0{,}0094 . l^2)$

Weißtannen: $U' = \frac{bh}{l}(355h - 0{,}0082 . l^2)$

Rothbuchen: $U' = \frac{bh}{l}(518h - 0{,}0162 . l^2)$

Weißbuchen: $U' = \frac{bh}{l}(395h - 0{,}0153 . l^2)$

Erlenholz: $U' = \frac{bh}{l}(415h - 0{,}0125 . l^2)$,

wo sich die Größen b, h, l auf preußische Zolle beziehen.

Die größte Länge, auf welche ein Balken ohne Belastung mit Sicherheit frei liegen kann, findet man aus den vorstehenden Ausdrücken, wenn die in den Parenthesen enthaltenen entgegengesetzten Werthe einander gleich gesetzt werden, weil alsdann $U = 0$ ist.

1. **Beispiel.** Man sucht die Last, welche ein 18 Fuß langer, 8 Zoll breiter und 11 Zoll hoher kieferner Balken, mit aller Sicherheit tragen kann? Hier ist $l = 12 . 18 = 216$, $b = 8$ und $h = 11$ Zoll, daher die Last $U' = \frac{8 . 11}{216}(359 . 11 - 0{,}0114 . 216^2) = 1392$ Pfund.

2. **Beispiel.** Die größte Senkung im ersten Augenblicke der Belastung nach dem vorigen Beispiel zu finden. Hier ist

$$c = \frac{46656}{21043 . 11} = 0{,}202 \text{ Zoll.}$$

3. **Beispiel.** Für die größte Länge, auf welcher ein kieferner Balken frei liegen kann, erhält man

$$l = \sqrt{\frac{359 h}{0{,}0114}}.$$

Wenn daher die Höhe des Balkens 12 Zoll beträgt, so findet man die grose Länge, auf welche der Balken mit Sicherheit ohne alle Belastung liegen kann, oder

$$l = \sqrt{\frac{359 . 12}{0{,}0114}} = 614{,}7 \text{ Zoll} = 51{,}2 \text{ Fuß.}$$

Die Senkung, welche alsdann im ersten Augenblick entsteht, ist

$$c = \frac{377856}{21043.12} = 1{,}49 \text{ Zoll.}$$

§. 505.

Wegen der bedeutenden Abmessungen der zum Zerbrechen benutzten Hölzer, sollen hier noch die von Büffon (Expériences sur la force du bois. Mem. de l'ac. de Paris, 1740. p. 636. & 1741. p. 394.) angestellten Versuche mitgetheilt werden. Zur Abkürzung hat man von denjenigen Versuchen, welche mit Hölzer von einerlei Abmessungen angestellt worden sind, nur die Mittelwerthe angeführt. Das angewandte frische Eichenholz hatte ein Eigengewicht von 1,055 bis 1,068, die Balken hatten quadratförmige Querschnitte, waren wagerecht, an beiden Enden frei aufgelegt und in ihrer Mitte belastet. Die in der nachstehenden Tafel angeführten Zahlen beziehen sich auf das alte pariser Maaß und Gewicht, und unter der Belastung beim Bruch ist das halbe Gewicht des zerbrochenen Holzes mit inbegriffen.

Versuche mit frischem Eichenholze, von Büffon.

Nummer.	Abstand der Unterlagen oder resp. Länge. l.		Breite oder Höhe. b=h.	Biegung beim Bruch. w.		Belastung beim Bruch. P.	$\frac{lP}{bh^2}$
	Fuß.	Zoll.	Zoll.	Zoll.	Linien.	Pfunde.	
1	6	5	4	5	6	5341	6425,8
2	7	4	4	9	6	4582	6300,2
3	8	3	4	8	3	4062	6283,7
4	9	2	4			3654	6280,3
5	11	—	4			3037	6263,8
6	6	5	5	3	7	11378	7008,8
7	7	4	5	4	9	9839	6926,6
8	8	3	5	5	5	8366	6625,8
9	9	2	5	6	7	7190	6327,2
10	11	—	5			5873	6201,9
11	12	10	5	11	6	5214	6423,6
12	14	8	5	14	3	4453	6269,8
13	16	6	5	16	—	3815	6042,9
14	18	4	5	18	4	3355	5904,8
15	20	2	5	13	9	2780	5382,1
16	22	—	5	15	6	2316	4890,4
17	25	8	5	26	6	1956	4819,6
18	6	5	6	2	4	19013	6777,8
19	7	4	6	3	10	15599	6355,1
20	8	3	6	5	3	13232	6064,7
21	9	2	6	6	—	11345	5777,5
22	11	—	6	6	5	9211	5629,5
23	12	10	6	10	8	7602	5419,9
24	14	8	6	9	—	6509	5303,6
25	16	6	6	11	2	5728	5250,6
26	18	4	6	15	6	5138	5233,1

Nummer.	Abstand der Unterlagen oder resp. Länge. l.		Breite oder Höhe. b=h	Biegung beim Bruch w.		Belastung beim Bruch. P.	$\frac{lP}{bh^2}$
	Fuß.	Zoll.	Zoll.	Zoll.	Linien.	Pfunde.	
27	7	4	7	3	7	26151	6709,3
28	8	3	7	5	4	22463	6483,5
29	9	2	7	11	—	19601	6286,0
30	11	—	7	7	3	16325	6282,5
31	12	10	7	7	8	13400	6016,3
32	14	8	7	11	8	11202	5747,9
33	16	6	7	11	9	9651	5367,0
34	18	4	7	12	3	8526	5468,6
35	9	2	8	5	1	27565	5922,1
36	11	—	8	6	7	23708	6112,2
37	12	10	8	8	3	20005	6017,1
38	14	8	8	8	9	16638	5719,3
39	16	6	8	9	—	13496	5219,1
40	18	4	8	10	2	11818	5087,1

Der Mittelwerth für $\frac{lP}{bh^2}$ ist hiernach $= 5965,4$ in pariser Zollen und Pfunden. Nun ist 1 pariser Zoll $= 1,0350032$ preuß. Zoll, und 1 pariser Pfund poids de marc $= 1,0465989$ preuß Pfund, daher erhält man für preuß. Zolle und Pfunde $\frac{lP}{bh^2}$ oder $4N = 5823$, also einen kleinern Brechungscoeffizient als den für unser trocknes Eichenholz.

§. 506.

Zu den neuen über die respective Festigkeit und die Biegung einiger Holzarten angestellten Versuche, gehören vorzüglich die von **Barlow**, welche sich in dessen §. 433. angeführten Essay — Seite 05. bis 112. befinden. Zur Berechnung des Brechungs-Coeffizienten hat man hier die letzte Spalte noch hinzu gefügt, dagegen diejenige weggelassen, nach welcher die zum Zerbrechen erforderlichen Belastungen auf das eigenthümliche Gewicht 0,600 unter der von Barlow angenommenen Voraussetzung reduzirt sind, daß sich bei einerlei Holzart die respectiven Festigkeiten wie die eigenthümlichen Gewichte verhalten.

Es wird ein für allemal und in Bezug auf alle folgenden Versuche bemerkt, daß unter Länge l des Körpers, die respective Länge desselben (§. 498.) verstanden wird.

Versuche mit Kiefernholz vom Stamm, welches wagerecht an beiden Enden frei auflag, von Barlow.

Sämmtliche Zahlen beziehen sich auf englisches Maaß und Gewicht.

Nummer.	Länge. l Zoll.	Höhe. h Zoll.	Breite. b Zoll.	Eigengewicht.	Biegung. Zoll.	Verlängerung. Zoll.	Belastung. Pfund	Gewicht zum Zerbrechen. Pfund.	Mittelwerth zum Zerbrechen. P Pfund.	$\frac{lP}{bh^2}$
1	15	1	1	0,504	—	—	—	360	419	6285
	=	=	=	0,533	—	—	—	388		
	=	=	=	0,564	—	—	—	418		
	=	=	=	0,646	—	—	—	453		
	=	=	=	0,588	—	—	—	453		
	=	=	=	0,600	—	—	—	441		

Nummer.	Länge. l Zoll.	Höhe. h Zoll.	Breite. b Zoll.	Eigengewicht.	Biegung. Zoll.	Verlängerung. Zoll.	Belastung. Pfund.	Gewicht zum Zerbrechen. Pfund.	Mittelwerth zum Zerbrechen. P Pfund.	$\frac{lP}{bh^2}$
2	18	1	1	0,552	—	—	—	318	375	6750
	„	„	„	0,647	—	—	—	364		
	„	„	„	0,724	—	—	—	436		
	„	„	„	0,719	—	—	—	404		
	„	„	„	0,648	—	—	—	353		
	„	„	„	0,672	—	—	—	376		
3	24	1	1	—	0,687	—	220	—	266	6384
	„	„	„	—	1,000	—	250	—		
	„	„	„	—	1,250	—	260	—		
	„	„	„	—	1,250	—	—	270		
	„	„	„	—	1,250	—	—	262		
	„	„	„	—	1,250	—	—	262		
	„	„	„	0,560	—	—	—	261		
	„	„	„	0,560	—	—	—	283		
	„	„	„	0,540	—	—	—	256		
4	30	1	1	—	1,800	—	—	242	237	7110
	„	„	„	—	1,800	—	—	234		
	„	„	„	—	1,800	—	—	235		
5	36	1	1	0,577	1,850	—	—	229	180	6480
	„	„	„	0,505	3,120	—	—	162		
	„	„	„	0,505	3,000	—	—	148		
	„	„	„	0,553	2,200	—	—	181		
	„	„	„	0,553	3,200	—	—	181		
	„	„	„	0,553	2,200	—	—	181		
6	24	$1\frac{1}{2}$	$\frac{3}{4}$	0,646	—	—	—	420	479	6812
	„	„	„	0,646	—	—	—	424		
	„	„	„	0,646	—	—	—	441		
	„	„	„	0,746	0,700	—	—	557		
	„	„	„	0,709	0,700	—	—	501		
	„	„	„	0,734	0,700	—	—	531		
7	30	$1\frac{1}{2}$	$\frac{3}{4}$	0,733	1,120	—	—	412	394	7006
	„	„	„	0,733	1,120	—	—	411		
	„	„	„	0,646	—	—	—	360		

Nummer.	Länge. l Zoll.	Höhe. h Zoll.	Breite. b Zoll.	Eigengewicht.	Biegung. Zoll.	Verlängerung. Zoll.	Belastung. Pfund.	Gewicht zum Zerbrechen. Pfund.	Mittelwerth zum Zerbrechen. P Pfund.	$\frac{lP}{bh^2}$
8	24	2	1	0,613	0,625	—	—	1190	1106	6636
	„	„	„	0,563	—	—	—	1000		
	„	„	„	0,600	—	—	—	1128		
9	30	2	1	0,586	—	—	—	882	868	6510
	„	„	„	0,581	—	—	—	871		
	„	„	„	0,571	0,312	—	520	—		
	„	„	„	0,571	0,375	—	620	—		
	„	„	„	0,571	0,437	—	720	—		
	„	„	„	0,571	1,080	—	—	852		
10	36	2	1	—	1,000	—	—	600	645	5805
	„	„	„	—	1,120	—	—	622		
	„	„	„	—	1,120	—	—	680		
	„	„	„	—	1,120	—	—	595		
	„	„	„	—	1,520	—	—	552		
	„	„	„	—	1,500	—	—	550		
	„	„	„	0,606	0,250	0	220	—		
	„	„	„	0,606	0,500	0,050	420	—		
	„	„	„	0,606	0,625	0,075	520	—		
	„	„	„	0,606	0,750	0,100	580	—		
	„	„	„	0,606	1,120	—	—	722		
	„	„	„	0,606	1,120	—	—	752		
	„	„	„	0,564	1,120	—	—	730		
11	44	2	2	0,630	0,300	—	421	—	1185	6517
	„	„	„	„	0,660	—	848	—		
	„	„	„	„	0,900	—	1054	—		
	„	„	„	„	1,025	—	1166	—		
	„	„	„	„	1,150	—	1211	—		
	„	„	„	„	1,300	—	1226	—		
	„	„	„	„	1,950	—	1228	—		
	„	„	„	„	2,350	—	—	1317		
	„	„	„	„	0,350	—	421	—		
	„	„	„	„	0,763	—	848	—		
	„	„	„	„	2,000	—	—	1054		

Nummer.	Länge. l Zoll.	Höhe. h Zoll.	Breite. b Zoll.	Eigengewicht.	Biegung. Zoll.	Verlängerung. Zoll.	Belastung. Pfund.	Gewicht zum Zerbrechen. Pfund.	Mittelwerth zum Zerbrechen P Pfund.	$\frac{lP}{bh^2}$
12	48	2	2	0,601	0,360	—	421	—	1118	6708
	„	„	„	„	0,660	—	711	—		
	„	„	„	„	1,020	—	920	—		
	„	„	„	„	1,400	—	1020	—		
	„	„	„	„	2,300	—	—	1125		
	„	„	„	„	2,300	—	—	1110		
13	60	2	2	—	—	—	—	788	770	5775
	„	„	„	—	0,750	0,087	421	—		
	„	„	„	—	0,960	0,125	521	—		
	„	„	„	—	1,800	0,126	711	—		
	„	„	„	—	2,370	—	—	811		
	„	„	„	—	—	—	—	711		
14	72	2	2	0,563	0,750	0,062	221	—	721	6489
	„	„	„	„	1,450	0,125	421	—		
	„	„	„	„	1,870	0,150	521	—		
	„	„	„	„	2,800	0,187	621	—		
	„	„	„	„	4,300	0,200	—	682		
	„	„	„	0,600	0,650	0,075	221	—		
	„	„	„	„	1,200	0,162	421	—		
	„	„	„	„	1,500	0,187	521	—		
	„	„	„	„	2,000	0,225	621	—		
	„	„	„	„	3,500	0,350	—	760		

Hieraus erhält man als Mittelwerth $\frac{lP}{bh^2}$ oder 4N = 6519 in englischen Zollen und Pfunden, Avoir du pois, daher findet man nach der §. 433. angegebenen Vergleichung, 4N = 6700 für preußische Zolle und Pfunde.

Versuche mit dreiseitigen Prismen von Kiefernholz, vom Stamm, nach englischem Maaße und Gewichte, von Barlow.

Nummer.	Länge. Zoll.	Höhe. Zoll.	Breite. Zoll.	Eigengewicht.	Gewicht zum Zerbrechen. Pfund.	Lage der Prismen.	Mittelwerth zum Zerbrechen. Pfund.
15	24	$\frac{1}{2}\sqrt{2}$	$\sqrt{2}$	—	118	Die Basis oben	118
	=	=	=	—	97	= = unten	97
16	24	$\sqrt{3}$	2	0,613	740	Die Basis oben	710
	=	=	=	0,588	740	= = =	
	=	=	=	0,559	680	= = =	
	=	=	=	0,574	680	= = =	
	=	=	=	0,619	637	= = unten	637
	=	=	=	0,603	637	= = =	
17	20	$\sqrt{3}$	2	—	907	Die Basis oben	907
	=	=	=	0,630	843	= = unten	843

Hiernach verhalten sich bei kiefernen dreiseitigen Prismen, wenn deren Basis nach oben oder nach unten gekehrt ist, die respectiven Festigkeiten wie

$$118 : 97 = 1 : 0,8220$$
$$710 : 637 = 1 : 0,8972$$
$$907 : 843 = 1 : 0,9294.$$

Könnte man voraussetzen, daß gleich große Theile von den Querschnitten dieser Prismen, gleiche Kraft zur Ausdehnung oder Zusammendrückung derselben erforderten, so wäre (§. 463.) das Verhältniß wie 1 : 1, welches nahe genug mit den obigen Versuchen übereinstimmt. Wenn aber die Materie nur ausdehnbar und nicht zusammendrückbar wäre, wie 1 : 0,3333 (§. 464.). Hieraus folgt, daß die Materie des zu den Versuchen benutzten Kiefernholzes, etwas mehr ausdehnbar als zusammendrückbar gewesen ist.

Versuche mit Parallelepipeden von Kiefernholz vom Stamm, welche an beiden Enden fest gemacht waren, nach englischem Maaße und Gewichte, von Barlow.

Nummer.	Länge. Zoll.	Höhe. Zoll.	Breite. Zoll.	Eigengewicht.	Biegung. Zoll.	Belastung. Pfund.	Gewicht zum Zerbrechen. Pfund.	Dauer des Versuchs. Min.
18	72	2	2	0,581	0,45	220	—	
	=	=	=	=	1,00	620	—	
	=	=	=	=	1,30	822	—	
	=	=	=	=	2,10	—	1024	34
	=	=	=	=	0,41	220	—	
	=	=	=	=	0,95	620	—	
	=	=	=	=	1,25	822	—	
	=	=	=	=	2,10	—	1139	28
	=	=	=	0,611	0,40	220	—	
	=	=	=	=	0,87	620	—	
	=	=	=	=	1,35	822	—	
	=	=	=	=	2,20	—	1090	45
	=	=	=	0,600	0,45	220	—	
	=	=	=	=	1,00	620	—	
	=	=	=	=	1,20	822	—	
	=	=	=	=	2,30	—	1120	18

Der Mittelwerth des Gewichts zum Zerbrechen ist hier 1093, wogegen frei aufliegendes Kiefernholz bei denselben Abmessungen nach Nummer 14. als

Mittel=

Mittelwerth zum Zerbrechen nur ein Gewicht von 721 Pfund erfordert. Hiernach verhält sich

721 : 1093 = 1 : 1,516 oder beinahe = 2 : 3.

Aehnliche Resultate geben die Versuche von Belidor (La Science des Ingénieurs par Belidor. Nouv. édit. avec des notes, par Navier. Paris 1830. p. 319.) mit Parallelepipeden von Eichenholz, deren Querschnitt einen Quadratzoll betragen hat. Bei einer Länge von 18 Zoll war das Verhältniß wie 406 : 608 = 1 : 1,4975 und bei 36 Zoll Länge, wie 187 : 283 = 1:1,5133. Hiermit vergleiche man §. 453. und 454.

Versuche mit Parallelepipeden von Eichenholz, welche wagerecht an beiden Enden frei auflagen, nach englischem Maaße und Gewichte, von Barlow.

Nummer.	Länge. l Zoll.	Höhe. h Zoll.	Breite. b Zoll.	Eigengewicht.	Biegung. Zoll.	Verlängerung. Zoll.	Belastung. Pfund.	Gewicht zum Zerbrechen. Pfund.	Mittelwerth zum Zerbrechen. P Pfund.	$\frac{lP}{bh^2}$
19	18	1	1	0,767	—	—	—	323	338,3	6089
	„	„	„	0,768	—	—	—	353		
	„	„	„	0,768	—	—	—	339		
20	24	1	1	0,764	—	—	—	266	259,0	6216
	„	„	„	0,774	—	—	—	251		
	„	„	„	0,774	—	—	—	260		
21	30	1	1	0,777	—	—	—	196	196,0	5880
	„	„	„	0,777	—	—	—	196		
	„	„	„	0,777	—	—	—	196		
22	36	1	1	—	2,950	—	—	158	174,6	6286
	„	„	„	—	4,200	—	—	190		
	„	„	„	—	—	—	—	176		

Nummer.	Länge. l Zoll.	Höhe. h Zoll.	Breite. b Zoll.	Eigengewicht.	Biegung. Zoll.	Verlängerung. Zoll.	Belastung. Pfund.	Gewicht zum Zerbrechen. Pfund.	Mittelwerth zum Zerbrechen. P Pfund.	$\frac{lP}{bh^2}$
23	24	$1\frac{1}{2}$	$\frac{3}{4}$	0,768	0,650	—	321	—	396,6	5641
	„	„	„	0,768	0,850	—	366	—		
	„	„	„	0,768	1,050	—	380	—		
	„	„	„	0,768	1,100	—	—	387		
	„	„	„	0,784	0,620	—	321	—		
	„	„	„	0,784	0,720	—	366	—		
	„	„	„	0,784	0,950	—	380	—		
	„	„	„	0,784	1,050	—	387	—		
	„	„	„	0,784	1,100	—	—	408		
	„	„	„	0,777	0,650	—	321	—		
	„	„	„	0,777	0,850	—	366	—		
	„	„	„	0,777	1,050	—	380	—		
	„	„	„	0,777	1,080	—	387	—		
	„	-	„	0,777	1,100	—	—	395		
24	30	$1\frac{1}{2}$	$\frac{3}{4}$	0,777	1,500	—	—	316	314,3	5588
	„	„	„	0,784	1,500	—	—	327		
	„	„	„	0,768	1,500	—	—	300		
25	30	2	1	0,777	0,366	0,075	421	—	731,0	5482
	„	„	„	0,777	0,466	0,100	521	—		
	„	„	„	0,777	0,700	0,125	621	—		
	„	„	„	0,777	0,800	0,150	671	—		
	„	„	„	0,777	1,400	—	—	721		
	„	„	„	0,777	1,400	—	—	736		
	„	„	„	0,777	1,400	—	—	736		
26	36	2	1	0,764	—	—	—	598	605,7	5451
	„	„	„	0,764	—	—	—	607		
	„	„	„	0,764	—	—	—	612		

Der Mittelwerth für $\frac{lP}{bh^2}$ wird hiernach = 5829, in englischen Zollen und Pfunden, oder 4N = 5991 in preußischen Zollen und Pfunden.

Versuche mit massiven und hohlen Cylindern, welche an beiden Enden frei auflagen, in englischem Maaße und Gewichte, von Barlow.

Nummer.	Holzarten.	Länge. Zoll.	Aeußerer Durchmesser. Zoll.	Innerer Durchmesser. Zoll.	Eigengewicht.	Biegung. Zoll.	Gewicht zum Zerbrechen. Pfund.
27	Kiefern.	48	2	massiv	0,581	2,0	740
		48	2	desgl.	0,603	2,1	796
		48	2	desgl.	0,580	1,9	780
28	Eschen.	46	2	massiv	0,590	2,7	700
		46	2	desgl.	0,590	2,5	730
		46	2	$\frac{1}{2}$	0,586	3,0	650
		46	2	$\frac{1}{2}$	0,540	3,0	664
		46	2	$\frac{3}{4}$	0,601	3,1	646
		46	2	$\frac{3}{4}$	0,601	2,9	654
		46	2	1	0,580	2,8	631
		46	2	1	0,580	3,6	630

Der Mittelwerth für die respective Festigkeit massiver Cylinder von Kiefernholz ist hiernach 772 und die eines Balkens von gleicher Länge, dessen Querschnitt ein um die Kreisfläche dieses Cylinders beschriebenes Quadrat von 2 Zoll Seitenlänge bildet, nach Nummer 12. = 1118. Nun soll sich nach §. 470. die respective Festigkeit dieses Cylinders zu der des Balkens verhalten, wenn gleiche Kraft zur Ausdehnung und Zusammendrückung der Fibern erfordert wird, wie 0,589 : 1; wenn aber die Fibern nur ausdehnbar aber nicht zusammendrückbar sind, wie 1 : 0,736. Die vorstehenden Versuche geben:

$$772 : 1118 = 0{,}6907 : 1,$$

eine Uebereinstimmung, wie sie bei der Verschiedenheit des Holzes nur erwartet werden kann, woraus aber so viel hervorgeht, daß die Fibern des Kiefernholzes, welches zu den Versuchen verwandt worden ist, mehr ausdehnbar als zusammendrückbar sind.

Eine Vergleichung mit §. 473. zwischen vollen Cylindern und Röhren ist hier deshalb nicht statthaft, weil beide nicht von einerlei Materie sind, da die Materie vom Kern des Cylinders eine größere Festigkeit hat als die der Röhren, welchen der Kern fehlt.

§. 507.

Die Versuche, welche über die respective Festigkeit mehrerer Holzarten auf dem Hofraum der Docke zu Woolwich angestellt und von den Beamten und Kommissarien der englischen Marine, H. Barlow, mitgetheilt worden sind, hat derselbe Seite 197. u. f. seiner angeführten Schrift aufgezeichnet. Sie sind deshalb besonders wichtig, weil sie außer dem Gewichte P zum Zerbrechen und der dazu gehörigen größten Biegung w zugleich die Belastung U nebst der zugehörigen Biegung c angeben, bis zu welcher die Elasticität des Holzes unverändert blieb, deren Grenze man daraus erkannte, wenn bei der nach und nach vermehrten Belastung, die Biegung sich in einem größern Verhältniß als die Belastung vermehrte (§. 455. II.). Außerdem ist nach den Beobachtungen, welche man aus der Gestalt der Brechungsfläche der Holzstücke folgerte, die Lage der neutralen Axe (§. 443.) oder derjenigen Linie der Brechungsebene angegeben, innerhalb welcher die Holzfasern weder ausgedehnt, noch zusammengedrückt werden. Die Werthe $\frac{l^3U}{bch^3} = 48e^2$, $\frac{l^2}{hw} = M$ und $\frac{lP}{bh^2} = 4N$ sind in der nachstehenden Tafel dieselben, welche sich in der Barlowschen Schrift befinden, nur daß man hier 4N anstatt N aufgeführt hat.

Noch ist bei diesen Versuchen zu bemerken, daß nach denselben die verschiedenen Hölzer ihre Elasticität behielten, bis die angewandte Belastung im Durchschnitt die Hälfte desjenigen Gewichts betragen hatte, welches zum Zerbrechen des Holzes erforderlich war.

Versuche mit Parallelepipeden von quadratförmig[em] Querschnitte, an beiden Enden frei aufliegend, [in] englischem Maaße und Gewichte, welche auf d[em] Hofraum der Docke zu Woolwich angestellt worden sind.

Nummer.	Holzarten.	Länge. l Zoll	Höhe oder Breite. h=b Zoll.	Eigengewicht.	In der Gränze der ungeschwächten Elasticität: größte Biegung. c Zoll.	In der Gränze der ungeschwächten Elasticität: größte Belastung. U Pfd.	Biegung beim Bruch. w Zoll.	Belastung zum Zerbrechen. P Pfd.	Höhe der neutralen Axe. Zoll.	$\frac{l^3U}{bch^3}$	$\frac{l^2}{hw}$	l…
1	Teak, indian. Eichen.	84	2	0,742	1,065	300	4,75	1020	1,20			
		=	=	0,742	1,093	300						
		=	=	0,749	1,150	300	4,20	975	1,20			
		=	=	0,749	1,130	300						
		=	=	0,744	1,276	300	4,00	820	—			
		=	=	0,744	1,192	300						
		=	=	Mittelw.	1,151	300	4,32	938	1,20	9657802	818	9
2	Poon (afrikanische Eiche?)	84	2	0,600	0,830	150	6,00	860	1,25			
		=	=	0,600	0,780	150						
		=	=	0,570	0,820	150	5,75	848	—			
		=	=	0,570	0,837	150						
		=	=	0,568	0,837	150	6,00	830	1,20			
		=	=	0,568	0,830	150						
		=	=	Mittelw.	0,822	150	5,92	846	1,225	6759200	596	8

Nummer.	Holzarten.	Länge. l Zoll	Höhe oder Breite. h=b Zoll.	Eigengewicht.	In der Gränze der ungeschwächten Elasticität: größte Biegung. c Zoll.	In der Gränze der ungeschwächten Elasticität: größte Belastung. U Pfd.	Biegung beim Bruch. w Zoll.	Belastung zum Zerbrechen. P Pfd.	Höhe der neutralen Axe. Zoll.	$\frac{l^3U}{bch^3}$	$\frac{l^3}{hw}$	$\frac{lP}{bh^2}$
3	Eichen, englische.	84	2	0,986	1,420	150	6,00	470	1,30			
		=	=	0,986	1,420	150						
		=	=	0,998	1,700	150	5,90	421	1,30			
		=	=	0,998	1,700	150						
		=	=	0,925	1,650	150	5,80	460	1,30			
		=	=	0,925	1,650	150						
		=	=	Mittelw.	1,590	150	5,90	450	1,30	3494730	598	4724
4	Eichen, canadische.	84	2	0,865	1,150	225	5,70	660	1,10			
		=	=	0,865	1,150	225						
		=	=	0,885	1,009	225	6,20	708	—			
		=	=	0,885	1,011	225						
		=	=	0,867	1,070	225	6,10	651	1,15			
		=	=	0,867	1,070	225						
		=	=	Mittelw.	1,080	225	6,00	673	1,125	8595364	588	7064
5	Eichen, danziger.	84	2	0,767	1,710	200	5,00	520	1,20			
		=	=	0,767	1,690	200						
		=	=	0,787	1,260	200	4,10	580	1,20			
		=	=	0,787	1,300	200						
		=	=	0,713	1,855	200	5,50	580	—			
		=	=	0,713	1,715	200						
		=	=	Mittelw.	1,590	200	4,86	560	1,20	4765750	724	5828

Nummer.	Holzarten.	Länge. l Zoll	Höhe oder Breite. h=b Zoll.	Eigengewicht.	In der Gränze der ungeschwächten Elasticität: größte Biegung. c Zoll.	In der Gränze der ungeschwächten Elasticität: größte Belastung. U Pfd.	Biegung beim Bruch. w Zoll.	Belastung zum Zerbrechen. P Pfd.	Höhe der neutralen Axe. Zoll.	$\frac{l^3U}{bch^3}$	$\frac{l^2}{hw}$	b…
6	Eichen, adriatische.	84	2	0,941	1,070	150	6,00	560	1,20			
		=	=	0,941	1,070	150						
		=	=	0,948	1,550	150	5,50	500	1,25			
		=	=	0,948	1,450	150						
		=	=	1,090	1,720	150	5,70	520	1,15			
		=	=	1,090	1,720	150						
		=	=	Mittelw.	1,430	150	5,73	526	1,20	3885700	610	5.
7	Eschen.	84	2	0,760	1,270	225	9,00	777	1,35			
		=	=	0,760	1,250	225						
		=	=	0,758	1,300	225	9,10	760	1,30			
		=	=	0,758	1,270	225						
		=	=	0,762	1,240	225	8,66	780	1,25			
		=	=	0,762	1,270	225						
		=	=	Mittelw.	1,266	225	8,92	772	1,30	6580750	395	8
8	Buchen.	84	2	0,712	1,075	150	6,00	565	1,20			
		=	=	0,712	1,025	150						
		=	=	0,688	1,009	150	5,70	600	—			
		=	=	0,688	1,024	150						
		=	=	0,688	1,025	150	5,50	615	1,20			
		=	=	0,688	1,000	150						
		=	=	Mittelw.	1,026	150	5,73	593	1,20	5417266	615	6

Nummer.	Holzarten.	Länge. l Zoll	Höhe oder Breite. b=h Zoll.	Eigengewicht.	In der Gränze der ungeschwächten Elasticität: größte Biegung. c Zoll.	größte Belastung. U Zoll.	Biegung beim Bruch. w Zoll.	Belastung zum Zerbrechen. P Pfd.	Höhe der neutralen Axe. Zoll.	$\frac{l^3 U}{bch^3}$	$\frac{l^2}{hw}$	$\frac{lP}{bh^2}$
9	Pechtanne.	84	2	0,712	1,133	150	6,25	650	1,20			
		=	=	0,712	1,166	150						
		=	=	0,628	1,140	150	5,75	595	1,20			
		=	=	0,628	1,110	150						
		=	=	0,641	1,166	150	6,00	620	—			
		=	=	0,641	1,091	150						
		=	=	Mittelw.	1,134	150	6,00	622	1,20	1900466	588	6528
10	Rothtanne.	84	2	0,655	0,825	150	5,70	473	1,30			
		=	=	0,655	0,825	150						
		=	=	0,667	0,700	150	5,83	530	1,25			
		=	=	0,667	0,725	150						
		=	=	0,650	0,725	150	5,96	530	1,25			
		=	=	0,650	0,730	150						
		=	=	Mittelw.	0,755	140	5,83	511	1,267	7359700	605	5364
11	Kiefern von Neuengland	84	2	0,560	0,862	150	4,50	446	1,36			
		=	=	0,560	0,862	150						
		=	=	0,560	0,970	150	4,70	403	1,30			
		=	=	0,560	0,970	150						
		=	=	0,540	0,960	150	4,78	411	1,33			
		=	=	0,540	0,960	150						
		=	=	Mittelw.	0,931	150	4,66	420	1,33	5967400	757	4408

Nummer.	Holzarten.	Länge. l Zoll	Höhe oder Breite. h=b Zoll.	Eigengewicht.	In der Gränze der ungeschwächten Elasticität: größte Biegung. c Zoll.	größte Belastung. U Pfd.	Biegung beim Bruch. w Zoll.	Belastung zum Zerbrechen. P Pfd.	Höhe der neutralen Axe. Zoll.	$\frac{l^3U}{bch^3}$	$\frac{l^3}{hw}$	
12	Kiefer, rigaer.	84	2	0,730	0,812	125	5,80	420	1,35			
		=	=	0,730	0,837	125						
		=	=	0,765	0,912	125	6,10	440	1,33			
		=	=	0,765	0,912	125						
		=	=	0,763	0,837	125	6,10	406	—			
		=	=	0,763	0,910	125						
		=	=	Mittelw.	0,870	125	6,00	422	1,35	5314570	588	4
13	Kiefer, rigaer.	72	2	0,714	0,794	150	5,50	567	—			
		=	=	0,714	0,794	150						
		=	=	0,768	0,907	150	6,00	367	—			
		=	=	0,768	0,909	150						
		=	=	0,732	0,950	150	6,50	467	—			
		=	=	0,732	0,950	150						
		=	=	Mittelw.	0,883	150	6,00	467	—	3962800	—	4
14	Kiefer, englische.	84	2	0,715	1,560	125	5,50	360	1,30			
		=	=	0,715	1,500	125						
		=	=	0,616	1,370	125	5,50	463	1,30			
		=	=	0,616	1,250	125						
		=	=	0,684	1,370	125	7,00	465	1,30			
		=	=	0,684	1,370	125						
		=	=	0,769	1,560	125	6,00	457	1,30			
		=	=	0,769	1,560	125						
		=	=	Mittelw.	1,442	125	6,00	436	1,30	2581400	588	4

Nummer.	Holzarten.	Länge. l Zoll	Höhe oder Breite. h=b Zoll.	Eigengewicht.	In der Gränze der ungeschwächten Elasticität: größte Biegung. c Zoll.	In der Gränze der ungeschwächten Elasticität: größte Belastung. U Pfd.	Biegung beim Bruch. w Zoll.	Belastung zum Zerbrechen. P Pfd.	Höhe der neutralen Axe. Zoll.	$\frac{l^3U}{bch^3}$	$\frac{l^2}{hw}$	$\frac{lP}{bh^2}$
15	Kiefer, englische.	72	2	0,720	1,150	150	7,00	600	1,30			
		=	=	0,720	1,150	150						
		=	=	0,756	1,250	150	6,00	517	1,30			
		=	=	0,756	1,150	150						
		=	=	0,603	0,675	150	6,25	567	—			
		=	=	0,603	0,675	150						
		=	=	Mittelw.	1,006	150	6,42	561	1,30	3478328	403	5048
16	Kiefer, englische.	72	2	0,700	1,150	150	6,50	561	1,30			
		=	=	0,700	1,150	150						
		=	=	0,710	1,230	150	6,50	570	1,30			
		=	=	0,710	1,170	150						
		=	=	0,698	0,675	150	6,25	552	1,30			
		=	=	0,698	0,675	150						
		=	=	Mittelw.	1,006	150	6,42	561	1,30	3478328	403	5048
17	Lerchenbaum.	84	2	0,504	1,930	125	8,60	300	—			
		=	=	0,504	1,910	125						
		=	=	0,576	1,740	125	8,60	340	—			
		=	=	0,576	1,760	125						
		=	=	0,514	1,970	125	8,54	336	—			
		=	=	0,514	2,000	125						
		=	=	Mittelw.	1,885	125	8,58	325	—	2465433	411	3412

Nummer.	Holzarten.	Länge. l Zoll	Höhe oder Breite. h=b Zoll.	Eigengewicht.	In der Gränze der ungeschwächten Elasticität: größte Biegung. c Zoll.	größte Belastung. U Pfd.	Biegung beim Bruch. w Zoll.	Belastung zum Zerbrechen. P Pfd.	Höhe der neutralen Axe. Zoll.	$\frac{l^3U}{bch^3}$	$\frac{l^2}{hw}$	b…
18	Lerchenbaum.	72	2	0,552	0,750	125	6,00	300	—			
		"	"	0,552	0,750	125						
		"	"	0,480	0,812	125	4,50	412	—			
		"	"	0,480	0,812	125						
		"	"	0,531	0,875	125	4,50	398	—			
		"	"	0,534	—	125						
		"	"	Mittelw.	0,812	125	5,00	370	—	3591130	513	3
19	Lerchenbaum.	72	2	0,546	0,750	150	4,70	417	1,25			
		"	"	0,546	0,750	150						
		"	"	0,552	0,825	150	4,90	497	1,25			
		"	"	0,552	0,825	150						
		"	"	0,552	0,750	150	5,00	537	1,20			
		"	"	0,552	0,750	150						
		"	"	0,576	1,050	150	5,40	552	1,20			
		"	"	0,576	0,950	150						
		"	"	Mittelw.	0,831	150	5,00	501	1,225	4210830	518	4
20	Lerchenbaum.	72	2	0,552	0,831	150	4,80	500	1,20			
		"	"	0,552	0,831	150						
		"	"	0,581	0,900	150	5,20	515	1,20			
		"	"	0,581	0,861	150						
		"	"	0,548	0,762	150	5,00	515	1,20			
		"	"	0,548	0,798	150						
		"	"	Mittelw.	0.831	150	5,00	510	1,20.	4210830	518	4

Aus den vorstehenden Angaben über die Höhen der neutralen Axen erhält man, wenn für einerlei Holzart die Mittelwerthe genommen werden, das Verhältniß von der Höhe der ausgedehnten Holzfasern, zur Höhe der zusammengepreßten

beim	Eichenholz,	wie	2 : 3
=	Eschenholz,	wie	7 : 13
=	Buchen,	wie	2 : 3
=	Tannen,	wie	8 : 13
=	Kiefern,	wie	14 : 27
=	Lerchenbaum,	wie	19 : 30.

Nach Barlow (a. a. O. S. 169.) ist dies Verhältniß beim Kiefernholz wie 3 : 5.

Die Werthe von $\frac{l^2}{h\,w} = M$ bleiben für jedes Maaß dieselben. Werden die übrigen Werthe von $48e^2$ und $4N$ in preußisches Maaß und Gewicht verwandelt, so erhält man, nach vorher ermittelten Durchschnittswerthen, nachstehende Zusammenstellung für preußische Zolle und Pfunde.

Holzarten.	$48e^2$	M	4N
Eiche, indische	9926093	818	10121
„ englische	3591812	598	4855
„ canadische	8834141	588	7260
„ danziger	4898141	724	5990
„ adriatische	3993644	610	5686
Esche	6763562	395	8329
Buche	5567756	615	6397
Pechtanne	5036600	588	6709
Rothtanne	7564151	605	5563
Kiefer, neuengländische	6133173	757	4530
„ rigaer	4767546	588	4438
„ englische . . .	3267674	465	5027
Lerchenbaum	3720103	490	4071

§. 508.

Die Herren F. J. und F. A. Ritter von Gerstner, Vater und Sohn, haben im technischen Institut zu Prag sehr lehrreiche Versuche über das Biegen und Zerbrechen einiger Holzarten angestellt, und in dem unsere Literatur so ehrenvoll bereichernden Handbuch der Mechanik, Prag 1831. im ersten Bande, dritten Kapitel, Seite 327 u. f. mitgetheilt. Diese Versuche, ob sie gleich nur mit Hölzern angestellt worden sind, deren Querschnitt einen Quadratzoll nicht übertroffen hat, zeichnen sich durch die genaue Angabe der Biegungen bei fortgesetzten gleich großen Belastungen dadurch aus, daß mittelst eines angebrachten Fühlhebels, jede Biegung 15 mal vergrößert bemerkt werden konnte. Der Einfluß, welchen außer der Belastung auch noch die Zeit auf die Vermehrung der Biegung verursacht, ist zwar nicht angegeben, weil man nach der Auflegung eines jeden Gewichtes immer nur eine Zeit von 4 bis 5 Minuten abwartete, also durch diese Versuche nur allein den Einfluß der Belastung auf die Biegung kennen lernt; allein da es jetzt noch an einem brauchbaren Ausdruck fehlt, welcher den Einfluß der Zeit auf die Biegung zureichend genau ausdrückt, so wird diese Zeitbestimmung um so weniger vermißt werden.

Zur leichteren Vergleichung mit andern Beobachtungen hat man bei den nachstehenden schätzbaren Versuchen die von den Herren Verfassern angegebene 15fache Biegungen in einfache und die Linien in Zolle verwandelt; auch hat man den Biegungen eine Spalte beigefügt, welche die Differenzen derselben enthält, um leichter zu übersehen, bis zu welcher Grenze der Belastungen diese Differenzen noch als gleich groß angesehen werden können (§. 455.). Etwa der dritte Theil von der zum Zerbrechen erforderlichen Belastung wird sich als diese Grenze annehmen lassen.

Versuche über das Biegen und Zerbrechen einiger Holzarten, mit Parallelepipeden, welche an beiden Enden frei auflagen, in niederösterreichischem Maaße und Gewichte.

Von v. Gerstner.

Nummer.	Holzart.	Länge. l Zoll.	Höhe. h Zoll.	Breite. b Zoll.	Biegung. Zoll.	Differenz der Biegung. Zoll.	Belastung. Pfd.	Gewicht zum Zerbrechen. P Pfund.	$\frac{lP}{bh^2}$
1	Eichenholz.	37,167	1	1	0,0889		10		
					0,1778	0,0889	20		
					0,2694	0,0916	30		
					0,3611	0,0917	40		
					0,4556	0,0945	50		
					0,5500	0,0944	60		
					0,6472	0,0972	70		
					0,7472	0,1000	80		
					0,8528	0,1056	90		
					0,9611	0,1083	100		
					1,0778	0,1167	110		
					1,2000	0,1222	120		
					1,3278	0,1278	130		
					1,4639	0,1361	140		
					1,6000	0,1361	150		
					1,7444	0,1444	160		
					1,8944	0,1500	170		
					1,9944	0,1000	—	180	6690

Nummer.	Holzart.	Länge. l Zoll.	Höhe. h Zoll.	Breite. b Zoll.	Biegung. Zoll.	Differenz der Biegung. Zoll.	Belastung. Pfd.	Gewicht zum Zerbrechen. P Pfund.	$\frac{lP}{bh^2}$
2	Eichenholz.	37,167	1	1	0,1000		10		
					0,2111	0,1111	20		
					0,3222	0,1111	30		
					0,4278	0,1056	40		
					0,5333	0,1055	50		
					0,6444	0,1111	60		
					0,7555	0,1111	70		
					0,8667	0,1112	80		
					1,0000	0,1333	90		
					1,1222	0,1222	100		
					1,2889	0,1667	110		
					1,4556	0,1667	120		
					1,6333	0,1777	—	130	4832
3	Eichenholz.	37,167	1	1	0,1167		10		
					0,2361	0,1194	20		
					0,3556	0,1195	30		
					0,4778	0,1222	40		
					0,6056	0,1278	50		
					0,7278	0,1222	60		
					0,8611	0,1333	70		
					1,0056	0,1445	80		
					1,1611	0,1555	90		
					1,3278	0,1667	100		
					1,5056	0,1778	110		
					1,7167	0,2111	120		
					2,4833	0,7666	—	130	4832

Nummer.	Holzart.	Länge. l Zoll.	Höhe. h Zoll.	Breite. b Zoll.	Biegung. Zoll.	Differenz der Biegung. Zoll.	Belastung. Pfd.	Gewicht zum Zerbrechen P Pfund.	$\frac{lP}{bh^2}$
4	Buchenholz.	37,167	0,9833	0,9583	0,1167		10		
					0,2333	0,1166	20		
					0,3500	0,1167	30		
					0,4667	0,1167	40		
					0,5861	0,1194	50		
					0,7139	0,1278	60		
					0,8500	0,1361	70		
					0,9833	0,1333	80		
					1,1194	0,1361	90		
					1,2556	0,1362	100		
					1,4222	0,1666	110		
					1,6056	0,1834	120		
					1,8056	0,2000	130		
					2,0389	0,2333	140		
					2,2833	0,2444	150		
					0,4944	0,2111	—	160	6416
5	Buchenholz.	37,167	0,9417	0,9583	0,1084		10		
					0,2167	0,1083	20		
					0,3278	0,1111	30		
					0,4417	0,1139	40		
					0,5556	0,1139	50		
					0,6722	0,1166	60		
					0,7944	0,1222	70		
					0,9278	0,1334	80		
					1,0667	0,1388	90		
					1,3278	0,2611	100		
					1,5278	0,2000	110		
					1,9111	0,3833	—	120	5244

Nummer.	Holzart.	Länge. l Zoll.	Höhe. h Zoll.	Breite. b Zoll.	Biegung. Zoll.	Differenz der Biegung. Zoll.	Belastung. Pfd.	Gewicht zum Zerbrechen. P Pfund.	$\frac{lP}{bh^2}$
6	Fichtenholz (Kiefern).	37,167	1	1	0,0722		10		
					0,1444	0,0722	20		
					0,2167	0,0723	30		
					0,2889	0,0722	40		
					0,3583	0,0694	50		
					0,4333	0,0750	60		
					0,5193	0,0860	70		
					0,6000	0,0907	80		
					0,6750	0,0750	90		
					0,7528	0,0778	100		
					0,8333	0,0805	110		
					0,9167	0,0834	120		
					1,0278	0,1111	130		
					1,1722	0,1444	140		
					1,3028	0,1306	150		
					1,4722	0,1694	160		
					1,7111	0,2389	170		
					2,0556	0,3445	180		
					2,4833	0,4277	—	185	6876
7	Fichtenholz.	37,167	0,9417	0,9417	0,0778		10		
					0,1556	0,0778	20		
					0,2389	0,0833	30		
					0,3167	0,0778	40		
					0,3944	0,0777	50		
					0,4722	0,0778	60		
					0,5556	0,0834	70		
					0,6389	0,0833	80		
					0,7167	0,0778	90		
					0,8000	0,0833	100		
					0,8833	0,0833	110		
					1,0667	0,1834	120		
					1,3389	0,2722	130		
					2,2556	0,9167	—	140	6232

Nummer.	Holzart.	Länge. l Zoll.	Höhe. h Zoll.	Breite. b Zoll.	Biegung. Zoll	Differenz der Biegung. Zoll.	Belastung. Pfd.	Gewicht zum Zerbrechen. P Pfund.	$\frac{lP}{bh^2}$
8	Fichtenholz.	37,167	0,9583	0,9583	0,0667		10		
					0,1361	0,0694	20		
					0,2056	0,0695	30		
					0,2778	0,0722	40		
					0,3500	0,0722	50		
					0,4222	0,0722	60		
					0,4944	0,0722	70		
					0,5667	0,0723	80		
					0,6389	0,0722	90		
					0,7111	0,0722	100		
					0,7833	0,0722	110		
					0,8583	0,0750	120		
					0,9361	0,0778	130		
					1,0278	0,0917	140		
					1,1305	0,1027	150		
					1,3528	0,2223	160		
					1,5194	0,1666	170		
					2,5167	1,0973	—	180	7600
9	Tannenholz.	37,167	0,9750	1,000	0,0833		10		
					0,1666	0,0833	20		
					0,2500	0,0834	30		
					0,3333	0,0833	40		
					0,4167	0,0834	50		
					0,5000	0,0833	60		
					0,5889	0,0889	70		
					0,6778	0,0889	80		
					0,7667	0,0889	90		
					0,8611	0,0944	100		
					0,9944	0,1333	110		
					1,1500	0,1556	120		
					1,5111	0,3611	130		
					1,9000	0,3889	—	140	5072

Nummer.	Holzart.	Länge. l Zoll.	Höhe. h Zoll.	Breite. b Zoll.	Biegung. Zoll.	Differenz der Biegung. Zoll.	Belastung. Pfd.	Gewicht zum Zerbrechen. P Pfund.	$\frac{lP}{bh^2}$
10	Tannenholz.	37,167	0,9667	0,9750	0,1139		10		
					0,2278	0,1139	20		
					0,3416	0,1138	30		
					0,4583	0,1167	40		
					0,5778	0,1195	50		
					0,6972	0,1194	60		
					0,8222	0,1250	70		
					0,9611	0,1389	80		
					1,1111	0,1500	90		
					1,3333	0,2222	100		
					1,5722	0,2389	110		
					1,9278	0,3556	120	nicht	beob-achtet.
11	Tannenholz.	37,167	1	1	0,0500		10		
					0,1000	0,0500	20		
					0,1500	0,0500	30		
					0,2000	0,0500	40		
					0,2528	0,0528	50		
					0,3028	0,0500	60		
					0,3528	0,0500	70		
					0,4028	0,0500	80		
					0,4556	0,0528	90		
					0,5056	0,0500	100		
					0,5583	0,0527	110		
					0,6111	0,0528	120		
					0,6639	0,0528	130		
					0,7167	0,0528	140		
					0,7694	0,0527	150		
					0,8222	0,0528	160		
					0,8750	0,0528	170		
					0,9278	0,0528	180		

Nummer.	Holzart.	Länge. l Zoll.	Höhe. h Zoll.	Breite. b Zoll.	Biegung. Zoll.	Differenz der Biegung. Zoll.	Belastung. Pfd.	Gewicht zum Zerbrechen. P Pfund.	$\frac{lP}{bh^2}$
11	Tannenholz.	37,167	1	1	0,9833	0,0555	190		
					1,0444	0,0611	200		
					1,1111	0,0667	210		
					1,1972	0,0861	220		
					1,2667	0,0695	230		
					1,4083	0,1416	240		
					1,4944	0,0861	250		
					1,6833	0,1889	260		
					1,9833	0,3000	270		
					2,4056	0,4233	280		
					2,6056	0,2000	—	290	10780

Für den ersten Versuch mit dem Eichenstabe ist auch noch die bleibende Biegung des Holzes, nach abgenommener Belastung, angegeben worden.

Belastung Pfund.	Bleibende Biegung. Zoll.	Belastung Pfund.	Bleibende Biegung. Zoll.
10	0,0000	80	0,1667
20	0,0000	90	0,2500
30	0,0000	100	0,4167
40	0,0417	110	0,6667
50	0,0833	120	1,0000
60	0,0833	130	1,4167
70	0,0833	140	1,8333

Es wäre zu wünschen, daß diesen Beobachtungen auch die Zeitdauer beigefügt wäre, weil es erwartet werden kann, daß durch eine längere Zeitdauer eine Verminderung der bleibenden Biegung entstanden wäre.

Bei den vorstehenden 11 Versuchen ist die entsprechende absolute Elasticität des Holzes, nach dem Ausdruck $48 e^2 = \frac{l^3 U}{b c h^3}$, nicht angegeben, weshalb solche in der nachstehenden Tafel noch besonders unter der Voraussetzung berechnet worden ist, daß das Gewicht U den dritten Theil des zum Zerbrechen erforderlichen Gewichtes P gleich und daß c die zum Gewichte U gehörige Biegung bezeichnet. Hiernach erhält man unter Beifügung der Werthe von $4N = \frac{lP}{bh^3}$ folgende Zusammenstellung:

Nummer.	Holzart.	$\frac{l^3U}{bch^3}$	$\frac{lP}{bh^2}$	Mittelwerthe.	
				$\frac{l^3U}{bch^2}$	$\frac{lP}{bh^2}$
1	Eichenholz	5600788	6690	4899764	5451
2	" "	4800425	4832		
3	" "	4298079	4832		
4	Buchenholz	4726997	6416	5098996	5830
5	" "	5470995	5244		
6	Kiefernholz	7109238	6876	7737214	6903
7	" "	7811743	6232		
8	" "	8290660	7600		
9	Tannenholz	6480442	5072	8959868	7926
10	" "	10244785	—		
11	" "	10154379	10780		

Will man die vorstehenden Mittelwerthe in preußischem Maaß und Gewicht ausdrücken, so ist nach Vega Maaß- Gewichts- und Münzsystem, Wien 1803., Tafel I. und IV. ein wiener oder niederösterreichischer Fuß = 316,1023 Millimeter und 1 Pfund Handelsgewicht = 560,012 Grammen, daher ein wiener Fuß = 1,007354 preuß. Fuß und ein wiener Pfund H. G. = 1,197346 preuß. Pfund. Hiernach erhält man für preußisches Zollmaaß und Pfunde aus den vorhergehenden Versuchen, folgende Zusammenstellung:

Holzarten.	$\frac{l^3U}{bch^3}$	$\frac{lP}{hb^2}$
Eichen . .	5781366	6432
Buchen . .	6016446	6879
Kiefern . .	9129351	8145
Tannen . .	10571994	9352

§. 509.

Zur Bestimmung der Biegung c bei geringer Belastung U, der größten Biegung w beim Zerbrechen eines Balkens und zur Bestimmung der Belastung P, unter welcher ein Balken zerbricht, erhält man, wenn die hier nach einander über Biegung und respective Festigkeit mehrerer Holzarten angeführten Ermittelungen zusammengestellt werden, für preußisches Zollmaaß und preußische Pfunde, nachstehende Tafel:

Holzarten	$\frac{l^3 U}{bch^3} = 48e^2$	$\frac{l^2}{hw} = M$	$\frac{lP}{bh^2} = 4N$
Kiefern, brandenburgische (§. 502.)	7551195	656	7177
= rigaer (Woolwich. Vers.)	4767546	588	4438
= böhmische (Gerstner)	9129351	—	8145
= englische (Barlow)	—	—	6700
= = (Woolwich. Vers.)	3267674	465	5027
= neuengländische (desgl.)	6133173	757	4530
Sommereichen, brandenburg. (§.502)	9502509	593	7285
= = danziger (Woolw. Vers.)	4898141	724	5990
= = böhmische (Gerstner)	5781366	—	6432
= = französische (Buffon)	—	—	5823
= = englische (Barlow)	—	—	5991
= = = (Woolw. Vers.)	3591812	598	4855
= = adriatische (desgl.)	3993644	610	5686
= = canadische (desgl.)	8831141	588	7260
Eichen, indianische, Teak (desgl.)	9926093	818	10121
Steineichen, brandenburg. (§. 502)	9533310	580	10020
Rothtannen, brandenburg. (desgl.)	5318916	649	4828
= = böhmische (Gerstner)	10571994	—	9352
= = englische (Woolw. Vers.)	7564151	605	5563
Pechtannen, englische (desgl.)	5036600	588	6709
Weißtannen, brandenburg. (§. 502)	7751320	708	7100
Rothbuchen, brandenburg. (§. 502)	9250904	491	10363
= = böhmische (Gerstner)	6016446	—	6879
= = englische (Woolw. Vers.)	5567756	615	6397
Weißbuchen, brandenburg. (§. 502)	7524168	626	7904
Erlen, brandenburgische (desgl.)	7671347	556	8298
Eschen, englische (Woolw. Vers.)	6763362	395	8329
Lerchenbaum, englischer (desgl.)	3720103	490	4071

E. Versuche über die Biegsamkeit und respective Festigkeit des Eisens und einiger andern Materialien.

§. 510.

Ueber die Biegung des geschmiedeten Eisens (Stabeisen) hat General Millar (Barlow a. a. O. Seite 267.) mit 3½ Fuß langen Eisenstangen von quadratförmigem Querschnitte Versuche angestellt. Die Stäbe, deren Querschnitt einen Quadratzoll hielt, lagen wagerecht auf beiden Unterstützungen 36 Zoll frei und waren in der Mitte belastet.

1. Versuch mit schwedischem Eisen:

Biegung	0,250	engl.	Zoll,	Belastung	560	engl.	Pfund.
"	0,375	"	"	"	716	"	"
"	0,500	"	"	"	884	"	"

Die Elasticität war fortdauernd.

2. Versuch mit schwedischem Eisen:

Biegung	0,300	engl.	Zoll,	Belastung	560	engl.	Pfund.
"	0,400	"	"	"	884	"	"
"	0,550	"	"	"	1008	"	"
"	1,000	"	"	"	1120	"	"

Hier war die Elasticität vernichtet.

Biegung	1,875	engl.	Zoll,	Belastung	1232	engl.	Pfund.
"	2,750	"	"	"	1288	"	"

3. Versuch mit englischem Bandeisen, faggotted iron:

Biegung	0,250	engl.	Zoll,	Belastung	560	engl.	Pfund.
„	0,500	„	„	„	716	„	„
„	1,250	„	„	„	884	„	„

Die Elasticität war vernichtet.

Zur Bestimmung der absoluten Elasticität für schwedisches Eisen, setze man l = 36, h = b = 1, U = 884 und den Mittelwerth von c = 0,45, so erhält man für englische Zolle und Pfunde

$$\frac{l^3 U}{bch^3} = 47533920;$$

und für englisches Bandeisen, wenn U = 716 und c = 0,5 gesetzt wird

$$\frac{l^3 U}{bch^3} = 66811392.$$

Für preußische Zoll und Pfunde wird

$$\frac{l^3 U}{bch^3} = 48854402 \text{ für schwedisches Eisen}$$
$$= 68667398 \text{ für englisches Bandeisen.}$$

Vollständigere Versuche über die Biegung des an beiden Enden frei aufliegenden Stabeisens, haben die Hrn. v. Gerstner (a. a. O. Seite 353.) angestellt und mittelst eines Fühlhebels die 30fachen Biegungen bemerken können, welche in nachstehenden Tafeln angegeben und denselben die Differenzen der Biegungen beigefügt worden sind. Sämmtliche Zahlen beziehen sich auf niederösterreichische Maaße und Gewichte, auch bedeutet l die Länge des wagerechten Eisenstabes zwischen beiden Unterlagen, h die Höhe und b die Breite des winkelrechten Querschnitts. Die Stäbe waren aus böhmischem Eisen von dem Eisenwerke zu Neujoachimsthal.

Nummer.	Eisengattung.	Abmessungen des Stabs.	30fache Biegung. Linien.	Differenz der Biegungen. Linien.	Belastung. Pfunde.
1	Gittereisen.	l = 34 Zoll. h = 10,35 Linien. b = 9,75 Linien.	7,5		25
			15	7,5	50
			22,5	6,5	75
			30	7,5	100
			37,5	6,5	125
			44,5	7	150
			51,5	7	175
			59	7,5	200
			67	8	225
			74,5	6,5	250
			82	7,5	275
			89,5	6,5	300
			97	7,5	325
			104	7	350
			111,5	6,5	375
			119	7,5	400
			126,5	6,5	425
			134	7,5	450
			141,5	6,5	475
			149	7,5	500
			157	8	525
			165,5	7,5	550
			174,5	9	575
			184,5	10	600
			195,5	11	625
			207,5	12	650
			220,5	13	675
			233	12,5	700

Nummer.	Eisengattung.	Abmessungen des Stabs.	30fache Biegung. Linien.	Differenz der Biegungen. Linien.	Belastung. Pfunde.
2	Gittereisen.	l = 34 Zoll. h = 9,7 Linien. b = 9,4 Linien.	10		25
			20	10	50
			30	10	75
			40	10	100
			50	10	125
			60	10	150
			70	10	175
			80	10	200
			90	10	225
			100	10	250
			110	10	275
			120	10	300
			130	10	325
			140,5	10,5	350
			152	11,5	375
			164,5	12,5	400
			178	13,5	425
			193	15	450
			210	17	475
			234	24	500
			321	87	525

Bei diesem zweiten Versuche, war bei der Belastung von 475 Pfund die Biegung 7‴ und nach der Entlastung die bleibende Biegung 0,8‴. Bei der Last von 600 Pfund war die Biegung $16\frac{1}{2}$‴ und die bleibende Biegung $8\frac{5}{6}$‴.

Nummer.	Eisengattung.	Abmessungen des Stabs.	30fache Biegung. Linien.	Differenz der Biegungen. Linien.	Belastung. Pfunde.
3	Gittereisen.	l = 34 Zoll. h = 7,6 Linien. b = 7,8 Linien.	23		25
			46	23	50
			69	23	75
			93	24	100
			117	24	125
			141,5	24,5	150
			166	24,5	175
			195	29	200
			228	33	225
			266	38	250
			340	74	275

Bei der Belastung von 275 Pfund war hier bei dem dritten Versuch die augenblickliche Einbiegung $11\frac{1}{6}'''$ und nach 15 Stunden, $15\frac{2}{3}'''$ ohne sich noch weiter zu vermehren. Nach der Entlastung war die bleibende Biegung $7'''$.

Nummer.	Eisengattung.	Abmessungen des Stabs.	30fache Biegung. Linien.	Differenz der Biegungen. Linien.	Belastung. Pfunde.
4	Ordinäres Radreifen.	l = 34 Zoll. h = 3,73 Linien. b = 2 Zoll 7 Linien.	12		5
			24	12	10
			36	12	15
			48	12	20
			60,5	12,5	25
			72,5	12	30
			85	12,5	35
			97,5	12,5	40
			110	12,5	45
			122,5	12,5	50
			135	12,5	55
			147,5	12,5	60
			160	12,5	65
			172,5	12,5	70
			185	12,5	75
			197	12	80
			209,5	12,5	85
			222	12,5	90
			234,5	12,5	95
			247	12,5	100
			260	13	105
			273	13	110
			286,5	13,5	115
			300	13,5	120
			313,5	13	125
			327,5	14	130
			346	18,5	135
			366	20	140
			387,5	21,5	150
			449,5	62	160

Bei dem vierten Versuche war bei 160 Pfund Belastung die Biegung 14,98‴, welche sich nach 24 Stunden nicht vermehrte. Nach der Entlastung war die bleibende Biegung 1,63 Linien.

Nummer.	Eisengattung.	Abmessungen des Stabs.	30fache Biegung. Linien.	Differenz der Biegungen. Linien.	Belastung. Pfunde.
5	Gewalztes Eisen.	l=34 Zoll. h=3,51 Lin. b=2 Zoll 2,6 Lin.	8		3
			16	8	6
			24	8	9
			32	8	12
			40	8	15
			48,5	8,5	18
			57	8,5	21
			65,5	8,5	24
			74	8,5	27
			82,5	8,5	30
			91	8,5	33
			99,5	8,5	36
			108	8,5	39
			116,5	8 5	42
			125	8,5	45
			134	9	48
			143	9	51

Nummer.	Eisengattung.	Abmessungen des Stabs.	30fache Biegung. Linien.	Differenz der Biegungen. Linien.	Belastung. Pfunde.
6	Gewalztes Eisen.	l=34 Zoll. h=3,51 Lin. b=2 Zoll 2,6 Lin.	27		10
			54,5	27,5	20
			82,5	28	30
			111	28,5	40
			139,5	28,5	50
			168	28,5	60
			197	29	70
			226	29	80
			255,5	28,5	90
			286	30,5	100
			318,5	32,5	110
			353	34,5	120
			388	35	130
			425	37	140
			465	40	150
			514	49	160
			556	42	170

Beim sechsten Versuche war bei einer Belastung von 170 Pfund die augenblickliche Biegung 18,53‴ und nach einigen Stunden 20,1‴. Entlastet war die bleibende Biegung 3,2 Linien, mit welcher solche zum siebenten Versuch verwandt wurde.

Nummer.	Eisengattung.	Abmessungen des Stabs.	30fache Biegung. Linien.	Differenz der Biegungen. Linien.	Belastung. Pfunde.
7	Gewalztes Eisen.	l=34 Zoll. b=3,51 Lin. L=2 Zoll 2,6 Lin.	27		10
			55	28	20
			83	28	30
			111,5	28,5	40
			140	28,5	50
			169	29	60
			198	29	70
			227	29	80
			256	29	90
			285,5	29,5	100
			315	29,5	110
			344,5	29,5	120
			374	29,5	130
			405	31	140
			437	32	150
			472	35	160

Beim siebenten Versuch ist der Stab des sechsten Versuchs mit seiner bleibenden Biegung verwendet worden, so daß die oben stehenden Biegungen ohne Rücksicht auf die bereits vorhandene Biegung angegeben sind.

Bei der Belastung von 180 Pfund war die Biegung 18,33″ und mit Rücksicht auf die anfängliche Biegung 21,53‴. Entlastet war die bleibende Biegung 3,53 Linien.

Setzt man zur Bestimmung der absoluten Elasticität nach dem 1sten, 4ten und 5ten Versuche U = 500; 90 und 45 Pfund, so erhält man in niederösterreichischen Zollen und Pfunden

$\frac{l^3U}{bch^3}$ = 91079820 für böhmisches Gittereisen
= 73940168 " " Radreifeisen
= 91825564 " " gewalztes Eisen.

In preußischen Zollen und Pfunden wird:

$\frac{l^3U}{bch^3}$ = 107467584 für böhmisches Gittereisen
= 87244038 " " Radreifeisen
= 108347508 " " gewalztes Eisen.

§. 511.

Ueber die respective Festigkeit des gegossenen Eisens, Roheisen, sind von Banks (Barlow a. a. O. Seite 263.) mit an beiden Enden frei aufliegenden Eisenstangen nachstehende Versuche angestellt worden, welche sich auf englische Maaße und Gewichte beziehen.

Nummer.	Länge. l Zoll.	Höhe. h Zoll.	Breite. b Zoll.	Gewicht zum Zerbrechen. Pfund.	Mittelwerth des Gewichts. P Pfund.	$\frac{lP}{bh^2}$
1	36	1	1	756	837	30132
2	36	1	1	758		
3	36	1	1	735½		
4	36	1	1	963		
5	36	1	1	958		
6	36	1	1	994		
7	36	1	1	864		
8	36	1	1	874		
9	30	1	1	1008	1008	30240

Wegen Ausmittelung des Mittelwerths für das Zerbrechen der Eisenstangen ist zu bemerken, daß der dritte Versuch das Ergebniß dreier Versuche war.

Für preußische Zolle und Pfunde erhält man

$$\frac{lP}{bh^2} = 31024.$$

Bedeutende Versuche über die respective Festigkeit des Gußeisens beschreibt G. Rennie (a. a. O. Seite 133.). Alle Zahlen beziehen sich auf englische Maaße und Gewichte.

Versuche mit vierkantigen Eisenstangen, welche an beiden Enden frei auflagen, von Rennie.

Nummer.	Gewicht der Stange. Pfd.	Unzen.	Länge. l Zoll.	Höhe. h Zoll.	Breite. b Zoll.	Gewicht zum Zerbrechen. P Pfund.	$\frac{lP}{bh^2}$
1	10	6	36	1	1	897	32292
2	9	8	32	1	1	1086	34752
3			16	1	1	2320	37120
4	9	5	32	2	$\frac{1}{2}$	2185	34960
5			16	2	$\frac{1}{2}$	4508	36064
6	9	15	32	3	$\frac{1}{3}$	3588	38272
7			16	3	$\frac{1}{3}$	6854	36555
8	9	7	32	4	$\frac{1}{4}$	3979	31832
Die vierkantigen Stangen waren an einem Ende befestigt und am andern Ende belastet:							
9			32	1	1	280	8960
10			32	2	$\frac{1}{2}$	539	8624

11., 12. Versuch. Eine an beiden Enden in einer Weite von 32 Zoll = l frei liegenden Stange, mit einem quadratförmigen Querschnitte von der Seite eines Zolls, war mit der Diagonal vertikal gelegt und brach unter 851 Pfund = P. Für die halbe Weite oder l = 16 Zoll, war P = 1587 Pfund.

Versuche mit dreikantigen auf beiden Enden frei liegenden Eisenstangen; die Querschnitte bildeten gleichseitige Dreiecke, deren Flächenräume einen Quadratzoll groß waren.

Nummer.	Gewicht der Stange. Pfund.	Gewicht der Stange. Unzen.	Länge. Zoll.	Gewicht zum Zerbrechen. Pfund.	Bemerkung.
13	9	11	32	1437	Die Kante d. Stange aufwärts
14	9	7	32	840	" " " " abwärts
15			16	3059	" " " " aufwärts
16			16	1656	" " " " abwärts

Der Mittelwerth aus den 8 ersten Versuchen ist in englischen Zollen und Pfunden für

$$\frac{lP}{bh^2} = 35231, \text{ daher}$$

$$= 36210 \text{ für preußische Zolle und Pfunde.}$$

Sehr abweichend unter sich und mit den vorstehend angeführten Erfahrungen, sind die folgenden von Rondelet (in dessen §. 433. angeführten Art de bâtir, Seite 514.) mitgetheilten Versuche, mit an beiden Enden frei aufliegenden Eisenstäben.

Versuche von Rondelet; in alt französischem Ma und Gewicht.

Nummer.	Eisengattung.	Länge. l Zoll	Höhe. h Zoll	Breite. b Zoll	Biegung beim Bruch. Linien.	Gewicht zum Zerbrechen. Pfd.	Mittelwerth des Gewichts. P Pfd.	$\frac{lP}{bh^2}$ in alt franz. Zoll und Pfd.	$\frac{lI}{bh}$ in pre ßis Zo un Pf
1	Weißgraues Gußeisen	42	1	1	6,25	450			
2	= = = =	42	1	1	6,75	450	450	18900	184
3	Dunkelgraues Gußeisen	42	1	1	15,75	650			
4	= = = =	42	1	1	14,00	1062			
5	= = = =	42	1	1	4,25	350			
6	= = = =	42	1	1	10,50	561	656	27552	269
7	Weißgraues Gußeisen	21	1	1	1,00	540			
8	= = = =	21	1	1	2,00	1050	795	16695	163
9	Dunkelgraues Gußeisen	21	1	1	5,25	1650			
10	= = = =	21	1	1	2,00	1272	1461	30681	299

Sowohl über das Biegen als auch über das Brec des Gußeisens haben die Herrn von Gerstner mit Schie aus mehrern böhmischen Eisenwerken, welche unmittelbar der ersten Schmelzung vom Hochofen in Sandform gego wurden, Versuche angestellt und beschrieben (a. a. O. S 348.). Bei diesen Versuchen ist eben so wie bei den sc beschriebenen, die 30fache Biegung mittelst eines Fühlheb beobachtet und in nachstehenden Tafeln aufgeführt word Sämmtliche Zahlen beziehen sich auf niederösterreichi Maaße und Gewichte, und es ist noch zu bemerken, die Länge, auf welche die Stangen an beiden Enden auflagen oder ihre respectiven Längen durch l, ihre Höhe und Breite durch h und b, das in der Mitte des Stabes zum Zerbrechen erforderliche Gewicht durch P und das Eigengewicht des Stabes durch g bezeichnet, worden.

Nummer.	Eisengattung.	Abmessungen des Stabs.	Wirkliche Biegung. Linien.	Differenz der Biegung. Linien.	Belastung. Pfund.	Belastung beim Zerbrechen P Pfund.	$\frac{lP}{bh^2}$
1	Gußschiene von Darowa, g = 7,153.	l = 34″. h = 11,7‴ b = 21,65‴	18		100		
			36	18	200		
			54,5	18,5	300		
			74	19,5	400		
			95,5	21,5	500		
			118	23,5	600		
			143	25	700		
			171	28	800		
			182	11		925	18337
2	Gußschiene von Darowa, g = 7,104.	l = 34′. h = 11,92″. b = 22,2″.	17		100		
			35	18	200		
			53	18	300		
			72	19	400		
			92	20	500		
			114	22	600		
			137	23	700		
			162	25	800		
			191	29	900		
			220	29	1000		
			225	5		1025	19092

Nummer	Eisengattung.	Abmessungen des Stabs.	30fache Biegung. Linien.	Differenz der Biegung. Linien.	Belastung. Pfund.	Belastung beim Zerbrechen. P Pfund.	$\frac{lP}{bh^2}$
3	Gußschiene von Karlshütte, g = 7,154.	l = 34″. h = 11,23‴. b = 22,75‴.	22		100		
			44	22	200		
			67	23	300		
			90	23	400		
			115	25	500		
			143	28	600		
			173	30	700		
			205	32		800	16384
4	Gußschiene von Karlshütte. g = 7,231.	l = 34″. h = 11,8‴. b = 22,7‴.	18		100		
			36	18	200		
			55	19	300		
			75	20	400		
			96,5	21,5	500		
			119	22,5	600		
			141	22	700		
			165	24	800		
			191	26	900		
			250	59		1125	20912
5	Gußschiene von Neujoachimsthal, g = 7,155.	l = 34″. h = 13,1‴. b = 21,4‴.	13		100		
			26	13	200		
			39	13	300		
			52	13	400		
			66	14	500		
			81	15	600		
			97	16	700		
			114	17	800		
			131	17	900		
			148	17	1000		
			166	18	1100		
			185	19	1200		
			206	21		1300	20796

Nummer.	Eisengattung.	Abmessungen des Stabs.	30fache Biegung. Linien.	Differenz der Biegung. Linien.	Belastung. Pfund.	Belastung beim Zerbrechen. P Pfund.	$\frac{lP}{bh^2}$
6	Gußschiene von Neujoachimsthal, g = 7,151.	l = 34''. h = 13,43''. b = 22,05.	13		100		
			26	13	200		
			39	13	300		
			52	13	400		
			66	14	500		
			81	15	600		
			6	15,5	700		
			112	15,5	800		
			128	16	900		
			131	3	—	925	13664

Beim ersten Ver;uche ist zu bemerken, daß die Schiene bei der Belastung von 8C0 Pfund die anfängliche Biegung von $\frac{171}{30} = 5,7$ Linien hatte, aber nach 16 Stunden durch diese Belastung eine Biegung von $\frac{199}{30} = 6,6$ Linien erhielt. Entlastet ging die Schiene sogleich auf $\frac{85}{30} = 2\frac{5}{6}$ Linien zurück, und nach 24 Stunden war die bleibende Biegung $\frac{15}{30} = 0,5$ Linien. Hierauf zerbrach diese Schiene unter der Belastung von 925 Pfund.

Der sechste oder letzte Versuch ist deshalb nicht entscheidend, weil sich beim Bruch nicht weit von der Mitte am Untertheil der Schiene eine Luftblase von

$4\frac{3}{4}$ Linien Durchmesser fand, wodurch das Eisen geschwä wurde.

Der Mittelwerth für $\frac{lP}{bh^2}$ ist nach den fünf ersten V suchen = 19104, also für preußische Zolle und Pfunde = 225

§. 512.

Ueber das Biegen des Stahls hat A. Duleau Versu mit an beiden Enden frei aufliegenden Stäben angestellt u beschrieben (Essai théorique et expérimental sur la résistan du fer forgé. Paris 1820. pag. 38. etc.). Es ist a sehr zu bedauern, daß sowohl hier als bei den vielfältig Versuchen mit Schmiedeeisen, nur die einer Belastung v 10 Kilogrammen entsprechende Biegungen angegeben si Die Länge l bedeutet hier den Abstand der beiden Stü für die frei liegenden Stäbe.

Nummer.	Gattung des Stahls.	Länge l. Millim.	Höhe. Millim.	Breite. Millim.	Biegung. Millim.
1	Englischer Gußstahl, gezeichnet Huntsman, vollkommen calibrirt, nicht gehärtet, aber doch spröde	0,98	5,9	13,3	32,05
2	Dasselbe Stück auf der schmalen Seite	0,98	13,3	59	8,4
3	Deutscher Brennstahl, gezeichnet Forsman und drei Hirsköpfen, zu Rasirmesser	0,68	7,8	14,5	8
4	Dasselbe Stück auf der schmalen Seite	0,68	14,5	7,8	2,1
5	Stahl von derselben Gattung . . .	1,845	21,6	25,7	2,8
6	Dasselbe Stück auf der schmalen Seite	1,845	25,7	21,6	2,2
7	Stahl von derselben Gattung . . .	1,845	21,9	28,5	2,6
8	Dasselbe Stück auf der schmalen Seite	1,845	28,5	21,9	1,8
9	Stahl von derselben Gattung . . .	1,35	25,5	54,8	0,55
10	Dasselbe Stück auf der schmalen Seite	1,35	54,8	25,5	0,27
11	Stahl von derselben Gattung . .	1,35	26,6	52	0,5
12	Dasselbe Stück auf der schmalen Seite	1,35	52	26,6	0,3

§. 513.

Ueber das Biegen und Zerbrechen mehrerer Steinarten Thomas Tredgold Versuche angestellt und beschrieben hilosophical Magazine and Journal, Vol. 56. October 20. pag. 290.). Sämmtliche Zahlen beziehen sich auf lisches Maaß und Gewicht, und die prismatischen Körper en wagerecht auf beiden Enden frei. Zur leichtern Vergichung ist die letzte Spalte der nachstehenden Tafel noch zugefügt worden.

Steingattung.	Eigengewicht.	Länge. l Zoll.	Höhe. h Zoll.	Breite. b Zoll.	Biegung. Zoll.	Belastung. Pfd.	Gewicht zum Zerbrechen. P Pfd.	$\frac{lP}{bh^2}$
BildhauerMarmor, weißer, sehr rein	2,707	30	1,075	1,075	0,020	10		
					0,045	20		
					0,060	30		
					0,080	40		
					—	—	50	1207
desgleichen	2,707	15	1,08	1,05	0,005	10		
					0,010	20		
					0,012	30		
					0,015	40		
					0,017	50		
					0,020	60		
					0,021	70		
					0,025	80		
					0,030	90		
					0,035	100		
					—	—	110	134[illegible]

Nummer.	Steingattung.	Eigengewicht.	Länge. l Zoll.	Höhe. h Zoll.	Breite. b Zoll.	Biegung. Zoll.	Belastung. Pfd.	Gewicht zum Zerbrechen. P Pfd.	b l
3	Bildhauer Marmor, weißer, sehr rein	2,707	14	1,075	1,075	0	10		
						0,005	20		
						0,010	30		
						0,012	40		
						0,015	60		
						0,020	70		
						0,025	90		
						0,027	100		
						0,030	110		
						0,034	120		
						0,037	—	130	1[illegible]
4	Portland Kalkstein, brauner	2,113	24	1,45	2,00	0,010	10		
						0,015	20		
						0,020	30		
						0,022	40		
						0,025	50		
						0,027	60		
						0,030	70		
						0,032	80		
						0,035	90		
						0,037	—	100	5[illegible]
5	desgleichen	2,113	12	1,55	2,07	—	—	270	6[illegible]
6	Bruchstein von Dundee	2,621	14	1,50	1,45	—	—	414	17[illegible]

Steingattung.	Eigengewicht.	Länge. l Zoll.	Höhe. h Zoll.	Breite. b Zoll.	Biegung. Zoll.	Belastung. Pfd.	Gewicht zum Zerbrechen. P Pfd.	$\frac{lP}{bh^2}$
Sandstein, weißer, kieselartiger von Long-annet	2,2[illegible]2	18	1,525	1,45	0,015	20		
					0,020	30		
					0,022	40		
					0,025	50		
					0,030	60		
					0,038	70		
					0,045	80		
					0,050	90		
					—	—	92	496
Sandstein v. Long-annet	2,212	9	1,45	1,525	—	—	160	449
desgl. eine andre Gattung	2,212	7	1,55	1,550	—	—	233	438
Sandstein von Craigleith	2,362	14	1,55	1,55	—	—	137	515
Sandstein von Hailes .	2,155	14	1,50	1,55	—	—	123	494

Nimmt man für die vorstehende Brechungs-Coeffi-
ten der letzten Spalte Mittelwerthe, so erhält man für
ußische Zolle und Pfunde

$\frac{lP}{bh^2}$ = 1375 für weißen Bildhauer Marmor,

= 628 „ Kalkstein von Portland,

= 1826 „ Bruchstein von Dundee.

= 474 „ Sandstein von Longannet,

= 529 „ „ „ Craigleith,

= 508 „ „ „ Hailes.

§. 514.

Ueber die relative Festigkeit der in England gebräuchlichen gebrannten Ziegeln hat Barlow Versuche angestellt und beschrieben (a. a. O. S. 287.). Die Ziegel lagen an beiden Enden frei auf ihren Stützen und wurden in der Mitte belastet.

Nummer.	Ziegelgattung.	Länge. l Zoll	Höhe. h Zoll	Breite. b Zoll	Gewicht zum Zerbrechen. Pfd.	Mittelwerth des Gewichtes P Pfd.	$\frac{lP}{bh^2}$
1	Ziegel, alte, gemeine	8	$2\frac{1}{2}$	4	384 298 347	343	110
2	Ziegel, neue, gemeine	8	$2\frac{1}{2}$	4	411 411 387	403	129
3	Ziegel von der besten Art	8	$2\frac{1}{2}$	4	434 479 420	444	142

Hiernach ist in preußischen Zollen und Pfunden:

$$\frac{lP}{bh^2} = 113 \text{ für alte Ziegel,}$$
$$= 132 \text{ für neue Ziegel,}$$
$$= 146 \text{ für die besten Ziegel.}$$

III. Die rückwirkende Festigkeit.

§. 515.

Wird ein prismatischer Körper, dessen oberstes Ende belastet ist, auf einen festen wagerechten Boden senkrecht gestellt und man bezeichnet durch Q die kleinste Last, welche erfordert wird den Körper zu biegen und demnächst zu zerbrechen oder eigentlich zu zerknicken, so ist Q die rückwirkende Festigkeit für das Zerknicken des Körpers. Wenn hingegen ein Prisma, besonders bei einer geringen Höhe, etwa ein Würfel, ohne vorhergegangene Biegung zerdrückt oder zermalmt, und R ist die kleinste Last, welche einen Körper zu zerdrücken im Stande ist, ohne ihn vorher zu biegen, so heißt R die rückwirkende Festigkeit für das Zerdrücken des Körpers. Man wird daher in der Folge das **Zerknicken** von dem **Zerdrücken** eines Körpers unterschieden.

Eben so wie die absolute Festigkeit von der relativen verschieden ist, so wird man auch hier die Festigkeit, welche ein Körper dem Zerknicken entgegensetzt, von der Kraft, welche zum Zerdrücken desselben erfordert wird, unterscheiden müssen.

§. 516.

Ist der prismatische Körper, welcher der Biegung unterworfen wird, elastisch, und man bezeichnet durch a seine Länge, welche als zureichend zum Biegen und Zerknicken desselben vorausgesetzt wird, durch

E seine respective Elasticität und durch π die Zahl 3,14159..., so ist die rückwirkende Festigkeit zum Zerknicken dieses Körpers

$$Q = \frac{\pi^2 E^2}{a^2}.$$

Denn nach §. 133. des Anhanges ist Q nicht nur die kleinste Kraft, welche den Körper zu biegen im Stande ist, sondern sie ist auch zureichend dem Widerstande des Körpers bei jeder Krümmung das Gleichgewicht zu halten, also auch bei derjenigen Krümmung, unter welcher der Bruch des Körpers erfolgt, daher ist $\frac{\pi^2 E^2}{a^2}$ die gesuchte Festigkeit des Körpers.

Der Querschnitt des belasteten prismatischen Körpers sei ein Rechteck und man nenne diejenige Seite des Rechtecks, nach welcher die Biegung erfolgt, die Dicke und die andere Seite die Breite des Kör-
Tf. XVII. Fig. 265. pers, so ist, wenn man, Figur 265, durch h die Dicke AD = BC und durch b die Breite AB = CD des Körpers bezeichnet, nach §. 444. die respective Elasticität desselben oder $E^2 = e^2\, b h^3$, wenn man diesen Werth mit E^2 im vorstehenden Ausdruck vertauscht, so wird

$$Q = \pi^2\, e^2\, \frac{bh^3}{a^2},$$

wo $\pi^2 = 9{,}8696044$ und $\frac{1}{\pi^2} = 0{,}1013212$ ist.

Für Körper von einerlei Materie ist e^2 eine beständige Größe, daher verhalten sich bei Parallelepipeden von einerlei Materie die rückwirkenden Festigkeiten

keiten, wie die Würfel der Dicke, multiplizirt mit der Breite und dividirt durch das Quadrat der Länge.

Weil unter übrigens gleichen Umständen der Körper nach derjenigen Seite gebogen wird, wo der geringste Widerstand entsteht, so wird in diesen Fällen allemal die kleinste Seite des Rechtecks, welches den Querschnitt der Parallelepipeden bildet, die Dicke dieses Körpers angeben.

§. 517.

Zusatz. Bezeichnen Q, Q' die rückwirkenden Festigkeiten für das Zerknicken und a, b, h; A, B, H die Längen, Breiten und Dicken zweier Parallelepipeden von einerlei Materie, so verhält sich

$$Q : Q' = \frac{bh^3}{a^2} : \frac{BH^3}{A^2}.$$

Ist nun $a = A$ und $h = H$, so verhält sich

$$Q : Q' = b : B,$$

oder bei gleich langen und gleich dicken Parallelepipeden verhalten sich die rückwirkenden Festigkeiten wie ihre Breiten.

Wäre $a = A$ und $b = B$, so verhält sich

$$Q : Q' = h^3 : H^3,$$

also bei gleich langen und gleich breiten Parallelepipeden verhalten sich die rückwirkenden Festigkeiten, wie die Würfel ihrer Dicke.

Wenn endlich $b = B$ und $h = H$ ist, so verhält sich

$$Q : Q' = A^2 : a^2,$$

daher verhalten sich bei Parallelepipeden von gleicher Breite und Dicke, die rückwirkenden Festigkeiten umgekehrt wie die Quadrate der Länge dieser Körper.

§. 518.

Aufgabe. Wie müssen die Streben und Spannriegel eines Hängewerks angeordnet werden, damit solche dem Biegen mit gleicher Gewalt widerstehen?

Auflösung. Setzt man die Länge der Strebe
Taf. XII. Fig. 206. AC, Figur 206. $= x$, die Länge des Spannriegels CD $= y$ und die ganze Länge des Balkens oder AB $= l$, so ist AE $=$ BF $= \frac{1}{2}(l-y)$; es verhält sich daher nach §. 372. die Kraft, welche die Strebe zu biegen strebt, zur Kraft, welche den Spannriegel zu biegen strebt, wie $x : \frac{1}{2}(l-y)$. Sind die Querschnitte beider Holzstücke einander gleich, so verhalten sich nach §. 517. die Kräfte, womit solche dem Biegen widerstehen, wie $\frac{1}{y^2}$ zu $\frac{1}{y^2}$. Sollen daher beide Hölzer mit gleicher Gewalt dem Biegen widerstehen, so muß sich verhalten

$$x : \frac{1}{2}(l-y) = \frac{1}{x^2} : \frac{1}{y^2}.$$

Hieraus findet man $x^3 = \frac{1}{2}(ly^2 - y^3)$. Wenn daher die Länge l des Balkens und die Länge y des Spannriegels bekannt ist, so findet man die erforderliche Länge der Strebe oder

$$x = \sqrt[3]{\frac{ly^2 - y^3}{2}}.$$

Soll der Spannriegel halb so lang wie der Balken

werden, so ist $y = \frac{1}{2} l$, also die Länge der Strebe oder $x = \frac{1}{4} l \sqrt[3]{4} = 0{,}397\, l$, oder beinahe $\frac{2}{5}\, l$. Die Länge der Hängsäule CE, vom Spannriegel bis zum Balken gemessen, ist alsdann

$$= \sqrt{(0{,}397^2\, l^2 - \tfrac{1}{16}\, l^2)} = 0{,}3084\, l \text{ beinahe } \tfrac{3}{10}\, l.$$

Wollte man der Strebe gleiche Länge mit dem Spannriegel geben, so wird $x = y$, also $x^3 = \frac{1}{2}(lx^2 - x^3)$, oder $2x = l - x$; man findet daher für diesen Fall die Länge der Strebe und des Spannriegels, oder

$$x = y = \tfrac{1}{3}\, l.$$

Es müßten alsdann beide Streben nebst dem Spannriegel zusammen eben so lang wie die Balken werden, woraus folgt, daß wenn die Streben und der Spannriegel mit gleicher Gewalt gebogen werden sollen, der Spannriegel niemals gleiche Länge mit den Streben erhalten könne.

* §. 519.

Wäre die Materie eines aufrecht stehenden prismatischen Körpers von der Beschaffenheit, daß solche durch eine an seinem Obertheile angebrachte Last nicht gebogen, sondern der Körper im eigentlichen Sinne zerdrückt wird, so kann man sich dies Zerdrücken so vorstellen, als wenn alle einzelnen Theilchen der Materie, die darunter befindlichen Theile wie keilförmige Körper aus einander trieben, oder daß, wenn bei zureichend hohen oder langen Körpern, der Zusammenhang in irgend einem Schnitte des Körpers aufgehoben wird, der Obertheil desselben nebst der darauf befindlichen Belastung über den feststehenden Untertheil herabgleitete. Dieser Fall wird am leichtesten bei Steinarten, besonders bei hinlänglich hohen Sandsteinen, Anwendung finden und ist daher als eine besondere Art des Zerdrückens anzusehen, welche von dem Zerdrücken eines Körpers wegen unzureichender Höhe desselben wohl zu unterscheiden ist.

Man setze voraus, daß der Körper ABE, Figur
Tf. XVII. Fig. 266. 266., ein Parallelepipeden von gleichartiger Materie und von zureichender Höhe AB sey, und daß ein prismatischer Körper einerlei Widerstand ausübe, die Kraft mag parallel mit der Fläche des Bruchs wirken, oder zur Trennung des Körpers winkelrecht auf die Fläche des Bruchs angebracht seyn. Entsteht nun durch die Wirkung der Kraft Q in dem Körper ABE ein Bruch IFH, so daß die Brechungsebene IFH mit dem Horizont einen Winkel IFL $= \varphi$ bilde, so wird für verschiedene Werthe von φ, auch Q verschiedene Werthe enthalten, und es muß irgend einen Winkel φ geben, bei welchem die Last Q am kleinsten wird. Dieser Werth von Q ist alsdann die rückwirkende Festigkeit des Körpers für das Abgleiten desselben.

Die Kraft, mit welcher jeder Quadratfuß von der Materie des Körpers ABE zusammenhängt, oder das Maaß seiner absoluten Festigkeit sey $= k$; DE $= FH = b$; AD $= FL = h$, so ist

$$IF = \frac{LF}{\cos\varphi} = \frac{h}{\cos\varphi},$$

also der Inhalt der Bruchfläche $= \frac{bh}{\cos\varphi}$ und daher ihre absolute Festigkeit (§. 430.)

$$= \frac{bhk}{\cos\varphi}$$

und eben so groß muß nach der Voraussetzung die Kraft seyn, welche nach der Richtung IF oder GM in der Bruchfläche angebracht, den Körper zu trennen im Stande ist.

Rechnet man das Gewicht des abgetrennten Körpers AIFHE mit zur Last, oder setzt dasselbe bei Seite und nimmt an, daß eine Vertikallinie durch den Schwerpunkt der Last Q, die Bruchfläche IFH in G schneide, so kann man die Last Q im Punkte G winkelrecht auf diese Fläche und abwärts nach der mit IF parallelen Richtung GM zerlegen. Man findet alsdann Tf. XVII. Fig. 266.

den Normaldruck auf die Bruchfläche $= Q \cos\varphi$

den Druck nach der Richtung GM $= Q \sin\varphi$.

Dieser letzte Druck muß mit der Kraft $\frac{bhk}{\cos\varphi}$ im Gleichgewichte seyn, man erhält daher $Q \sin\varphi = \frac{bhk}{\cos\varphi}$ oder

$$Q = \frac{bhk}{\sin\varphi \cos\varphi}.$$

Weil nur φ veränderlich ist, so wird dieser Ausdruck am kleinsten, wenn $\sin\varphi \cos\varphi$ am größten wird. Man setze daher

$z = \sin\varphi \cos\varphi$, so wird

$$\frac{\partial z}{\partial \varphi} = \cos \varphi^2 - \sin \varphi^2 \text{ und}$$

$$\frac{\partial^2 z}{\partial \varphi^2} = -4 \sin \varphi \cos \varphi.$$

Für $\frac{\partial z}{\partial \varphi}$ o findet man $\sin \varphi = \cos \varphi$, also $\varphi = 45$ Grad, daher $\sin \varphi \cos \varphi = \sqrt{\frac{1}{2}}\sqrt{\frac{1}{2}} = \frac{1}{2}$.

Nun ist $\frac{\partial^2 z}{\partial \varphi^2}$ für $\varphi = 45$ Grad eine negative Größe, also z ein Größtes, oder Q ein Kleinstes, wenn $\varphi = 45$ Grad angenommen wird. Man erhält daher die rückwirkende Festigkeit des Pfeilers ABCE, oder

$$Q = 2bhk$$

unter den angenommenen Voraussetzungen ist daher **die rückwirkende Festigkeit eines Pfeilers doppelt so groß als die Kraft, welche zum Zerreißen desselben erfordert wird.**

Hierbei ist zu bemerken, daß Q oder die zum Zerdrücken erforderliche Last sowohl die am Obertheile des Pfeilers angebrachte Kraft als auch das Gewicht des Pfeilers, welcher sich über der Bruchfläche befindet, in sich begreift.

* §. 520.

Will man auch noch die Reibung in Rechnung bringen, weil der Körper beim Abgleiten von der
Tf. XVII. Fläche IFH, Figur 266., außer der Kohäsion auch
Fig. 266. noch die Reibungen überwältigen muß, so sey $\mu : 1$ das Verhältniß der Reibung zum Druck; da nun der Normaldruck auf IFH $= Q \cos \varphi$ ist, so widersteht

die Reibung dem Abgleiten des Körpers mit einer Kraft $= \mu Q \cos \varphi$, daher erhält man für das Gleichgewicht

$$Q \sin \varphi = \frac{bhk}{\cos \varphi} + \mu Q \cos \varphi,$$ und man findet

$$Q = \frac{bhk}{\cos \varphi (\sin \varphi - \mu \cos \varphi)}.$$

Nun wird Q ein Kleinstes, wenn $\cos \varphi (\sin \varphi - \mu \cos \varphi) = z$ ein Größtes wird, und man erhält

$$\frac{\partial z}{\partial \varphi} = \cos \varphi^2 - \sin \varphi^2 + 2\mu \sin \varphi \cos \varphi$$

$$\frac{\partial^2 z}{\partial \varphi^3} = -4 \sin \varphi \cos \varphi + 2\mu \cos \varphi^2 - 2\mu \sin \varphi^2.$$

Für $\frac{\partial z}{\partial \varphi} = 0$ wird $\sin \varphi^2 = \cos \varphi^2 + 2\mu \sin \varphi \cos \varphi$, oder durch $\cos \varphi^2$ dividirt, $\operatorname{tgt} \varphi^2 = 1 + 2\mu \operatorname{tgt} \varphi$ und hieraus

$$\operatorname{tgt} \varphi = \mu \pm \sqrt{(1 + \mu^2)},$$

wo nur das obere Zeichen gilt, weil Winkel, welche größer als 90 Grad sind, hier nicht gesucht werden. In $\frac{\partial^2 z}{\partial \varphi^2}$ setze man $\cos \varphi^2 + 2\mu \sin \varphi \cos \varphi$ statt $\sin \varphi^2$, so wird

$$\frac{\partial^2 z}{\partial \varphi^2} = -4 (1 + \mu^2) \sin \varphi \cos \varphi$$

eine positive Größe, also ist z ein Größtes oder für

$$\operatorname{tgt} \varphi = \mu + \sqrt{(1 + \mu^2)}$$

wird Q ein Kleinstes.

Nun ist

$$\sin \varphi = \frac{\operatorname{tgt} \varphi}{\sqrt{(1 + \operatorname{tgt} \varphi^2)}} \text{ und } \cos \varphi = \frac{1}{\sqrt{(1 + \operatorname{tgt} \varphi^2)}}$$

daher wird, wenn man diese Werthe in die zuerst-gefundene Gleichung einführt,

$$Q = kbh \frac{1 + tgt\,\varphi^2}{tgt\,\varphi - \mu} = 2\,bhk \frac{\mu^2 + 1 + \mu\sqrt{(1 + \mu^2)}}{\sqrt{(1 + \mu^2)}},$$

oder man findet die rückwirkende Festigkeit des Pfeilers, wenn zugleich auf die Reibung beim Abgleiten Rücksicht genommen wird.

$$\text{(I)}\quad Q = 2bhk\,[\mu + \sqrt{(1 + \mu^2}].$$

Für $\mu = \frac{1}{2}$ wird tgt $\varphi = 1{,}618034$, also $\varphi = 58$ Grad 17 Minuten und

$$\text{(II)}\quad Q = 3{,}236068\,.\,bhk,$$

und für $\mu = \frac{3}{4}$ erhält man tgt $\varphi = 2$, also $\varphi = 63$ Grad 26 Minuten, daher

$$\text{(III)}\quad Q = 4bhk.$$

§. 521.

Bei der nächst vorhergegangenen Untersuchung ist vorausgesetzt worden, daß der zu zerdrückende Körper sich zwar durch die aufgelegte Belastung nicht biege, aber doch hinlänglich hoch und von der Beschaffenheit sey, daß derselbe so getrennt werde, daß sich durch den entstandenen Riß der Obertheil vom Untertheil trenne und herunter rutsche. Hat hingegen der belastete Körper eine so geringe Höhe, daß weder Biegen noch Abrutschen eines Theiles desselben möglich ist, so muß bei zureichender Belastung ein eigentliches Zerdrücken oder Zermalmen des Körpers entstehen. Ist nun die gesammte Kraft, welche zum Zerdrücken eines prismatischen Körpers erfordert wird,

$= R$ und der wagerechte Querschnitt des lothrechten Prismas $= F$, so erhält man, wenn H die Kraft bezeichnet, welche erfordert wird, einen Quadratzoll dieses Körpers zu zerdrücken, vorausgesetzt, daß F ebenfalls in Quadratzollen angegeben ist, nach einer ähnlichen Betrachtung, wie §. 429. und 430., die zum Zerdrücken erforderliche Kraft oder

$$H = \frac{R}{F}$$

und man kann H das Maaß der rückwirkenden Festigkeit für das Zerdrücken des Körpers nennen.

Der vorstehende Ausdruck setzt voraus, daß durch die zum Zerdrücken angewandte Kraft alle Theile von dem Querschnitte eines Körpers einen gleich großen Druck erleiden; wären einzelne Theile stärker als andere gedrückt, so ist derselbe nicht anwendbar und wenn Versuche von einander sehr abweichende Resultate geben, so sind sie besonders diesem Umstande mit zuzuschrieben.

§. 522.

Weil die rückwirkende Festigkeit eines Körpers für das Zerknicken durch

$$Q = \pi^2 e^2 . \frac{bh^3}{a^2}$$

ausgedrückt wird, so kommt es bei der Anwendung dieses Ausdrucks darauf an, die absolute Elasticität e^2 zu wissen. Will man solche nach §. 502. bestimmen, so ist für

Kiefernholz, $\pi^2 e^2 = 1552642$.

Sommereichen, $\pi^2 e^2 = 1953875$.

Rothtannen, $\pi^2 e^2 = 1093661$.

Rothbuchen, $\pi^2 e^2 = 1902139$.

Wollte man auf eine ähnliche Art wie §. 503. diejenige Last bestimmen, welche ein Stiel mit aller erforderlichen Sicherheit tragen kann, so wird man hier eben so wie in dem angeführten §. $\frac{1}{20} \pi^2 e^2$ statt $\pi^2 e^2$ in Rechnung bringen können. Dies giebt alsdann, wenn sich alle Abmessungen auf preußische Zolle beziehen, und wenn Q′ diejenige Last bezeichnet, welche der Stil mit Sicherheit tragen kann, für

Kiefernholz, $Q' = 77632 \frac{bh^3}{a^2}$.

Eichenholz, $Q' = 97694 \frac{bh^3}{a^2}$.

Ueber die rückwirkende Festigkeit für das Zerknicken mehrerer Holzarten hat zuerst Musschenbrök Versuche angestellt. Die nachstehende Tafel giebt eine Uebersicht dieser Versuche, wobei zu bemerken ist, daß die angegebenen amsterdammer Pfunde, der besseren Uebersicht wegen, in preußische Pfunde verwandelt worden sind. Auch enthält die letzte Spalte noch diejenigen Werthe, welche man aus jedem nebenstehenden Versuche für $\pi^2 e^2$ erhält. Noch ist zu erinnern, daß die Versuche Nr. 1. bis 10. aus der Introd. ad philos. nat. p. 474. und die Versuche Nr. 11. bis 31. aus der Introd. ad cohaerent. etc. p. 235. seq. genommen sind.

Holzarten.	No des Vers.	Länge. a Zoll.	Breite. b Zoll.	Dicke. h Zoll.	Last. Q Preuß. Pfund.	$\frac{a^2 Q}{b h^3} = \pi^2 e^2$
Roth-tannen	1	48	0,51	0,51	68,1	2319256
	2	48	0,70	0,70	238,3	2286727
Linden	3	48	0,50	0,50	53,8	1983100
	4	48	0,71	0,71	217,3	1970194
Buchen	5	48	0,49	0,49	43,2	1726560
	6	48	0,60	0,60	74,9	1331555
	7	48	0,70	0,70	154,0	1477784
Eichen	8	48	0,50	0,42	21,1	1311436
	9	48	0,60	0,60	38,0	675552
	10	48	0,70	0,70	90,7	869156
Eichen	11	18	0,23	0,23	24,2	2801878
	12	9	0,23	0,23	97,0	2807666
	13	8	0,23	0,23	124,4	2845045
	14	12	0,35	0,35	195,1	1872181
Eschen	15	18	0,25	0,24	15,8	1481250
	16	6	0,25	0,24	139,2	1450001
	17	12	0,34	0,24	58,0	1776961
	18	9	0,34	0,24	105,4	1816407
	19	18	0,42	0,24	31,6	1763394
	20	11½	0,42	0,24	78,1	1778949
	21	11½	0,52	0,22	84,4	2015890
Linden	22	12	0,35	0,25	47,4	1248109
	23	11	0,35	0,25	57,0	1194789
	24	12	0,44	0,25	50,6	1059840
	25	11	0,44	0,25	50,6	890560
	26	12	0,50	0,25	71,7	1321574
	27	11	0,50	0,25	84,4	1307187
	28	12	0,34	0,34	85,4	920247
Kiefern	29	12	0,42	0,25	83,3	1827840
	30	10	0,42	0,25	87,5	1333333
	31	12	0,34	0,34	143,4	1545240

Als Mittelwerthe erhält man hiernach:

$\pi^2 e^2 = 2302992$ für Rothtannen,
$= 1321733$ für Linden,
$= 1511966$ für Buchen
$= 1883273$ für Eichen,
$= 1726122$ für Eschen, und
$= 1568804$ für Eichen.

Die Vergleichung der Werthe $\pi^2 e^2$ in der vorstehenden-Tafel zeigt sehr bedeutende Unregelmäßigkeiten. Nicht nur findet man für Rothtannenholz eine größere Festigkeit als beim Buchen- und Kiefernholze, welches durchaus unwahrscheinlich ist, sondern man findet auch, besonders beim Eichenholze, so große Abweichungen, daß man solche Versehen bei den Versuchen oder Angaben zuschreiben muß. Auch entsteht zuweilen beim Zerdrücken des Holzes der Fall, daß solches nicht nach der Dicke, sondern nach der Diagonale oder einer anderen Richtung gebogen wird, besonders wenn die Holzfasern nicht mit der breiten Seite des Holzes parallel sind. Da nun diese Umstände nicht näher angegeben sind, so verlieren diese Versuche dadurch einen großen Theil ihrer Brauchbarkeit. Indessen ist es bemerkenswerth, daß der mittlere Werth von $\pi^2 e^2$

für Eichenholz $= 1883273$, und
für Kiefernholz $= 1568804$

gut genug mit den am Anfange dieses §. gegebenen Werthen 1953875 und 1552642 übereinstimmt.

§. 523.

So wohl über das Biegen als das Zerknicken des Eichenholzes hat Hr. P. S. Girard sehr vollständige Versuche angestellt und beschrieben (Traité analytique de la résistance des solides. Paris 1798. pag. 121. etc.), von welchen die nachstehende Zusammenstellung einen Auszug (nach Table I.) enthält. Zur Abkürzung ist zu bemerken, daß a die Länge oder Höhe, b die Breite und h die Dicke der zu den Versuchen angewandten eichenen Stäbe und g das Eigengewicht derselben bezeichnet. Die dem Biegen unterworfenen Stäbe hatten sich theils nach der Dicke, theils nach der Breite gebogen; auch entstanden manchmal nach der Dicke zwei Biegungen, deren größte Abweichungen von der Vertikallinie angegeben sind und von welchen die eine mit + die andere mit — bezeichnet ist.

Versuche über das Biegen und Zerknicken des Eichenholzes. Von P. S. Girard.

Nummer.	Abmessungen der Holzstäbe in Meter, nebst ihrem Eigengewichte.	Größte Biegung nach der Dicke. Meter.	Größte Biegung nach der Breite. Meter.	Belastung. Kilogr.	Belastung beim Zerknicken. Q Kilogr.	Dauer des Versuchs. Decim. Stunden
1	a = 2,5979	0,0056	0,0045	11994		2,50
	b = 0,1624	0,0068	0,0079	25664		9,16
	h = 0,1060	0,0068	0,0090	30887		10,00
	g = 0,984	0,0079	0,0113	42599		10,00
		+ 0,0068 − 0,0068	0,0135	—	42514	10,83
2	a = 2,2731	0,0062	0,0034	17320		12,08
	b = 0,1556	0,0096	0,0034	22936		12,91
	h = 0,1038	0,0181	0,0045	28616		13,75
	g = 0,972	—	—	—	33120	13,95
3	a = 2,2731	0,0068	0,0068	17322		12,08
	b = 0,1579	0,0124	0,0045	22940		12,58
	h = 0,1015	—	—	—	28626	14,50
	g = 0,926					
4	a = 1,9484	0,0045	0,0040	11974		10,00
	b = 0,1601	0,0045	0,0045	17274		27,50
	h = 0,1015	0,0062	0,0056	22863		37,50
	g = 1,035	0,0113	0,0090	28509		40,41
		—	—	—	32997	50,41

Nummer.	Abmessungen der Holzstäbe in Meter, nebst ihrem Eigengewichte.	Größte Biegung nach der Dicke. Meter.	Größte Biegung nach der Breite. Meter.	Belastung. Kilogr.	Belastung beim Zerknicken. Q Kilogr.	Dauer des Versuchs. Decim. Stunden
5	a = 2,5979	0,0051	0,0034	11999		10,00
	b = 0,1579	0,0068	0,0056	17321		20,00
	h = 0,1353 g = 0,916	+ 0,0045 − 0,0011	0,0068	22939		27,91
		+ 0,0045 − 0,0034	0,0074	28620		37,91
		+ 0,0023 − 0,0079	0,0079	33120		47,91
		− 0,0146	0,0079	—	37305	50,83
6	a = 2,5979	0,0023	—	11998		10,00
	b = 0,1872	0,0034	—	17318		20,00
	h = 0,1579	0,0045	—	22931		32,00
		0,0045	—	28612		40,00
		0,0045	—	33110		50,00
		0,0045	—	37307		60,00
		0,0045	—	41935		70,00
		0,0045	0,0023	47097		80,90
		0,0045	0,0034	52415		90,00
		0,0045	0,0051	57435		100,00
		− 0,0023 + 0,0023	0,0056	62513		110,00

Für die fünf ersten Versuche findet man $\frac{a^2 Q}{bh^3}$ in Meter und Kilogramm =

$$\begin{array}{r} 1483450341 \\ 983379222 \\ 895813400 \\ 594348827 \\ 643778300 \\ \hline 4600770190 \end{array}$$ also

920154038, daher nach den §. 433. angegebenen Verhältnissen, für preußische Zoll und Pfunde

$$\frac{a^2 Q}{bh^3} = 1345267.$$

Die Abweichung von den Ergebnissen §. 515. rührt mit daher, daß die vorstehende Rechnung voraussetzt, daß sämmtliche Biegungen nur nach der Dicke und nicht zum Theil nach der Breite der Holzstäbe erfolgt wären. Zur Vermeidung weitläuftiger Rechnungen hat man diese Umstände nicht berücksichtigt.

§. 524.

Es folgen nun Versuche über das Zerdrücken mehrerer Körper.

Im Jahr 1789 hat der Schiffsbaudirector Quantin mit der §. 431. erwähnten Maschine wiederholte Versuche angestellt und nachstehende Resultate gefunden.

Ein Cylinder, rothenburger Sandstein, 8 Zoll lang und 3 Zoll dick, ward durch ein Gewicht von 18596 Pfund zerdrückt.

Ein gut gebrannter Mauerstein oder Ziegel, dessen Grundfläche ein Quadrat von $2\frac{1}{2}$ Zoll Seitenlänge bildete, war 5 Zoll hoch und wurde durch eine Belastung von 7025 Pfund zerdrückt.

Hiernach ist H oder das Maaß der rückwirkenden Festigkeit, für das Zerdrücken eines preußischen Quadratzolles, bei

rothenburger Sandstein = 2631 preuß. Pfund,
gut gebranntem Ziegelstein = 1124 preuß. Pfund.

Die rückwirkende Festigkeit für jeden Quadratfuß findet man, wenn diese Werthe mit 144 multiplizirt werden. Dies giebt für Sandstein 378864 und für Ziegel 161856 Pfund. Nimmt man nun eben so wie §. 496. an, daß die Belastung, welche ein dem Zerdrücken ausgesetzter Körper noch mit aller erforderlichen Sicherheit zu tragen im Stande ist, ohne in die Gefahr zu kommen, auch nur Sprünge oder Risse zu erhalten, dem zwanzigsten Theil seiner rückwirkenden Festigkeit gleich ist, so erhält man die zulässige Belastung auf den Quadratfuß, für

Sandstein = 18943 Pfund,
Ziegelstein = 8093 Pfund.

Das Gewicht von einem Kubikfuße rothenburger Sandstein ist im Durchschnitt 132 und vom Kubikfuße Ziegelstein etwa 110 Pfund. Bezeichnet nun r den Halbmesser von der mittlern Wölblinie eines kreisförmigen Gewölbes und G das Gewicht von einem Kubikfuß seiner Materie, so findet man (§. 419.) den

Druck auf jeden Quadratfuß der Fuge am Scheitel des Gewölbes = rG. Für ein gleich dickes kreisförmiges Gewölbe von Sandstein ist der Druck rG = 132 . r; sollen daher die Steine am Scheitel desselben nicht zerdrückt werden, so darf 132 . r nicht größer 18943 seyn. Für 132 . r = 18943 findet man

$$r = \frac{18943}{132} = 143,5 \text{ Fuß}.$$

Damit die Gewölbsteine am Scheitel eines kreisförmigen Gewölbes nicht zerdrückt werden, wenn solche von gleicher Materie derjenigen Steine sind, welche zu den Versuchen angewandt worden, so darf der Halbmesser r des Gewölbes nicht größer als 143,5 Fuß seyn.

Für ein gleich dickes kreisförmiges Gewölbe von Ziegelsteinen ist rG = 110 . r, also findet man für 110 . r = 8093, den Halbmesser

$$r = \frac{8093}{110} = 73,5 \text{ Fuß}.$$

Diese Bestimmungen sind übrigens unabhängig von der Dicke des Gewölbes, weil mit Vermehrung der Dicke, der Druck mit der gedrückten Fläche zugleich wächst, vorausgesetzt, daß das Gewölbe durchgängig einerlei Dicke hat.

§. 525.

Ueber das Zerdrücken mehrerer Hölzer, Steine und Metalle hat G. Rennie Versuche angestellt und beschrieben (a. a. O. Seite 123 — 125 und 130 — 132). In der nachstehenden Tafel hat man die zusammen gehörigen Materialien untereinander gestellt; sämmt-

e Zahlen derselben beziehen sich auf englische Zolle und
ınde, Avoir du poise, auch hat man zur bessern Ueber-
t noch die letzte Spalte von dem Maaße der rückwir-
den Festigkeit eines englischen Quadratzolls beigefügt.

Zerdrückte Körper.	Eigengewicht.	Länge oder Höhe. a Zoll.	Breite oder Dicke. b=h Zoll.	Gewicht zum Zerdrücken. Pfund.	Gewicht zum Zerdrücken eines □ Zolls. Pfund.
Ulme	—	1	1	1284	1284
Kiefer, amerikanische	—	1	1	1606	1606
Weißtanne	—	1	1	1928	1928
Eiche, englische	—	1	1	3860	3860
= = = ...	—	4	1	5147	5147
Marmor, weißer, geädert, italienischer	2,726	$1\frac{1}{2}$	$1\frac{1}{2}$	21783	9681
= schwarzer, brabanter . . .	2,697	$1\frac{1}{2}$	$1\frac{1}{2}$	20742	9219
= vielfarbiger, von Devonshire	—	$1\frac{1}{2}$	$1\frac{1}{2}$	16712	7428
Bildhauer Marmor	—	2	1	3216	3216
= = = = weißer, nicht geädert	2,760	$1\frac{1}{2}$	$1\frac{1}{2}$	13632	6059
Kalkstein, schwarzer, fester von Limerick	2,598	$1\frac{1}{2}$	$1\frac{1}{2}$	19924	8866
= = von Purbeck	2,599	$1\frac{1}{2}$	$1\frac{1}{2}$	20610	9160
= = fester	2,584	$1\frac{1}{2}$	$1\frac{1}{2}$	17354	7713
Rogenstein von Gloucestershire . . .	—	$1\frac{1}{2}$	$1\frac{1}{2}$	1449	644
Kreide	—	$1\frac{1}{2}$	$1\frac{1}{2}$	1127	501

Nummer.	Zerdrückte Körper.	Eigengewicht.	Länge oder Höhe. a Zoll.	Breite oder Dicke. b=h Zoll.	Gewicht zum Zerdrücken. Pfund.	Gewicht zum Zerdrücken eines □ Zolls. Pfun
16	Sandstein v. Portland	—	2	1	805	8
17	= = = = ...	2,428	1½	1½	10284	45
18	= = = = ...	2,423	2	2	14918	37.
19	= = v. Craigleith	—	1	1	8688	86
20	= = = = weißer Quaderstein	2,452	1½	1½	12346	54
21	= = = = = nach dem Lager	2,452	1½	1½	15560	69
22	= = v. Bramleyfall	2,506	1½	1½	13632	60.
23	= = v. Killaly, weißer Quaderstein, nicht geschichtet	2,423	1½	1½	10264	45
24	Sandstein, sehr harter Quaderstein .	2,528	1½	1½	21254	94
25	= = oder Breccie von Dundee	2,530	1½	1½	14918	66
26	= = rother, zerreiblicher . . .	2,316	1½	1½	7070	31
27	= = = = = . . .	2,428	1½	1½	9776	43
28	Pflasterstein von Yorkshire	2,507	1½	1½	12856	57
29	Granit, harter, feinkörniger von Peterhead	—	1½	1½	18636	82
30	= = blauer, von Aberdeen . . .	2,625	1½	1½	24556	109
31	Cornischen Granit	2,662	1½	1½	14302	63.
32	Ziegel, gebrannter, blasroth	2,085	1½	1½	1265	5
33	= = = rother	2,168	1½	1½	1817	8
34	= dreimal gebrannter, gelber .	—	1½	1½	2254	10
35	= = = = = = .	—	1½	1½	3243	14
36	Feuerziegel von Stourbridge . . .	—	1½	1½	3864	17

Zerdrückte Körper.	Eigengewicht.	Länge oder Höhe. a Zoll.	Breite oder Dicke. b=h Zoll.	Gewicht zum Zerdrücken. Pfund.	Gewicht zum Zerdrücken eines □ Zolls. Pfund.
Gußeisen, von einem großen Klumpen	7,033	$\frac{1}{8}$	$\frac{1}{8}$	1440	92160
„ „	6,977	$\frac{2}{8}$	$\frac{1}{8}$	2116	135424
„ „	6,977	$\frac{3}{8}$	$\frac{1}{8}$	2363	151232
„ „	6,977	$\frac{4}{8}$	$\frac{1}{8}$	2005	128320
„ „	6,977	$\frac{5}{8}$	$\frac{1}{8}$	1407	90048
„ „	6,977	$\frac{6}{8}$	$\frac{1}{8}$	1743	111552
„ „	6,977	$\frac{7}{8}$	$\frac{1}{8}$	1594	102016
„ „	6,977	$\frac{8}{8}$	$\frac{1}{8}$	1439	92096
„ „ vom großen Klumpen . .	7,033	$\frac{1}{4}$	$\frac{1}{4}$	9774	156384
„ „ horizontal gegossen . . .	7,113	$\frac{1}{4}$	$\frac{1}{4}$	10114	161824
„ „ vertikal gegossen	7,074	$\frac{1}{4}$	$\frac{1}{4}$	11111	177776
„ „ horizontal gegossen . . .	—	$\frac{1}{2}$	$\frac{1}{4}$	9414	150624
„ „ vertikal gegossen	—	$\frac{1}{2}$	$\frac{1}{4}$	9982	159712
„ „ horizontal gegossen . . .	—	$\frac{3}{8}$	$\frac{1}{4}$	9006	144096
„ „ „ „ „ „	—	$\frac{5}{8}$	$\frac{1}{4}$	8845	141520
„ „ „ „ „ „	—	$\frac{6}{8}$	$\frac{1}{4}$	8362	133792
„ „ „ „ „ „	—	$\frac{7}{8}$	$\frac{1}{4}$	6430	102880
„ „ „ „ „ „ . . .	—	$\frac{8}{8}$	$\frac{1}{4}$	6321	101136
„ „ vertikal gegossen	—	$\frac{3}{8}$	$\frac{1}{4}$	9328	149248
„ „ „ „ „ „	—	$\frac{5}{8}$	$\frac{1}{4}$	8385	134160
„ „ „ „ „ „	—	$\frac{6}{8}$	$\frac{1}{4}$	7896	126336
„ „ „ „ „ „	—	$\frac{7}{8}$	$\frac{1}{4}$	7018	112288
„ „ „ „ „ „	—	$\frac{8}{8}$	$\frac{1}{4}$	6430	102880
Kupfer, gegossenes	—	$\frac{1}{4}$	$\frac{1}{4}$	7318	117088
„ gehämmertes	—	$\frac{1}{4}$	$\frac{1}{4}$	6440	103040
Messing, feines, gelbes	—	$\frac{1}{4}$	$\frac{1}{4}$	10304	164864
Zinn, gegossenes	—	$\frac{1}{4}$	$\frac{1}{4}$	966	15456
Blei, gegossenes	—	$\frac{1}{4}$	$\frac{1}{4}$	483	7728

Aus den vorstehenden mit Gußeisen angestellten Versuchen geht hervor, daß die vertikal gegossenen Eisenstangen stärker als die horizontal gegossenen sind.

§. 526.

Die rückwirkende Festigkeit für das Zerdrücken des bei Freyberg im Erzgebirge vorkommenden Gneises, hat Herr Maschinendirektor C. F. Brendel im Jahr 1827 ermittelt und mir die Ergebnisse seiner Versuche mitgetheilt, bei welchen noch zu bemerken ist, daß der Druck winkelrecht auf die Lage der Schlichten oder Lamellen des Gneises gerichtet war. Nachstehende Tafel enthält das zum Zerdrücken eines Quadrat-Millimeters erforderliche Gewicht.

Nummer.	Eigengewicht.	Gewicht zum Zerdrücken eines □Millim. Kilogramm.	Mittelwerth des Gewichts. Kilogramm.
1	2,6913	3,5509	
2	2,6913	3,1367	
3	2,7024	3,0631	
4	2,7084	3,1545	
5	2,6529	4,5920	3,4994

Hiernach ist die rückwirkende Festigkeit für das Zerdrücken eines preußischen Quadratzolls Gneis = 5116 preußische Pfund.

§. 527.

Zu den vorzüglichsten Schriften über die Festigkeit der Materialien, nach der Zeitfolge geordnet, kann man nachstehende rechnen.

Galileo *Galilei* angef. Discorsi etc. v. J. 1638. Dialogo secondo p. 108 etc.

Leibnitz. Demonstrationes novae resistentia solidorum. — Acta Erudit. Lipsiae 1684 p. 319.

Mariotte, Traité du mouvement des eaux. Paris 1686. Part. V. Disc. II.

Varignon. De la résistance des solides en gènéral pour tout ce qu'on peut faire d'hypothèses touchant la force ou la ténacité des fibres des corps à rompre; et en particulier pour les hypothèses de Galilée et de M. Mariotte. — Mém. de l'acad. de Paris, année 1702. p. 90 etc. ed. bat.

Jac. *Bernoulli,* véritable hypothèse de la résistance des solides. — Mém. de l'acad. de Paris. 1705 p. 230. ed. bat.

Parent, Des résistances des tuyaux cylindriques, pour des charges d'eau et des diamètres donnes. Mém. de l'acad. de Paris, 1707. p. 135. ed. bat.

Parent, Des résistances de poûtres par rapport à leurs longueurs eu portées, et à leurs dimensions et situations; et des poûtres de plus grande résistance, indépendamment de tous système physique. — Mém. de l'acad. de Paris, 1708. p. 20. ed. bat.

Parent, Des points de rupture des figures. I. Mémoire. Des figures retenues par un de leurs bouts, et tirées par telles et tant de puissances qu'on voudra. — Mém. de l'acad. de Paris 1710. p. 235. ed. bat.

de *Reaumur,* Expériences pour connoître si la force des cordes surpasse la somme des forces des fils qui composent ces mêmes cordes. — Mém. de l'acad. de Paris 1711 p. 7. ed. bat.

G. B. *Bulfinger,* De solidorum resistentia specimen. — Comment. acad. Petropol. Tom IV. ad An. 1729. p. 164.

P. van *Musschenbroek,* Physicae experimentales, et geometricae dissertationes. Viennae 1756. — Introductio ad cohaerentiam corporum firmorum. (Die erste Ausgabe ist vom Jahre 1729.)

de *Buffon,* Expériences sur la force du bois. Mém. de l'acad. de Paris 1740. p. 636.
Second Mémoire 1741. p. 394. eb bat.
Eine Uebersetzung findet man im Hamburger Magazin, 5. Band. S. 179. und die Fortsetzung S. 506.

P. van *Musschenbroek,* Introductio ad Philosophiam naturalem. Tomus I. Lugduni bat. 1762 — Cap. XXI. De Cohaerentia et Firmitate, p. 390. etc.

de la *Grange*, sur la figure des colonnes. — Mélang. de philos. et de mathém. de la soc. roy. de Turin 1770—1773. p. 123. etc.

Coulomb, Essay sur une application des règles de Maximis et Minimis à quelques Problèmes de statique, relatifs à l'architecture. — Mém. de math. et de phys., prés. à l'acad. de Paris. Année 1773. à Paris 1776. p. 343. etc.

L. *Euler*, Determinatio onerum, quae columnae gestare valent. — Acta acad. Petrop. P. I. A. 1778. p. 121. etc.

P. S. *Girard*, Traité analytique de la rèsistance des Solides, et de Solides d'égale résistance. Auquel on a joint une suite de nouvelles Expériences sur la force, et l'élasticité specifique des Bois de Chêne et de Sapin. à Paris an VI. (1798.)

Eine deutsche Uebersetzung vom Herrn Steuerrath Krönke hat den Titel:

P. S. Girard's Analytische Abhandlung von dem Widerstande fester Körper rc. Giesen, 1803.

Zu den neuesten Schriften über Festigkeit der Materialien gehören folgende:

Peter *Barlow*, An Essay on the Strength and Stress of Timber. Second edition. London 1824. Die erste Ausgabe ist v. J. 1817.

George *Rennie*, Account of experiments on the strength of materials. — Philosoph. Transactions of the Royal Society of London, For the Year 1818. Part. I. S. 118. u. f.

A. *Duleau*, Essay théorique et expérimental sur la résistance du fer forgé. Paris 1820.

Die deutsche Uebersetzung führt den Titel:

Theoretisch-praktische Versuche über den Widerstand oder die Haltbarkeit des geschmiedeten Eisens, von A. Duleau, übersetzt von Dr. J. G. L. Blumhof. Quedlinburg und Leipzig, 1825.

Thomas *Tredgold*, A Practical Essay on the Strength of cast iron. London 1822.

Navier, Expériences sur la Résistance de diverses substances à la rupture causée par une tension longitudinale. — Annales de Chimie et de Physique, par M. M. Gay-Lussac et Arago. Tome 33. Paris, 1826. pag. 225. etc.

B. *Bevan*, Experiments on the Strength of Cohesion of Wood. — The Philosophical Magazine and Journal. Vol. 68. October 1826. p. 269. — Additional Experiments and Observations on the Strength of Timber. — November 1826. p. 343.

F. J. Ritter von Gerstner, Handbuch der Mechanik, aufgesetzt von F. A. Ritter von Gerstner. Erster Band. Prag 1831. — Drittes Kapitel. Festigkeit der Körper. Seite 241. u. f.

Ende des zweiten Bandes.

Druckfehler im ersten Bande.

S. 134. Z. 7. v. o. statt GJ lese man G′J′.

S. 435. Z. 4. v. u. statt φ' lese man φ.

S. 451. Z. 4. v. u. statt $\frac{\delta^3 Q}{3431,761}$ l. m. $\frac{\delta^2 Q}{3431,76r}$.

S. 454. Z. 1. v. o. statt $(r + \mu\varrho + k\delta)^2$ lese man $(r + \mu\varrho + k\delta^2)$.

S. 460. Z. 9. v. o. statt $\left(\frac{1}{2^2}+\frac{1}{2^2}\right)$ l. m. $\left(\frac{1}{2^2}+\frac{1}{2}\right)$.

S. 460. Z. 13. v. o. statt $\frac{1}{2^{n-1}}\ \frac{1}{2^{n-2}}$ l. m. $\frac{1}{2^{n-1}}+\frac{1}{2^{n-2}}$.

Gedruckt bei A. W. Hayn.

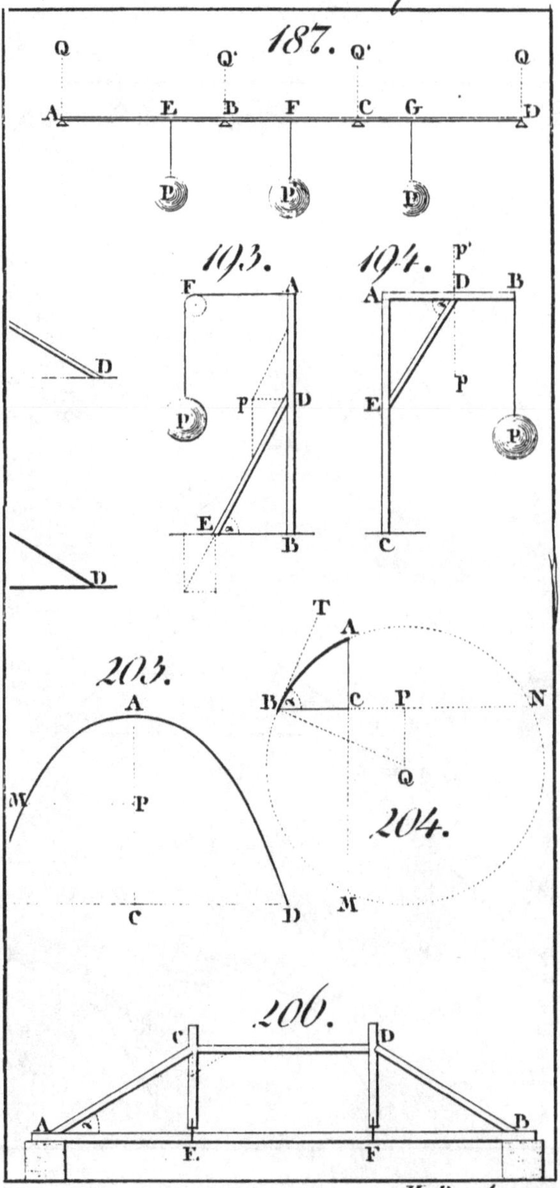
187.
193.
194.
203.
204.
206.

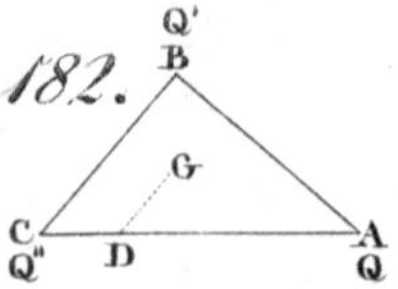

182.

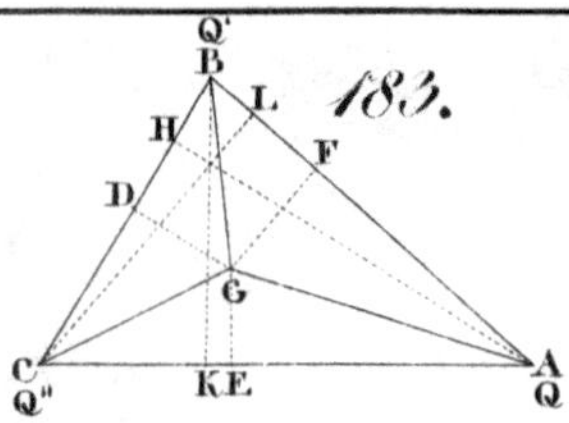

183.

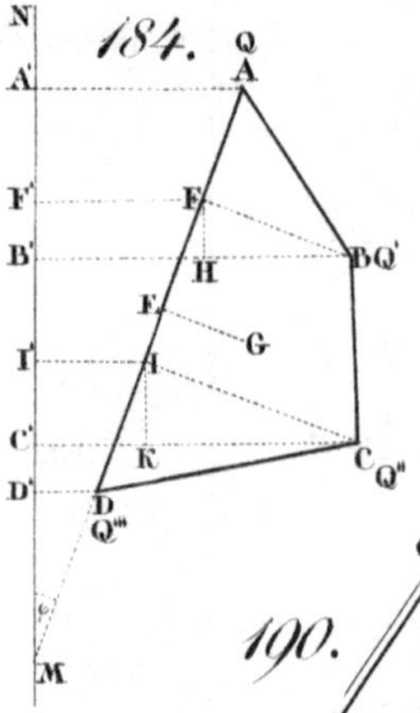

184.

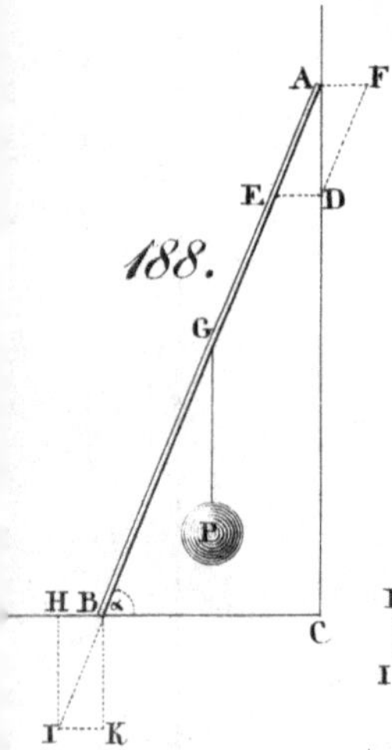

188.

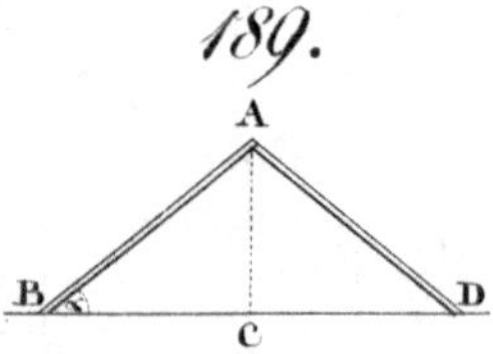

189.

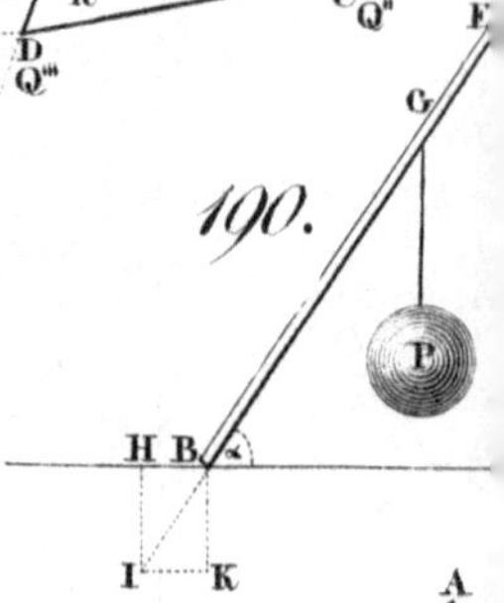

190.

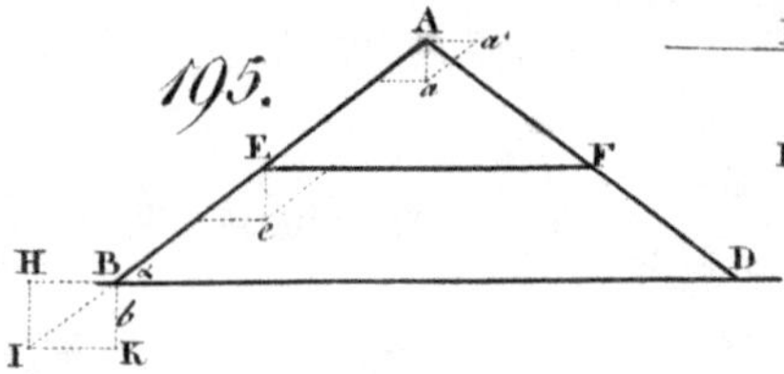

195.

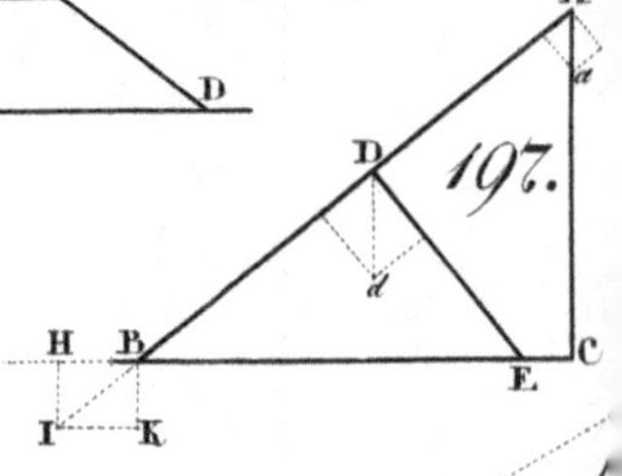

197.

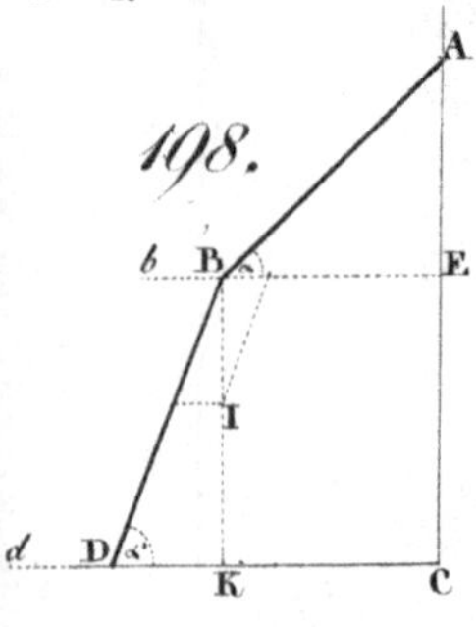

198.

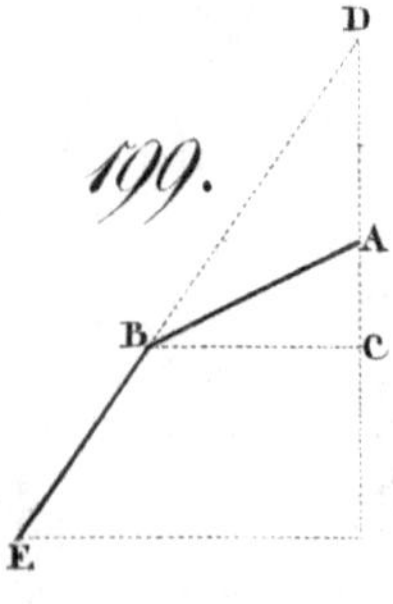

199.

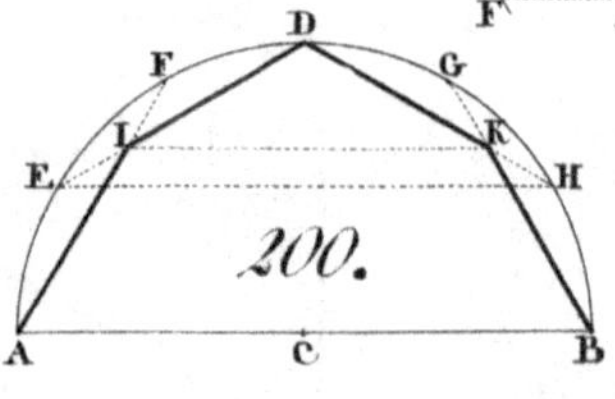

200.

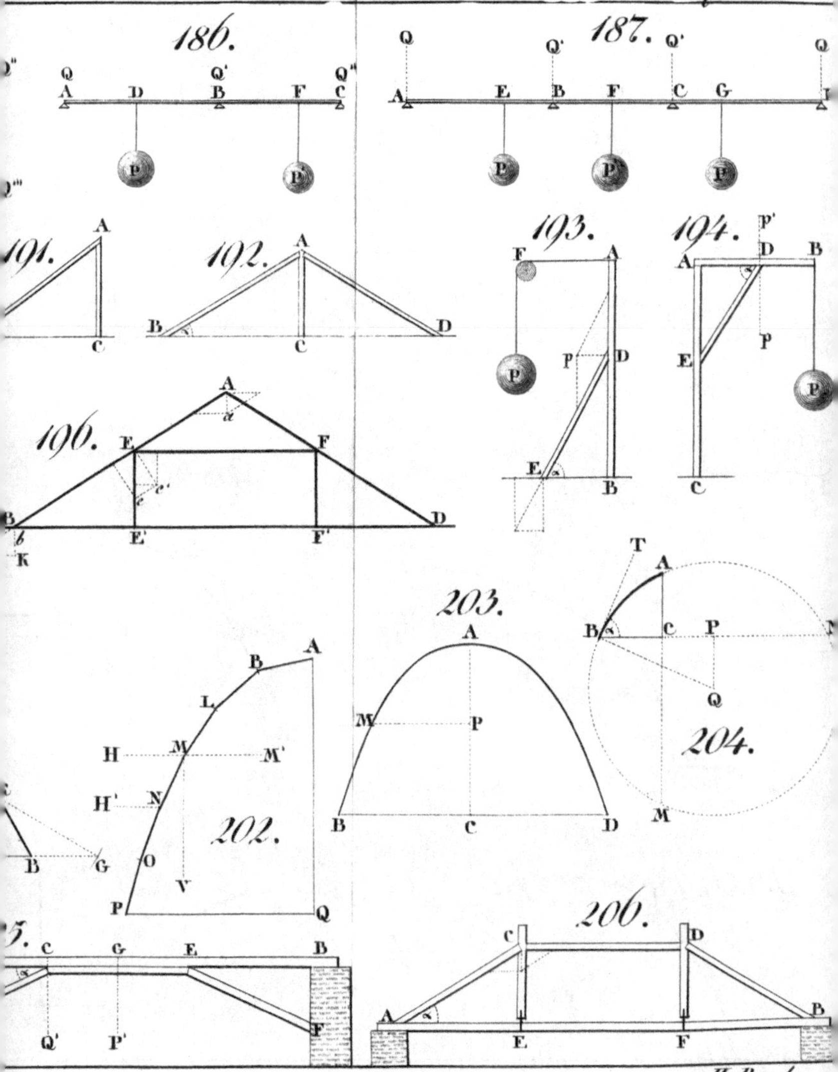
186.
187.
192.
193.
194.
196.
202.
203.
204.
206.

207.

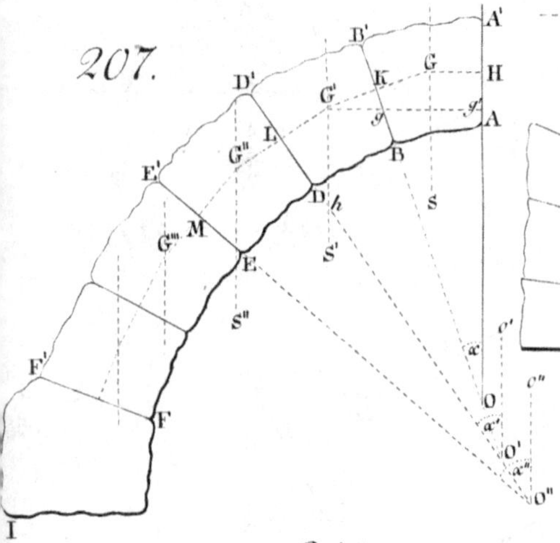

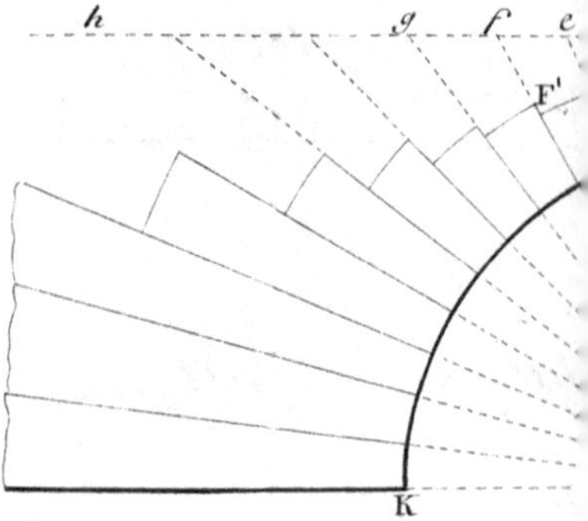

210.

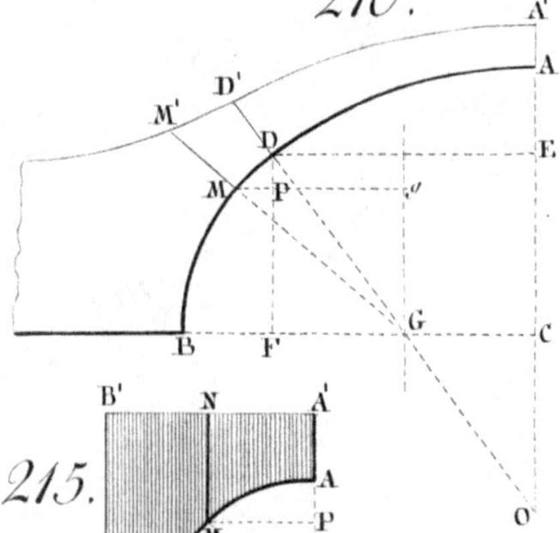

216.

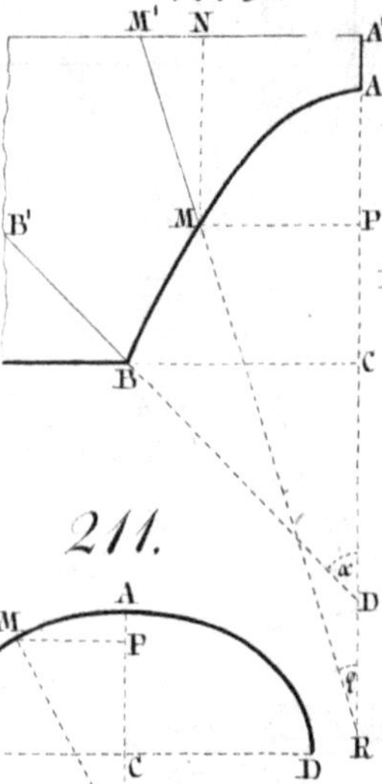

215.

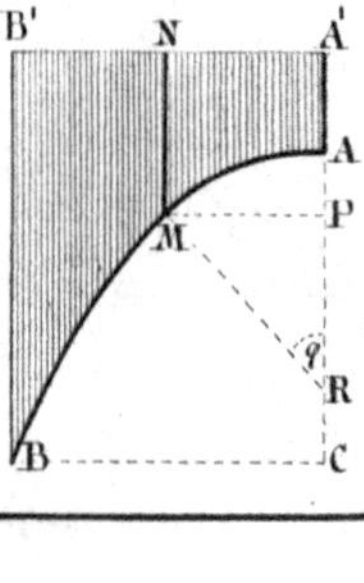

211.

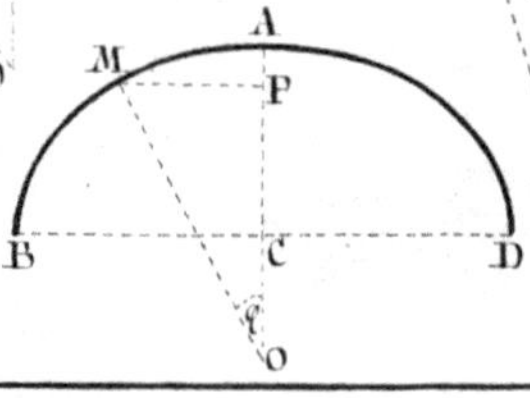

21

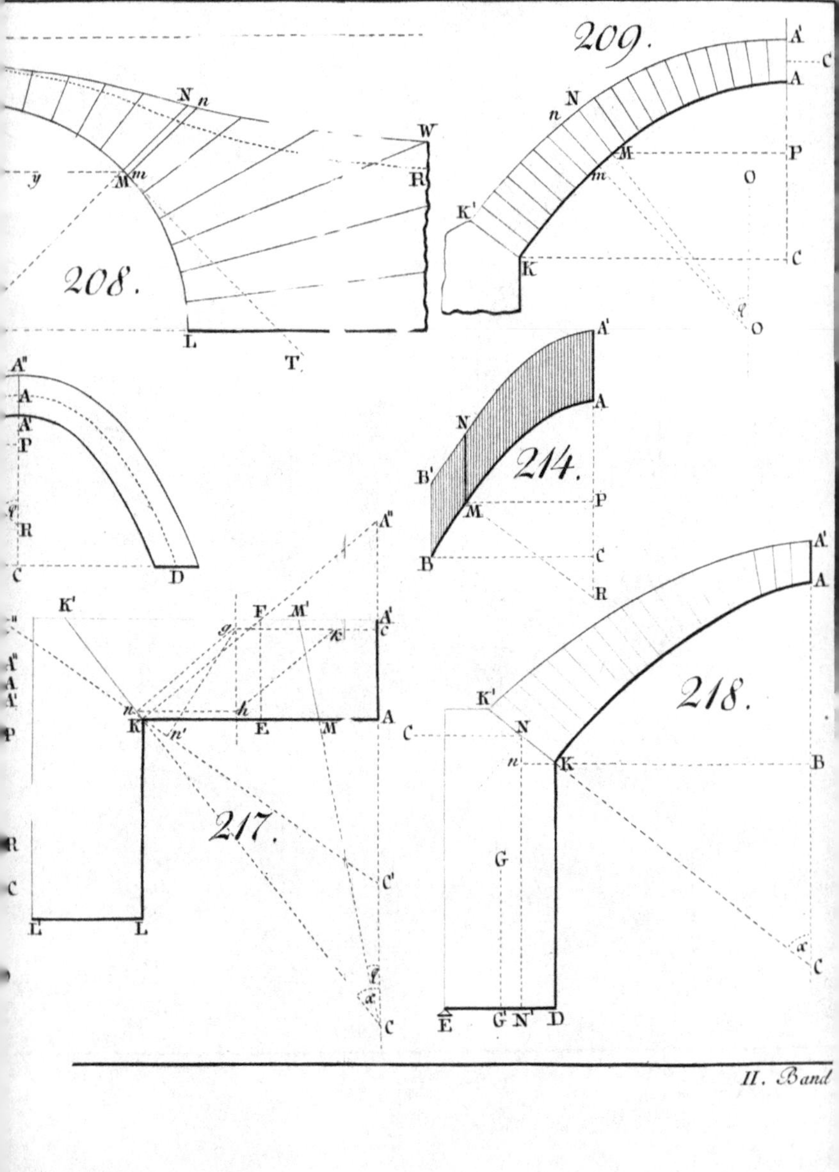
208.
209.
214.
217.
218.

219

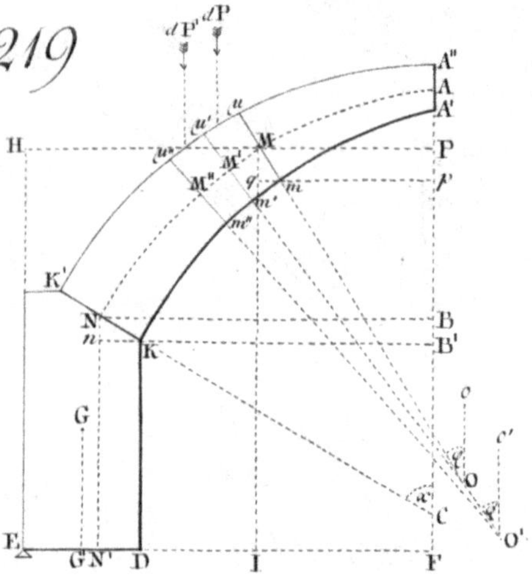

220

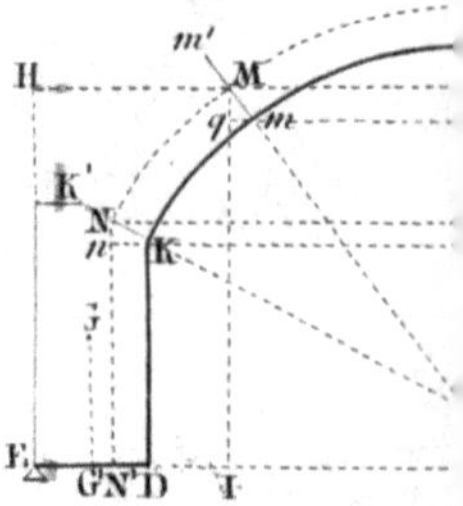

222.

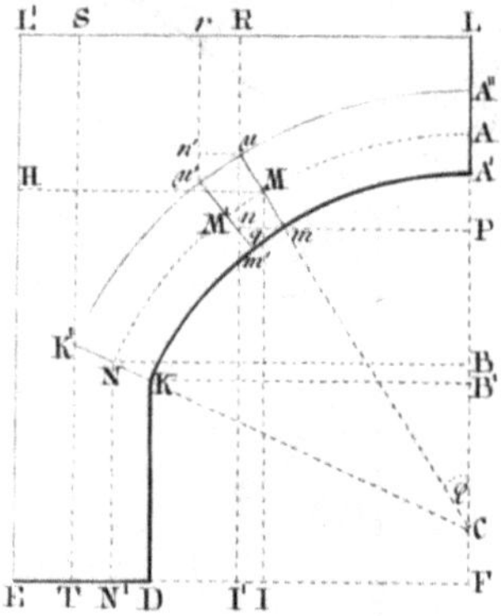

223.

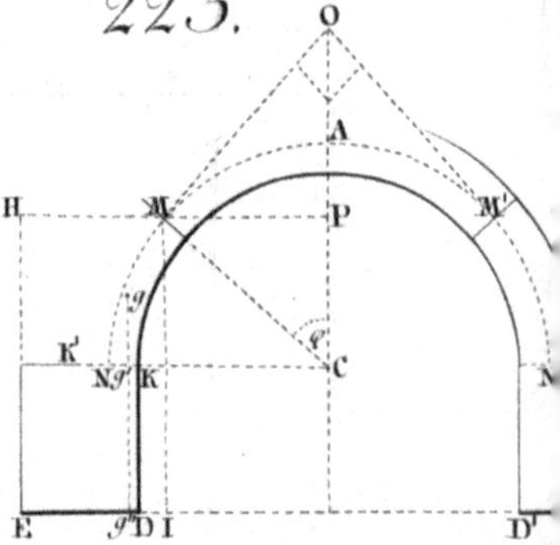

221.

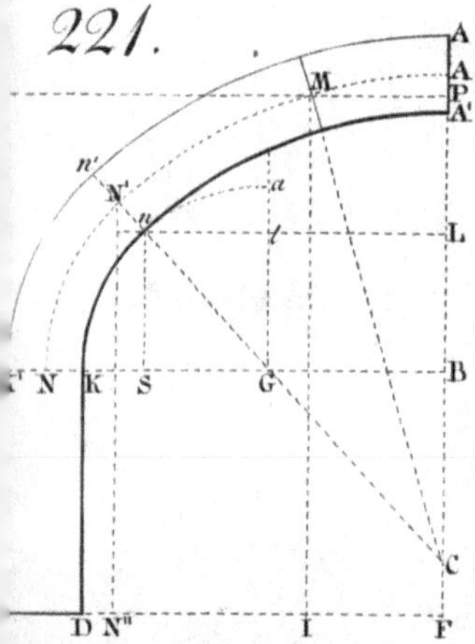

226

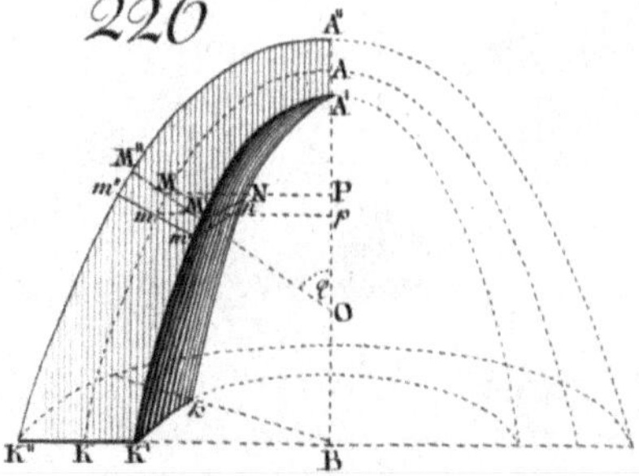

224.

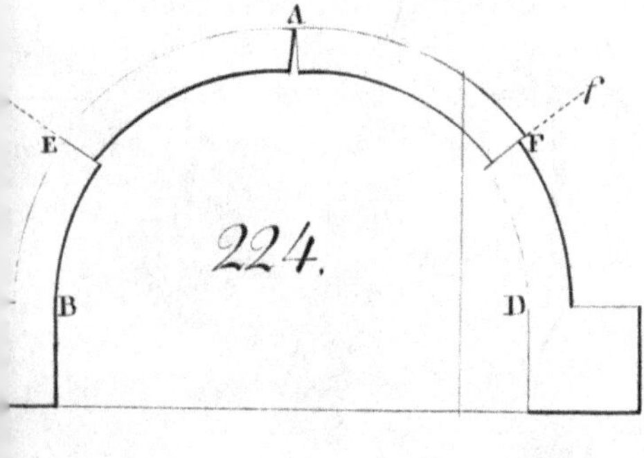

227.

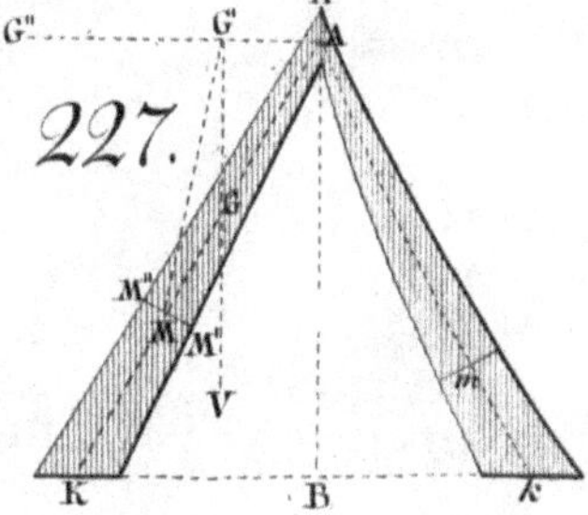

225.

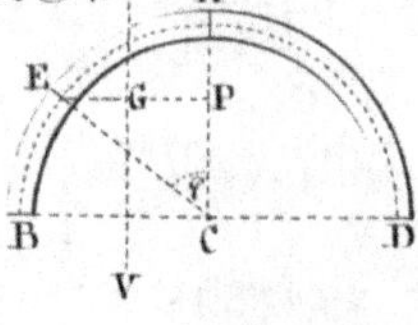

228.

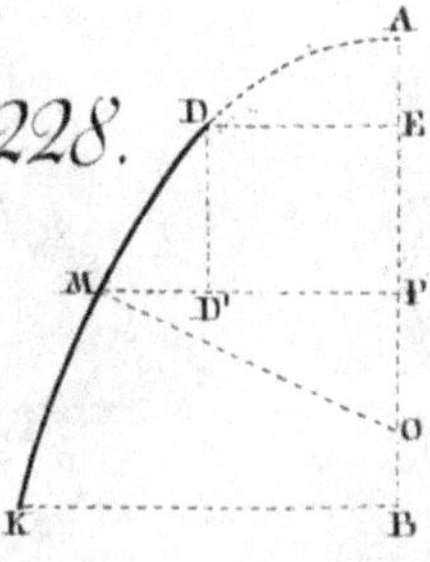

229.

230.

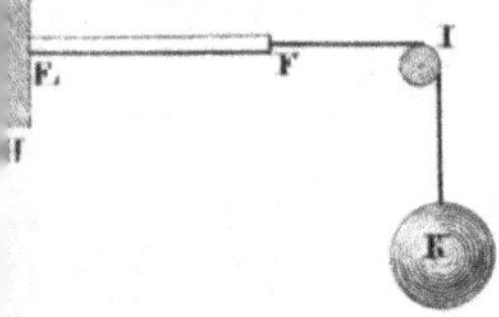

231.

232.

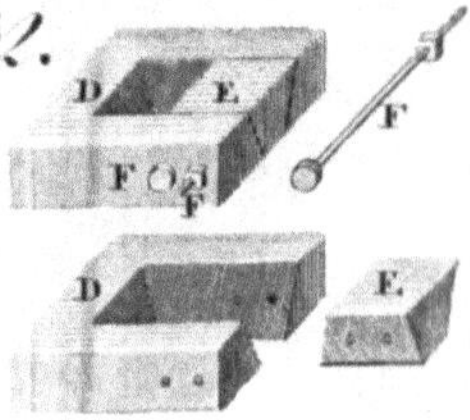

233.

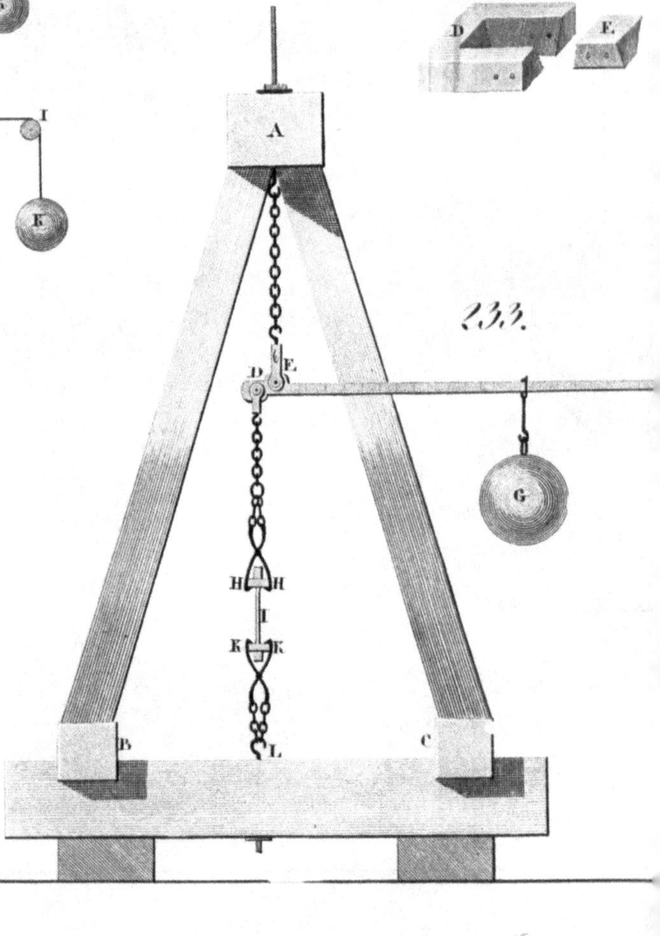

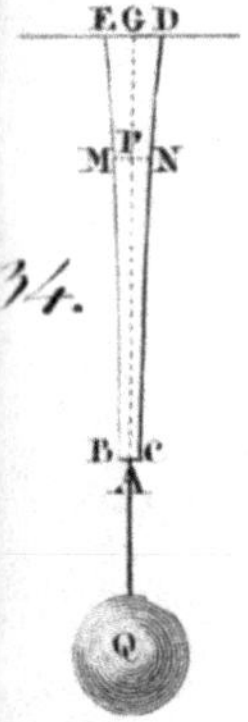

34.

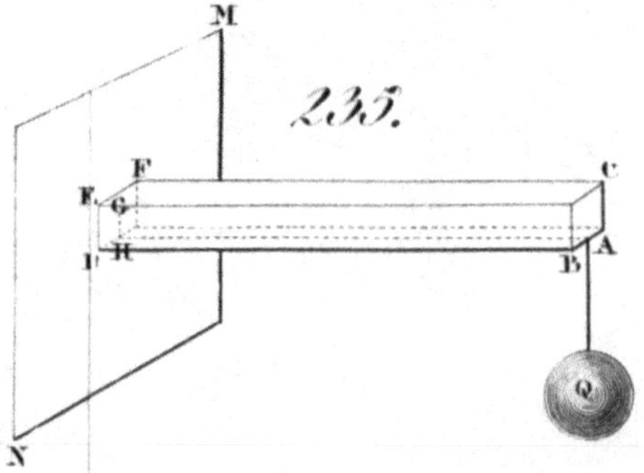

235.

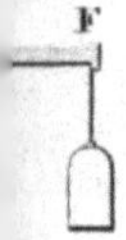

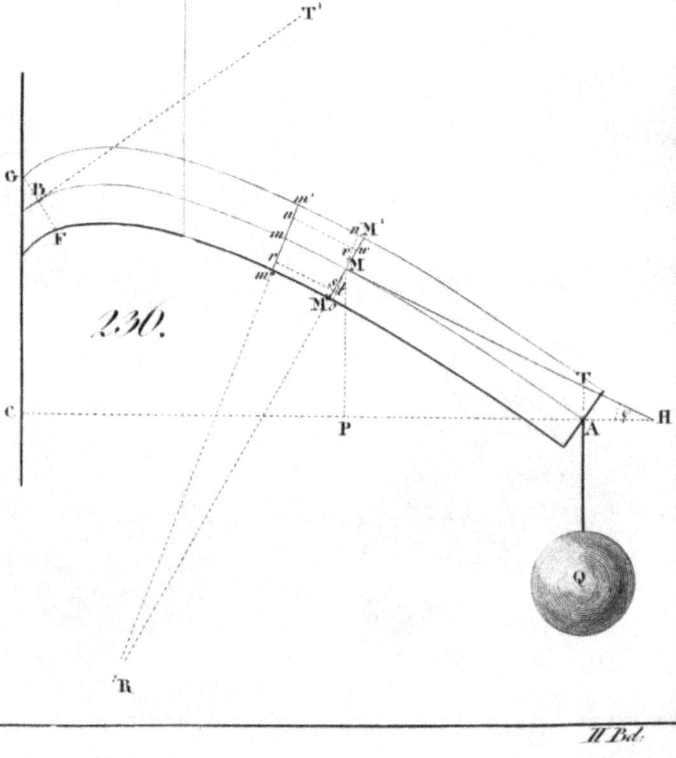

230.

237.

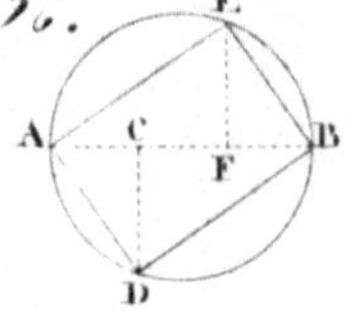

238.

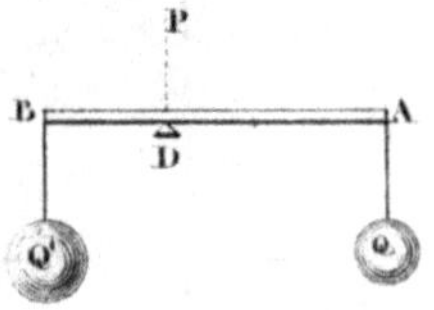

239.

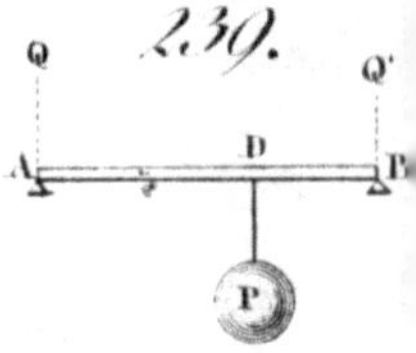

242.

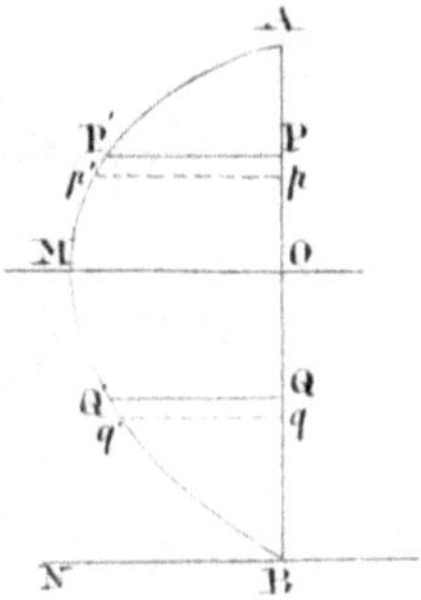

243.

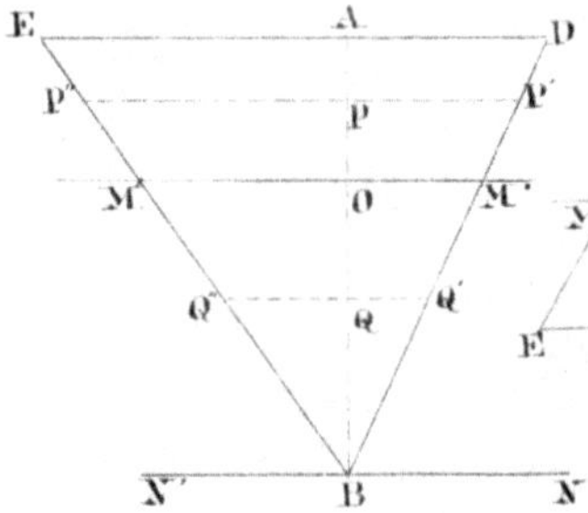

244.

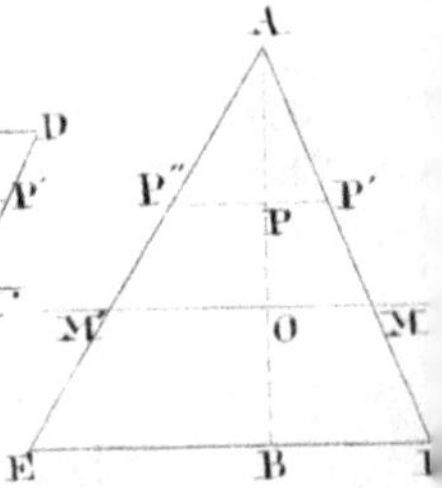

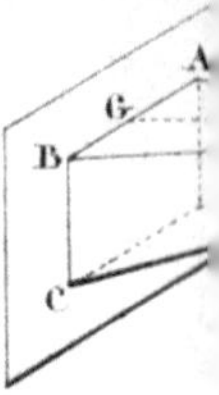

240.

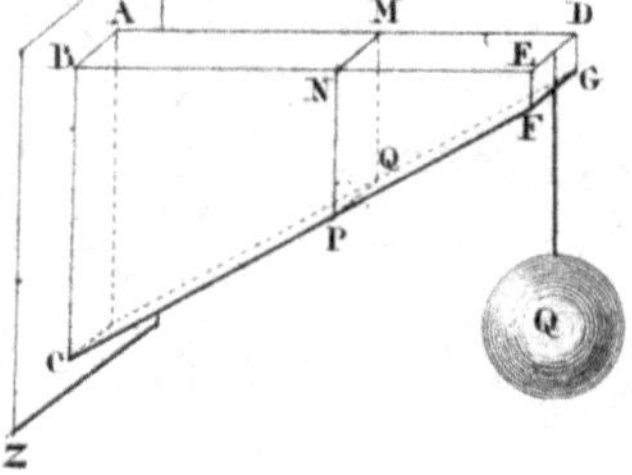

253.

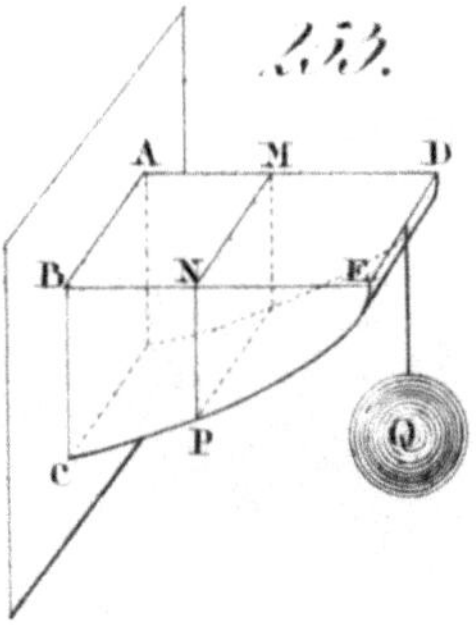

240.

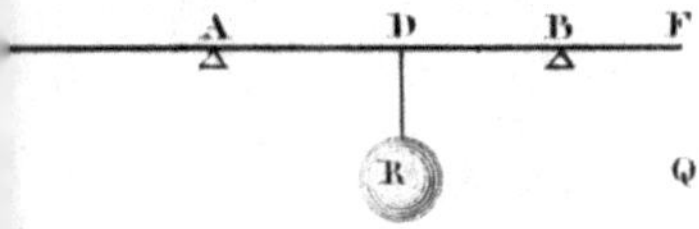

241.

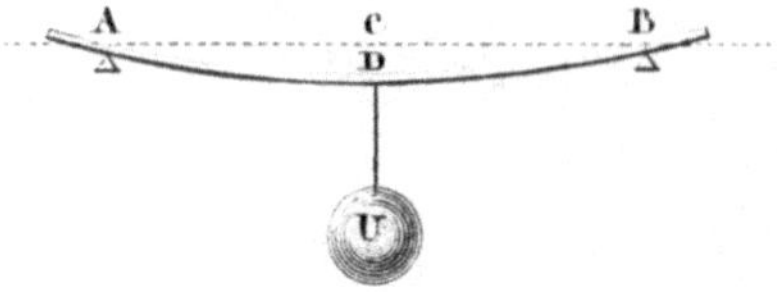

246.

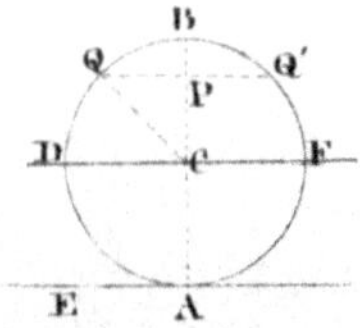

247.

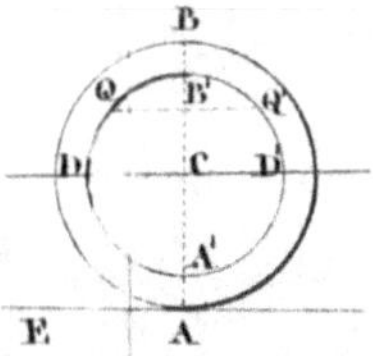

248.

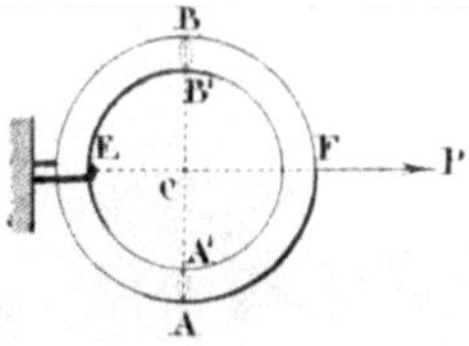

251.

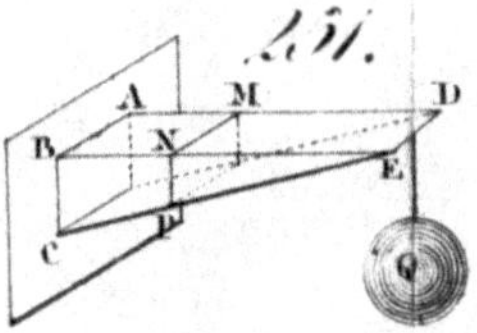

252.

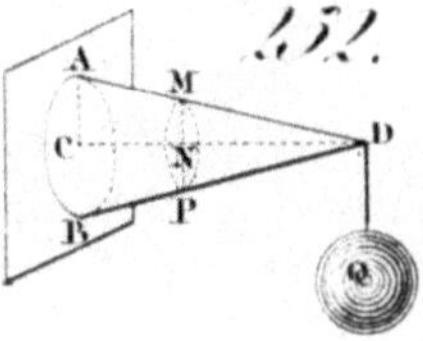

255.

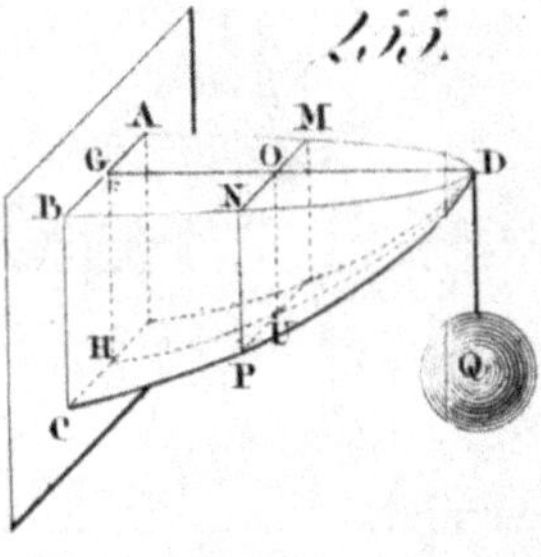

256.

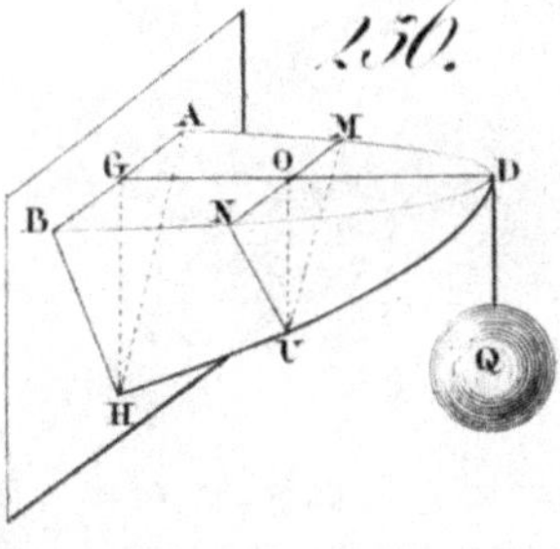

257.

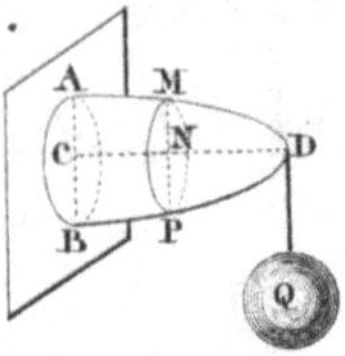

259.

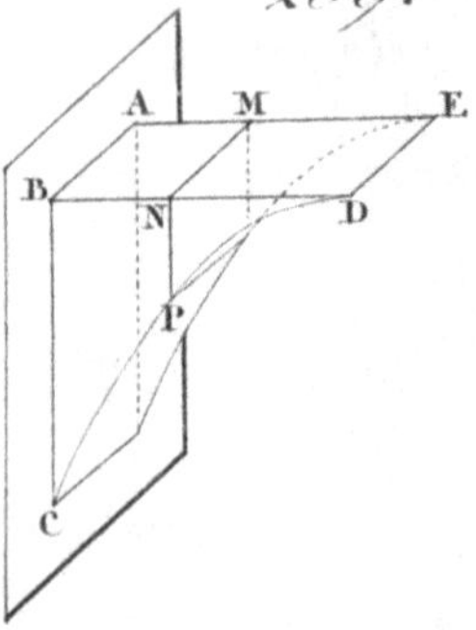

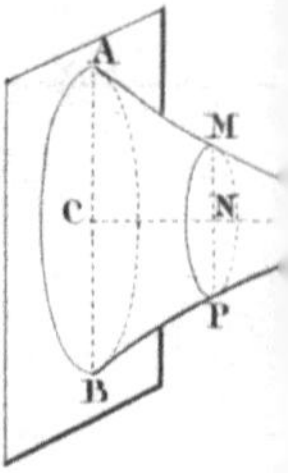

258.

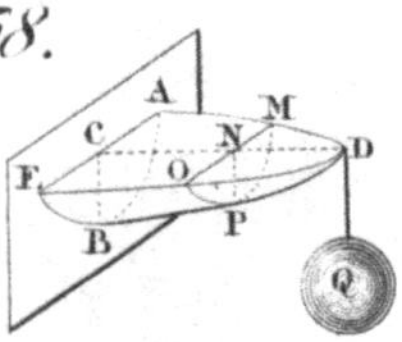

263.

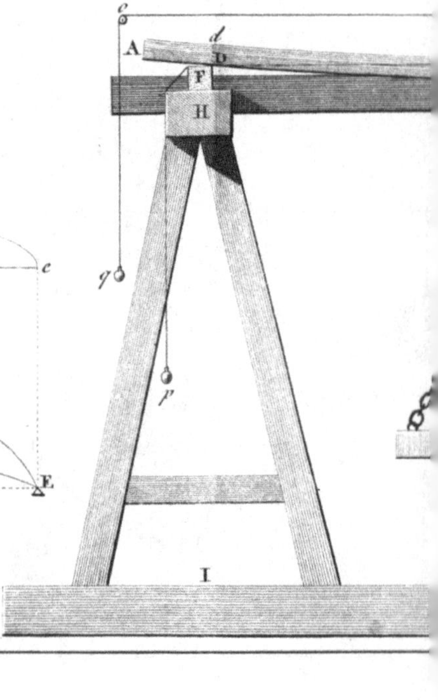

262.

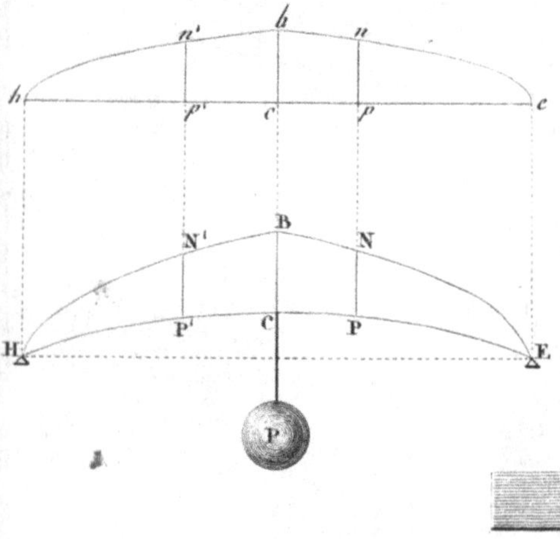

261.

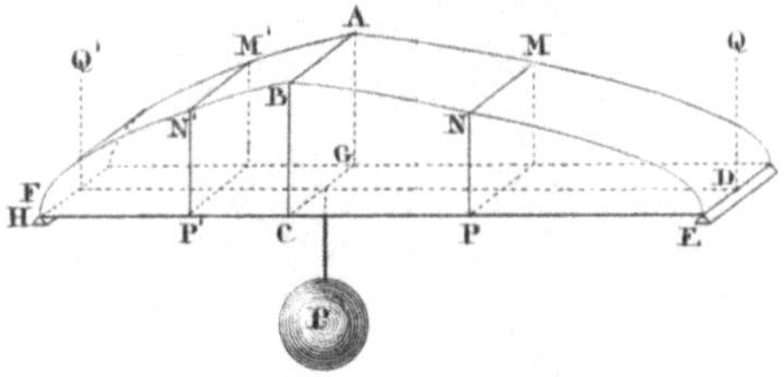

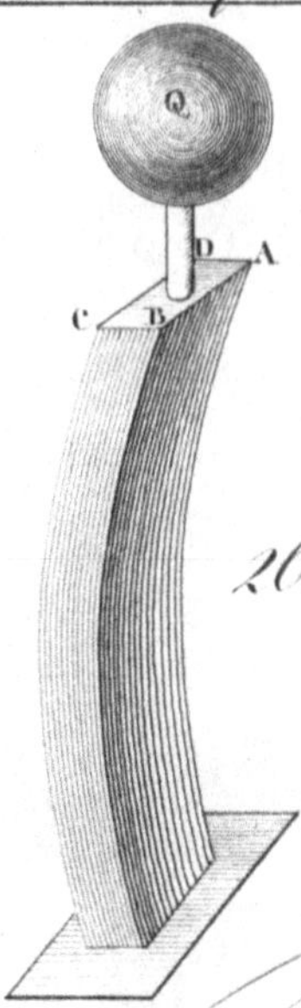

265.

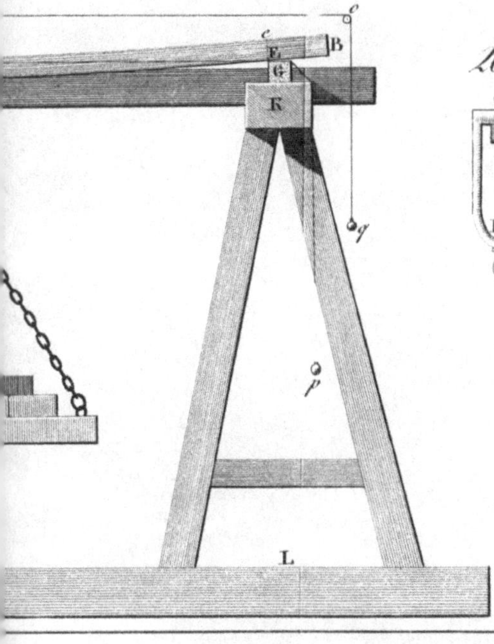

264.

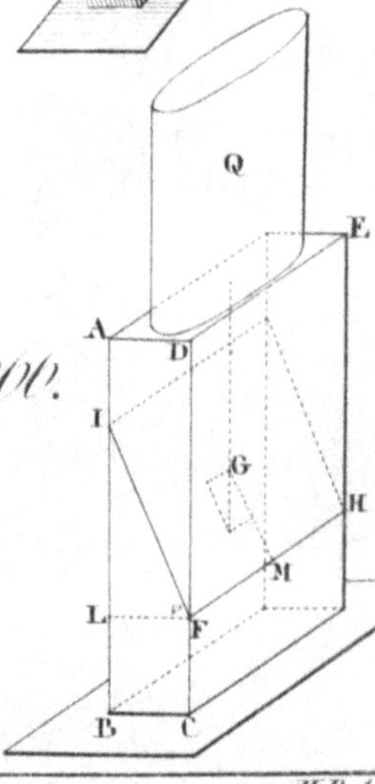

266.

FSC
www.fsc.org
MIX
Papier | Fördert
gute Waldnutzung
FSC® C083411

Kolibri 360 GmbH
Ferdinand-Jühlke-Straße 7
99095 Erfurt, Deutschland
produktsicherheit@kolibri360.de